회 로 이 론

이 동 톡·허 동 렬 공저

오성 오성미디어

머 리 말

전기·전자 공학과 관련된 기술은 매우 빠른 속도로 발전하고 있으며, 앞으로 사회전반에 걸쳐 미칠 영향의 폭과 깊이는 예측하기 어려울 정도이다.

회로이론은 전기 전자공학이라는 큰 테두리 안에 포함되는 모든 학문 분야에서 기초가 되는 여러 가지 과목 중에서도 비교적 실용 가능한 내용을 가장 많이 담고 있는 과목이다.

회로이론 (circuit theory)이란 전기장치인 소자들을 서로 연결하여 전류가 흐르도록 만들어진 전기회로의 성질을 수학적으로 해석하는 학문이라 할 수 있다. 오늘날에는 전기·전자공학을 전공하지 않는 다른 자연과학 분야의 학생들까지 회로이론을 공부하고 있다. 공학문제를 효과적으로 해결하기 위해서는 여러 가지 기술을 익혀야 하는데 그 중에서도 회로이론에 관한 지식은 가장 기본이 된다.

이 책에서는 전기기초이론과 법칙의 개념, 회로해석을 위한 방법들을 쉽게 파악하고 앞으로 다루게 될 전공 분야에 자유롭게 활용할 수 있도록 기초가 되는 사항들을 간결하고도 쉽게 설명하였으며, 상세한 이론에 대한 예제 및 실전문제들을 수록하여 각종 시험에 대비할 수 있도록 하였다.

이 책은 메카트로닉스, 전기, 전자, 통신공학을 전공하는 대학의 초급학년의 교재용으로 엮었으며, 수학에 대한 기초적인 지식만 있으면 학습이 가능하도록 쉽게 쓴 것이므로, 전문대학의 교재나 현업에 종사하는 실무자들의 기본 참고도서로 활용하면 좋을 것으로 생각된다.

끝으로 부족한 점도 많고 잘못된 곳도 많을 것으로 생각되지만, 학생들의 공부에 많은 도움이 되었으면 하는 바램이다. 아울러 많은 어려움을 무릅쓰고 이 책의 출판을 맡아 주신 오성미디어 오성결 사장님과 관계자 여러분께 깊은 감사를 드리는 바이다 .

목 차

제 1 장

전기 기초

1-1 원자와 전자

1-2 마찰전기와 전류

1-3 전압과 전위차

1-4 직류와 교류

1-5 전력과 전력량

1-6 정현파 개념

[연 습 문 제]

제1장 전기 기초

회로이론 (circuit theory)이란 전기장치인 소자들을 서로 연결하여 전류가 흐르도록 만들어진 전기회로의 성질을 수학적으로 해석하는 학문이라 할 수 있다. 오늘날에는 전기·전자공학을 전공하지 않는 다른 자연과학 분야의 학생들까지 회로이론을 공부하고 있다. 공학문제를 효과적으로 해결하기 위해서는 여러 가지 기술을 익혀야 하는데 그 중에서도 회로이론에 관한 지식은 가장 기본이 된다.

1-1 원자와 전자

원자(atom)는 물질의 기본단위이다. 원자는 전자, 양성자 및 중성자라고 하는 작은 입자들로 구성되어 있다. **전자**(electron)는 음의 전하를 띄고 있는 입자로 마치 태양 주위를 행성들이 돌듯이 원자의 핵 주위를 회전하고 있다. 양의 전하를 가진 **양성자**(proton)는 원자의 중심인 핵 속에서 **중성자**(neutron)와 굳게 결합되어 있다. 이들은 원자의 전하를 결정하기 때문에 중요하다. 원자의 전하는 전기로 사용되는 에너지를 생성한다.

(1) 원자의 구조

원자핵의 주위를 움직이는 전자의 경로를 **셀**(shell)또는 **궤도**라고 하며, 그림 1.1에 나타나 있다. 원자는 핵 주위로 몇 개의 셀을 가질 수 있다. 이들 셀들은 정해진 수의 전자만을 가질 수 있다. 모든 원자의 셀들을 전자로 꽉 채워질 때 그 원자는 안정한 상태에 있다고 한다.

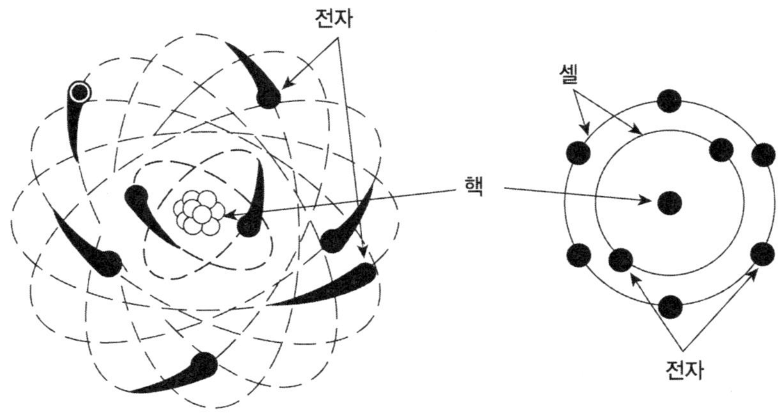

그림 1.1 원자의 내부 구조

원자는 그림 1.2에서와 같이 그들이 가지고 있는 전자와 양성자의 숫자만이 서로 다르다. 핵 내의 양성자 숫자는 그 원자의 원자 번호이다. 중성자의 무게는 양성자의 무게와 거의 비슷하다.

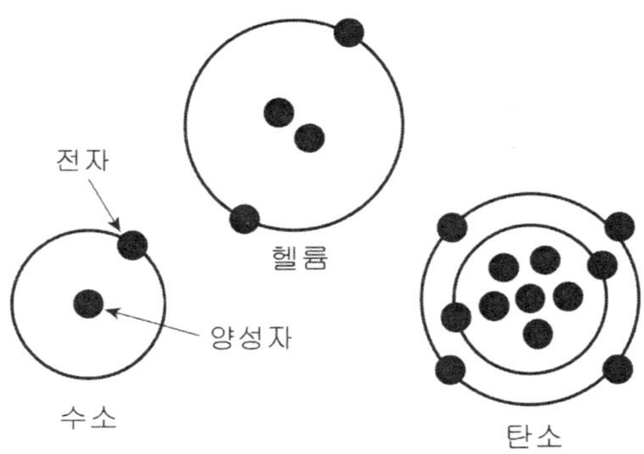

그림 1.2 수소, 헬륨, 탄소 원자에서 양성자와 전자

(2) 가전자

가전자(valence electron) 는 원자의 가장 바깥 셀에 있는 전자들을 말한다. 전기・전자공학에 있어서 우리는 대부분 가전자의 행동에 관심을 갖는다. 그들은 어떤 상황에서는 모원자를 떠날 수 있다. 원자에서 가전자의 숫자는 물질의 중요한 전기 및 화학적 특성을 결정한다.

그림 1.3은 실리콘(Si) 원자의 원자모형이다. 헬륨원자의 경우에는 양자가 들어있는 원자핵 주위의 첫 번째 궤도를 단지 2개의 전자가 돌고 있지만 실리콘은 내부의 원자핵에 14개의 양자가 들어있고, 그 외각 첫 번째 궤도에 2개,

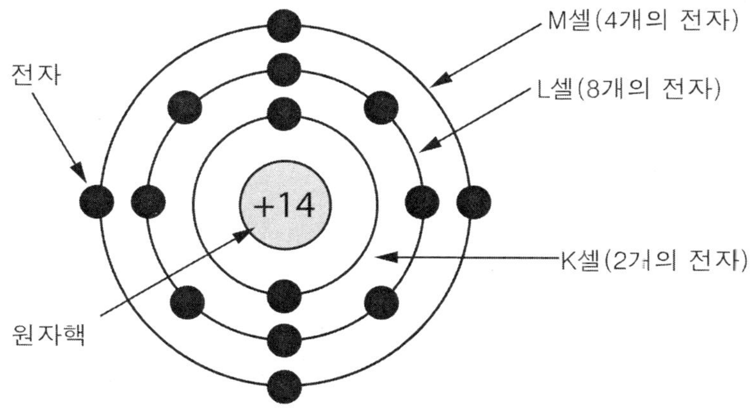

그림 1.3 실리콘(Si)의 원자모형

두 번째 궤도에 8개, 가장 바깥쪽의 세 번째 궤도에 4개의 전자가 돌고 있으므로 모두 14개의 전자가 돌고 있다. 첫 번째 궤도를 K셀 (shell), 두 번째 궤도를 L셀, 세 번째 궤도를 M셀이라고 하며, K셀에 들어갈 수 있는 전자의 수는 2개, L 셀에 들어갈 수 있는 전자의 수는 8개, M셀에 들어갈 수 있는 전자의 수는 18개이다. 실리콘은 K셀 (2개), L셀 (8개)에 전자를 모두 채우고 M셀은 다 채우지 못하고 4개의 전자가 돌고 있다. 이때 M셀을 돌고 있는 4개의 전자를 **자유전자** 또는 **가전자**라고 하며, 이 자유전자는 외부로부터 에너지(열, 빛, 전압)가 가해지면 M셀에서 떨어져 나가게 된다. 따라서 평소 중성을 유지하고 있던 원자는 (-)전하인 4개의 전자를 잃게 되므로 그 빈자리에 4개의 (+)전하가 자리하고 있다고 생각할 수 있으며, 이 빈자리를 **정공**(hole)이라고 부른다.

(3) 에너지 준위와 자유전자

원자의 셀에 있는 전자는 어떤 에너지 준위에 위치해 있다고 한다. 이들 준위는 원자의 핵으로부터 전자 셀의 거리와 관계가 있다. 열, 빛, 또는 전기와 같은 외부에너지가 어떤 물질에 인가될 때 이들 물질들의 원자 내 전자는 어떤 에너

지를 얻는다. 이것은 전자가 더 높은 에너지 준위로 올라가게 한다. 그림 1.4(a)와 같이 그들 원자의 핵에서 더 멀리 움직인다.

전자가 가능한 가장 높은 에너지로 움직였을 때(또는 원자의 최외각 부분), 원자핵 내의 양성자의 전하에 의해 가장 약하게 끌린다. 만일 원자에 충분한 에너지가 인가되면 최외각 전자 또는 원자의 가전자 일부는 원자를 떠날 것이다. 그림 1.4(b)에서와 같이 이러한 전자를 **자유전자**(free electron)라고 한다.

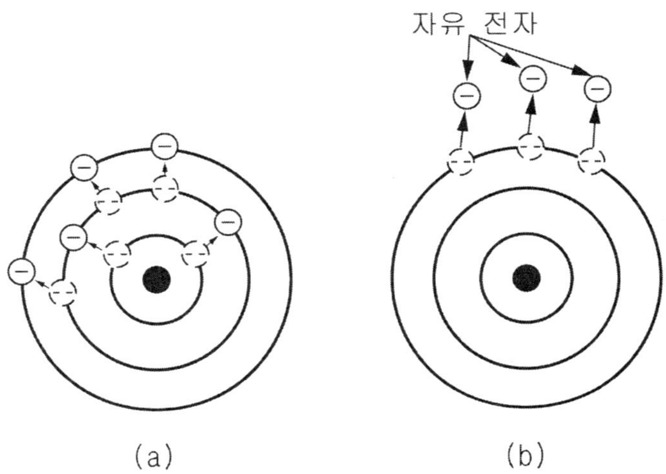

그림 1.4 에너지 준위와 자유전자의 이동

(4) 전하

전자와 양성자는 전하로 알려진 작은 양의 에너지를 가지고 있다. 전자는 음의 전하를 가지고 있고, 양성자는 양의 전하를 가지고 있다. 중성자는 전하를 가지고 있지 않고. 그들은 중성이다. 각 전자에서 음전하의 양은 각 양성자에서 양전하의 양과 같다. 원자를 유지하기 위해 이런 다른 극성의 전하들은 서로 끌어당긴다.

정상적인 조건에서 원자 내의 음전하와 양전하는 같다. 이것은 원자에서 양성자와 전자의 수가 같기 때문이다. 그림 1.5에 나타낸 것과 같이 이러한 조건의 원자는 전기적으로 중성이다.

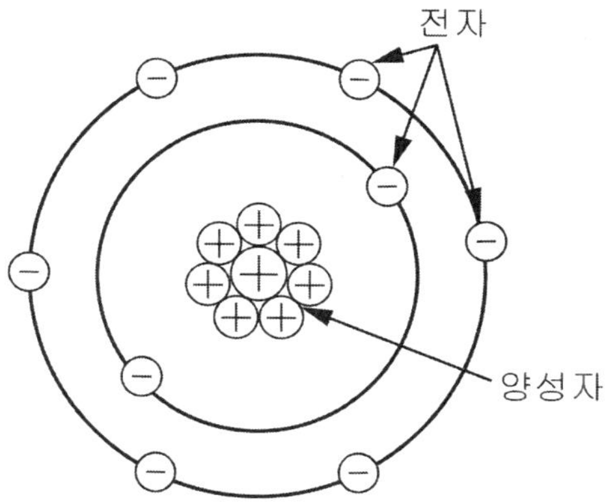

그림 1.5 전기적으로 중성

대전에 의해서 물체가 띠고 있는 전기를 **전하**(electric charge)라고도 한다. 전자 1개가 갖는 전하는 전기량으로서 더 이상 조갤 수 없는 최소의 양이다. 그러나 이 양은 너무 적으므로 MKS 단위계(길이, 질량, 시간의 단위로 각각 meter, kilogram, second를 쓰는 단위계)에서는 전하의 단위를 쿨롱(Coulomb, [C])이라고 하는데, 이는 프랑스의 과학자 쿨롱(Charles A. Coulomb, 1736-1806)의 이름에서 따온 것이다. 1쿨롱은 6.24×10^{18}개의 전자를 나타낸다.

1-2 마찰전기와 전류

(1) 마찰전기

전하를 발생시키는 간단한 방법은 마찰이다. 예를 들면 그림 1.6에서와 같이 천으로 고무풍선을 세게 문지르면 전자가 천에서 풍선으로 옮겨간다. 그 결과, 풍선은 음전하를 띠게 된다. 만일 풍선을 벽에 가져가게 되면 풍선의 음전하는 벽의 표면에 있는 음전하와 반발하게 된다. 이어서 벽의 표면은 양전하로 대전된다. 그러면 풍선과 벽의 작은 영역에서 서로 반대되는 전하 사이어 인력이 작용하여 풍선이 벽에 붙어 있게 된다.

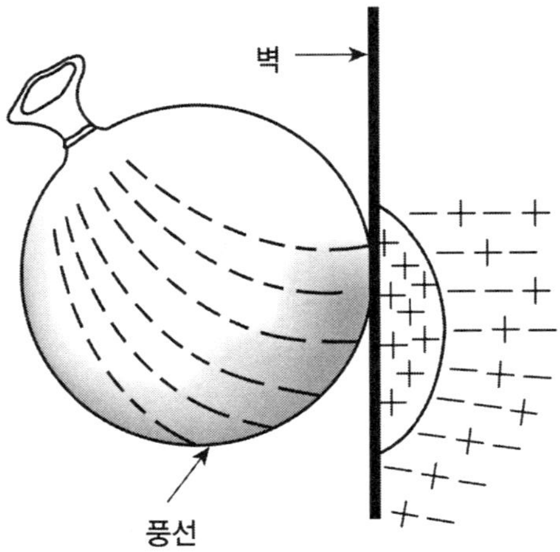

그림 1.6 고무풍선으로 전기를 만드는 방법

위의 예에서 대전된 풍선과 벽 사이의 인력은 종종 정전기(static electricity)라고 말하는 정전기 에너지에 의해 행해진 일이다. 그림 1.7에서 전계는 모든 대전된 물체를 둘러싸고 있는 에너지이다. 이러한 종류의 전기는 풍선과 벽 사이에서 전자의 움직임이 없다. 이와 같은 전기를 **정전기**라고 하며, 고양이털을 빗으로 빗길 때 발생하는 것도 정전기이고, 비단으로 유리를 세게 문지르거나 모직양복을 입고 여기저기 비비거나 부딪치고 다니면 역시 정전기가 만들어짐을 경험한다.

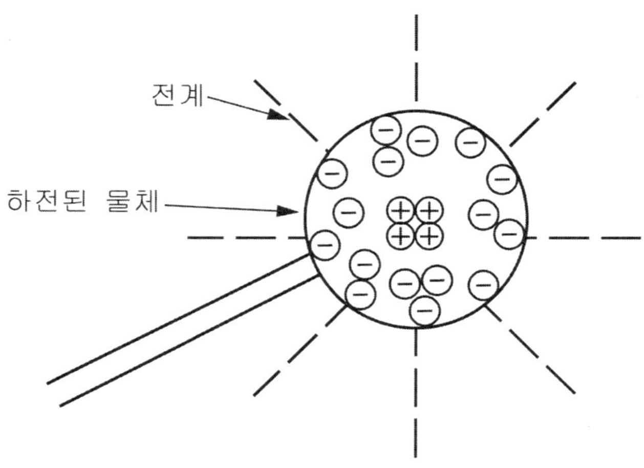

그림 1.7 대전된 물체 주위를 둘러싸고 있는 전계

번개 또한 자연현상에 의해서 발생된 정전기가 방전하는 현상이라고 볼 수 있다. 정전기는 때로 성가신 것으로 생각되지만, 축전기 및 공기 정화기와 같은 기기와 연마지를 제조하는 산업 공정에서는 정전기를 이용한다.

(2) 이온화 현상

만일 양전하와 음전하가 같지 않다면 원자는 이온이 된다. 다시 말하면 **이온**(ion)은 대전된 원자이다. 그림 1.8(a)에서와 같이 중성인 원자가 전자를 얻으면 원자에서는 양성자보다 전자가 더 많게 된다. 그러면 원자는 **음이온**이 된다. 그림 1.8(b)에서와 같이 중성 원자가 전자를 잃으면 양성자는 남아 있는 전자의 수보다 많게 된다. 그러면 원자는 **양이온**이 된다. 다른 전하를 가진 이온은 서로 끌어당긴다. 같은 전하를 가진 이온은 서로 밀어낸다. 원자가 전자를 얻든가 또는 잃든가 하는 이와 같은 과정을 **이온화**(ionization) **현상**이라고 한다.

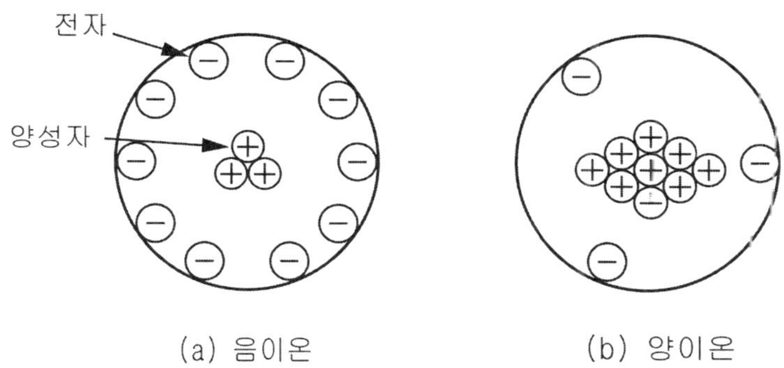

그림 1.8 이온화 현상

(3) 전류와 전하

물리적인 의미에서 **전류**란 전하의 이동이라고 볼 때 (-)전하 또는 (+)전하의 흐름이 곧 전류라고 말할 수 있다. 그림 1.9와 같이 건전지에 전구를 연결할 때 전류가 흐르고 전구에 불이 켜진다. 지금까지 통상적으로 그림 1.9에 표시한 바와 같이 전류는 건전지의 (+)극성에서 (-)극성 쪽으로 흐른다고 알려져 왔다. 그러나 앞에서도 설명한 바와 같이 원자의 모형에서 최외각 궤도에서 돌고 있는 자유전자의 이동현상이 바로 전류이다. 따라서 (-)전하인 전자의 흐름이 곧 전류이므로

그림 1.9와 같이 건전지 (-)극성에서 공급되는 전자가 도선을 타고 (+)극성 쪽으로 이동함으로써 연결된 전구에 불이 켜지게 되고 전류의 방향은 반시계 방향이 된다.

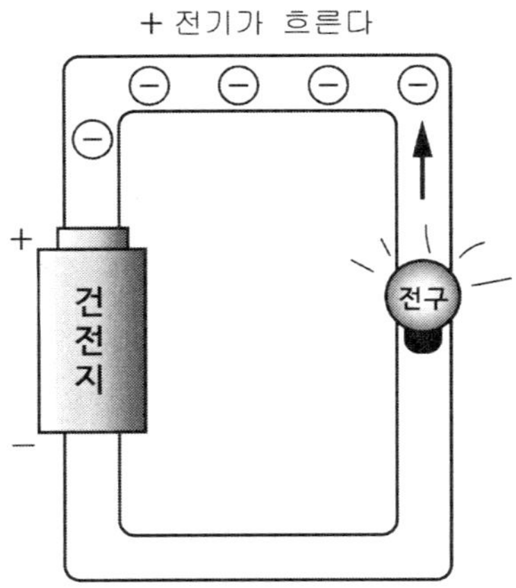

그림 1.9 전류 방향

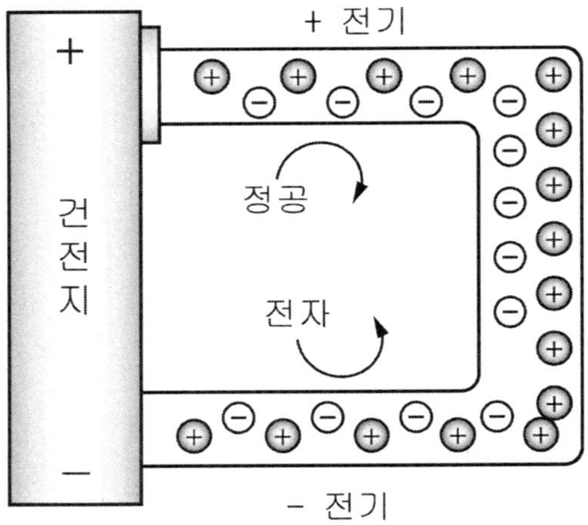

그림 1.10 전자와 정공에 의한 전류 방향

그러나 종래의 '(+)극성에서 (-)극성으로 전류가 흐른다.' 는 정설을 굳이 뒤집어 '전류는 (-)극성에서 (+)극성으로 흐른다.' 고 고집할 필요는 없다. 그것은 앞에서 언급한 바와 같이 (+)전하인 정공의 움직임으로 전류를 설명한다면 종래의 개념도 틀린 설명이 아니기 때문이다. 그림 1.10의 위쪽을 보면 건전지의 (+)극성 쪽에서 (+)전하 즉 정공이 움직임으로써 전류가 흐른다고 본다면 전류의 방향은 시계방향이 된다. 따라서 물리적으로 해석한다면 전류는 전자의 흐름이라고 해야 맞겠지만 전류는 정공의 흐름이라는 관점에서 생각한다면 종래의 전류방향을 문제 삼지 않아도 되므로 전류의 방향을 종래의 개념으로 표시하기로 한다. 즉 전류는 전압의 (+)극성에서 저항을 통해 (-)극성으로 흐른다.

1-3 전압과 전위차

(1) 전압과 전위

그림 1.11(a) 는 주사액이 들어있는 주사기이다 . 만일 왼쪽 손잡이에 힘을 가

하고 안쪽으로 밀면 주사액은 밖으로 뿜어져 나온다. 누르는 힘이 크고 움직인 거리가 길면 주사액은 더 많이 밖으로 나오게 된다.

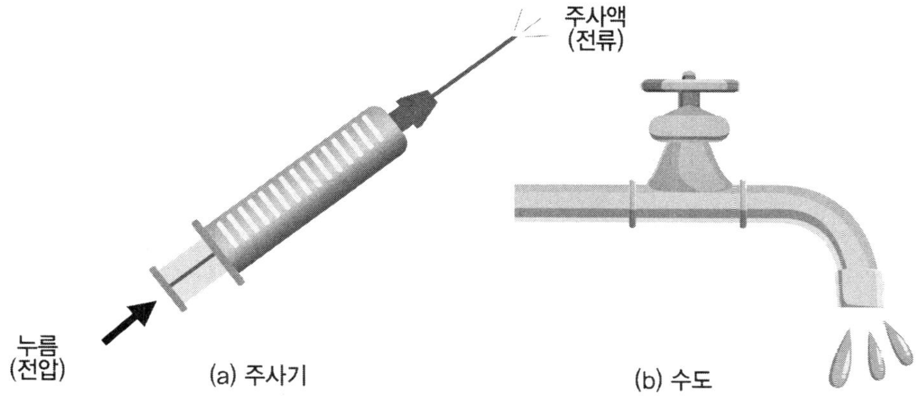

그림 1.11 전압의 설명

그림 1.11(b)의 수도에서 수도꼭지를 열면 물이 쏟아져 나온다. 수도관의 수압이 크면 같은 시간에 쏟아지는 물의 양은 더 많아진다. 위의 두 가지 예에서 수압과 주사기 손잡이를 누르는 힘은 전기의 **전압**에 비유되고, 흘러나오는 주사액이나 물은 **전류**에 비유된다. 위치에너지(Potential Energy)는 일(Work)의 양으로서 정의된다. 일(W)이란 어느 질량에 힘(F)이 작용하여 얼마의 거리를 이동시켰느냐 하는 양을 말하며, 일(W)은 '힘(F)×이동거리(s)' 가 된다.

주사기의 예에서 일(W)은 '가해진 힘×움직인 거리' 가 된다. 전기에서의 전압은 전하 당 가해지는 힘을 말하며, 1[C]의 전하에 1[N]의 힘이 가해질 때의 전압이 1 볼트(Volt)이다. 전기의 위치에너지 즉 전위는 전하 당 가해지는 에너지(일)를 말하며, 1[C] 당 1[J]의 일 즉 에너지가 가해질 때의 전위를 1 볼트 (Volt)라고 한다.

따라서 힘의 관점에서 보는 경우의 전압과 에너지의 관점에서 본 전위는 일맥상통하는 용어이므로 같다고 말할 수 있다.

(2) 전위차

그림 1.12는 에너지의 관점에서 a점의 전위(전압)는 V_a이고, b점에서의 전위

(전압)는 V_b일 때 V_a와 V_b의 차 즉 $V_a - V_b$를 **전위차**라고 하며. V_{ab}로 표시한다. 그림 1.12에서 S_0는 기준점의 위치이고, S_1은 S_0 위치의 전하에 힘이 가해져 V_a가 만들어진 위치이며. S_2는 S_0 위치의 전하에 힘이 가해져 V_b가 만들어진 위치이다. 위치에너지의 관점에서 고찰해 본 전위 및 전위차의 설명이다.

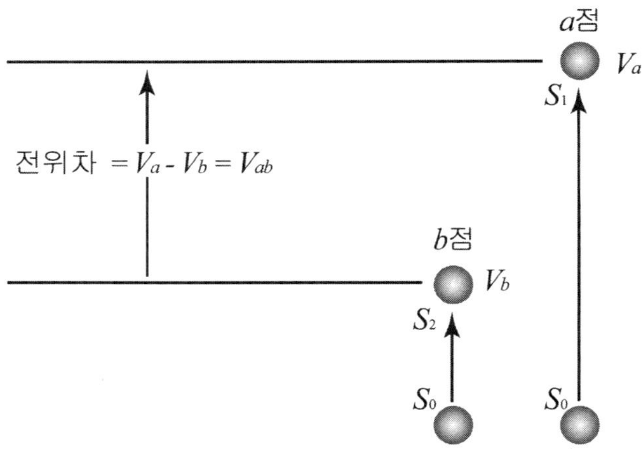

그림 1.12 전위차의 설명

전위차를 좀 더 알기 쉽게 설명하기 위하여 물탱크(수조)의 예를 들어 설명해 보기로 한다. 그림 1.13(a)의 경우에는 높은 위치의 물탱크 A에서 낮은 위치의 물탱크 B로 물이 흘러내린다. 그러나 그림 1.13(b)의 경우에는 2개의 물탱크의 높이가 같기 때문에 수도관을 연결하여도 물탱크 A와 B 사이에는 물이 흐르지 않는다. 그림 1.13(a)에서는 물탱크 A와 물탱크 B간에 수위차가 있기 때문에 물이 흐를 수 있지만 그림 1.13(b)에서는 수위차가 없기 때문에 물이 흐르지 못한다. 이 수위차를 그림 1.12에서 설명한 전위차와 비유하면 물탱크에서의 물에 해당하는 전류는 전위차가 있을 때만 흐를 수 있고, 전위차가 없으면 흐르지 못한다. 전위차는 바로 전압이므로 '전압이 없이는 절대로 전류가 흐를 수 없다'와 같은 뜻이다. 여기서 높은 물탱크와 낮은 물탱크가 있다고 하더라도 수도관을 연결해야만 물탱크 A에서 물탱크 B로 물이 흐르게 된다. 마찬가지로 전위차 즉 전압이 있어도 부하가 연결되지 않으면 전류가 흐를 수 없다 . 따라서 수도관은 전기에서 부하에 해당된다고 볼 수 있다.

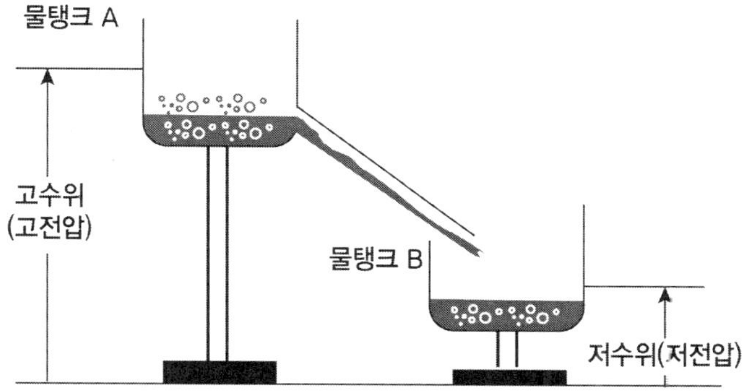

(a) 수위차가 있는 경우

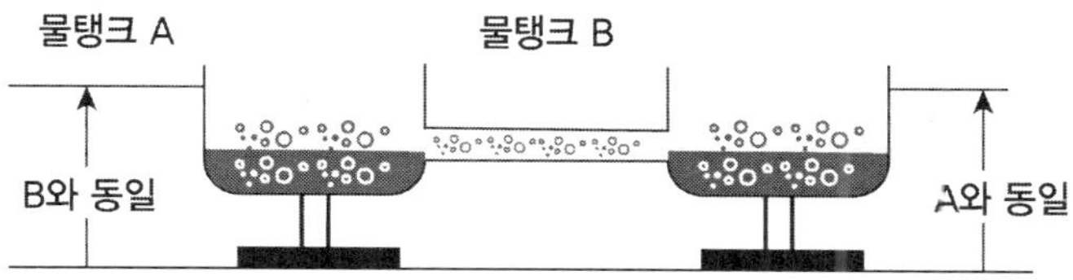

(b) 수위차가 없는 경우

그림 1.13 수위와 전위차의 관계

(3) 전압상승과 전압강하

회로를 구성하는 모든 소자는 전류의 흐름에 의해 전압을 형성한다. 전원이나 각 회로소자 내에서의 전압 형성은 그 소자를 흐르는 전류의 방향과 관련이 있다. 전류의 방향이 소자의 (-)극성에서 (+)극성으로 흐르면 **전압상승**이라 하고, 반대로 (+)극성에서 (-)극성으로 흐르면 **전압강하**라고 한다. 전류가 (-)극에서 (+)극으로 흐르는 것은 에너지를 분출하는 펌프와 같은 역할을 하는 것으로 전원이 그 대표적인 예이고, (+)극에서 (-)극으로 흐르는 것은 전기에너지를 소비하는 형태로서 부하가 그 전형적인 경우이다.

R, L, C 부하 양단에 전류가 흐르면 전압이 발생하고, 발생된 전압의 극성은 전류가 들어오는 곳이 (+), 나가는 곳이 (-)이다. 부하가 전류를 받아들여 전압을 생성하고 전원 측의 전압을 빼앗아 버리는 현상이 전압강하이다. 다라서 모든 부하는 전압강하만 일어나고 전압상승은 일어나지 않는다. 그림 1.14는 부하에 전류가 흐를 때 전압강하가 일어나는 현상을 보이고 있다. 전압강하는 값으로 계산된다.

만약 계측기 단자를 바꾸면 눈금판에 부호가 뒤바뀐 -100이 나타날 것이다.

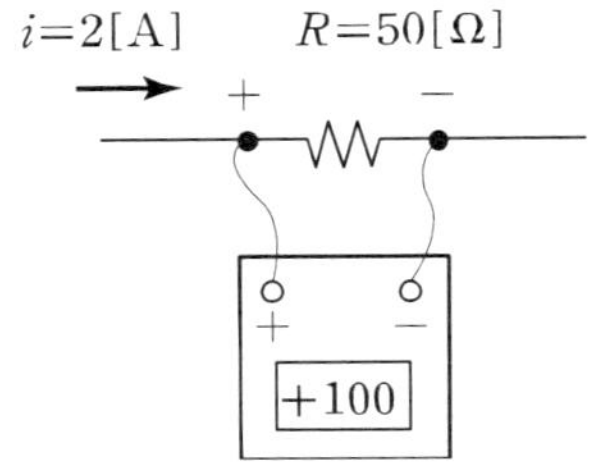

그림 1.14 전압강하 현상

1-4 직류와 교류

그림 1.15에 직류와 교류 파형을 나타내었다. 그림 1.15(a)에서는 직류성분과 교류성분이 합쳐진 합성신호를 보여주고 있다.

(1) 직류 (DC)

DC란 Direct Current 의 약자로서 우리말로 **직류**라고 한다. 직류에는 전류의 의미가 들어있지만 DC전압 또는 직류전압이라는 표현을 사용하므로 꼭 전류라는 의미만 포함되어 있는 것은 아니다. 그림 1.15(b)에서와 같이 전류 또는 전압의 값이 시간이 지나도 변하지 않고 일정할 경우에 DC라고 한다 . DC전압 또는 직류전압, DC전류 또는 직류전류의 표현을 병용하여 많이 사용한다.

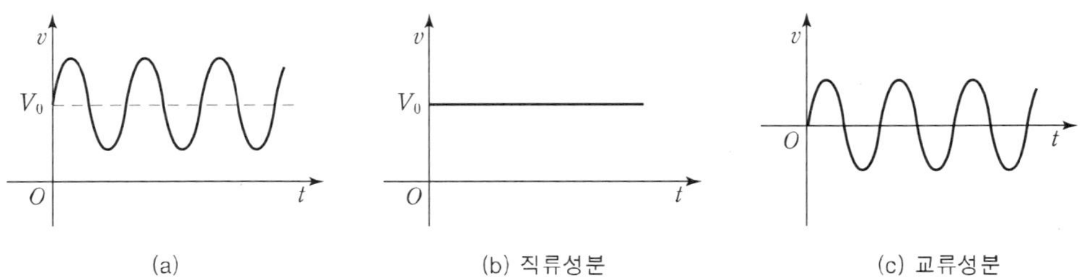

그림 1.15 직류와 교류 파형

(2) 교류 (AC)

AC란 Alternating Current의 약자로서 교번적으로 변하는 전류라는 뜻으로, 그림 1.15(c)에서와 같이 시간에 따라 그 값이 변하는 전류를 말하며, 우리말로 간추리면 **교류**라고 한다. DC의 경우와 마찬가지로 AC라고 해서 전류만 뜻하는 것은 아니고 전압도 포함되므로 AC전압 또는 교류전압, AC전류 또는 교류전류 2가지 표현을 병용하여 많이 사용한다.

1-5 전력과 전력량

(1) 전력

전기가 하는 일을 **전력**이라 한다. 전력이란 어떤 부하에 전압이 걸리면, 전류가 흐르고, 그 전압과 전류의 곱이다.

전력의 수식과 단위 : $P = VI$[W], [W] = 와트[watt]

예제 1.5.1

저항부하에 직류전압 10[V]를 인가하였더니 2[A]의 전류가 흘렀다. 부하에 소비되는 전력을 구하여라.

풀이

$P = VI$를 사용하여 전압과 전류의 곱에 의해 전력을 계산한다.

$P = VI = 10 \times 2 = 20$[W]

(2) 전력량

전기의 시간적 일의 양을 **전력량**이라 한다. 즉 전력에 시간을 곱한 것이 전력량이며, 전력의 시간적 사용을 나타내는 값으로 전기요금 산출 근거이기도 하다. 전력량의 기본 단위는 WS(와트초)이다. W는 전력 와트(watt)이고, S는 시간인 초(sec)이다. WS를 기본으로 WH(와트시간), WS의 1000배인 KWS, WH의 1000배인

KWH, 백만배인 MWH 등이 사용된다.

예제 1.5.2

다음 물음에 답하라.

(1) 어떤 부하에 2분 동안 240[J]의 에너지가 소비되었다. 소비전력은 얼마인가?

(2) 부하에 2[A] 전류가 흘러 10[V]의 전압이 발생하였다. 전력P[W]를 구하여라.

풀이

(1) $P = \frac{E}{S}$[줄/초]에 의해 구한다. 이때 시간은 분을 사용하지 않고 초를 사용한다.

$$P = \frac{E}{S} = \frac{240}{2 \times 60} = 2[\mathrm{W}]$$

(2) $P = VI = 10 \times 2 = 20[\mathrm{W}]$

1-6 정현파 개념

정현파는 sin이나 cos 파형과 같이 생긴 파형이다. 잔잔한 호수에 돌을 던지면 물결이 일어난다. 이때 일어난 물결이 정현파이다. 정현파는 에너지가 전파될 때 흔히 볼 수 있는 친숙한 파형이다. 가정에서 쓰는 교류전기, 피리나 대금의 소리, 피아노 소리, 심지어 사람의 말소리도 정현파의 범주에 속한다.

(1) 정현파의 수식적 표현

순시치 전압 v에 대해 크기, 주파수 및 위상을 가진 수식으로 다음식과 같이 표현할 수 있다.

$$v = V_m \sin(\omega t + \theta)$$

이 식과 그림 1.16에서 각 기호에 대하여 다음과 같이 표현할 수 있다.

V_m : 진폭으로서 정현파의 크기, 곧 에너지이다. 진폭이 크면 파형의 에너지가 크다. 첨자 m은 최대치(maximum)의 앞 글자 m을 딴 것으로, V_m은 파형의 최대치이다.

V_{pp} : 파형의 윗부분 최대치 V_m와 아랫부분 최대치 $-V_m$과의 크기를 V_{pp}라 한다. 첨자 pp는 peak to peak의 약자로서 끝에서 끝이라는 의미를 갖고 있다.

ω : ω(오메가)는 파형의 각주파수(angle frequency)로서 위상각의 진행속도이다.

θ : 위상(phase)이다. sin 파형이 좌우로 밀린 정도를 나타내며, 각도(rad, 또는 °)로 표기한다.

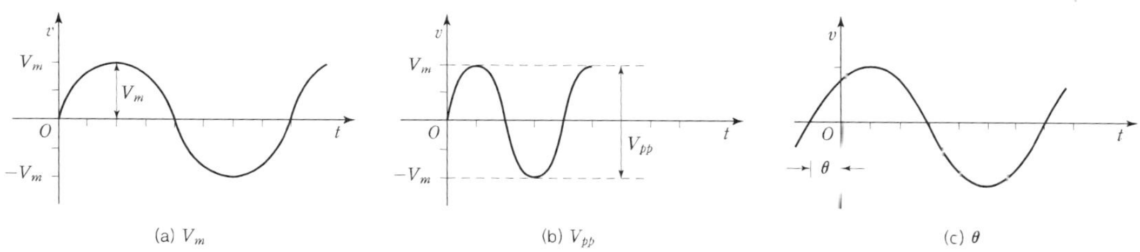

그림 1.16 정현파 교류의 표현

예제 1.6.1

가정에서 사용되는 교류 전압 파형이 $v = 311\sin 377t$ [V]이다. V_m, V_{pp}, ω 및 θ를 구하여라.

풀 이

$v = V_m \sin(\omega t + \theta)$이므로 $V_m = 311$, $V_{pp} = 2V_m = 622$, $\omega = 377$, $\theta = 0$이다.

(2) 주파수와 주기

주파수는 1초에 몇 번 동일한 파형이 반복되느냐를 셈한 것이고, **주기**는 그 한 파형의 시간이다. 그림 1.17에서 1초에 동일 파형이 4번 반복되었으므로 주파수는 4[cycle/초]이고, 주기는 1초를 4로 나누어 0.25[초]이다. 따라서 주파수와 주기는 서로 역수이다. 주파수는 통상 frequency의 앞 글자를 따서 f로 표기하고 주기는 time의 앞 글자인 T로 나타낸다. 서로의 관계를 수식으로 정리한다.

$$f = \frac{1}{T}, \quad T = \frac{1}{f}$$

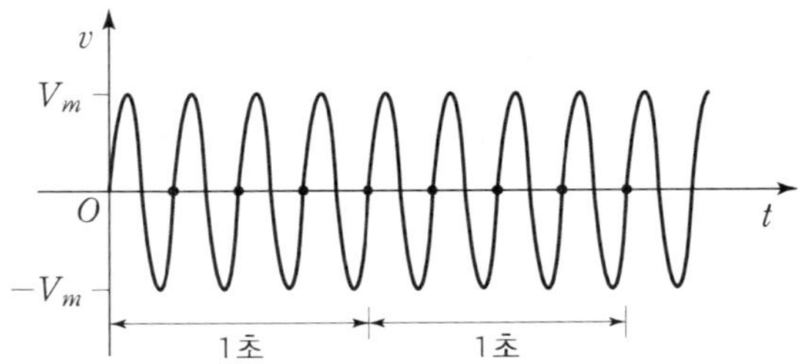

그림 1.17 주파수와 주기

주파수의 단위 : [Hz], 헬츠(heltz)로 부른다. 주파수는 또한 1초당 반복된 파형의 개수인[cycle/sec]로 표기하기도 한다. 일반적으로 가정용 전기의 주파수가 60[Hz]라고 하는데, 이는 1초당 동일한 정현파가 60번 (+)와 (−)를 반복한 것에 해당한다. 그때의 주기 $T = \frac{1}{60} = 0.017$[sec]이다.

예제 1.6.2

그림 1.17과 같은 파형이 시간에 대해 연속적으로 발생하였다. 주기와 주파수를 계산하여라.

풀 이

주기는 파형 그림 1.17 자체에서 구한다.

$T = 0.25$ [초], 주파수 $f = \frac{1}{T}$이므로 $f = \frac{1}{0.25} = 4$[Hz]이다.

(3) 각주파수(angle frequency, ω, rad/s)

주파수를 나타내는 용어 가운데 각주파수(또는 각속도)라는 것이 있다. 정현파가 시간에 따라 진행하면서 한 주기 지날 때마다 360° (2π 라디안)씩 지나친다. 그림 1.18에 그 과정을 보이고 있다. 1 사이클 당 2π(라디안)씩 지나가므로 2 사이클이면 4π, 10 사이클이면 $2\pi \times 10 = 20\pi$[rad]씩 지나가는 격이다. 즉 정현파는 시간 t가 지나면서 어떤 각도가 속도를 갖고 달려 나감을 알 수 있다. 이것이 **각속도**이고, 전기 · 전자 분야에서 일반속도와 구분하고자 **각주파수**로 부른다.

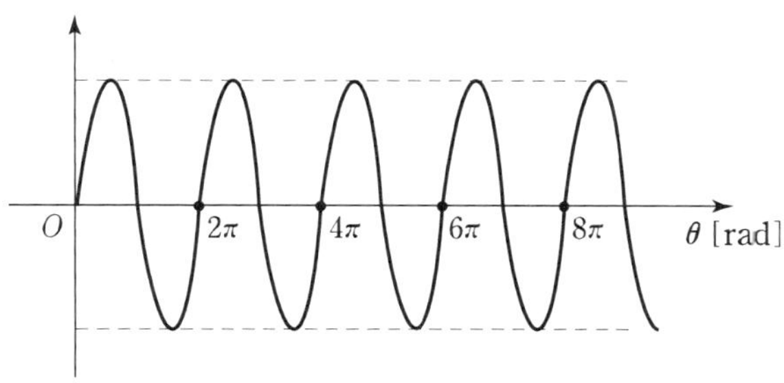

그림 1.18 각주파수

- 각주파수의 표기와 단위 : ω(오메가), [rad/s](라디안/초)
- 각주파수와 일반주파수 : $\omega = 2\pi f$
  (주파수 f에 대하여 1 사이클 당 2π씩 진행하므로 f에 2π를 곱하여 ω를 구한다.)
- 각주파수와 주기 : $\omega = 2\pi f = 2\pi \dfrac{1}{T}$

예제 1.6.3

교류의 주파수 $f = 60$[Hz]이다. 각주파수[rad/s]를 구하여라.

풀 이

각주파수 $\omega = 2\pi f$ 이므로 $\omega = 2\pi \times 60 = 120\pi = 377$[rad/s]이다.

(4) 위상과 위상차

시간에 따라 극성이 변하는 교류파형의 시간축 상에서의 앞서고 뒤지는 상태를 나타내는 것을 **위상**이라 하고, 여러 파형들끼리의 위상 관계 차이를 **위상차**라 한다.

- **위상 :** 위상의 기준 파형은 그림 1.19(a)와 같이 시간 $t = 0$에서 시작되는 교류파형은 $A\sin\omega t$이고, 이를 기준으로 $A\sin(\omega t + \theta)$와 $A\sin(\omega t - \theta)$로 나누어진다.

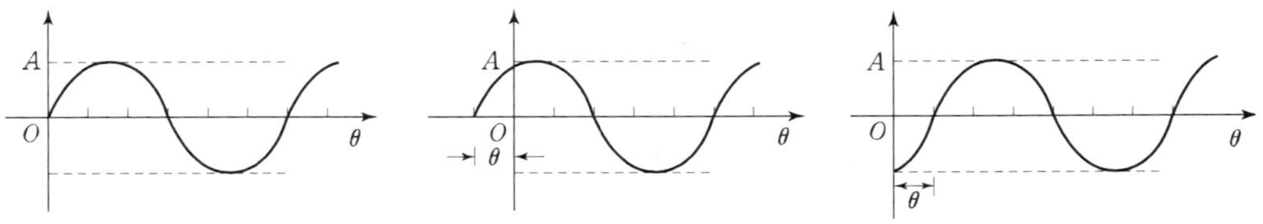

(a) $A\sin\omega t$ (b) $A\sin(\omega t+\theta)$ (c) $A\sin\omega t(\omega t-\theta)$

그림 1.19 위상

$A\sin(\omega t + \theta)$: 그림 1.24(b)와 같이 위상이 θ만큼 앞선다.
$A\sin(\omega t - \theta)$: 그림 1.24(c)와 같이 위상이 θ만큼 늦다.

- **위상차 :** 주파수가 같은 파형들끼리의 위상관계를 위상차라 한다. 이때에도 파형이 왼쪽으로 쏠려있는 것이 위상이 빠르다.

그림 1.20에서 (a)가 (b)보다 θ만큼 위상이 앞선다. 위상차 비교에 진폭의 크기는 전혀 상관이 없다. 주파수만 같으면 된다. 그림 1.20에서 두 파형의 순시치가 각각 v_1, v_2일 때,

$$v_1 = A\sin(\omega t + \theta_1) : \text{파형(a)}$$
$$v_2 = B\sin(\omega t + \theta_2) : \text{파형(b)}$$

두 파형의 위상차 $\theta = \theta_1 - \theta_2$이다.

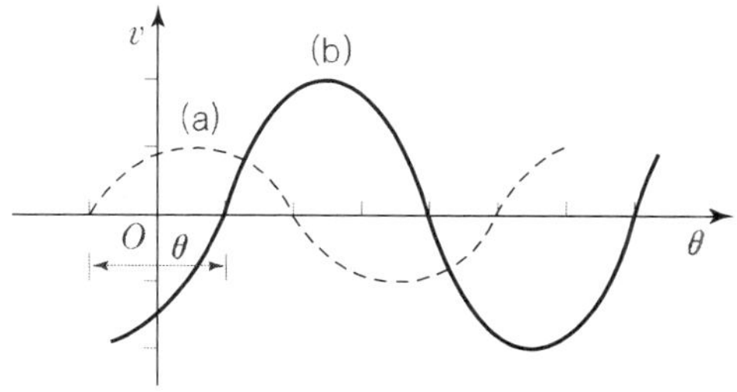

그림 1.20 위상차

예제 1.6.4

$v_1 = 100\sin(40t + 10°)$, $v_2 = 50\sin(40t - 20°)$인 두 파형의 위상차는 몇[°]인가?

풀 이

두 파형 가운데 v_1이 위상이 앞서며, 위상차 $\theta = 10° - (-20°) = 30°$이다.

(5) 회로해석에 필요한 전기량들에 대한 요약

회로해석에 필요한 전기량들을 표 1.1에 정리해 놓았다.

여기서 전기량에 대한 표기 방법을 살펴보면, 회로이론에서 v, i, p와 같은 필기체 소문자는 교류나 순시치를 나타내고, V, I, P와 같은 인쇄체 대문자는 직류나 평균치 및 실효치와 같이 일정값을 갖는 상태량을 나타낼 때 사용한다. 예를 들면, 건전지의 전압이 1.5[V](볼트)라고 할 때, 건전지는 대표적인 직류이므로 전압 $V_0 = 1.5$[V]라는 V_0로 나타낸다. 교류전압은 $v = 110\sin 500t$와 같이 시간 t에 따라 변하는 형태로서 필기체 소문자로 표기하여 직류와 구분한다. 전류 i, I나 전력 p, P와 같은 경우도 마찬가지이다.

표 1.1 전기량 정리

	전압	전류	전력	위상	주파수	각속도	주기
표기	volt V, v	ampere current I, i	power P, p	phase θ	frequency f	ω	T
단위	[V], [KV]	[A], [KA]	[W], [KW]	[°], [rad]	[Hz]	[rad/sec]	[s], [ms]
기본 공식 개념	$v = Ri$ $v = -\int_b^a E \cdot dl$	$i = \frac{dq}{dt}$ $i = \frac{v}{R}$	$p = vi$	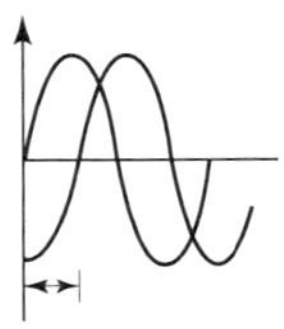	c/s $f = \frac{1}{T}$	$\omega = 2\pi f$	$T = \frac{1}{f}$

연 습 문 제

1 원자의 핵들은 무엇으로 구성되어 있는가?

2 원자의 최외각 셀에있는 전자를 무엇이라고 부르는가?

3 전자는 무슨 전하를 가지며, 양성자는 무슨 전하를 가지는가?

4 원자가 각각 전자를 얻거나 잃는 과정을 무엇이라고 부르는가?

5 우리 주변에서 쉽게 이룰 수 있는 전기적인 전하발생 방법은 무엇이 있는가?

6 마찰에 의하여 전하가 발생함으로써 얻어지는 전기를 무엇이라고 말하는가?

7 전류의 방향에 대해서 전자, 정공의 입장에서 설명하라.

8 전위가 위치에너지임을 설명하라.

9 $t=0$에서 시작되는 함수가 있다. 그림 1.21과 같이 좌우로 이동하였을 때의 파형을 수식으로 표현하여라.

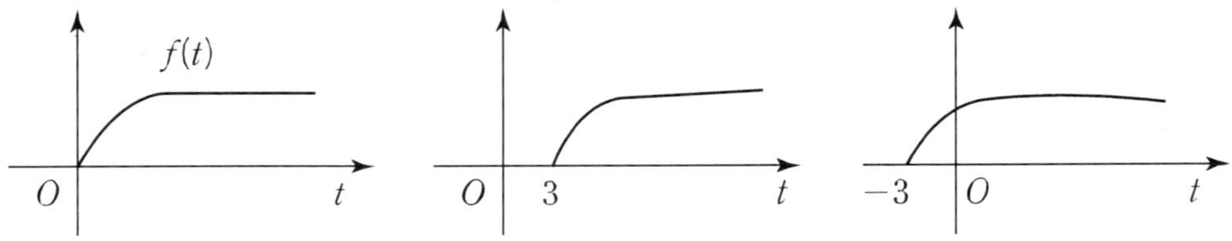

(a) $f(t)$ (b) (c)

그림 1.21

10 그림 1.22의 교류파형 순시치를 수식으로 나타내고 V_m, V_{pp}, ω, f 및 θ를 구하여라.

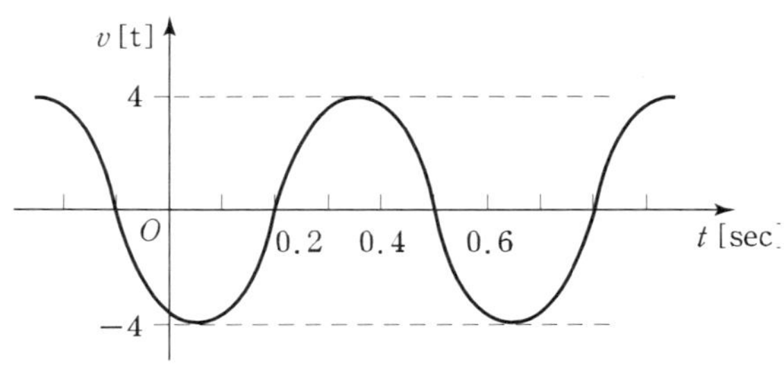

그림 1.22

11 $f(t) = 20\cos\left(100t + \dfrac{\pi}{6}\right)$를 sin함수로 바꾸었더니 $f(t) = 20\sin(100t+\theta)$이다. θ를 구하여라.

제 2 장

회로기초 소자

제2장 회로기초 소자

2-1 전원

(1) 정전원

전원에 부하가 연결된 경우 부하측으로 부하전류가 흐른다. 전류 변동에 따라 부하측 전압이 변함없이 부하상태의 크기에 관계없이 일정한 전원값을 유지하는 것을 **정전원**이라 한다. 정전압원은 부하전류 변동에 관계없이 단자전압이 일정하고, 정전류원은 부하, 즉 전압 변동에 관계없이 공급 전류가 일정하다. 정전원임의 판정은 부하전류나 전압 변화에 따른 전원값 변동이다. 따라서 시간 변화와는 관계없다.

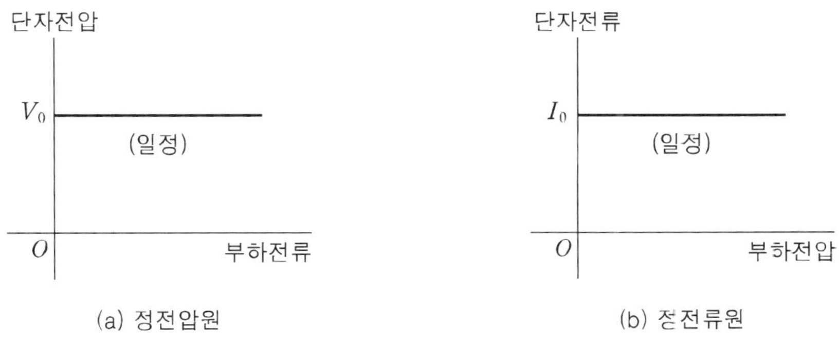

그림 2.1 정전원

(2) 내부 임피던스

전원을 회로로 구성하든지 혹은 건전지처럼 화학적으로 만들든지 대부분의 전원 내부에는 저항 성분이 있다. 이것을 **내부 임피던스**라고 한다. 임피던스는 저항과 같은 것이라고 보아도 무방하다. 이 내부 임피던스는 전원을 부하에 연결시 부하상태에 따라 단자 전압(전압원)이나 출력전류(전류원)의 변동을 일으킨다.

내부 임피던스에 의한 출력 단자 전압 강하 : 그림 2.2(a)와 같이 전원에는 내부 전압 V_i와 내부 임피던스 R_o가 있다.

i) 부하를 연결하지 않았을 때(무부하시) : 단자전압 V_0 = 내부전압 V_i

ii) 부하연결(부하시) : 부하 전류 I_L에 따라 V_0 값이 떨어진다.

부하전류 I_L에 의해 내부 임피던스 R_0에 $R_0 I_L$만큼의 전압강하가 일어나고 $R_0 I_L$과 V_0의 합이 내부전압 V_i이다.

$$V_i = R_0 I_L + V_0$$

$$V_0 = V_i - R_0 I_L \qquad (2.1)$$

식 (2.1)을 그림 2.2(b)에 보였다.

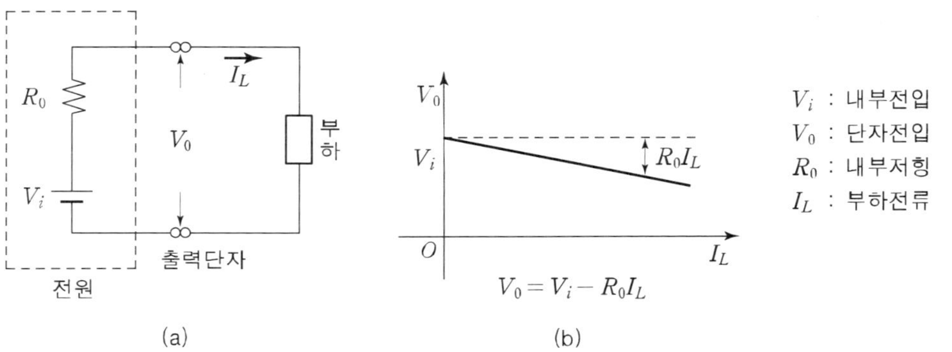

그림 2.2 부하전류 변동에 따른 단자전압 변화

예제 2.1.1

그림 2.3과 같이 $V_i = 10[\text{V}]$, $R_0 = 2[\Omega]$인 전원에 부하 저항 $R_L = 18[\Omega]$이 연결되어 있다. 전원출구 단자전압 V_0를 구하고 부하에 흐르는 전류를 계산하여라.

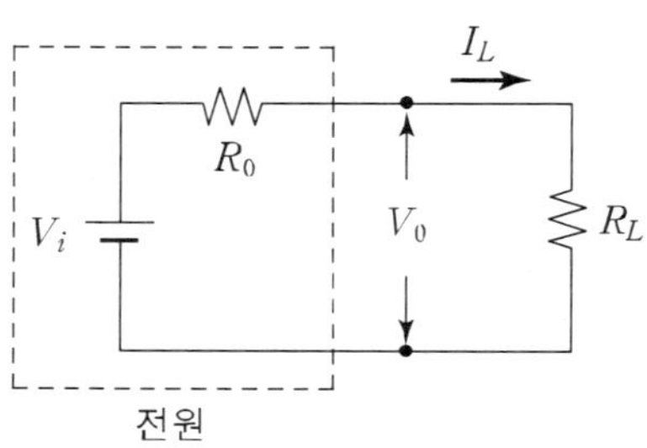

그림 2.3

풀이

내부전압 $V_i = 10[V]$가 R_0와 R_L에 나누어 걸리고, V_0이 R_L의 전압이다.

$$V_0 = V_i \times \frac{R_L}{R_0 + R_L} = 10 \times \frac{18}{2+18} = 9[V]$$

전류 $I_L = \dfrac{V_i}{R_0 + R_L}$ 또는 $I_L = \dfrac{V_0}{R_L}$에 의해 구한다.

$$I_L = \frac{10}{2+18} = 0.5[A]$$

2-2 임피던스와 어드미턴스

전압과 전류의 관계를 규정하는 것이 오옴(ohm)의 법칙이다. 오옴의 법칙에 의하면 저항성분과 전류의 곱이 전압이다. 그림 2.4(a)와 같은 단순한 회로에서 전압과 전류관계가 저항 R로 표현된다. 이는 전압과 전류 모두가 직류일 때이다.

만약 전압과 전류 모두가 교류이면 교류전압과 전류의 관계가 규정되어야 한다. 교류인 경우에 해당하는 것이 임피던스(impedance)이다. R이 저항에만 국한하는데 비해 임피던스 Z는 R, L, C 모두 사용 가능하다.

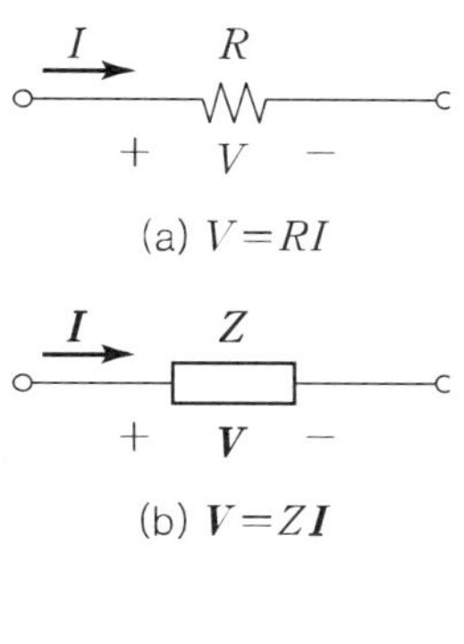

그림 2.4 오옴의 법칙

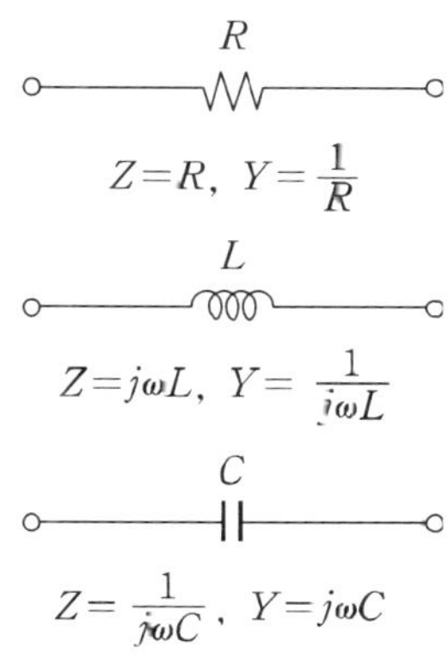

그림 2.5 RLC 소자의 Z와 Y

(1) 임피던스(impedance)

교류 해석시 교류전압(v)과 교류전류(i)에 관한 회로를 해석하기 위해 v와 i를 페이서 형태인 V와 I로 바꾼다. 이때 페이서(phasor) 전압·전류 V, I의 관계에서 **임피던스** Z가 정의된다.

$$V = ZI \tag{2.2}$$

임피던스 Z도 저항의 차원임은 물론이다. 단위도 저항처럼(Ω)이다. RLC 각 소자에 대해 각 주파수 ω를 사용하여 임피던스를 구할 수 있다.

i) 저항 R의 임피던스 : R

ii) 인덕터 L의 임피던스 : $j\omega L$

iii) 콘덴서 C의 임피던스 : $\dfrac{1}{j\omega C}$

여기서 j는 허수를 나타낸다. 즉 RLC 소자의 임피던스는 복소수이다.

(2) 어드미턴스(admittance)

임피던스의 역수가 **어드미턴스**이다.

$$I = YV, \qquad Y = \frac{1}{Z} \tag{2.3}$$

단위도 저항의 역수인(℧, mho)이다. RLC 각 소자의 어드미턴스도 역수를 취한다.

예제 2.2.1

인덕터 $L = 0.02[\mathrm{H}]$에 각주파수 $\omega = 100[\mathrm{rad}]$인 전류가 흘렀다. 임피던스와 어드미턴스를 구하여라.

풀 이

$Z = j\omega L = j\,0.02 \times 100 = j2[\Omega]$, $Y = \frac{1}{j\omega L} = \frac{1}{j2} = -j0.5[\mho]$

예제 2.2.2

그림 2.6의 회로에서 $R = 1[\mathrm{k}\Omega]$, $C = 0.4[\mu\mathrm{F}]$이고, 전류는 $i = 20\sin 10t[\mathrm{A}]$가 흐른다. 저항과 콘덴서의 임피던스와 어드미턴스를 구하여라.

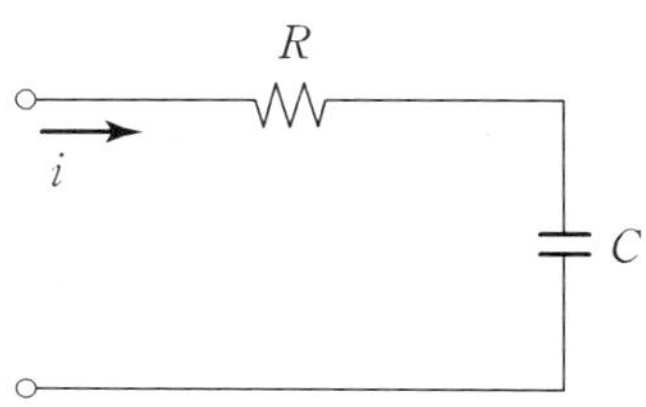

그림 2.6

풀 이

임피던스와 어드미턴스는 각주파수 ω에만 관계가 있다. 각주파수 $\omega = 10$ [rad/s]인 전류 i가 R과 C에 흐르므로 임피던스와 어드미턴스 산출식을 이용하여 R과 C의 Z와 Y를 계산한다.

① R의 Z와 Y

저항 R은 각주파수 ω와 무관하므로

임피던스 $Z = R = 1[\mathrm{k}\Omega]$, 어드미턴스 $Y = \frac{1}{R} = \frac{1}{1000} = 0.001[\mho]$

② C의 Z와 Y, $\omega = 10[\mathrm{rad/s}]$에 대하여

콘덴서 C의 임피던스 $Z = \frac{1}{j\omega C} = \frac{1}{j\,10 \times 0.4 \times 10^{-6}} = -j\,2.5 \times 10^{5}[\Omega]$

어드미턴스 $Y = j\,\omega C = j\,4 \times 10^{-6}\,[\mho]$

2-3 저항의 회로특성

저항(resistor)은 전기적 에너지를 열로 소비하는 소자로서 전압 · 전류 변화가 동시에 발생한다. 에너지를 저장하지 않기 때문에 전압 · 전류 사이에 시간 지연이 없다. 즉 위상차가 0이다.

(1) 회로 특성

저항에서의 전압 · 전류 관계는 잘 알려진 오옴의 법칙으로 설명된다. 전압과 전류 사이의 위상차는 없으며 크기만 저항 값에 따라 달라진다. 공급 전원이 직류나 교류의 전압원이든 전류원이든지 관계없이 전압과 전류 관계가 유지된다.

(2) 전압과 전류

- **직류** : 저항 R에 직류전압 V가 인가되었을 때, 직류전류 I가 흐르고 그 크기는 오옴의 법칙에 의해 구한다.

$$I = \frac{V}{R}\,[\mathrm{A}] \tag{2.4}$$

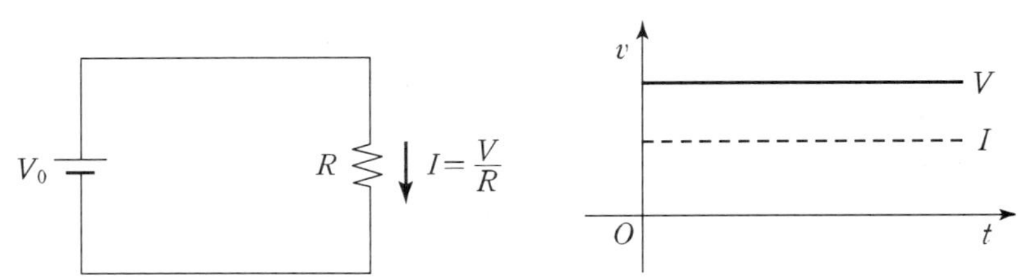

(a) R 회로 (b) 전압, 전류

그림 2.7 직류에 대한 전압과 전류 관계

- **교류** : 저항 R에 교류전압 $V = V_m \sin \omega t$가 인가되었을 때 교류전류 i가 흐르고, 그 값은 v를 저항 R로 나눈 것이다.

$$i = \frac{v}{R} = \frac{V_m \sin \omega t}{R} = \frac{V_m}{R} \sin \omega t \tag{2.5}$$

식 (2.5)에서 $I_m = \dfrac{V_m}{R}$ 으로 처리하면

$$i = I_m \sin \omega t \tag{2.6}$$

전압과 전류의 주파수나 위상이 동일하며, 단지 크기만 다르다.

정리하면 $v = V_m \sin \omega t$, $i = \dfrac{V_m}{R} \sin\omega t$ 로서 그림 2.8과 같다.

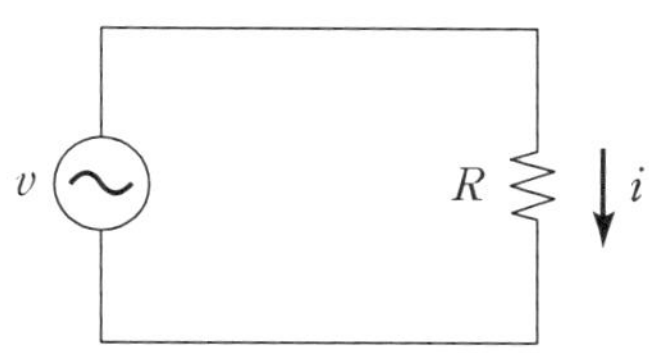

(a) R 회로

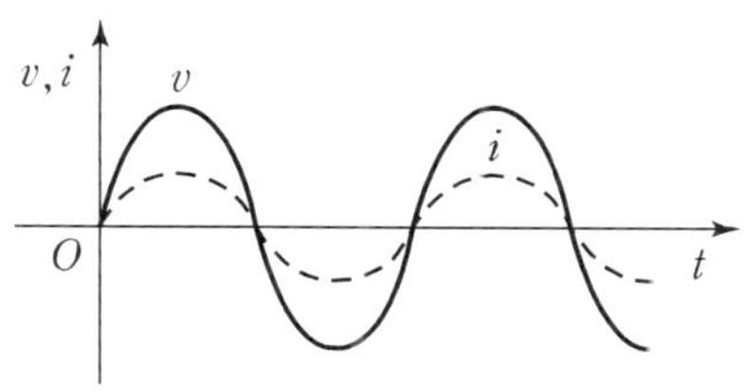

(b) v, i

그림 2.8 교류에 대한 전압과 전류 관계

예제 2.3.1

저항 $R = 100[\Omega]$에 전압 $v = 200 \sin 240t\,[\mathrm{V}]$가 인가되었다. 교류 전류 i 를 구하여라.

풀 이

식 (2.5)에 의해 $i = \dfrac{v}{R} = \dfrac{1}{100} 200 \sin 240t = 2 \sin 240t\,[\mathrm{A}]$이다.

2-4 인덕터의 회로특성

인덕터(Inductor)는 전기에너지를 자장 속에 저장하는 소자이다. 인덕터에 흐르는 전류는 코일 내부에 자속(magnetic flux)을 발생하고, 이 자속이 시간에 따라 변할 때 패러데이 법칙에 의해 인덕터 양단에 전압이 발생한다. 인덕터에 직류가 공급되면, 자속은 발생하지만 자속변화가 없기 때문에 전압은 0이다. 전압이 전류의 시간적 변화에 의존하므로 전압식은 전류의 미분형태이고, 전압과 전류 사이에도 위상차가 발생한다.

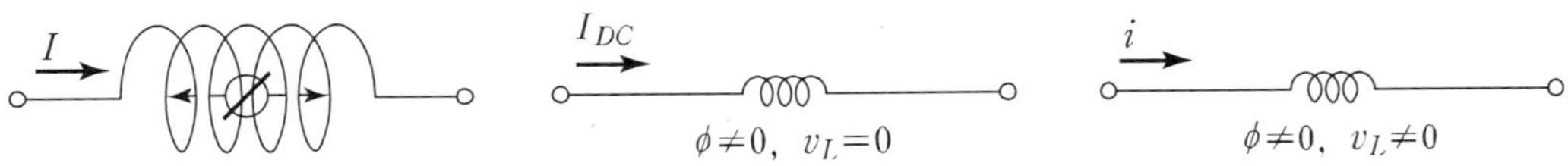

(a) 자속 발생 (b) 직류(전자석) (c) 교류(전압 발생)

그림 2.9 인덕터 특성

(1) 회로 특성

인덕터에 전류 I가 흐르면 자속 ϕ가 발생하고, 그 상관관계에서 **인덕턴스**(inductance) L이 정의된다.

$$\phi = L I \tag{2.7}$$

동일한 전류라 하더라도 L값이 크면 보다 큰 자속 ϕ가 발생한다. L값은 구조적인 것으로서 코일을 어떻게 많이 감았는가에 따라 다르다. 전류 I가 직류이면 자속 ϕ는 일정하여 극성을 지닌 전자석이 된다. 전류가 교류이면 자속도 교류형태이다. 자속 ϕ의 시간적 변화는 기전력을 일으킨다. 이를 **패러데이 법칙**이라고 한다. 자속변화에 의해 발생된 기전력을 v_L라고 하면, v_L은 식 (2.7)의 양변을 시간 t로 미분해서 구한다.

(2) 전압과 전류

인덕터에 흐르는 전류에 의해 발생된 자속에 관한 식 (2.7)을 시간 t로 미분하면 인덕터 양단에 발생된 전압을 구할 수 있다.

$$\frac{d\phi}{dt} = v_L = L\frac{di}{dt} \tag{2.8}$$

• 전류가 직류인 경우 : 식 (2.8)에서 전류가 I가 직류이면 시간에 따른 전류 변동이 없으므로 미분치가 0이다.

$$\frac{dI}{dt} = 0 \tag{2.9}$$

식 (2.9)를 식 (2.8)에 대입하여 기전력 v_L이 0이다.

$$v_L = 0 \tag{2.10}$$

인덕터 양단 전압이 0이라는 뜻은 단락을 의미한다. 즉 인덕터를 하나의 도선으로 취급해도 무방하다. 직류에 대해 전압강하를 전혀 발생시키지 않는다.

예제 2.4.1

그림 2.10 회로의 전류를 구하여라.

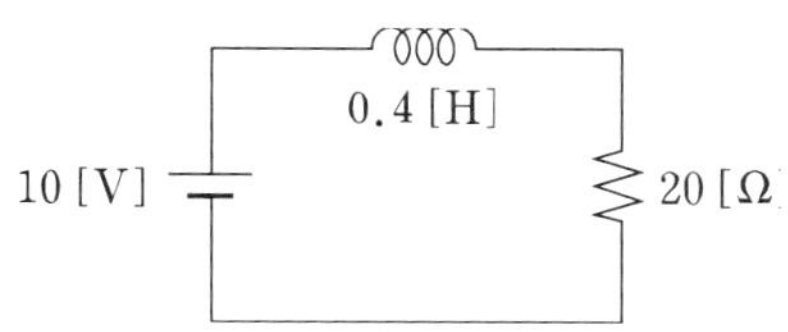

그림 2.10

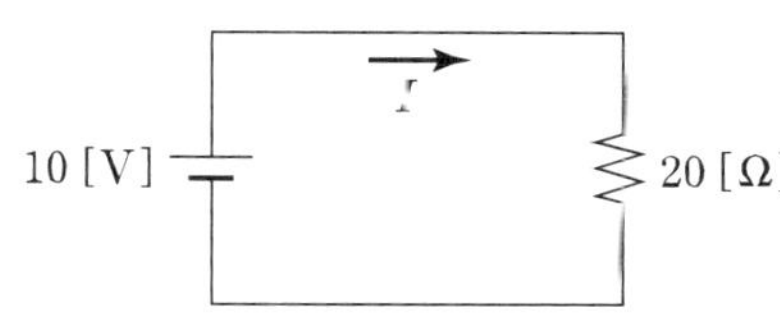

그림 2.11

풀 이

전원이 직류이므로 직류전류가 흐른다. 직류 회로에서 인덕터 L은 그림 2.11과 같이 하나의 도선으로 취급한다. 이 회로에서 전류를 구한다.

$$I = \frac{10[\mathrm{V}]}{20[\Omega]} = 0.5[\mathrm{A}]$$

- **전류가 교류인 경우 :** 식 (2.8)의 전류 I가 교류이면, 시간에 따른 자속 ϕ의 변동을 야기하며 인덕터 양단에 전압이 발생한다. 여기서의 전압은 물론 전압강하이며 전류가 흘러 들어오는 곳이 (+)이다.

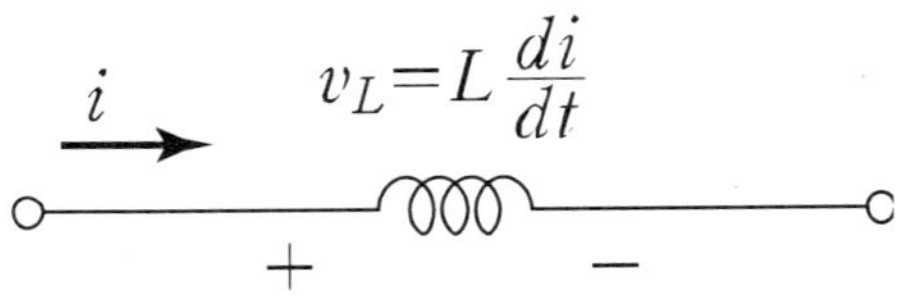

그림 2.12 L에서의 교류전압

$$\frac{d\phi}{dt} = v_L = L\frac{di}{dt} \qquad (2.10)$$

예제 2.4.2

그림 2.13의 인덕터에 교류 전류 $i = 20\sin 10t[\mathrm{A}]$가 흐른다. 인덕터 양단에서 발생하는 전압을 구하여라.

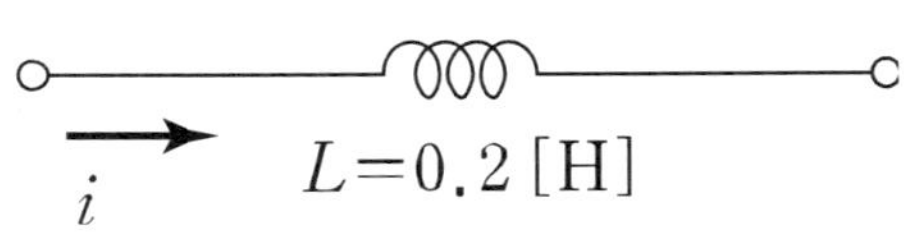

그림 2.13

풀이

식 (2.10)을 사용하여 전압을 계산한다. sin 함수의 미분은 cos이므로

$$v_L = L\frac{di}{dt} = 0.2\frac{d}{dt}(20\sin 10t) = 0.2\times 10\times 20\cos 10t = 40\cos 10t[\mathrm{V}]$$

그러므로 인덕터 양단에서 발생하는 전압은 다음 그림과 같다.

$v_L = 40\cos 10t$

- **교류전류에서의 전압·전류 위상과 리액턴스 :** 앞의 예제 2.4.2에서 보았듯이 전압과 전류 사이에는 크기와 위상 변화가 있다. 교류전류 i가 인덕터에 흐르는 경우 이 관계를 살펴본다.

교류전류 $i = I_m \sin\omega t$에 대하여 식 (2.10)을 적용한다.

$$v_L = L\frac{di}{dt} = L\frac{d}{dt}(I_m \sin\omega t) \tag{2.11}$$

식 (2.11)을 계산하면 sin의 미분은 cos이 되고 ω는 앞으로 나온다.

$$\frac{d}{dt}(\sin\omega t) = \omega\cos\omega t \tag{2.12}$$

식 (2.12)로 식 (2.11)을 정리한다.

$$v_L = \omega L I_m \cos\omega t = \omega L I_m \sin(\omega t + 90°) \tag{2.13}$$

cos 함수는 sin 보다 90° 위상이 앞서므로 식 (2.13)과 같이 계산하였다. 인덕터에 흐르는 전류 i와 발생된 전압 v_L을 함께 정리하면, 매우 재미있는 관계를 얻을 수 있다.

$$i = I_m \sin \omega t$$

$$v_L = \omega L I_m \sin(\omega t + 90°)$$

첫째, v_L과 i의 각 주파수는 모두 ω로서 변함이 없다.

둘째, 전압이 전류보다 90° 위상이 앞선다.

셋째, v_L의 진폭이 i보다 ωL만큼 커졌다.

인덕터에서 전압은 전류보다 90° 위상이 앞선다. 그리고 전류 i와 전압 v_L의 크기만을 비교한다.

전류 $i : I_m = I_m$

전압 $v_L : V_m = \omega L I_m$

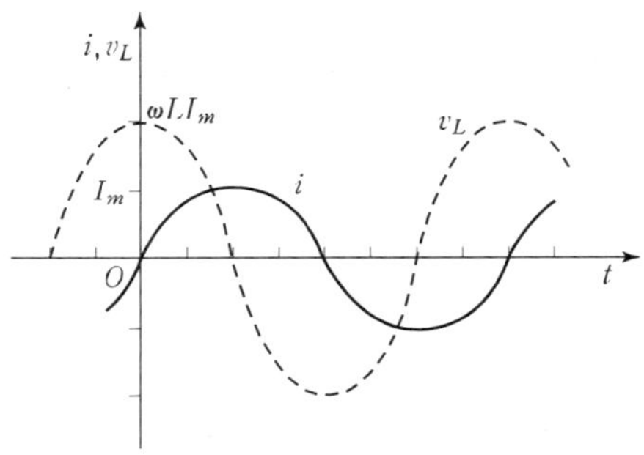

그림 2.14 L에서의 전압·전류 파형

이 두 관계로부터 ohm의 법칙을 발견할 수 있다.

$$V_m = \omega L \ I_m$$

이때의 ωL을 X_L로 표기하고 전압·전류 관계에서 저항처럼 작용하므로 리액턴스(reactance)라는 이름을 붙여 부른다.

$$X_L = \omega L[\Omega] \qquad (2.14)$$

인덕터에 나타나는 리액턴스라고 하여 X_L을 특히 **유도성 리액턴스**라 한다. **리**

액턴스의 단위가 $[\Omega]$임은 물론이다.

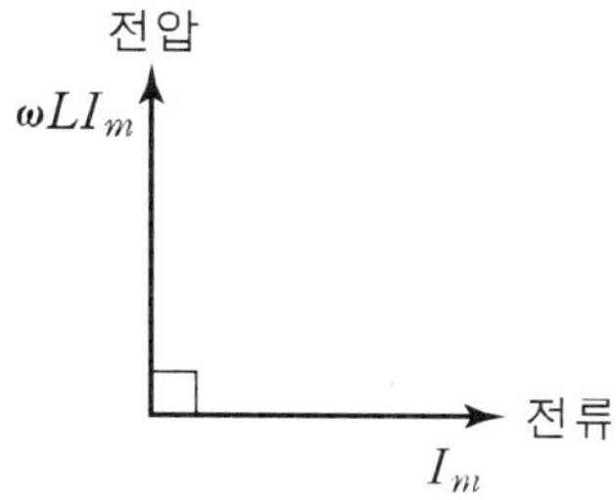

그림 2.15 L에서의 전압·전류 벡터

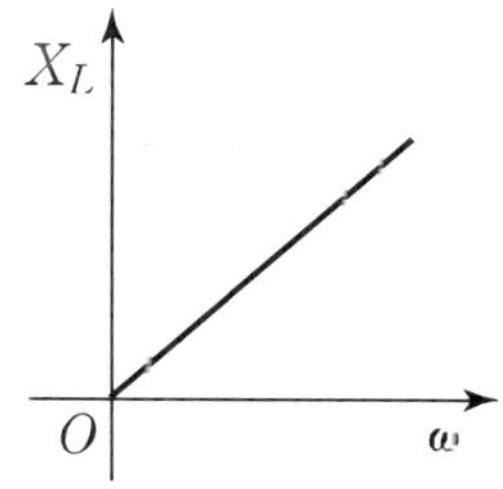

그림 2.16 ω와 X_L

- **리액턴스의 특징 :** 유도성 리액턴스 $X_L = \omega L$로서 각주파수 ω의 함수이다. 인덕턴스 L이 일정하다 하더라도 주파수가 크면 큰 값을 갖는다. 주파수가 0인 직류의 경우 $X_L = 0$이 됨은 당연하다. 즉 주파수가 클수록 인덕터는 높은 저항 특성을 나타내어 전류의 흐름을 억제한다.

예제 2.4.3

예제 2.4.2에서 리액턴스를 계산하고 전압과 전류 파형을 그려라.

풀 이

인덕터의 $L = 0.2[\text{H}]$에 대해 교류 각주파수 $\omega = 10[\text{rad/s}]$이므로 $X_L = \omega L$에 대입한다.

$$X_L = \omega L = 10 \times 0.2 = 2[\Omega]$$

전압과 전류의 순서치

$$i = 20\sin 10t$$

$$v_L = 40\cos 10t = 40\sin(10t + 90°)$$

$$\text{주파수} \quad f = \frac{\omega}{2\pi} = \frac{10}{2\pi} = 1.6[\text{Hz}]$$

주기 $T = \frac{1}{f} = \frac{2\pi}{10} = 0.63[초]$

전압과 전류의 파형을 나타내면 그림 2.17과 같이 그릴 수 있다.

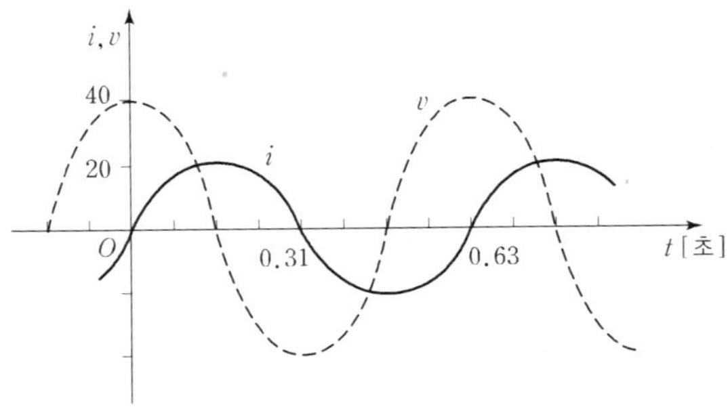

그림 2.17

2-5 콘덴서의 회로특성

콘덴서(condensor)도 전기에너지를 저장하는 소자이다. 인덕터가 전류와 연관이 깊다고 한다면 콘덴서는 전압과 인연이 깊다. 그림 2.18과 같이 콘덴서 양단에 전압을 인가하며 양극판에 전하가 모이고, 모인 전하량의 크기는 콘덴서 C값에 비례한다. 이 말은 콘덴서 양극판에 있는 전기장에 에너지를 저장함이다. 에너지 저장이나 소비 형태를 흔히 콘덴서의 충전과 방전이라 한다.

(1) 회로 특성

콘덴서 양단에 전압 V를 걸면, 양극판에 전하 Q가 모이고, 그 양은 콘덴서 C값에 비례한다. 이 관계를 **커패시턴스**(capacitance) C로 정의한다.

$$Q = CV \tag{2.17}$$

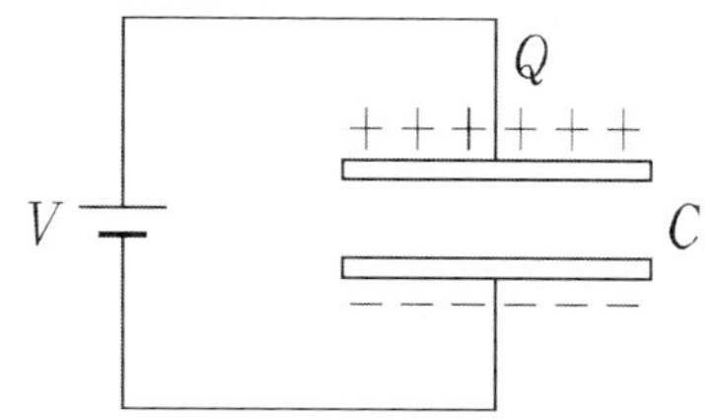

그림 2.18 콘덴서의 회로특성

(2) 전압과 전류

콘덴서에 흐르는 전류는 식 (2.17)의 양변을 시간 t로 미분하여 구한다.

$$\frac{dQ}{dt} = C\frac{dV}{dt} \tag{2.18}$$

식 (2.18)의 좌변은 그대로 전류의 정의식이다. $i = \frac{dQ}{dt}$로 식 (2.18)을 다시 쓴다.

$$i = C\frac{dV}{dt} \tag{2.19}$$

식 (2.19)는 매우 중요한 식이다. 콘덴서 양단에 전압변동이 있을 때에만 전류 i가 값을 갖는다. 전압을 직류와 교류로 나누어 보다 구체적으로 살펴보도록 하자.

- **직류전압의 경우 :** 식 (2.19)에서 전압 V가 직류이면 시간에 따른 전압변동이 없으므로 미분치가 0이다.

$$\frac{dV}{dt} = 0 \tag{2.20}$$

식 (2.20)을 식 (2.19)에 대입하면 i는 0이다. 즉 전류가 흐르지 않는다. 콘덴서는 직류전압에 해당하는 전류를 흘리지 않는다. 콘덴서 양단에 직류전압을 인가하면 마치 선로가 끊어진 것처럼 전류가 0이다. 콘덴서에 있는 중요한 성질로서 직류차단능력이라 부른다. 직류전압을 인가하면 콘덴서는 그 전압을 충전할 뿐, 전류를 흐르게 하지는 않는다.

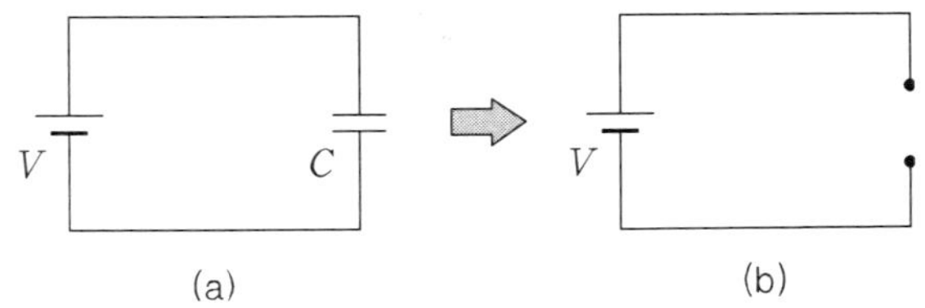

그림 2.19 직류와 콘덴서

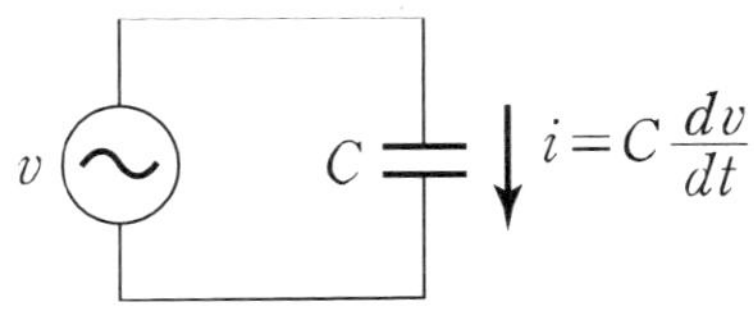

그림 2.20 교류와 콘덴서

- **교류전압의 경우 :** 반면에 시간에 따라 변하는 교류전압을 인가하면 미분치 $\frac{dV}{dt}$가 값을 갖게 되어 전류 i를 생성한다. $\frac{dV}{dt}$가 크면 클수록 전류 i가 커진다. 전류 크기는 식 (2.19)와 같다.

예제 2.5.1

그림 2.21에서 80[Ω]에 흐르는 전류는 몇[A]인가?

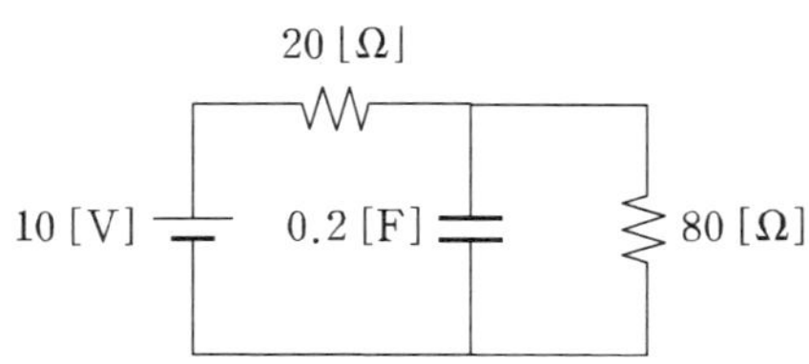

그림 2.21

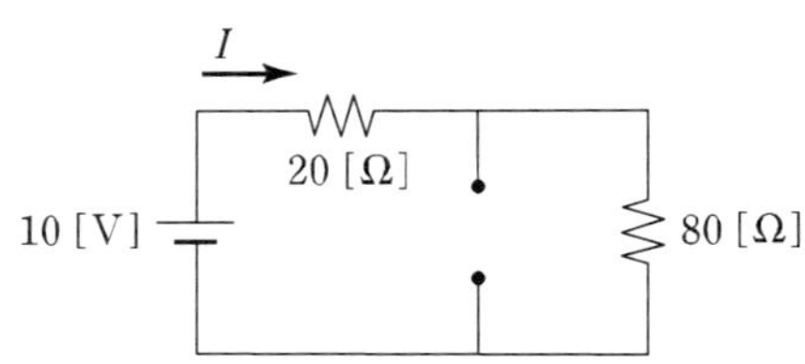

그림 2.22

풀 이

직류전압이 인가되므로 콘덴서는 끊어진 것과 같은 반응을 하며 그림 2.22와 같은 회로가 된다. 20[Ω]과 80[Ω]이 직렬이므로 합성저항은 다음과 같다.

$$R = 20 + 80 = 100[\Omega]$$

저항 R로 전압 10[V]를 나누어 전류 I를 계산한다.

$$I = \frac{V}{R} = \frac{10}{100} = 0.1[\mathrm{A}]$$

전류 $I = 0.1[\mathrm{A}]$는 20[Ω]과 80[Ω]에서 동일하다.

예제 2.5.2

그림 2.23에서 콘덴서 $C = 0.4[\mathrm{mF}]$에 교류전압 $v = 10\sin 500t[\mathrm{V}]$가 인가되었다. 전류를 구하여라.

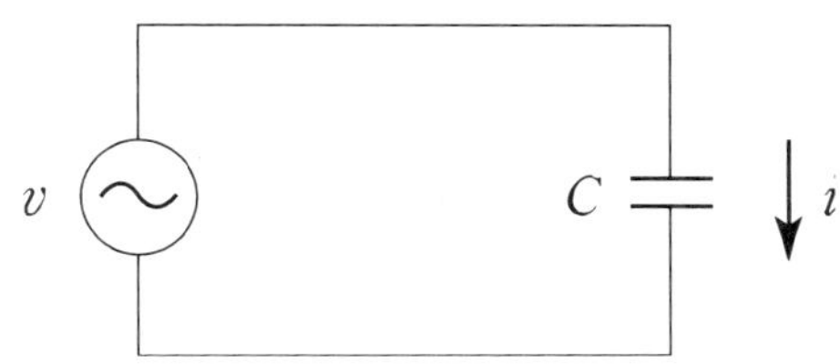

그림 2.23 콘덴서 교류회로

풀 이

식 (2.19)에 의해 전류를 계산한다.

$$i = C\frac{dv}{dt} = 0.4 \times 10^{-3}\frac{d}{dt}(10\sin 500t)$$

$$= 0.4 \times 10^{-3} \times 10 \times 500 \cos 500t$$
$$= 2\cos 500t$$
$$= 2\sin(500t + 90°)[A]$$

콘덴서의 전압과 전류를 그림 2.24에 나타내었다. 전류가 전압보다 위상이 90° 앞선다.

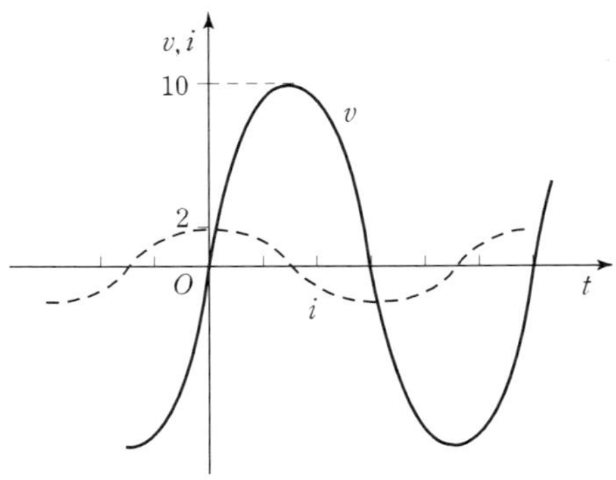

그림 2.24 전압과 전류파형

- **교류전압에서의 전압·전류 위상과 리액턴스 :** 앞의 예제 2.5.2에서 보았듯이 콘덴서의 전류와 전압 사이에는 크기와 위상변화가 있다. 결론을 미리 말하면 콘덴서에서는 전류가 전압보다 90° 위상이 앞선다. 콘덴서에서는 전류가 전압보다 먼저 진행한다. 이 관계를 수식을 통해 고찰한다. 콘덴서 인가 전압 $v = V_m \sin\omega t$ 에 대하여 식 (2.19)를 도입한다.

$$i = C\frac{dv}{dt} = C\frac{d}{dt}(V_m \sin\omega t)$$
$$= \omega C V_m \cos\omega t$$
$$= \omega C V_m \sin(\omega t + 90°) \quad (2.21)$$

콘덴서 전압 v 와 전류 i 를 함께 정리한다.

$$v = V_m \sin \omega t$$
$$i = \omega C V_m \sin(\omega t + 90°)$$

위 두 식에서 매우 흥미로운 사실을 발견할 수 있다.

첫째, 전압 · 전류 모두 각주파수는 ω로서 같다. 주파수는 변하지 않는다.
둘째, 전류가 전압보다 위상이 90° 앞선다.
셋째, 전류 i의 진폭은 전압 v의 진폭 V_m에 ωC를 곱한 값이다.

두 번째 특성을 그림 2.25에 보였다. 벡터로 나타내면 그림 2.26와 같다.

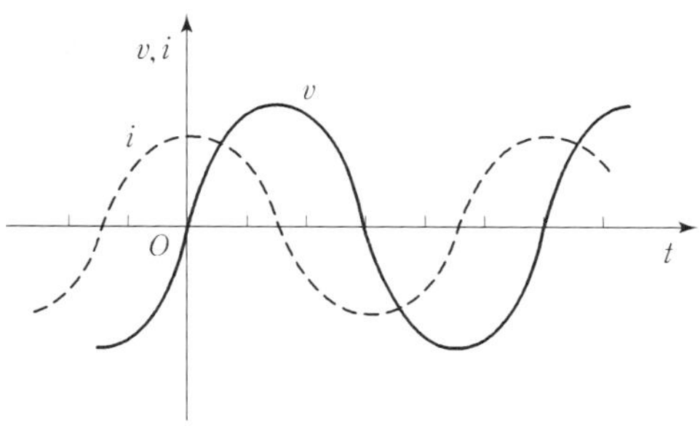

그림 2.25 C에서의 전압 · 전류 파형

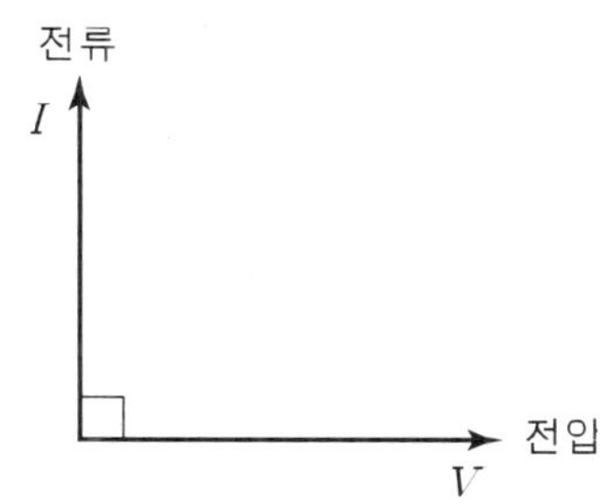

그림 2.26 C에서의 전압 · 전류 벡터

이러한 성질은 인덕터와 비교된다. 인덕터에서는 전압이 전류보다 90° 앞서는데 비해, 콘덴서에서는 정반대로 전류가 전압보다 90° 위상이 앞선다.
다음은 리액턴스를 살펴본다. 전압 · 전류 두 식에서 진폭을 비교한다.

전압 v : $V_m = V_m$

전류 i : $I_m = \omega C V_m$

V_m과 I_m 사이에는 ohm의 법칙이 성립한다.

$$V_m = \frac{1}{\omega C} I_m \tag{2.22}$$

식 (2.22)에서 $\dfrac{1}{\omega C}$을 콘덴서의 리액턴스(reactance)라고 부르며 간단히 X_C로 표기한다.

$$X_C = \frac{1}{\omega C}\ [\Omega] \tag{2.23}$$

콘덴서의 리액턴스라 하여, **용량성 리액턴스**라고 부른다. X_C의 단위도 저항의 단위인 $[\Omega]$임은 물론이다. 저항, 리액턴스, 임피던스 모두 단위는 오옴(Ω)이다.

- **리액턴스의 특성 :** 용량성 리액턴스 $X_C = \dfrac{1}{\omega C}$로서 각주파수 ω에 반비례한다. 커패시턴스 C가 일정하다 하더라도 주파수에 따라 X_C는 0에서 ∞까지 변한다. $\omega = 0$에서 $X_C = \infty$이다. $\omega = 0$은 직류이기 때문에 직류전압 인가시 저항이 ∞(무한대)가 되어 전류가 전혀 흐를 수 없다. 반면에 ω가 클수록 X_C는 0에 가까워져서 전류를 잘 흐르게 한다. ω가 ∞이면 아예 $X_C = 0$이 되어 도선과 마찬가지로 단락(close)된다. 그림 2.27에는 ω와 X_C의 관계를 나타내었다. 만약 $X_C = -\dfrac{1}{\omega C}$로 정의한다면 그래프는 그림 2.28과 같이 (−)영역에서 그려진다. 그림 2.28은 임피던스 개념을 갖고 있는 것으로 ($\dfrac{1}{j\omega C} = -j\dfrac{1}{\omega C}$로서 (−)부호가 $\dfrac{1}{\omega C}$ 앞에 붙는다) ω에 따른 X_C를 나타낼 때 흔히 사용한다.

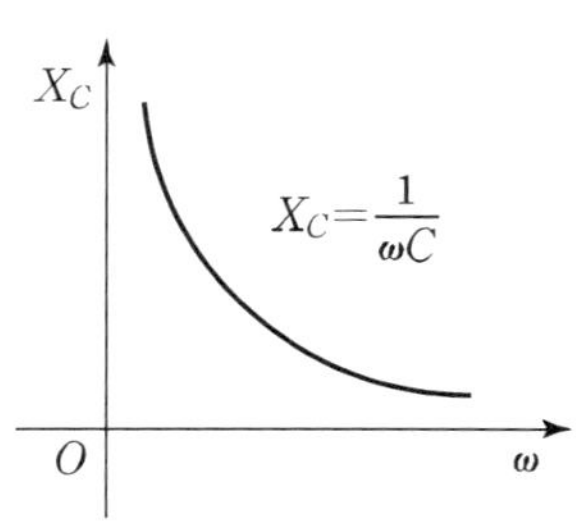

그림 2.27　ω와 X_C

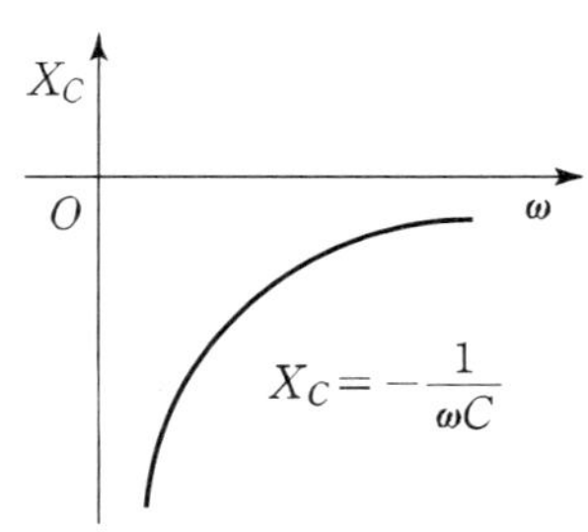

그림 2.28　ω와 X_C

예제 2.5.3

그림 2.29에서 콘덴서 $C=10[\mu F]$에 교류전압 $v=80\sin 20000t\,[V]$가 인가되었다. 리액턴스 X_C를 구하고 콘덴서의 전압 · 전류를 그래프로 나타내어라.

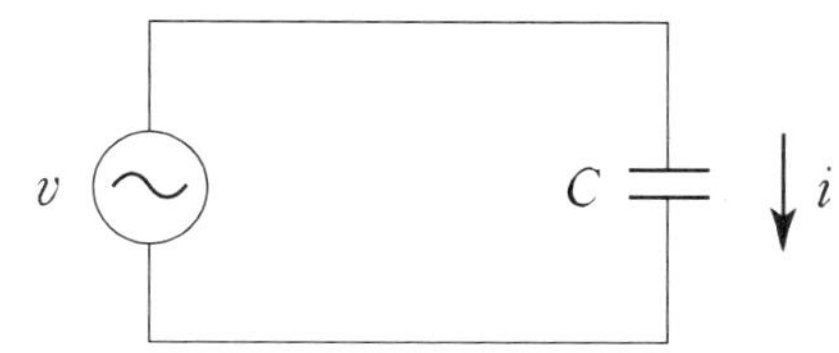

그림 2.29 교류회로

풀이

콘덴서, $C=10[\mu F]=10\times10^{-6}[F]$, $\omega=20000[rad/s]$

$$X_C=\frac{1}{\omega C}=\frac{1}{20000\times10\times10^{-6}}=5[\Omega]$$

전류 i는 식 (2.21)에 의해 계산한다.

$$\begin{aligned} i &= C\frac{dv}{dt} \\ &= 10\times10^{-6}\times\frac{d}{dt}(80\sin 20000t) \\ &= 16\cos 20000t[A] \end{aligned}$$

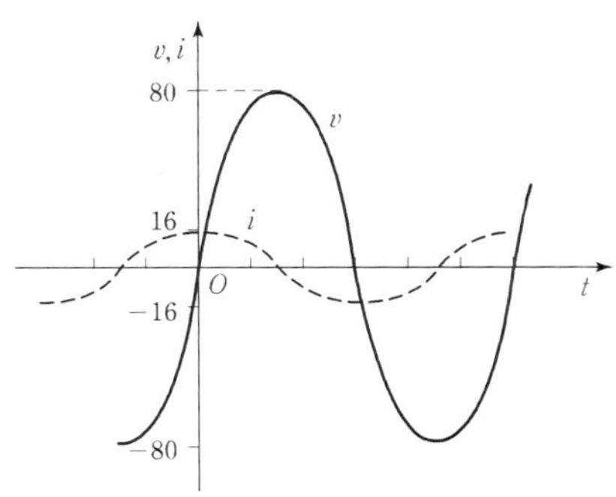

그림 2.30 전압 및 전류 파형

2-6 *RLC* 소자의 회로특성 요약

이상의 RLC에서의 전압·전류를 포함한 회로특성에 대하여 관계식들을 정리하여 표 2.1에 나타내었다.

표 2.1 종합정리

소자명	저항 R	인덕터 L	커패시터 C
기본식	 $V = RI$	 $\Phi = LI$	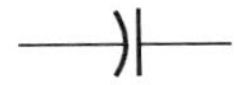 $Q = CV$
임피던스 Z	R	$j\omega L$	$\dfrac{1}{j\omega C}$
어드미턴스 Y	$\dfrac{1}{R}$	$\dfrac{1}{j\omega L}$	$j\omega C$
전압 v, V	$V = RI$ $v = Ri$	$v = L\dfrac{di}{dt}$ $V = j\omega LI$	$v = \dfrac{1}{C}\int i\,dt$ $V = \dfrac{I}{j\omega C}$
전류 i, I	$i = \dfrac{v}{R}$ $I = \dfrac{V}{R}$	$i = \dfrac{1}{L}\int v\,dt$ $I = \dfrac{V}{j\omega L}$	$i = C\dfrac{dv}{dt}$ $I = j\omega CV$

2-7 연결 방식

소자들 상호연결의 가장 기본적인 직렬, 병렬 및 직·병렬연결을 소개한다. **직렬연결**은 소자들을 서로 이어 붙이는 방식이고, **병렬연결**은 소자들을 서로 나란히 맞물리는 방식이다. 직·병렬연결은 이 두 방식의 조합이다. 직·병렬 이외에도 $\Delta - Y$ 연결이 있다. $\Delta - Y$ 연결은 상호변환이 가능하다.

(1) 직렬연결

- **연결방식 :** 그림 2.31과 같이 소자들을 서로 이어 붙인다.

(a) (b)

그림 2.31 직렬연결

- **전압과 전류 :** 직렬연결시 각 소자에 흐르는 전류는 모두 같다.

그림 2.31(b)에서 각 소자의 전압은 서로 다를 수 있으나, 소자의 전류는 모두 같다.

$$I = I_1 = I_2 = I_3 = \cdots \qquad (2.24)$$

예제 2.7.1

그림 2.32와 같이 서로 다른 값을 갖는 소자들이 서로 직렬연결 되어 있다. 인덕터 L_1에 흐르는 전류가 $3\sin 2t\,[\mathrm{A}]$이다. 저항 R_2의 전류를 구하여라.

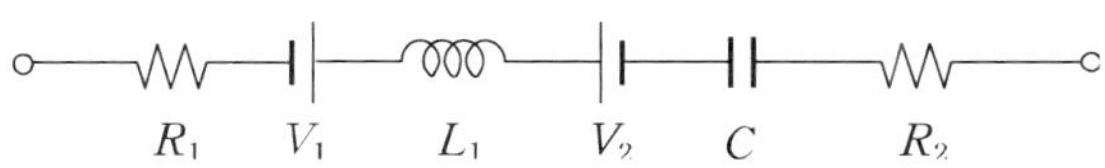

그림 2.32

풀이

소자의 종류나 크기와 전혀 상관없이 직렬연결 되어 있다면, 모든 소자전류는 같다.

따라서 R_2의 전류도 $3\sin 2t$ [A]이다.

(2) 병렬연결

- **연결방식 :** 그림 2.33과 같이 서로 어깨를 맞대고 연결한다.
- **전압과 전류 :** 병렬연결시 모든 소자에 걸리는 전압은 같다.

병렬연결시 관건은 전압이다. 들어온 전류는 각 소자로 나누어 흐르기 때문에 전류는 서로 같은 경우가 드물지만, 전압은 소자의 수가 수천 개라 하더라도 모두 같다.

$$V = V_1 = V_2 = V_3 = \cdots \tag{2.25}$$

$$I = I_1 + I_2 + I_3 + \cdots \tag{2.26}$$

그 이유는 매우 간단하다. 그림 2.33을 그림 2.34와 같이 그리면 곧바로 이해할 수 있다. 병렬연결은 위아래 하나의 점으로 묶이기 때문에 전압은 오직 하나만 존재한다.

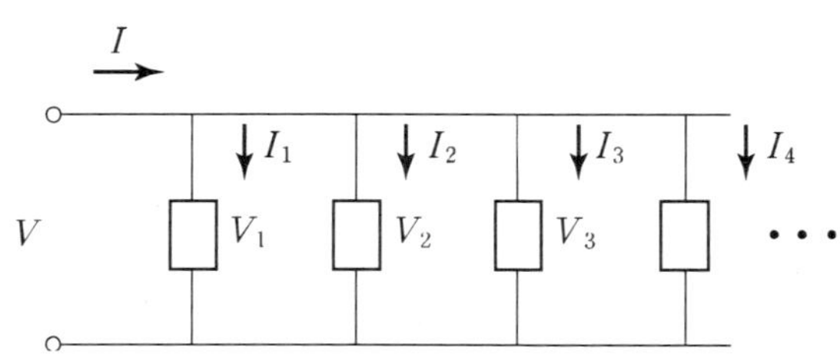

그림 2.33 병렬연결 회로

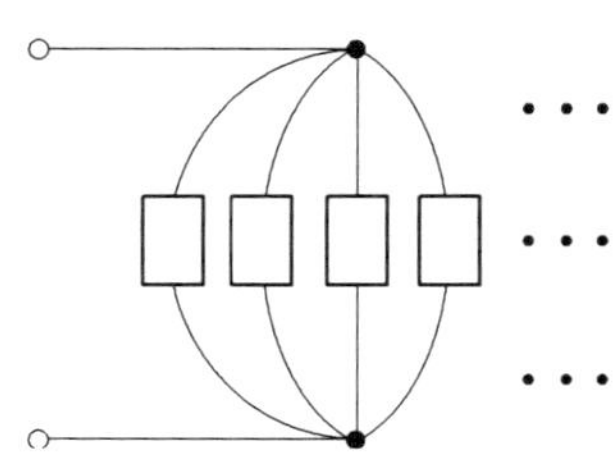

그림 2.34 병렬연결 개념도

예제 2.7.2

그림 2.35와 같이 소자들이 병렬연결된 회로가 있다. 저항 R_1의 전압이 $100\sin 20t$ [V]이다. 인덕터 L_2의 전압은 몇[V]인가?

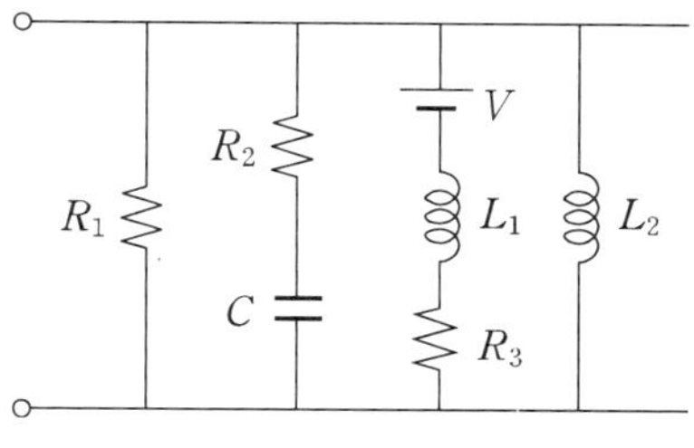

그림 2.35

풀 이

병렬연결시 전압은 모두 같다. R_1이나 L_2에 걸리는 전압은 동일하다. 그러므로 $100\sin 20t$ [V]이다.

(3) 직·병렬연결

그림 2.36과 같은 연결 방식이다. A는 직렬, B는 병렬, A와 B는 또 직렬이다. A와 B가 서로 직렬이므로 $V \neq V_1$이 성립한다. V_1 전압은 V에서 A에서의 전압 강하 손실을 뺀 나머지이다.

$$V = V_0 + V_1$$

$$I = I_1 + I_2$$

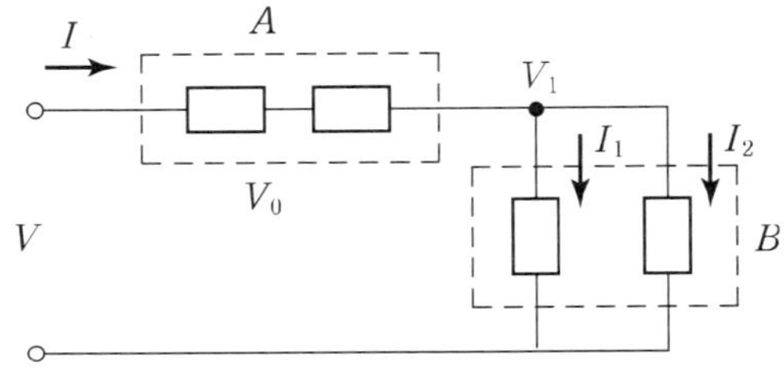

그림 2.36 직·병렬연결

예제 2.7.3

그림 2.37에서 소자 A_2와 A_3의 전류가 각각 2[A],3[A]이다. 소자 A_1의 전류를 구하여라.

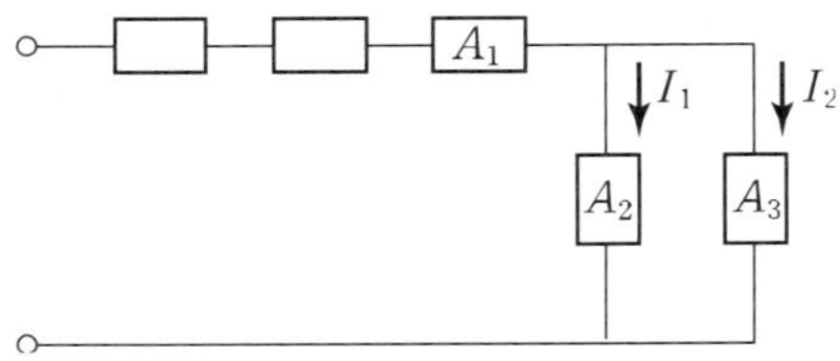

그림 2.37

풀 이

A_2와 A_3는 병렬이므로 합성전류 $I_1 + I_2$가 A_1에 흐른다. 그러므로 5[A]이다.

(4) 사다리꼴 연결

- **연결방식 :** 그림 2.38처럼 사다리 형태로 되어 있다. 직렬과 병렬 부위에 소자가 하나씩 교대로 들어가 있으므로 각 부위마다 전압과 전류가 서로 다르게 교차한다.

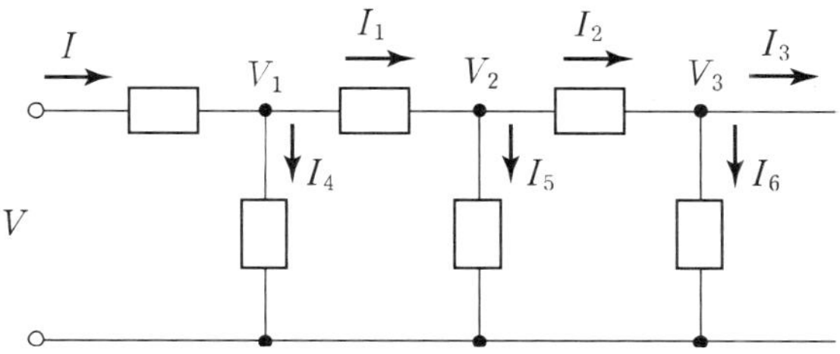

그림 2.38 사다리꼴 연결

- **전압과 전류 :** 그림 2.38을 자세히 보면, 전압과 전류가 단계를 거치면서 서로 다른 값을 갖는 동시에 서로 합성되기도 한다.

일단 V_3 지점에서 $I_2 = I_3 + I_6$, V_2 지점에서 $I_1 = I_2 + I_5$, V_1 지점에서는 $I = I_1 + I_4$ 이다. 이를 다시 정리하면 보다 명확해진다.

$$I_2 = I_3 + I_6$$
$$I_1 = I_2 + I_5 = I_3 + I_6 + I_5$$
$$I = I_1 + I_4 = I_3 + I_6 + I_5 + I_4 = I_4 + I_5 + I_6 + I_3$$

이 과정에서 직렬부위의 전류 I_1, I_2 등은 사라지고 직렬의 마지막 전류 I_3와 병렬부위의 전류들만의 합으로 구성됨을 알 수 있다. 이를 보다 확장한 것이 그림 2.39로서 전류는 쉽게 구할 수 있다.

$$I = I_1 + I_2 + I_3 + \cdots + I_n = \sum_{i=1}^{n} I_i \qquad (2.27)$$

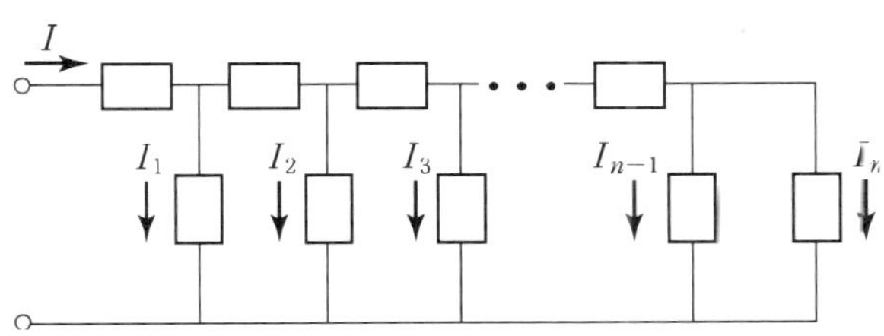

그림 2.39 전류계산

예제 2.7.4

그림 2.40의 사다리꼴 회로의 소자 A_1, $\cdots$, A_5의 전류가 각각 1[A]이다. 전체 전류 I를 구하여라.

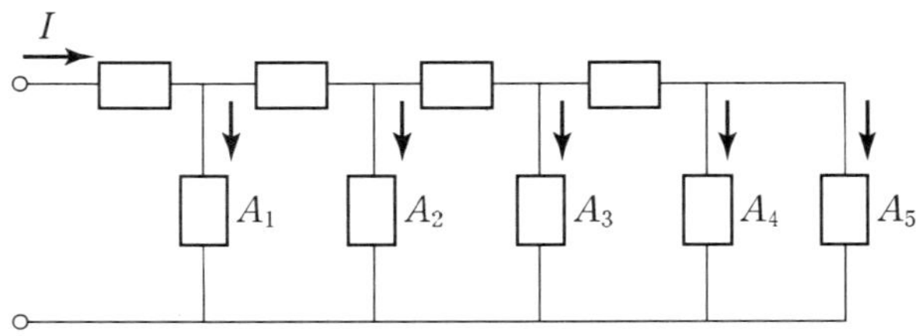

그림 2.40

풀 이

식 (2.27)에 의해 전체 전류는 각 병렬 소자전류의 합이다.

$$I = 1 \times 5 = 5[\mathrm{A}]$$

2-8 전원의 상호연결

전압원과 전류원이 서로 직렬 또는 병렬연결 된 경우 전체 전원전압이나 전류값을 구한다. 직렬연결은 전압원에서 의미가 있고 병렬연결은 전류원에서 의미가 있다. 전압원이 서로 병렬연결 되어 있고, 전류원이 서로 직렬연결 된 경우 모든 직렬회로의 전류는 같고, 모든 병렬회로의 전압은 같다는 원칙에 의해 각 경우 모두 동일한 전원값을 가져야 한다. 또한 직류전압원과 교류전압원을 직렬연결 하였을 때 교류는 위상 파형을 고려하여 순시치 값으로 서로 합한다.

(1) 전압원의 직렬연결

- **직류전압원 :** 그림 2.41에서 전원의 극성을 고려하여 같은 방향이면 더하고 다른 방향이면 빼어서 합성한다.

그림 2.41(a)에서 $V_t = V_1 + V_2 + V_3$

그림 2.41(b)에서 $V_t = V_1 - V_2$

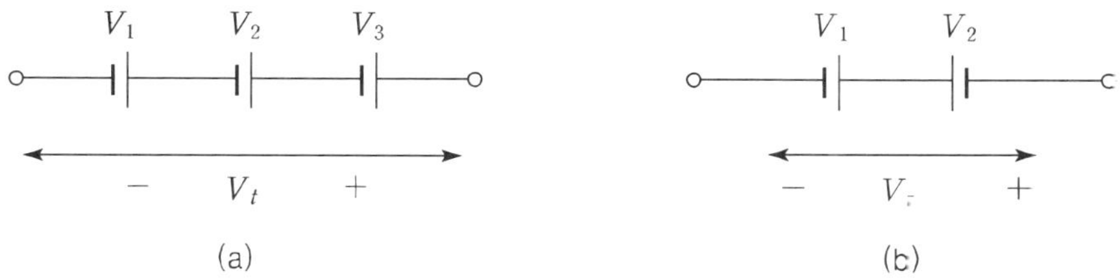

그림 2.41 직류전압원의 직렬연결

예제 2.8.1

그림 2.42와 같이 직류전원을 연결하였다. 전체 전압값은 얼마인가?

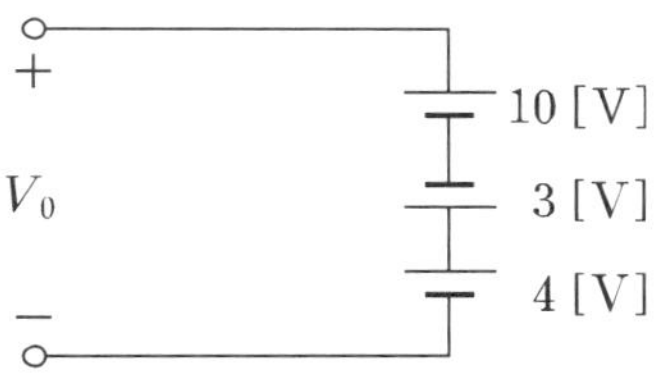

그림 2.42

풀 이

전원의 극성에 유의하면서 서로 더한다. $V_0 = 10 - 3 + 4 = 11[V]$

- **교류전압원 :** 교류의 극성은 위상을 가리킨다. 합성은 순시치로 한다.

그림 2.43(a)에서 전체전압 $v = v_1 + v_2$

그림 2.43(b)에서 전체전압 $v = v_1 - v_2$

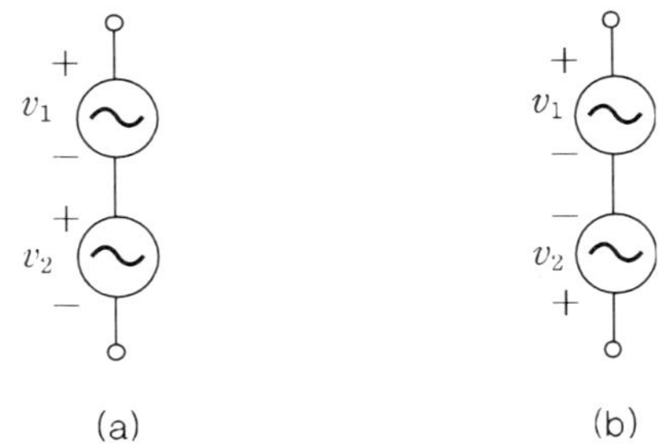

그림 2.43 교류전압원의 직렬연결

예를 들어, $v_1 = V_1 \sin\omega t, v_2 = V_2 \sin(\omega t + \theta)$라고 할 때, 두 전압의 합성은 순시치 끼리의 합이다. 위상이 서로 다르면 합성 전원의 파형은 정현파가 아니다.

예제 2.8.2

실효치가 220[V],110[V]인 교류 전원 v_1, v_2를 그림 2.43(a)와 같이 합성하였다. 두 전원은 주파수가 같고 v_1이 v_2보다 30° 위상이 앞선다. 합성전원의 순시치를 구하여라.

풀 이

교류정현파의 진폭은 실효치의 $\sqrt{2}$ 배이다. 문제의 조건에서 $v_1 = 220\sqrt{2}\sin(\omega t + 30°)$, $v_2 = 110\sqrt{2}\sin\omega t$이므로 두 전원의 합을 구하면 다음과 같다.

$$v = v_1 + v_2 = 220\sqrt{2}\sin(\omega t + 30°) + 110\sqrt{2}\sin\omega t$$

(2) 전류원의 병렬연결

전류원의 방향이 서로 동일한 경우(그림 2.44(a)) : 두 개의 전류원이 합하여진다.

$$I_0 = I_1 + I_2$$

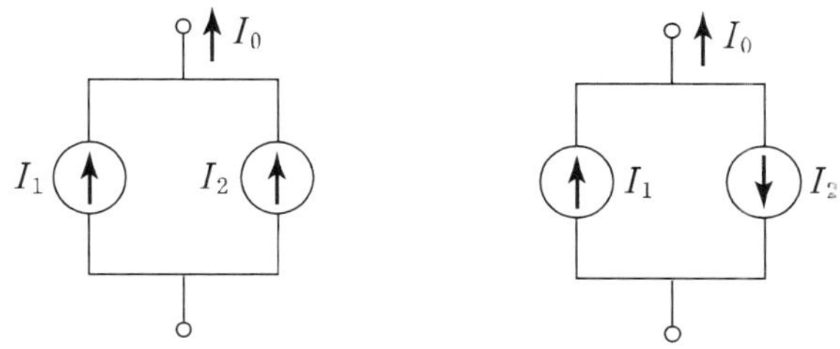

그림 2.44 전류원의 병렬연결

전류원의 방향이 서로 반대인 경우(그림 2.44(b)) : 전류원의 차이가 I_0 이다.

$$I_0 = I_1 - I_2$$

그림 2.44(a)는 두 개의 물줄기가 합하여져서 하나의 큰 물줄기를 형성하고, 그림 2.44(b)는 I_1의 물줄기가 I_2로 나누어지고 남은 $I_1 - I_2 = I_0$가 되어 흘러나간다.

2-9 저항 연결

저항끼리의 직렬, 병렬, 직·병렬, 사다리꼴 회로 및 $\Delta - Y$ 변환을 공부한다. 저항의 직렬연결에서는 전류가 동일하다는 점을 고려하고, 병렬연결시는 인가전압이 같다는 원리에 착안한다. 사다리꼴 회로는 직렬－병렬－직렬－병렬의 반복 형태로 전체 값을 구한다. 마지막으로 Δ(델타) 형태의 연결을 Y(y 또는 star) 형태로 상호변환 한다. $\Delta - Y$ 변환은 브리지 회로 등에 많이 사용된다.

(1) 직렬연결

- **합성원리 :** 저항값을 그대로 모두 더한다. 그림 2.45은 저항이 서로 직렬연결 되었다.

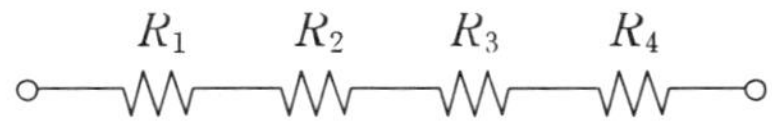

(a)

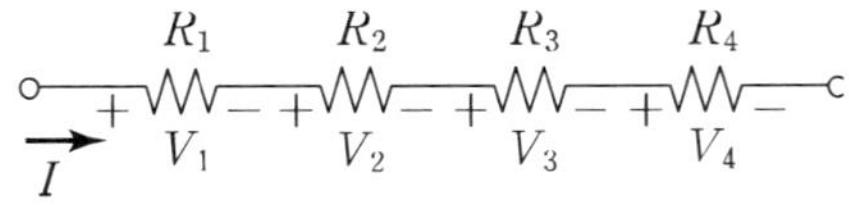

(b)

그림 2.45 저항의 직렬연결

- **전체 저항** : $R = R_1 + R_2 + R_3 + R_4$
- **저항에 n개 직렬연결된 경우 전체 저항** : $R = \sum_{i=1}^{n} R_i$ (2.28)

예제 2.9.1

그림 2.46과 같이 직렬연결된 회로의 전체 저항을 구하여라.

그림 2.46

풀 이

전체 저항은 두 저항의 합이다.

$$R = 100 + 48 = 148\ [\Omega]$$

예제 2.9.2

그림 2.47 의 회로에서 저항 100 [Ω]의 전압을 측정하였더니 200[V]이었다. 저항 50 [Ω]에 흐르는 전류는 얼마인가?

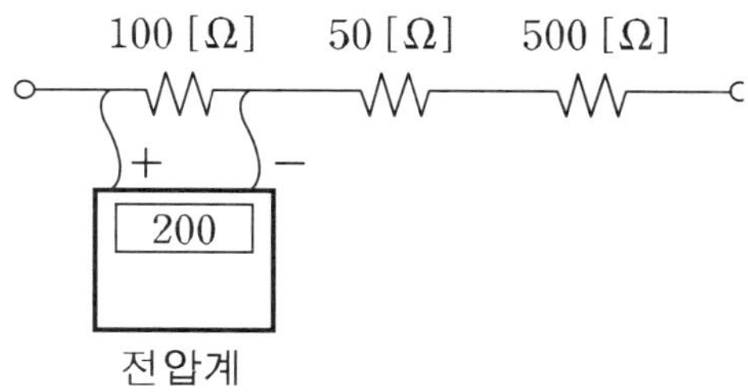

그림 2.47

풀 이

저항 100 [Ω]의 전압이 200[V]이므로 Ohm의 법칙에 의해 $I = \frac{V}{R} = \frac{200}{100}$[A]의 전류가 흐른다. 이 전류는 100 [Ω]과 직렬연결된 50 [Ω]이나 500 [Ω]에도 동일하다. 그러므로 저항 50[Ω]에 흐르는 전류는 2[A]이다.

(2) 병렬연결

- **합성원리 :** 먼저 저항 두 개가 병렬연결 된 가장 간단한 그림 2.48의 회로부터 살펴보자.

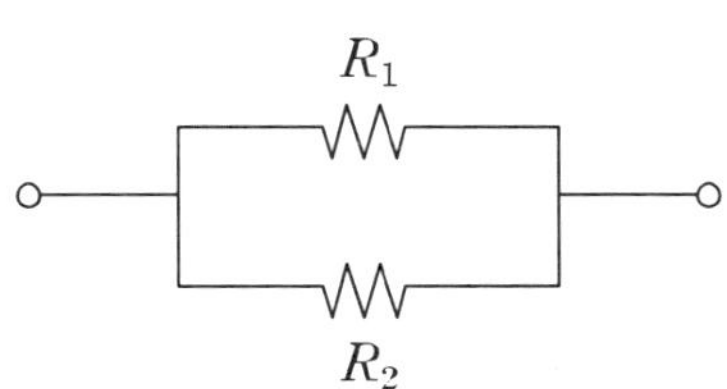

그림 2.48 저항의 병렬연결

• **전체 저항** : $\frac{1}{R}=\frac{1}{R_1}+\frac{1}{R_2} \Rightarrow \frac{1}{R}=\frac{R_1+R_2}{R_1+R_2} \Rightarrow R=\frac{R_1R_2}{R_1+R_2}$ (2.29)

다음은 그림 2.49와 같이 여러 개의 저항이 서로 병렬연결 된 경우 전체 저항을 구해보도록 한다.

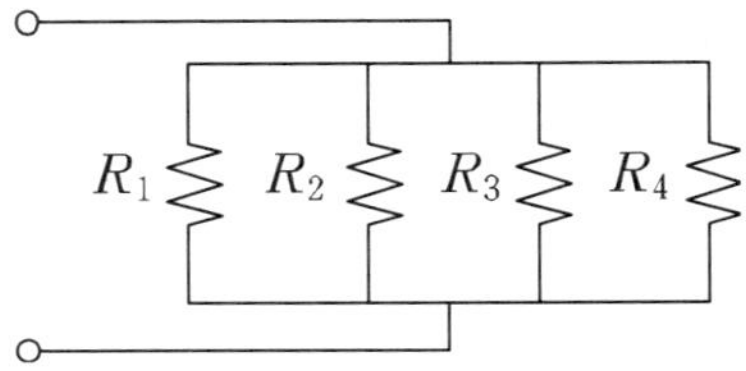

그림 2.49 다수 저항의 병렬연결

• **전체 저항** : $\frac{1}{R}=\frac{1}{R_1}+\frac{1}{R_2}+\frac{1}{R_3}+\frac{1}{R_4} \Rightarrow R=\frac{1}{\frac{1}{R_1}+\frac{1}{R_2}+\frac{1}{R_3}+\frac{1}{R_4}}$

저항 n개가 서로 병렬연결된 경우 전체저항 R은

$$\frac{1}{R}=\sum_{i=1}^{n}\frac{1}{R_i} \Rightarrow R=\frac{1}{\sum_{i=1}^{n}\frac{1}{R_i}} \tag{2.30}$$

예제 2.9.3

그림 2.50 병렬회로의 전체 저항 R을 구하여라.

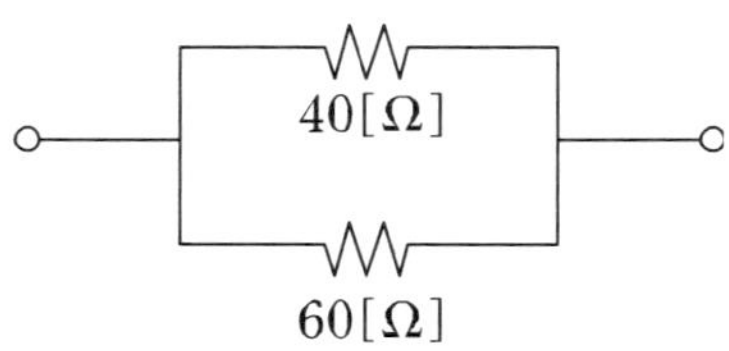

그림 2.50

풀 이

저항이 두 개인 경우는 $\frac{\text{곱하기}}{\text{더하기}}$의 계산요령에 의해 구한다.

$$\text{저항 } R = \frac{40 \times 60}{40 + 60} = 24\ [\Omega]$$

예제 2.9.4

그림 2.51 병렬회로의 전체 저항 R을 구하여라. 저항값은 모두[Ω]이다.

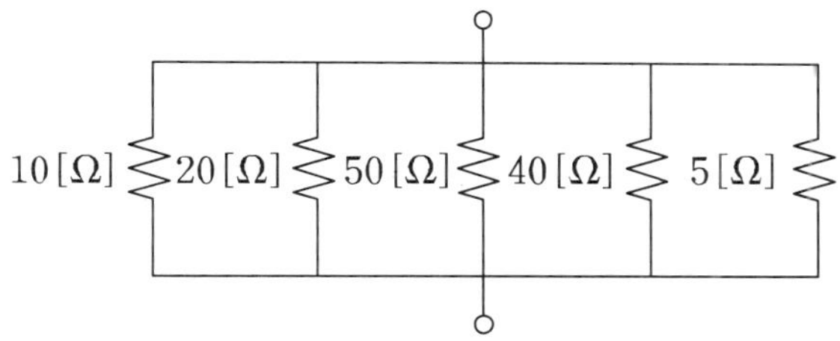

그림 2.51

풀 이

계산원리 "각 저항값의 역수들을 모두 더한 후, 그 값의 역수를 계산한다" 에 의해 전체 저항 R은 다음과 같다.

$$R = \frac{1}{0.1 + 0.05 + 0.02 + 0.025 + 0.2} = \frac{1}{0.395} = 2.53[\Omega]$$

(3) 직 · 병렬연결

직렬연결과 병렬연결의 기본계산요령을 따른다. 그림 2.52에 계산요령을 보였다.

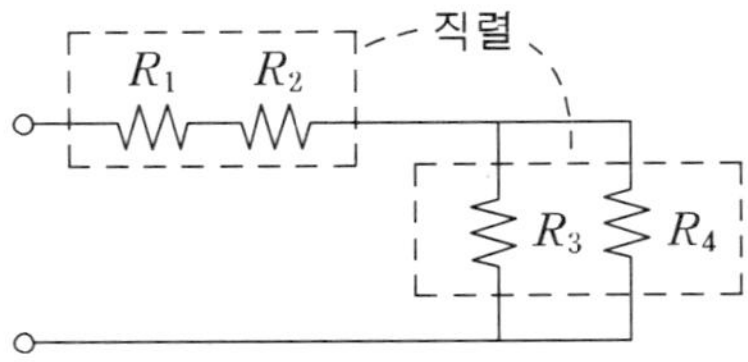

그림 2.52 직·병렬연결

• 전체 저항 : $R = (R_1 + R_2) + \dfrac{R_3 R_4}{R_3 + R_4}$

예제 2.9.5

그림 2.53회로의 전체 저항값을 구하여라. 그림 2.53의 숫자는[Ω]을 표시한다.

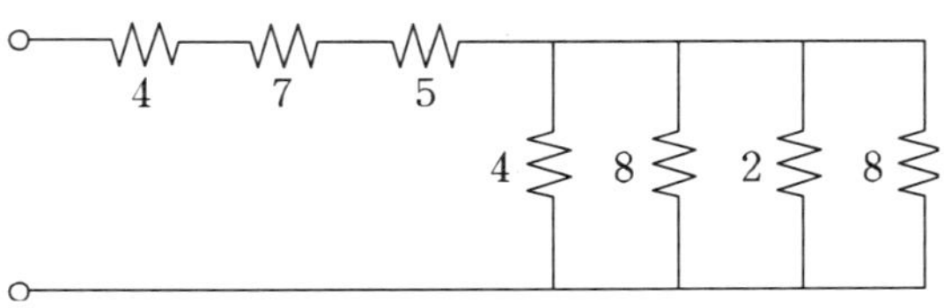

그림 2.53

풀 이

직렬연결된 세 개의 저항은 그대로 더한다. $4+7+5 = 16[\Omega]$

병렬연결된 4개의 저항 중에 먼저 $8[\Omega]$과 $8[\Omega]$을 합산하면, $\dfrac{8\times 8}{4+4} = 4[\Omega]$이 되고, 이 $4[\Omega]$과 병렬회로의 $4[\Omega]$과 합산한다. $\dfrac{4\times 4}{4+4} = 2\ [\Omega]$. 이것과 병렬회로의 $2\ [\Omega]$과 합산한다. 그러면 결국 병렬 전체의 저항은 $\dfrac{2\times 2}{2+2} = 1\ [\Omega]$이 되고 직렬연결의 결과와 합산하여 전체 저항을 산출한다. 즉, 전체저항은 $16 + 1 = 17\ [\Omega]$이다.

그림 2.54는 그 과정을 보였다.

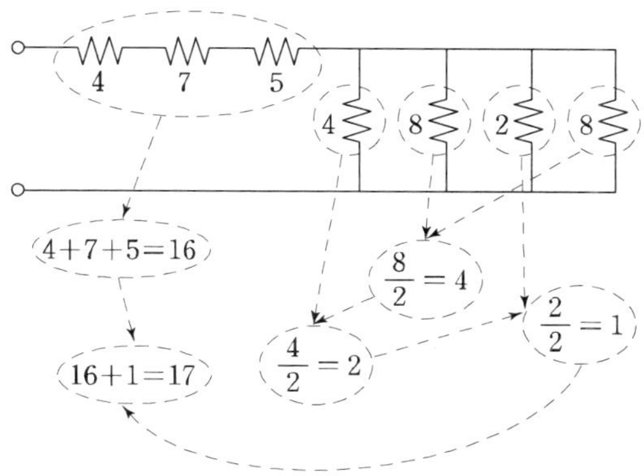

그림 2.54

(4) Δ 연결과 Y 연결의 상호변환

Δ (델타) 연결과 Y (와이) 연결 형태를 그림 2.55에 보였다. 델타연결은 삼각형모양이고 와이연결은 영문자 Y처럼 생겼다. 두 연결의 상호변환은 쓸모가 많다. 예를 들어 그림 2.56와 같이 계산하기 곤란한 브릿지 회로를 간략화 시킬 수 있다.

그림 2.55 Δ 연결과 Y 연결

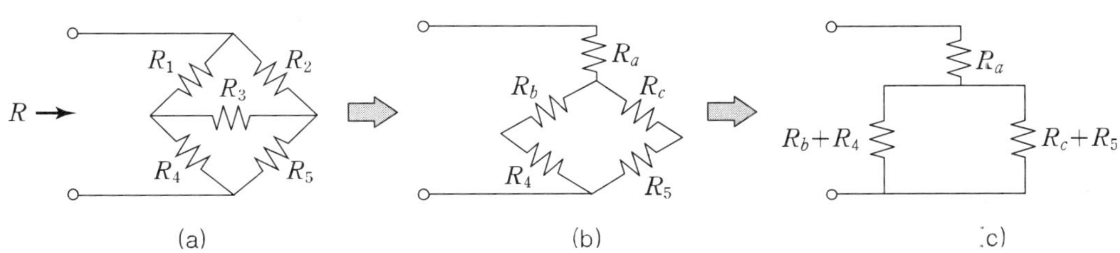

그림 2.56 브릿지 회로의 간략화

• **상호변환 결과식 :** 그림 2.57에 Δ와 Y결선을 합쳐 놓았다.

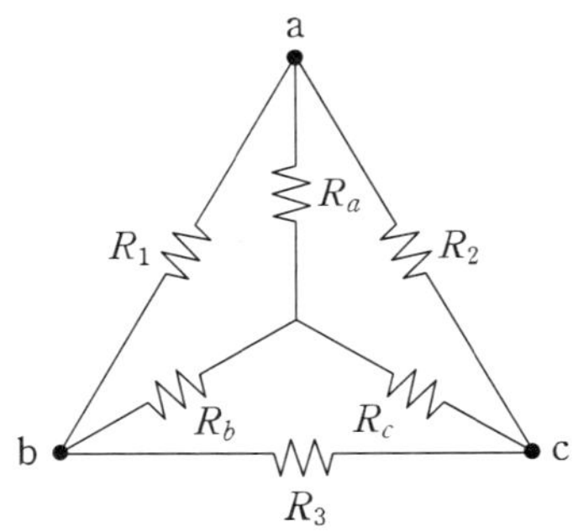

그림 2.57 Δ와 Y결선의 상호변환

Δ성분과 Y성분 상호변환을 다음 식 (2.31)와 (2.32)에 보였다.

① $\Delta \rightarrow Y$ 변환

$$R_a = \frac{R_1 R_2}{R_1 + R_2 + R_3},\quad R_b = \frac{R_1 R_3}{R_1 + R_2 + R_3},\quad R_c = \frac{R_2 R_3}{R_1 + R_2 + R_3} \tag{2.31}$$

② $Y \rightarrow \Delta$ 변환

$$R_1 = \frac{R_a R_b + R_a R_c + R_b R_c}{R_c}$$

$$R_2 = \frac{R_a R_b + R_a R_c + R_b R_c}{R_b}$$

$$R_3 = \frac{R_a R_b + R_a R_c + R_b R_c}{R_a} \tag{2.32}$$

예제 2.9.6

그림 2.58의 Δ결선을 Y결선으로 변환하였을 때의 Y결선 각 저항값을 구하여라.

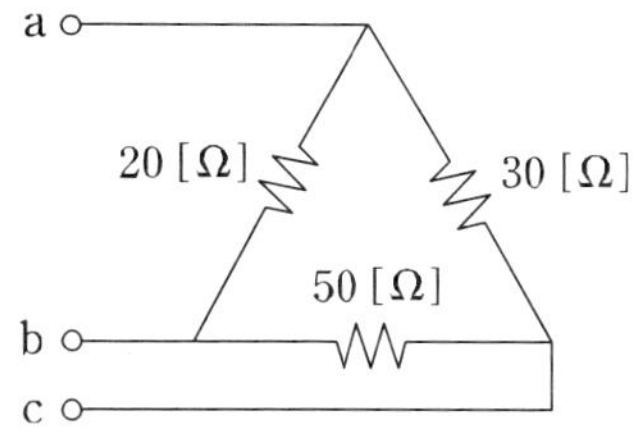

그림 2.58

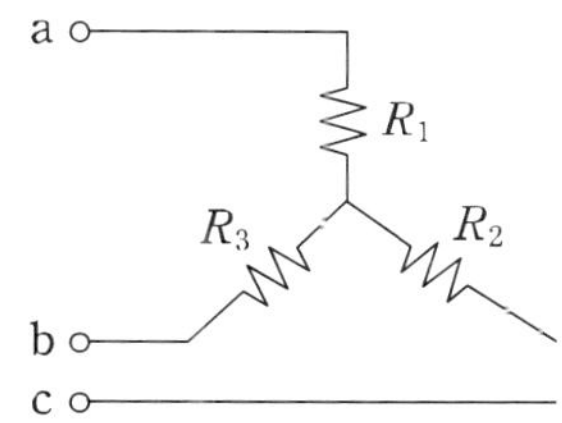

그림 2.59

풀이

식 (2.31)의 변환요령에 의해 Y변환시 각 저항값을 계산한다. Y결선을 그림 2.59에 보였다.

Δ결선에서 세 저항의 합은 $20+30+50=100$ [Ω]이다.

$$R_1 = \frac{20\times 30}{20+30+50} = 6\ [\Omega]$$

$$R_2 = \frac{30\times 50}{20+30+50} = 15\ [\Omega]$$

$$R_3 = \frac{20\times 50}{20+30+50} = 10\ [\Omega]$$

- **저항값이 모두 같은 경우 :** Δ나 Y를 구성하는 저항값이 모두 같으면, 변환시 간단히 처리된다. Δ결선 저항이 R로서 모두 같을 때, 이를 Y결선으로 변환한 저항은 $\frac{1}{3}R$이 된다. 반대로 Y결선 저항이 모두 r_0이면, Δ결선으로 변환 후 저항들은 모두 $3r_0$이다.

$$\Delta\text{결선 저항}: R \rightarrow Y\text{결선 저항}: \frac{1}{3}R$$

$$Y\text{결선 저항}: r_0 \rightarrow \Delta\text{결선 저항}: 3r_0$$

그림 2.60에 변환시 저항값을 보였다.

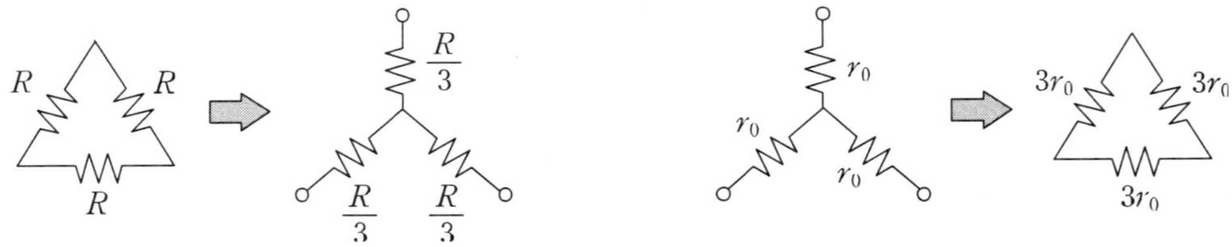

그림 2.60 동일저항에 대한 Δ와 Y결선의 상호변환

예제 2.9.7

그림 2.61의 Δ 결선을 Y결선으로 변환하였을 때 Y결선을 구성하는 각 저항값을 계산하여라.

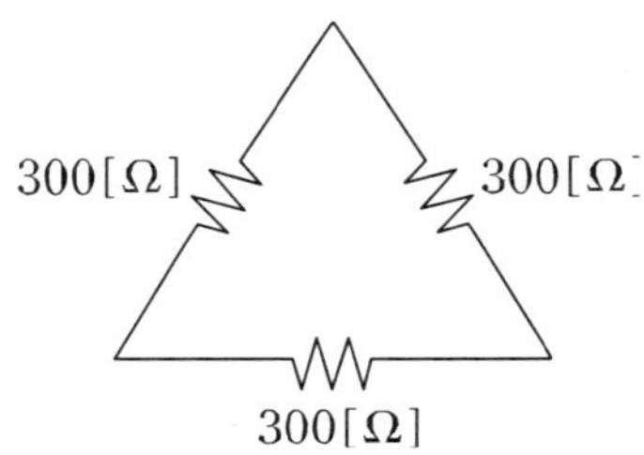

그림 2.61

풀이

방금 소개한 원리에 의해 Y 결선 각각의 저항값은 모두 $\frac{1}{3} \times 300 = 100\,[\Omega]$이다.

예제 2.9.8

그림 2.62의 모두 저항이 300 $[\Omega]$이다. 단자 ab에서 본 전체 저항값을 계산하여라.

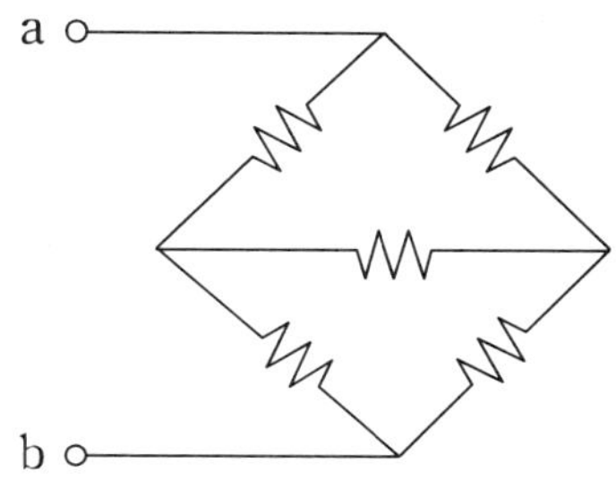

그림 2.62

풀 이

그림 2.62의 회로는 브릿지 형태로서 삼각형(Δ결선)이 위아래 두 개다. 두 개 중 어느 한 개를 $\Delta \rightarrow Y$ 변환하면 쉽게 저항을 계산할 수 있다. 위의 삼각형을 Y결선으로 바꾸어 저항값을 계산해 보도록 한다. $\Delta \rightarrow Y$ 변환시 저항값이 모두 같으므로 $\frac{1}{3}R$에 의해 간단히 처리한다. 그림 2.63은 계산과정을 보였다.

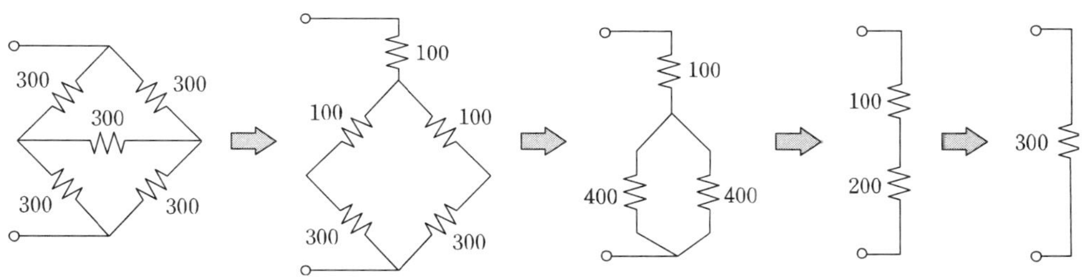

그림 2.63

2-10 인덕터 연결

인덕터의 상호연결은 저항과 동일하다. 직·병렬연결시 합성 인덕턴스값 계산도 마찬가지이다. 이러한 이유는 인덕터 내 전압발생에 따른 합성전압 원리가 저항의 경우와 동일하기 때문이다. 사다리꼴회로, $\Delta - Y$ 변환도 저항과 같이 계산한다.

(1) 직렬연결

- **합성원리 :** 인덕터의 인덕턴스값을 그대로 더한다. 그림 2.64과 같이 직렬연결되었다면 전체 인덕턴스는 각각 인덕턴스의 합이다.

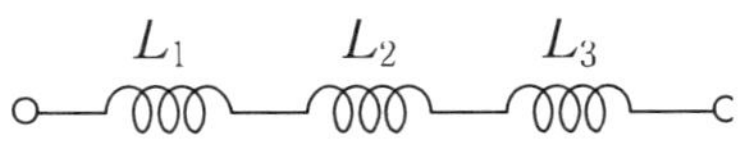

그림 2.64 직렬연결

$$L = L_1 + L_2 + L_3 \tag{2.33}$$

인덕터 n개가 직렬연결된 경우 전체 인덕턴스 L은

$$L = \sum_{i=1}^{n} L_i \tag{2.34}$$

예제 2.10.1

그림 2.65에서 $L_1 = 0.02[\mathrm{H}]$, $L_2 = 0.13[\mathrm{H}]$이다. 회로 전체의 인덕턴스는 몇[H]인가?

그림 2.65

풀이

그대로 더한다. $L = L_1 + L_2 = 0.02 + 0.13 = 0.15$[H]이다.

(2) 병렬연결

- **합성원리 :** 저항의 경우와 같다. 그림 2.66 병렬연결 회로의 합성 인덕턴스는

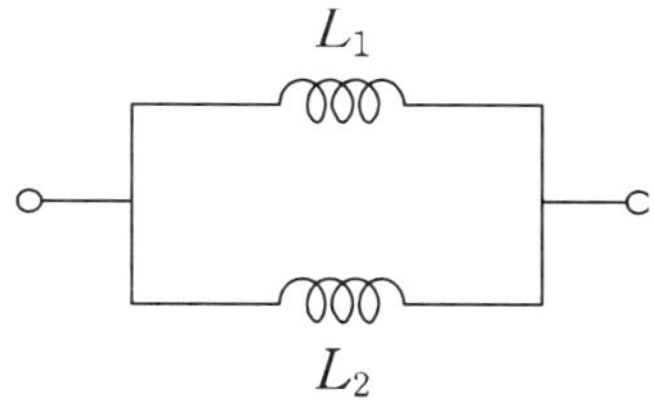

그림 2.66 병렬연결

$$\frac{1}{L} = \frac{1}{L_1} + \frac{1}{L_2} \Rightarrow \frac{1}{L} = \frac{L_1 + L_2}{L_1 L_2} \Rightarrow L = \frac{L_1 L_2}{L_1 + L_2} \quad (2.35)$$

여러 개의 인덕터가 병렬연결된 경우, 합성인덕턴스는

$$\frac{1}{L} = \sum_{i=1}^{n} \frac{1}{L_i} \Rightarrow L = \frac{1}{\sum_{i=1}^{n} \frac{1}{L_i}} \quad (2.36)$$

예제 2.10.2

그림 2.67는 두 개의 인덕터가 서로 병렬연결된 회로이다. 전체 인덕턴스[H]를 구하여라.

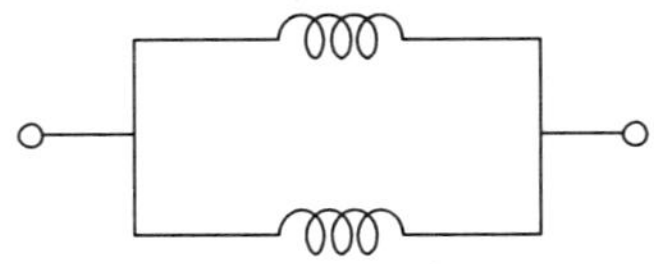

그림 2.67

풀이

합성인덕턴스는 병렬연결 원리에 의해 계산한다.

$$L = \frac{L_1 L_2}{L_1 + L_2} = \frac{0.04 \times 0.06}{0.04 + 0.06} = 0.024[\mathrm{H}]$$

2-11 콘덴서 연결

콘덴서의 상호연결은 저항이나 인덕터와는 정반대이다. 콘덴서의 직렬연결은 저항의 병렬로, 병렬연결은 저항의 직렬 계산원리를 적용한다.

(1) 직렬연결

- **합성원리 :** 그림 2.68(a)처럼 콘덴서가 직렬연결 되어 있을 때 전체 콘덴서 C 는

$$\frac{1}{C} = \frac{1}{C_1} + \frac{1}{C_2} = \frac{C_1 + C_2}{C_1 C_2} \Rightarrow C = \frac{C_1 C_2}{C_1 + C_2} \qquad (2.37)$$

n개의 콘덴서가 직렬연결 되었을 때의 전체 콘덴서 C 는

$$\frac{1}{C} = \sum_{i=1}^{n} \frac{1}{C_i} \Rightarrow C = \frac{1}{\sum_{i=1}^{n} \frac{1}{C_i}} \tag{2.38}$$

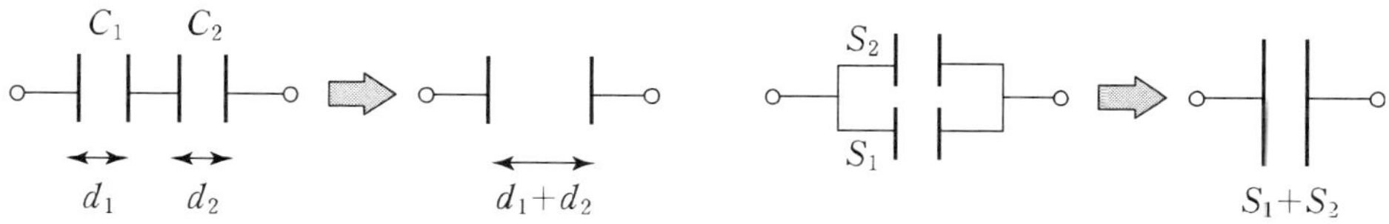

(a) 직렬연결

(b) 병렬연결

그림 2.68 직렬연결과 병렬연결

(2) 병렬연결

- **합성원리 :** 그림 2.69에는 두 개의 콘덴서가 병렬연결 되어 있다.

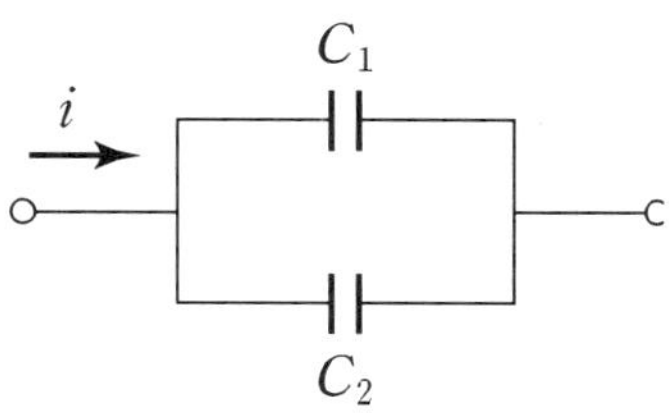

그림 2.69 병렬연결

전체 콘덴서는

$$C = C_1 + C_2 \tag{2.39}$$

n개의 콘덴서가 병렬연결 되었을 때의 전체 콘덴서는

$$C = \sum_{i=1}^{n} C_i \tag{2.40}$$

예제 2.11.1

그림 2.70와 같이 세 개의 콘덴서를 직렬 또는 병렬로 연결하였다. 합성 콘덴서 값을 구하여라. $C_1 = 0.2[\mathrm{F}]$, $C_2 = 0.5[\mathrm{F}]$, $C_3 = 0.4[\mathrm{F}]$

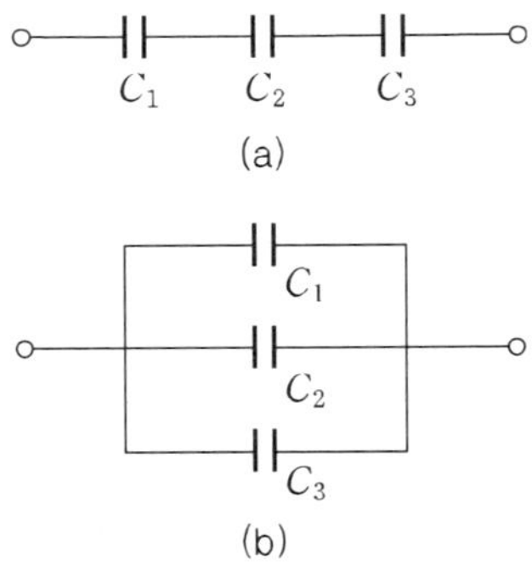

그림 2.70

풀이

(1) 직렬연결(그림 2.70(a)) : 식 (2.39)에 의해

$$C = \frac{1}{\frac{1}{C_1}+\frac{1}{C_2}+\frac{1}{C_3}} = \frac{1}{\frac{1}{0.2}+\frac{1}{0.5}+\frac{1}{0.4}} = \frac{1}{5+2+2.5} = 0.105[\mathrm{F}]$$

(2) 병렬연결(그림 2.70(b)) : 식 (2.40)에 의해

$$C = C_1 + C_2 + C_3 = 0.2+0.5+0.4 = 1.1[\mathrm{F}]$$

2-12 수동소자 상호연결

수동소자 RLC가 서로 직렬 또는 병렬연결 되어 있을 때 연결 회로의 순시치로 표현된 전압·전류 관계를 고찰한다. 여기서 사용하는 수동소자의 전압·전

류식은 R에서는 $v=Ri$, 인덕터 L에서는$v=L\frac{di}{dt}$, $i=\frac{1}{L}\int v\,dt$이고, 콘덴서 C에서는 $v=\frac{1}{C}\int i\,dt$, $i=C\frac{dv}{dt}$이다.

직렬연결시 각 소자 전압의 합이 전체 전압이고, 병렬연결시 각 소자전류의 합이 전체 전류이다. 전압이나 전류의 합이 미분이나 적분형태임이 특징이다.

(1) 직렬연결시 전압 · 전류 관계

그림 2.71과 같이 RLC 소자가 직렬연결 되어 있다.

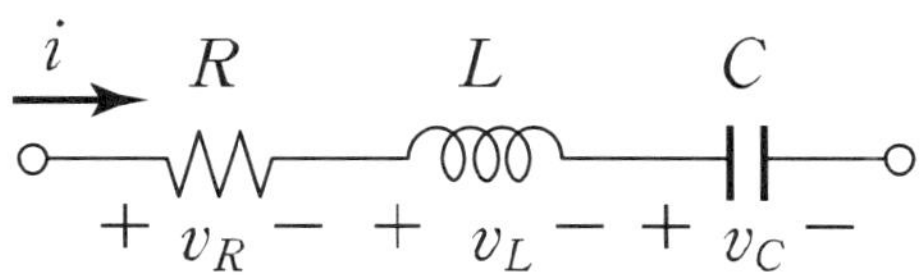

그림 2.71 RLC 직렬연결

직렬연결이므로 RLC 각 소자 전류는 같다. 각 소자의 전압 강하는 v_R, v_L, v_C이며 전류 i로 표현된다.

$$v_R=Ri,\quad v_L=L\frac{di}{dt},\quad v_C=\frac{1}{C}\int i\,dt$$

전체 전압 v는 세 전압의 합이다.

$$v=v_R+v_L+v_C=Ri+L\frac{di}{dt}+\frac{1}{C}\int i\,dt$$

(2) 병렬연결시 전압 · 전류 관계

그림 2.72은 RLC 소자의 병렬연결이다.

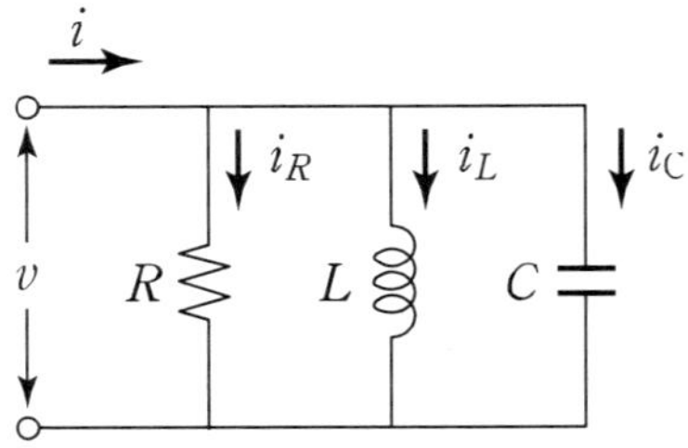

그림 2.72 RLC 병렬연결

병렬연결이므로 RLC 소자의 전압은 v로서 모두 같다. v로 각 소자의 전류를 구한다.

$$i_R = \frac{v}{R}, \quad i_L = \frac{1}{L}\int v\,dt, \quad i_C = C\frac{dv}{dt}$$

전체 전류 i는 각 소자 전류들의 합이다.

$$i = i_R + i_L + i_C = \frac{v}{R} + \frac{1}{L}\int v\,dt + C\frac{dv}{dt}$$

연 습 문 제

1 그림 2.73의 RLC 직렬회로에 $v = 80\sin 2000t$ [V]가 인가되었다. 각 소자의 임피던스를 구하여라.

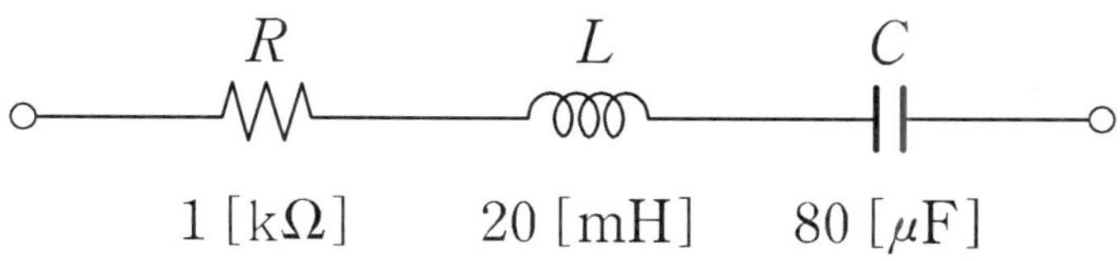

그림 2.73

2 문제 1에서 어드미턴스를 구하여라.

3 문제 1에서 L과 C의 리액턴스를 구하여라.

4 그림 2.74의 회로에 교류전압 $v = 100\sin 200t$ [V]가 인가되었다. R, L, C 각 소자의 임피던스와 어드미턴스를 산출하여라.

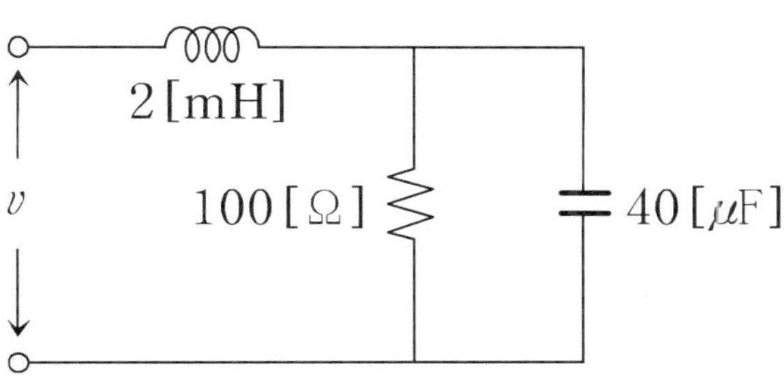

그림 2.74

5 인덕턴스 $L=0.5[\mathrm{mH}]$인 인덕터에 4초 동안에 전류가 $8[\mathrm{A}]$가 변하였다. 인덕터 양단에 발생된 전압을 구하여라.

6 그림 2.75과 같은 파형의 전류가 $2[H]$의 인덕터에 흐를 때 인덕터 양단의 전압파형을 그려라.

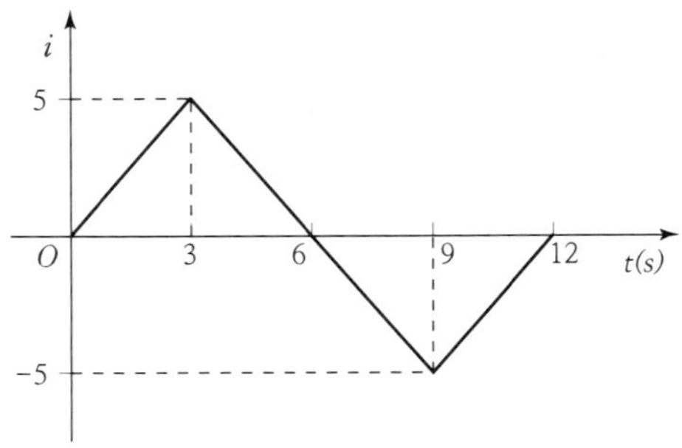

그림 2.75

7 그림 2.76와 같이 콘덴서 $C=0.1[\mathrm{mF}]$에 10초 동안에 $20[\mathrm{V}]$의 변화가 나타났다. 콘덴서에 흐르는 전류를 계산하고 이 전류의 파형을 구하여라.

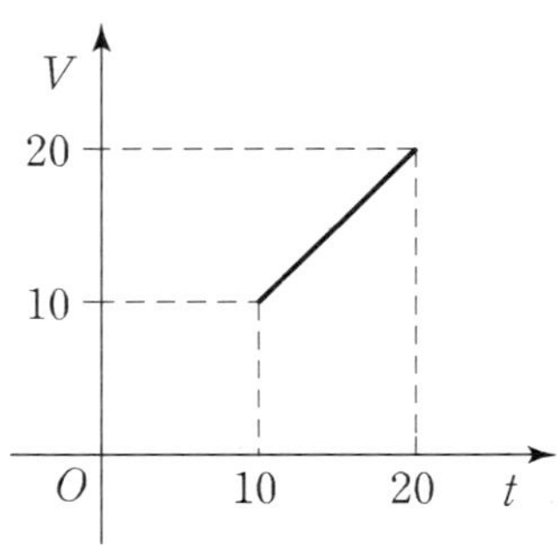

그림 2.76

8 그림 2.77와 같이 콘덴서 $C=2[\mathrm{mF}]$에 다음과 같은 전류가 흘렀다. 전압의 파형을 구하여라.

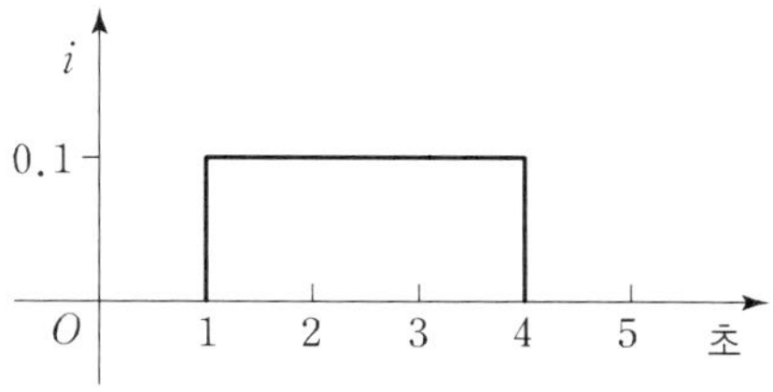

그림 2.77

9 그림 2.78의 회로에서 회로소자 A에는 100 [V], 20 [A], B에는 $200[\mathrm{V}]$의 전압이 측정되었다. 회로소자 B에 흐르는 전류를 구하여라.

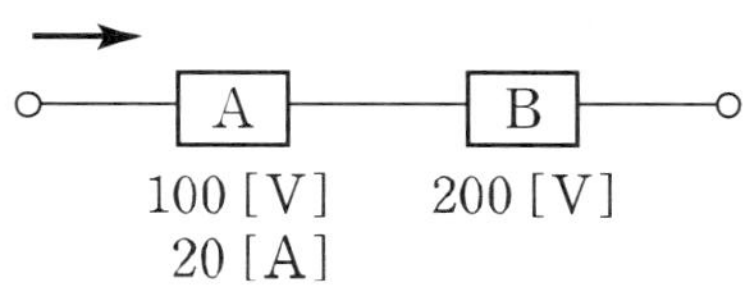

그림 2.78

10 $20[\mathrm{km}]$ 떨어진 지역에 센서신호 $15[\mathrm{mA}]$를 전송하고자 한다. 선로의 저항이 $100\,[\Omega]$이라면 신호출력단의 전류는 얼마인가?

11 그림 2.79의 병렬회로에서 각 소자의 전류가 $I_1 = 2$ [A], $I_2 = 3$[A], $I_3 = 1$[A]이다. 전체 전류 I를 구하여라.

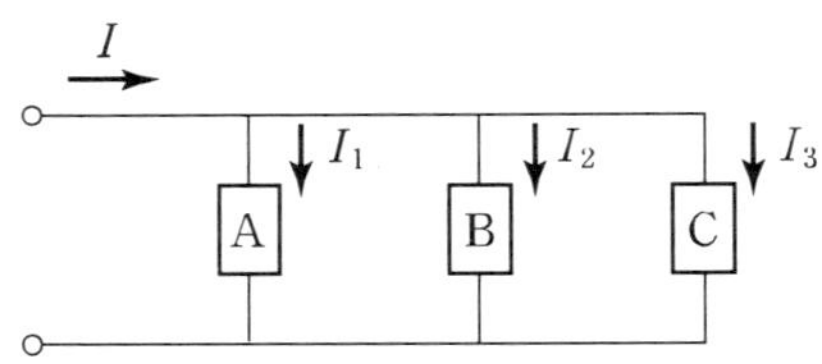

그림 2.79

12 그림2.79에서 소자 A의 전압이 30[V]이다. 소자 C의 전압을 구하여라.

13 그림 2.80에서 공급전압이 80[V]이고 소자 A의 전압강하가 20[V]이다. 단자 a에서의 전압을 구하여라.

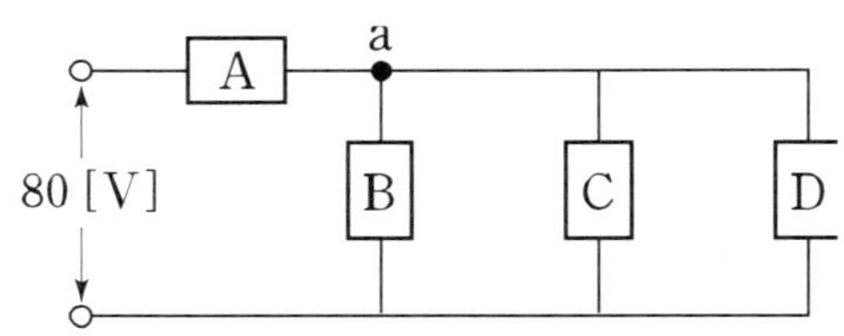

그림 2.80

14 문제 5에서 소자 A가 200[Ω]의 저항체이다. 소자 A의 전류를 구하여라.

15 문제 5의 회로에서 소자 B와 C에 각각 0.02, 0.03[A]의 전류가 흐른다. 소자 D의 전류를 산출하여라.

16 그림 2.81의 사다리꼴 회로에서 $V_1 = 2$ [V], $V_2 = 3$ [V], $V_3 = 4$ [V], $V_4 = 1$ [V]이다. 공급전압 V를 구하여라.

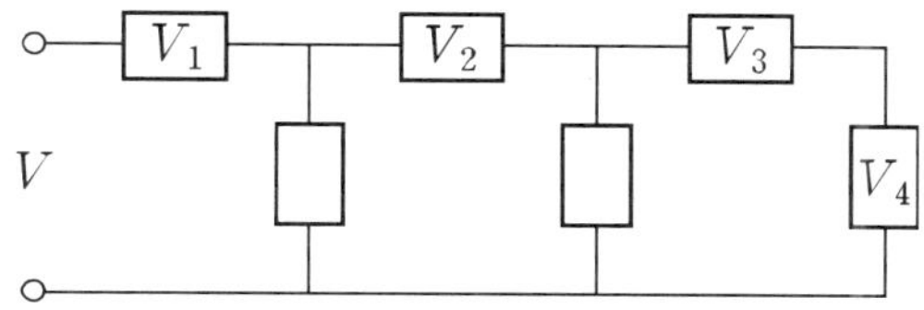

그림 2.81

17 두 개의 교류 전원을 그림 2.82와 같이 연결하였다. $v_1 = 20\sin 50t$, $v_2 = 40\sin 50t$일 때 단자 ab의 교류전압을 구하여라.

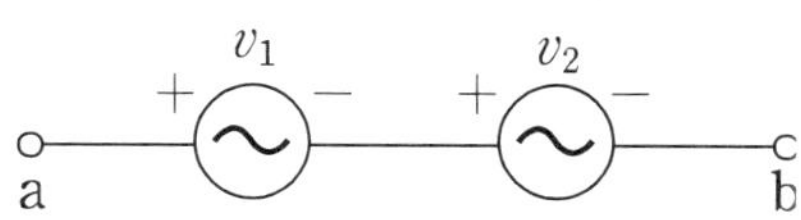

그림 2.82

18 두 개의 전류원이 그림 2.83과 같이 연결되었다. 전류 I_0를 구하여라. 이때 $I_1 = 20$ [A], $I_2 = 5$[A]이다.

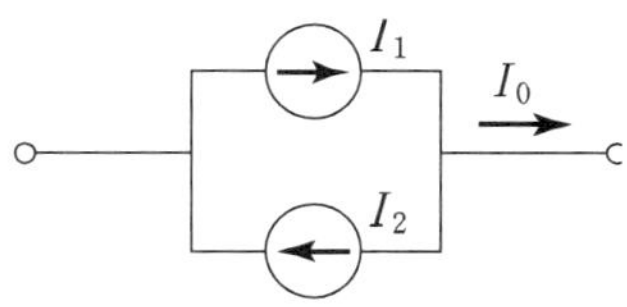

그림 2.83

19 그림 2.84 회로에서 단자 ab의 저항을 구하여라.

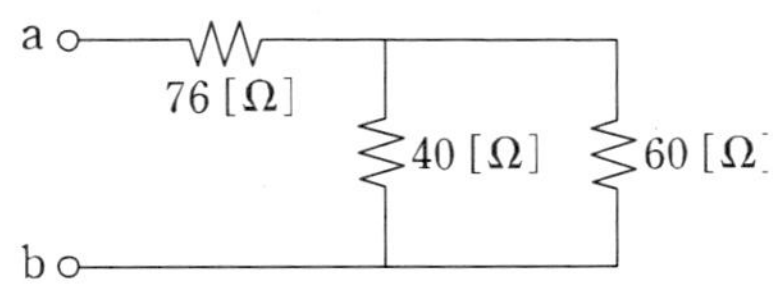

그림 2.84

20 문제 11의 그림 2.84에서 $76\ [\Omega]$의 전류가 $2[\mathrm{A}]$이다. $40\ [\Omega]$의 전압을 구하여라.

21 그림 2.85 회로의 전체 저항을 구하여라.

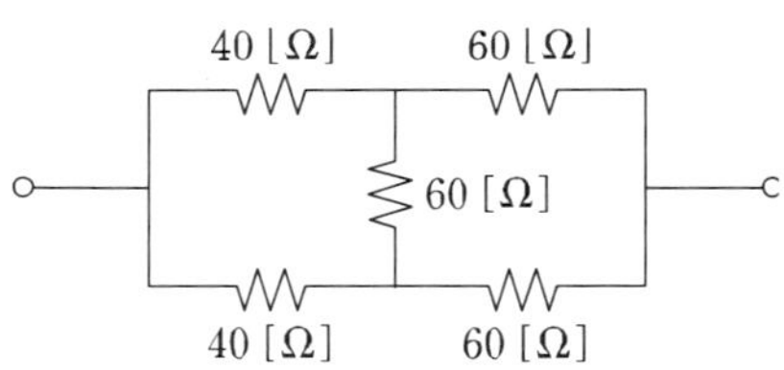

그림 2.85

22 세 개의 인덕터가 그림 2.86과 같이 직렬연결 되어 있다. $L_1 = 0.2[\mathrm{H}]$, $L_2 = 0.3[\mathrm{H}]$, $L_3 = 0.4[\mathrm{H}]$일 때 전체 인덕턴스는 몇$[\mathrm{H}]$인가?

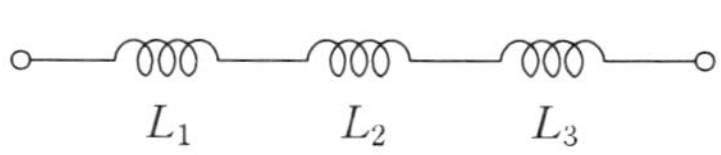

그림 2.86

23 두 개의 콘덴서가 그림 2.87와 같이 병렬연결 되어 있다. $C_1 = 0.2[\mu F]$, $C_2 = 0.6[\mu F]$일 때 전체 콘덴서값$[\mu F]$를 구하여라.

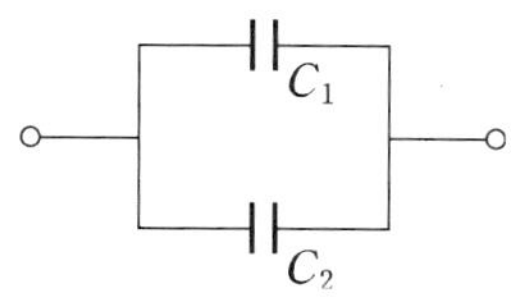

그림 2.87

24 그림 2.88 병렬 회로를 간단한 회로로 구현하고, $\omega = 20[rad/s]$에 대한 전체 임피던스 Z_{ab}를 계산하여라. 각 소자의 수치는 소자값을 의미하며, 저항은 $[\Omega]$, 코일은 [H], 콘덴서는 [F]이다.

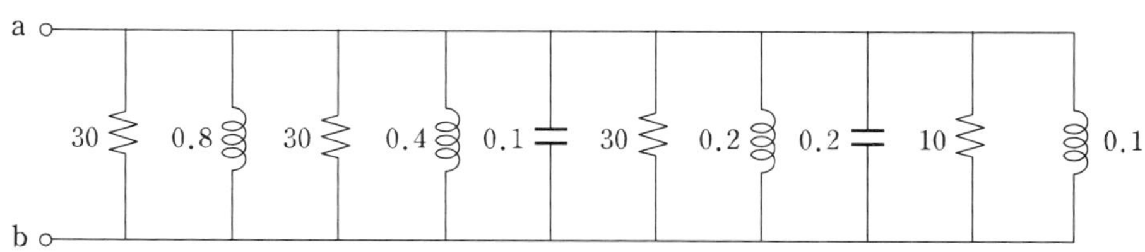

그림 2.88

제 3 장
회로해석의 기초

제3장 회로해석의 기초

3-1 오옴의 법칙

오옴(ohm)의 법칙은 전기·전자회로해석의 기본 법칙으로서 부하의 전압과 전류 관계 설정에 중요한 해석원리를 제공한다. 그 기본적인 정의는 "어떤 물체 양단에 전위차가 존재하면 물체의 물리적 성질에 따라 전류가 흐르는데 그 비례 관계를 저항으로 규정한다." 이다.

(1) 공식

모든 경우에 오옴의 법칙의 수식은 식 (3.1)의 형태이다.

$$\text{전압} = \text{저항} \times \text{전류} \tag{3.1}$$

(2) 직류에서의 오옴의 법칙

그림 3.1에서와 같이 저항 R만을 고려한다.

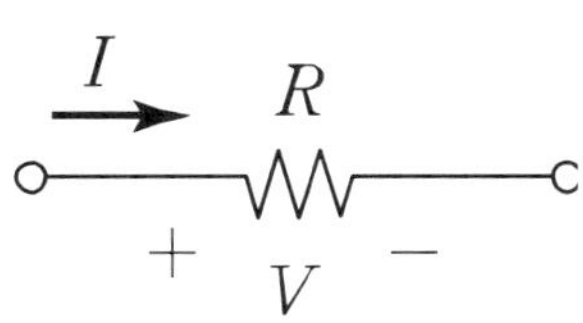

그림 3.1 직류 전압과 전류관계 ($V = RI$)

$$V = RI \tag{3.2}$$

여기서, V, I : 직류전압·전류[V], [A], R : 저항[Ω]

(3) 교류에서의 오옴의 법칙

저항 R은 선형 형태이나 L과 C에서는 미분 형태이다.

$$
\begin{aligned}
&\text{저 항} : v = Ri \\
&\text{인덕터} : v = L\frac{di}{dt} \\
&\text{콘덴서} : i = C\frac{dv}{dt}
\end{aligned}
\tag{3.3}
$$

식 (3.3)은 순시치 v, i로 표현한 경우이고, 실제 교류 계산에는 전압·전류를 복소수로 표현하는 페이서법에 의한다. 교류전압·전류의 순시치 v, i의 복소수적 표현을 V, I라고 할 때 복소수인 V, I와의 사이에는 식 (3.4)의 관계가 성립하고, 그 사이의 Z를 **임피던스**라 한다. 그림 3.2에서 임피던스도 저항성분으로 R, L, C 모두 이로써 표현 가능하다.

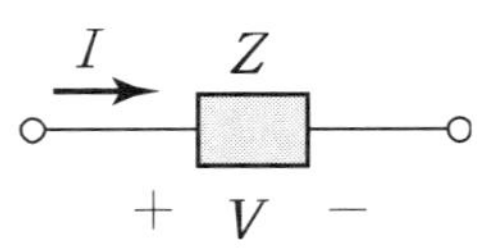

그림 3.2 교류 전압과 전류관계 ($V = ZI$)

$$
V = ZI \tag{3.4}
$$

여기서, 저 항 R의 임피던스는 R

인덕터 L의 임피던스는 $j\omega L$

콘덴서 C의 임피던스는 $\dfrac{1}{j\omega C}$

예제 3.1.1

저항 200[Ω]에 직류전압 100[V]가 인가되었다. 저항의 전류는 얼마[A]인가?

풀 이

오옴의 법칙에 의해

$$I = \frac{V}{R} = \frac{100}{200} = 0.5[A]$$

예제 3.1.2

저항 $R = 2[k\Omega]$에 교류전류 $i = 0.3\sin 10t[A]$가 흐르고 있다. 저항의 전압을 구하여라.

풀 이

$$v = Ri = 2000 \times 0.3\sin 10t = 600\sin 10t[V]$$

예제 3.1.3

임피던스 $Z = 3 + j4$인 소자에 교류전압 $v = 100\sin 20t[V]$가 인가되었다. 소자의 전류를 구하여라. 이때 교류전압 v의 복소수 표현은 $V = 100$이다.

풀 이

전압 v의 페이서는 $V = 100$이므로

$$I = \frac{V}{Z} = \frac{100}{3 + j4} = 12 - j16$$

3-2 키르히호프의 법칙

키르히호프의 기본 해석원리는 극성과 방향이다. 전압의 극성과 전류의 방향을 토대로 에너지 보존법칙과 질량 보존법칙을 적용한다. 전자가 **전압법칙**(KVL)이고 후자가 **전류법칙**(KCL)이다.

(1) 마디(node)와 망로(loop)

회로는 그물처럼 되어 있는 일종의 망이다. 회로망에는 각 선들이 서로 연결되는 **마디**(node)와 하나의 폐경로인 **망로**(loop)가 있다. **마디**는 회로에 존재하는 RLC 각 소자 사이의 연결점 또는 전류 흐름이 분기되거나 달라지는 개소를 말한다. **망로**(또는 폐로)는 회로 내 임의의 마디에서 출발하여 회로의 여러 구역을 선회하고 출발했던 마디로 되돌아오되 끊어지거나 교차되지 않는 경로를 일컫는다. 이러한 마디와 망로의 선정은 해석자의 필요에 의해 달라진다. 그림 3.3에는 마디와 망로가 손쉽게 선정되는 모습을 보였다.

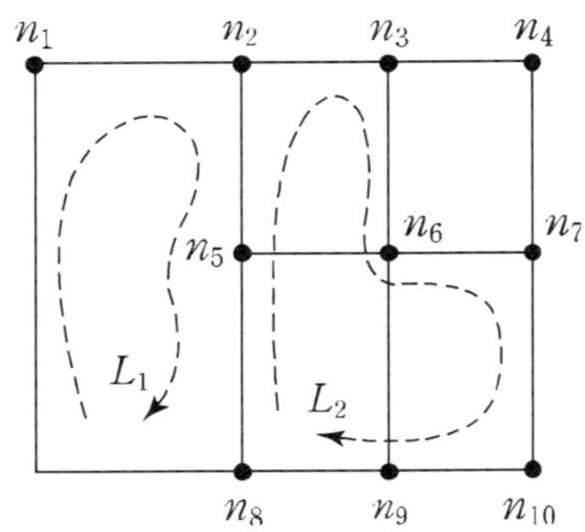

그림 3.3 마디와 망로

마디의 집합은 $\{n_1, n_2, \cdots, n_{10}\}$이고, 망로의 집합은 $\{L_1, L_2\}$이다. 회로해석에서 모든 마디와 망로가 사용되는 것은 아니고, 마디에는 KCL을, 망로에는 KVL을 적용하므로 해석자는 해석에 필요한 적절한 수의 마디와 망로를 선정해야 한다.

(2) 전류의 방향과 전압의 극성

마디에 KCL을, 망로에 KVL을 적용할 때 반드시 주의해야 될 점은 전류방향과 전압극성이다. KCL에서는 마디로 유출입하는 전류의 방향, KVL에서는 한 망로에 걸쳐있는 여러 전압요소들의 극성에 분명한 기준을 설정해야 한다.

- **전류의 방향 :** KCL에 의해 마디 전류 계산시 어떠한 방향을 (+)로 잡는지는

해석자가 나름대로 설정하면 된다. 단지 그 원칙이 해석과정에서 변하지 않으면 그만이다. 처음부터 마디에서 유출되는 것을 (+)로 잡았고 들어오는 것을 (−)로 잡았다면 회로해석이 끝날 때까지 이 기준은 변하지 말아야 한다. 여기 실제 전류방향은 별개 문제이다.

- **전압의 극성** : KVL에 의해 한 망로의 전압요소들을 합산할 때는 전압 극성을 임의로 잡는 것보다는 그림 3.4에서와 같이 전원 형태는 (+), 전압강하 형태는 (−)로 설정하는 것이 바람직하다. 전원 형태와 전압강하 형태에 따라 극성을 나눈다는 것은 전원은 (+), 부하는 (−)로 놓는 것이 아니다.

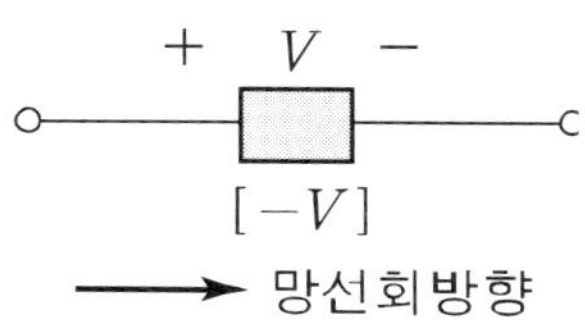

(a)

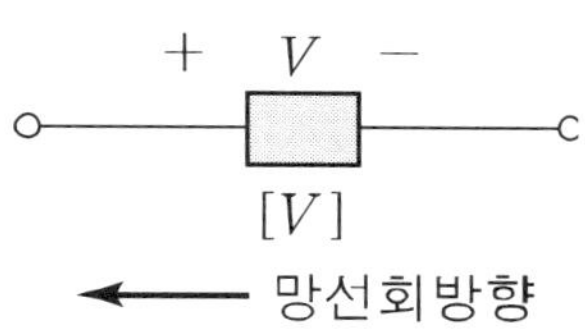

(b)

그림 3.4 전원과 전압강하 극성

전원이라 하더라도 극성이 (−)가 될 수 있고, 부하라 하더라도 극성이 (+)가 될 수 있다. 중요한 것은 전원이나 부하가 아니라, 망로의 선회방향과 회로소자에 흐르는 전류의 방향에 의해 결정해야 한다는 점이다. 그림 3.5에는 회로소자의 전류에 따른 극성 형성과 KVL 적용시 극성 설정기법을 보였다.

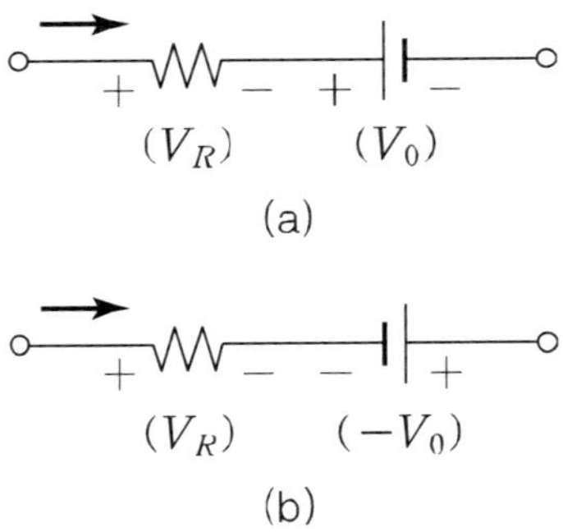

그림 3.5 전압 극성 설정법

그림 3.6에는 보다 구체적으로 극성 설정의 예를 보이고 있다. 이때 수동소자는 무조건(−)이다.

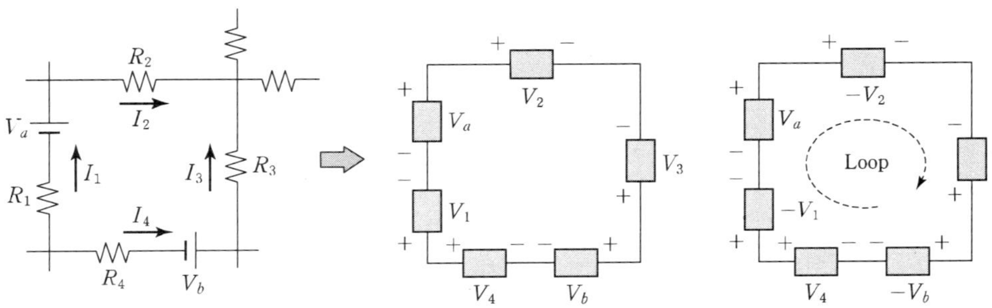

(a) 회로의 전류 분포 (b) 소자 전류에 의한 전압 극성 (c) 망로 선회에 따른 극성 설정

그림 3.6 극성 설정의 예

그림 3.6(a)는 각 소자의 전류분포를 보였다. 이 회로에 KVL을 적용하기 위해, 일단 그림 3.6(b)와 같이 전류방향에 따른 전압의 극성을 표시하였다. 전원 V_a나 V_b의 전압극성은 전원의 극성대로 결정되고 나머지 저항들은 전압강하 극성대로 결정된다. 이러한 작업이 끝났으면 그림 3.6(c)에서와 같이 망로의 선회방향에 따른 전압 극성을 구한다. 여기에서는 전원이나 부하의 개념보다는 소자전압의 극성이 망로 선회방향과 어떠한 관계에 있는가에 보다 역점을 둔다. 저항 R_3의 전압강하는 비록 부하에서 발생한 것이었으나, 망로의 선회 방향에 의해 마치 전원처럼 행세하고, 전원 V_b는 그 방향이 반대가 되어 마치 부하처럼 취급되어짐

을 알 수 있다. 그리고 그 결과는 그대로 합산되어,

$V_a - V_2 + V_3 - V_b + V_4 - V_1 = 0$ 이 된다.

예제 3.2.1

그림 3.7에서 망로 선회방향이 화살표와 같다. (+)극성에서 (−)극성으로 나오는 것을 (−) 전압으로 놓는다. 각 소자전압의 극성을 구하여라.

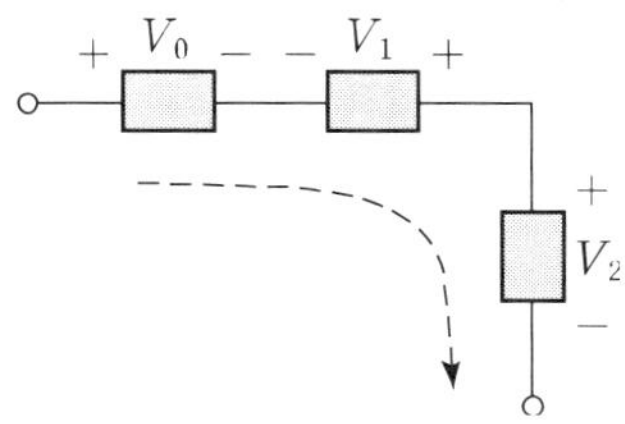

그림 3.7

풀 이

V_0와 V_2는 (+)에서 (−)로 흐르므로 극성은 모두 (−)이고, V_1은 (−)에서 (+)로 흐르므로 극성은 (+)이다. 전압의 극성을 함께 표시하면 각 전압은 $-V_0$, $+V_1$, $-V_2$이다.

3-3 키르히호프 전류법칙

(1) 키르히호프의 전류법칙(Kirchhoff's current law, *KCL*)

*KCL*은 회로 내의 마디에 적용하며, '간단히 회로 내의 한 마디에 유입되거나 유출되는 전류의 합은 0 된다' 는 법칙이다.

그림 3.8에서 보면 $i_1 - i_2 - i_3 + i_4 = 0$이 성립한다.

• 간단한 수식 : $\sum_{k} i_k = 0$ (3.5)

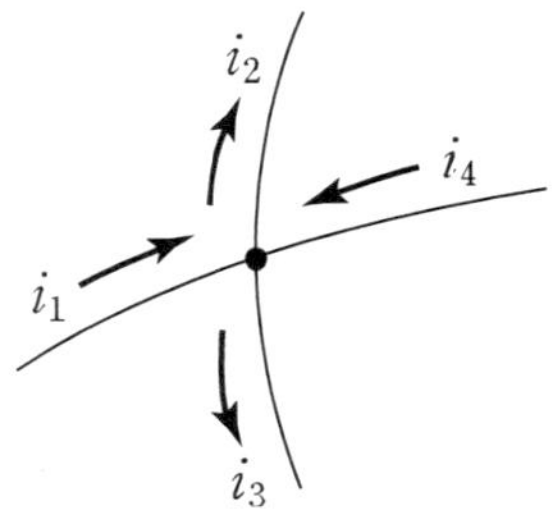

그림 3.8 KCL

(2) KCL에 의한 회로해석하기 전 준비단계

• **마디선정 :** KCL로 회로를 해석하기 전에 먼저 몇 가지 준비작업이 필요하다. 첫째는 해석에 필요한 마디를 선정하고, 둘째는 선정된 마디 가운데 기준마디를 정한다. 셋째는 각 마디의 마디전압을 설정한다. 마디 선정 단계에서도 해당 마디 전후의 전류가 변하는 마디는 반드시 선정해야 하고(그림 3.9(a)), 변하지 않고 동일한 경우에는 해석자의 필요에 따라 정한다(그림 3.9(b)).

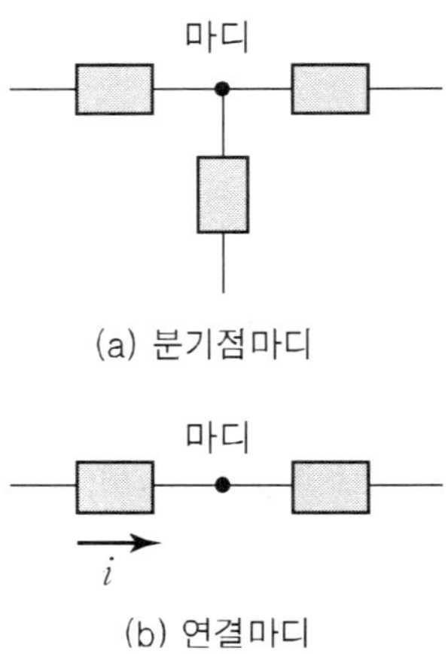

그림 3.9 마디선정

회로 전체는 상호 유기적인 관계를 지니고 있기 때문에 회로가 아무리 복잡하다 하더라도 분기점 마디는 모두 선정해야 한다. 반면에 연결마디는 마디 좌우의 회로소자의 전압이 다를지라도 흐르는 전류는 동일하므로 소자 전압 산출을 위한 것이 아니라면 굳이 마디로 선정하여 계산을 복잡하게 할 필요는 없으리라 생각된다.

- **기준 마디선정 :** 마디들이 선정되었으면 그 마디들 가운데 임의로 하나를 기준마디로 삼아야 한다. 전류 계산은 전위차에 의한 전류 방향 설정이 회로해석의 열쇠이므로, 전위가 '0' 인 기준마디가 필요하다(그림 3.10). 물론 이 기준마디는 회로해석 계산상 전위가 0일 뿐 실제로 전위가 0인 지점은 아님을 명심해야 한다. KCL은 이 기준마디를 실마리로 해서 풀려 나간다.

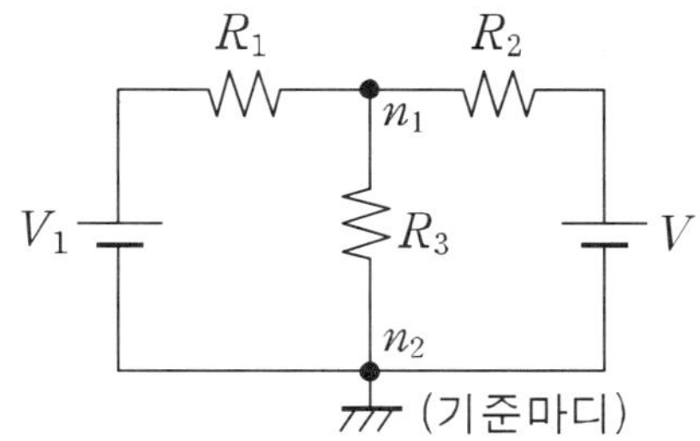

그림 3.10 기준마디선정

- **마디전압 설정 :** 기준마디의 전압을 '0' 으로 놓은 후 선정된 모든 마디의 전압을 하나씩 설정해 놓으면 KCL 계산 준비가 마무리된 셈이다. 그림 3.11에는 이러한 사전 준비작업의 예들을 보였다. 이 때 전원은 자체적으로 전압값이나 전류값을 갖고 있기 때문에 마디전압 설정에서 제외시킨다.

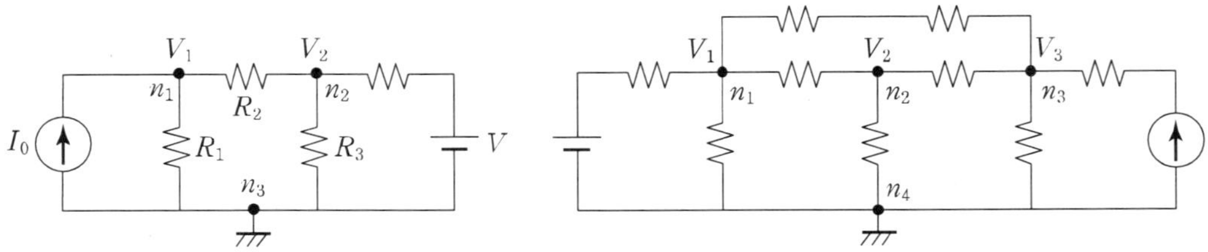

마　디 : $\{n_1,\ n_2,\ n_3\}$
기준마디 : n_3
마디전압 : $\{V_1,\ V_2\}$

(a)

마　디 : $\{n_1,\ n_2,\ n_3,\ n_4\}$
기준마디 : n_4
마디전압 : $\{V_1,\ V_2,\ V_3\}$

(b)

그림 3.11　마디전압 설정

(3) KCL에 의한 회로해석 요령

이 방법은 각 마디에 KCL을 적용하여 회로를 해석할 때 그 해당마디 전압이 제일 높다고 놓고 수식을 세운다. 해당 마디 전압이 제일 높으므로 전압원과 부하로만 구성된 회로에서 마디 사이의 기전력차에 의해 해당 마디로부터 모든 전류는 유출된다고 보는 것이다. 그림 3.12에 그 요령을 보이고 있다.

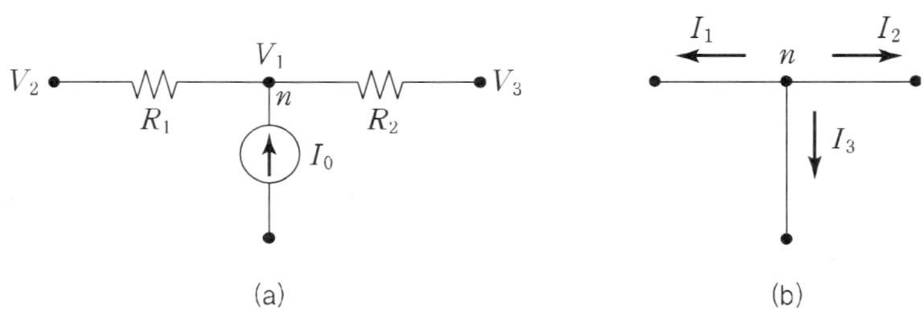

그림 3.12　회로해석 요령

그림 3.12(b)의 마디 n에서 모든 전류가 마디로부터 흘러나간다고 보고 그 모든 전류의 합 $I_1+I_2+I_3=0$이다. 이 관계식을 실제 회로 그림 3.12(a)에서 살펴보면,

$$I_1 = \frac{V_1 - V_2}{R_1}, \quad I_2 = \frac{V_1 - V_3}{R_2}, \quad I_3 = -I_0$$

이 성립한다. 즉 3개의 전류 합은 0이다.

$$I_1 + I_2 + I_3 = \frac{V_1 - V_2}{R_1} + \frac{V_1 - V_3}{R_2} - I_0 = 0$$

이러한 요령은 그림 3.12(b)에서 보는 바와 같이, 계산하고자 하는 마디로부터 모든 전류가 흘러나가고 그 전류의 합이 0이라는데 기초하고 있다. 전류가 흘러 나간다고 하였으므로, 흘러들어오는 전류는 자연스럽게 (−)이다.

(4) KCL은 마디의 수가 적고 병렬연결이 많은 회로해석에 유리

해당 마디 전압을 제일 높다고 놓고, 마디에서 전류가 모두 유출된다고 보고 수식을 세운 것은, 물론 계산상 필요했던 가정이다. 모든 회로해석 계산이 끝나고 각 마디의 전압이 산출되면, 실제 전류는 각 마디 전압 사이의 기전력차로 다시보정 작업을 해야 한다. 이러한 계산과정은 회로가 복잡할수록 미지수가 여러 개인 연립방정식을 풀어야 하는 번거로움이 따른다. 계산을 간단히 하기 위해서는 마디의 개수가 적은 편이 많은 편보다 훨씬 유리하다. 회로의 마디는 소자들의 직·병렬연결에 좌우되고, 직렬연결이 많을 때가 병렬연결 때보다 더 많은 마디 수를 발생시킨다. 병렬연결된 부분이 많으면 그만큼 마디의 수가 적고, 마디의 수가 적으면 KCL을 적용하여 계산하기에 유리하다. 해석자는 이점에 유의하여 KCL을 적용하기 전에 먼저 계산에 사용될 마디의 개수를 헤아려 봄이 필요하다. 망로의 개수에 비해 마디의 개수가 많다면 KCL을 적용하는 것을 재고하여 보다 나은 방법을 찾아보아야 한다. 그림 3.13에서 KCL 적용이 유리한 회로 계산에 사용될 마디의 개수는 2개이다.

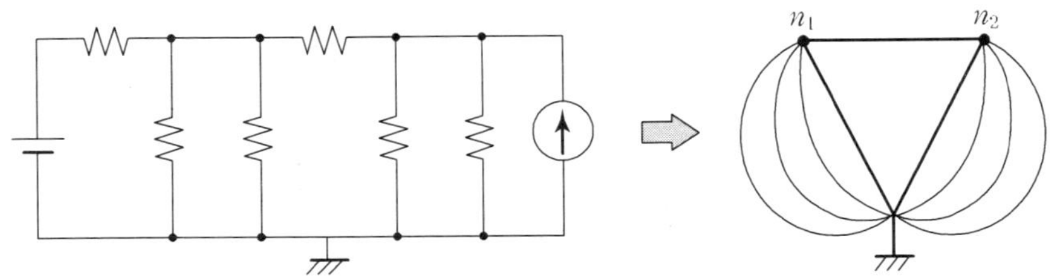

(a) (b)

그림 3.13 *KCL* 적용이 유리한 회로해석

3-4 키르히호프 전압법칙

(1) 키르히호프의 전압법칙(Kirchhoff's voltage law, *KVL*)

KVL 은 회로내의 망로(loop)에 적용하며, '망로를 한바퀴 돌면서 합성한 전압들의 합이 0이 된다.' 는 법칙이다. 그림 3.14에서 각 소자 전압의 극성을 고려하여 한바퀴 돌면서 전압값을 합성하였을 때 전체 합이 0이다.

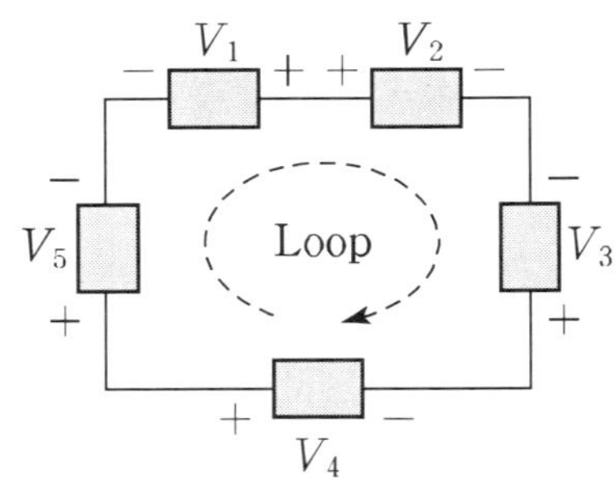

그림 3.14 *KVL*

$$V_1 - V_2 + V_3 + V_4 - V_5 = 0$$

• 간단한 수식 : $$\sum_k v_k = 0 \quad (3.6)$$

• **원리 :** 전압상승=전압강하

회로 내에 존재하는 어떠한 망(loop)에 대해서도 그 망을 일주하면서 합한 모든 전압의 합은 0이다. 전압의 합이 0이 되려면 앞의 그림 3.14에서 보이는 바와 같이, 망을 구성하는 전압은 망을 일주하는 방향에 의해 전압강하와 전압상승이라는 두 가지 형태를 갖는다. 전압강하는 주로 부하에서 일어나고 전압상승은 주로 전원 측에서 일어난다. 하나의 망로 내의 전압강하를 v_d 라 하고, 전압상승을 v_s 라고 하면 모든 전압강하의 합과 전압상승의 합은 0이다.

$$\sum_d v_d = \sum_s v_s \tag{3.7}$$

이 관계를 사용하여 실제로 회로를 해석하려면 망로를 구성하는 각 소자의 전압극성을 먼저 파악해야 한다. 여기에는 두 가지 해석법이 있다. 하나는 대표적인 소자전류를 미리 설정한 후 KCL에 의해 모든 소자전류를 그 대표 전류로 표현한 다음 망로를 선정하여 해당 망로에 KVL을 적용하는 방법이다. 다른 하나는 망로를 선정한 다음 망로전류라는 가상전류를 설정하고, 각 망로전류의 관계에서 해당 망로의 전압관계에 KVL을 적용한다. 전자를 '소자전류 선정에 의한 KVL 해석법', 후자를 '망로전류 선정에 의한 KVL 해석법'이라 부른다.

(2) 회로해석에 필요한 수식의 개수 결정

회로망이 주어지면 회로해석을 위하여 필요한 변수나 방정식의 개수를 먼저 알아야 하는 일이 급선무이다. 어차피 연립방정식을 수립해야 하는 것이 일반적인 길이라면, 변수의 수도 이 연립방정식의 수와 일치함은 자명한 사실이다. 연립방정식의 수는 어떻게 결정할 것인가? 망로가 한 개 내지는 두 개 정도인 간단한 회로에서는 별 문제가 없겠지만, 복잡한 회로에서 이를 결정하는 일은 어려운 것처럼 보인다. 그러나 그것도 매우 간단하다. 회로해석에 필요한 최소한의 변수들의 개수는 회로 내의 마디와 가지의 수에 의해 결정한다.

n개의 마디와 b개의 가지로 구성된 회로를 해석하기 위하여 필요한 최소한의 변수들은 $b-n+1$[개]이다. 회로해석에 필요한 최소한의 변수들과 연립방정식의 개수는 다음과 같다.

방정식의 수 $E =$ 변수의 수 $= b - n + 1$ (3.8)

따라서 학생들은 회로 내의 마디와 가지의 수를 세어서 결정할 수 있다. 앞에서 설명하였듯이 마디는 회로 내의 분기점이나 연결점이고, 가지는 마디와 마디 사이의 연결선으로서 소자가 위치하는 곳이다. 그림 3.15에서 마디와 가지를 살펴보고, 이 회로를 해석하기 위한 최소한의 변수의 개수를 알아본다.

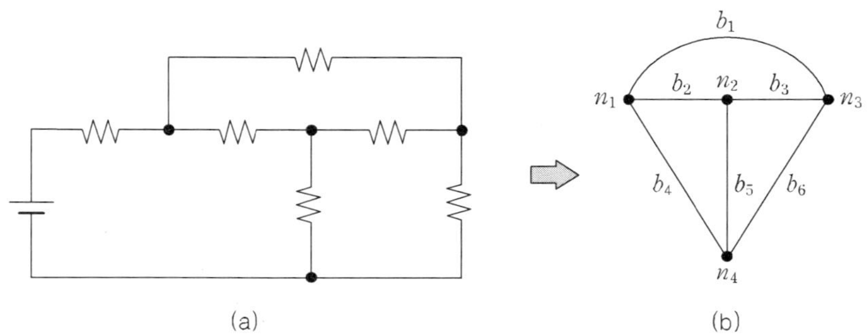

그림 3.15 변수의 갯수

그림 3.15(a) : 매우 간단한 회로로서 회로해석을 위한 최소한의 연립방정식의 수는 그림 3.15(b)의 회로 그래프를 통해 알 수 있다.

그림 3.15(b) : 그림 3.15(a)를 간단히 그래프로 표현한 것으로, 마디의 수는 4개, 가지의 수는 6개이다. $n = 4$, $b = 6$에 의해 회로해석에 필요한 최소한의 방정식의 수 E는 공식에 의해 $E = b - n + 1 = 6 - 4 + 1 = 3$[개]이다.

이 개수는 회로를 보고도 직접 구할 수 있다. 회로 내에 있는 방의 개수를 헤아리면 된다. 즉 독립 망로의 개수를 보고 결정한다. 그림 3.15(a)에서 방의 수가 모두 3개이므로 손쉽게 $E = 3$임을 알아낼 수 있다.

(3) 회로방정식 수립을 위한 망로(loop)의 선정

회로해석에 필요한 최소한의 방정식의 개수를 알았으면 다음으로 생각할 것이, 회로 내에 망로를 선정하는 일이다. 회로해석을 위한 망로 선정은 각 망로의 경로가 어떠하든지 상관없으나 여기에도 분명한 원칙이 있다. 각 망로의 경로를 임의로 잡을 수 있으나 망로를 모두 선정한 다음 전체적으로 보았을 때 망로 형성에 제외된 가지가 하나라도 있어서는 안 된다는 점이다. 회로해석에는 모든 가지가 참여해야 한다. 즉 회로를 구성하는 모든 소자들이 하나도 제외됨이 없이 회로해석을 위한 방정식에 참여해야 한다. 만약 그 어떤 소자라도 제외되었다면, 회로해석 전체에 오류가 발생한다.

3-5 소자전류법과 망로전류법

(1) 소자전류법

그림 3.16의 내용을 통해 이미 대강의 해법을 짐작하였겠으나 이해를 돕기 위해 각 경우에 대해 구체적으로 살펴본다.

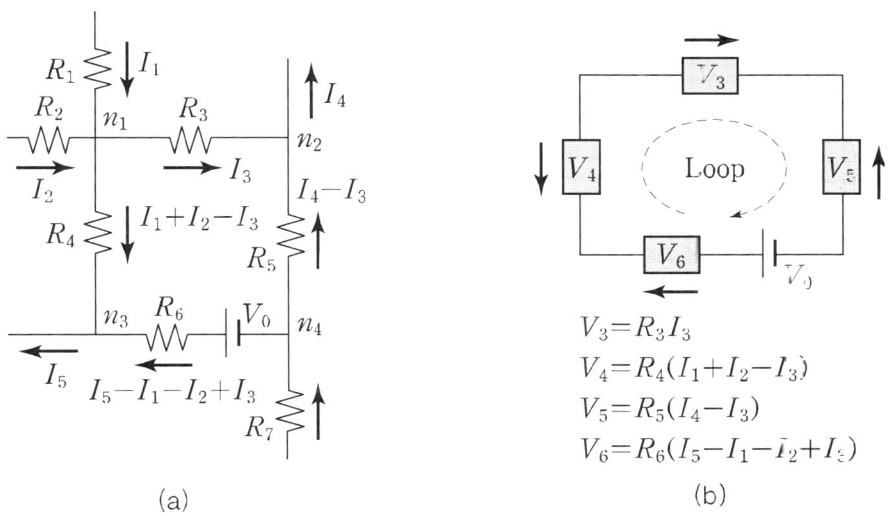

그림 3.16 소자 전류법

그림 3.16(a)의 주어진 전류 $I_1, I_2, I_3, I_4, I_5, I_6$ 의 6개 전류를 마디 n_1, n_2, n_3 에 적용하여 저항 R_3, R_4, R_5, R_6 의 전류를 계산하였다. 저항 R_3 의 전류를 I_3 라

고 할 때

① 마디 n_1에서, 저항 R_4 전류는 KCL에 의해 $I_{R4}+I_3=I_1+I_2$가 되고 $I_{R4}=I_1+I_2-I_3$이다. 이때 전류 I_{R4}의 방향은 해석자가 임의로 잡는다.

② 마디 n_2에서, 저항 R_5의 전류는 KCL에 의해 $I_{R5}+I_3=I_4$가 되고 $I_{R5}=I_4-I_3$이다. 전류 I_{R5}의 방향도 임의로 잡는다. 만약 전류 I_{R5}의 방향을 앞의 것과 반대로 설정하였다면(↓), $I_{R5}=I_3-I_4$이다.

③ 마디 n_3에서, 저항 R_6의 전류는 전류 I_5와 I_{R4}에 의해, $I_{R6}+I_{R4}=I_5$가 되고 $I_{R6}=I_5-I_{R4}=I_5-(I_1+I_2-I_3)=I_5-I_1-I_2+I_3$이다.

이와 같이 구한 전류들에 의해 하나의 망로에 대하여 정리하면 그림 3.16(b)가 된다. 그림 3.16(b)에서 각 저항과 전류에 의한 전압강하를 보였다. 전압강하가 구해졌으면, 앞에서 배운 기법에 의해 하나의 망로에 대하여 KVL을 적용할 수 있다. 이렇게 하여 해당 망로의 방정식 하나를 얻었다. 전류 관계식으로 정리한다. 변수가 4개인 수식이 되었다.

$$V_3 - V_5 - V_0 + V_6 - V_4 = 0$$

$$R_3 I_3 - R_5(I_4 - I_3) + R_6(I_5 - I_1 - I_2 + I_3) - R_4(I_1 + I_2 - I_3) = V_0$$

$$-(R_6 + R_4)I_1 - (R_6 + R_4)I_2 + (R_5 + R_3 + R_6 + R_4)I_3 - R_5 I_4 = V_0$$

(2) 망로전류법

그림 3.17에 망로전류법에 의한 수식화 요령을 보이고 있다.

그림 3.17(a)는 망로를 선정하고 각 망로에 망로전류 $I_a \sim I_e$를 지정한 다음 각 소자전류를 망로 전류들로 나타내었다. 전류의 방향도 그에 따라 결정된다. 그 관계를 그림 3.17(b)에 나타내었다. 이를 근거로 각 저항의 전압강하를 구하면 그림 3.17(c)와 같고, 이 전압들에 의해 해당 망로에 KVL을 적용한다.

$$V_3 + V_4 + V_5 + V_6 = V_0$$

$$R_3(I_b + I_d) + R_4(I_d - I_c) + R_5 I_d + R_6(I_d + I_e) = V_0$$

전류 관계식으로 정리한다. 변수가 4개이다.

$$R_3 I_b - R_4 I_c + (R_3 + R_4 + R_5 + R_6) I_d + R_6 I_e = V_0$$

이상 두 가지 방법의 결과식을 다시 쓰면 다음 두 식과 같다.

소자전류법 : $-(R_6 + R_4) I_1 - (R_6 + R_4) I_2 + (R_3 + R_4 + R_5 + R_6) I_3 + R_5 I_4 = V_0$

망로전류법 : $R_3 I_b - R_4 I_c + (R_3 + R_4 + R_5 + R_6) I_d + R_6 I_e = V_0$

두 식을 비교하면, 소자전류법은 변수가 소자전류이고, 망로전류법은 망로전류이다.

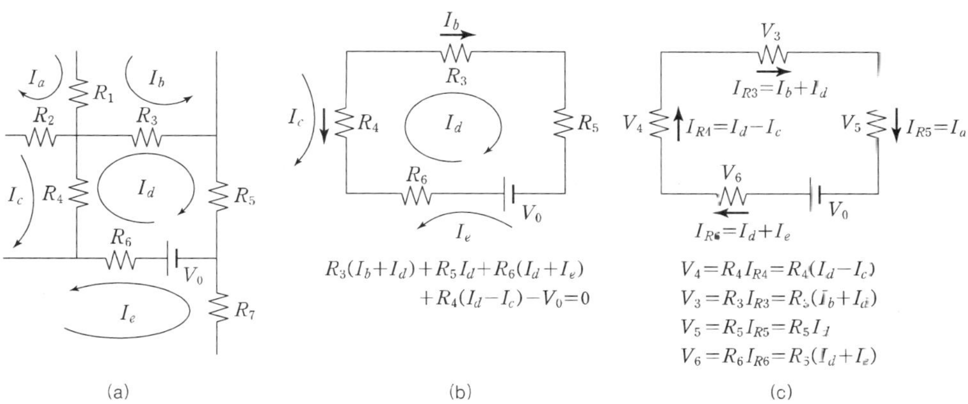

그림 3.17 소자전류법과 망로전류법 설명

3-6 소자전류법에 의한 회로해석

(1) 기본원리와 개념

이 방식은 기본적으로 각 소자전류를 미리 선정해 놓은 다음, 그 전류와 소자와의 전압강하를 구하여 각 망로에 KVL을 적용하여 수식을 세운다. 이때 미지수의 개수와 망로의 수 및 방정식의 수는 모두 일치한다. 해석법은 다음 순서에 의한다. 먼저 회로해석을 위한 최소 방정식의 개수를 마디와 가지의 수에 의해 구한다. 그 개수는 미지수의 수와 일치하므로, 그 수만큼 회로 소자전류를 임의로 선정한다. 예를 들어 독립 망로의 수가 3이었다면 I_1, I_2, I_3의 세 전류를 임의의 소자들에 대하여 잡는다. 그 전류를 가지고 각 마디에 KCL을 적용하면서 나머지 소자전류를 구해 나간다. 이때 각 소자전류들은 이미 선정한 소자전류들로 표현됨은 물론이다. 이와 같이 하여 각 소자전류가 구해졌으면, 오옴의 법칙에 의해 각 소자전압을 구한다. 각 소자 전압이 모두 계산된 후 각 망로에 KVL을 적용하여 수식을 정립한다.

(2) 예제를 통한 설명

그림 3.18 회로에 소자전류법으로 KVL을 적용한다. 그림 3.18(a)는 주어진 회로이다. 이 회로에서 학생들은 방이 2개이고, 마디와 가지의 수에 의해 연립방정식의 수도 2개, 미지수의 수도 2개임을 직감적으로 알 수 있을 것이다. 이를 근거로 그림 3.18(c)는 임의로 두 개의 전류 I_1, I_2를 선정한 다음 그것들에 의해 저항 R_3 전류를 마디 n에 KCL을 적용하여 구하였다. 그림 3.18(c)에서와 같이 모든 소자전류가 구해졌으므로 각 소자의 전압강하를 그림 3.18(d)처럼 구한다. 그림 3.18(d)에서는 두 개의 망로에 KVL을 적용하여 수식을 이끌어낸다.

$$\text{Loop1}: V_2 + V_4 = V_0, \qquad R_2 I_1 + R_4 I_2 = V_0$$
$$\text{Loop2}: -V_4 + V_3 = -V_1, \quad -R_4 I_2 + R_3(I_1 - I_2) = -V_1$$

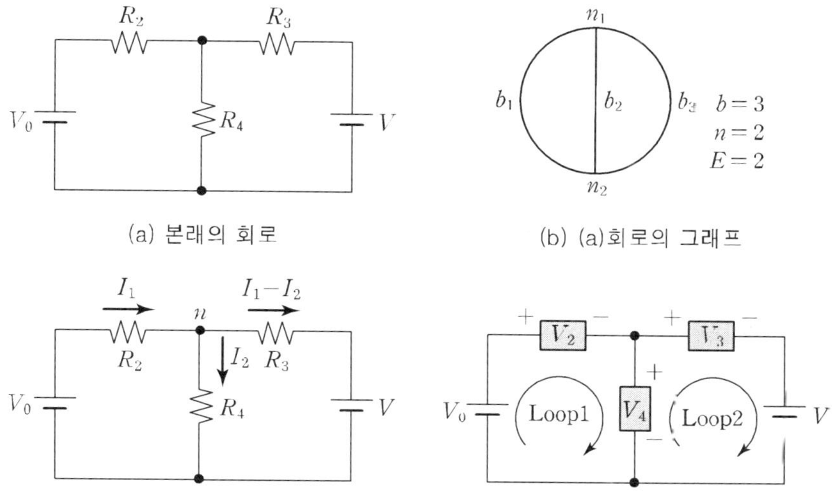

(a) 본래의 회로

(b) (a)회로의 그래프

(c) 소자전류 선정

(d) *KVL* 적용

그림 3.18 소자전류법 설명

두 수식을 정리한다.

$$R_2 I_1 + R_4 I_2 = V_0$$

$$R_3 I_1 - (R_3 + R_4)\, I_2 = -V_1$$

연립방정식을 풀어 소자전류 I_1과 I_2를 구한다.

(3) 계산순서

계산 순서를 정리하면 다음과 같다.

① 회로를 보고 마디(n)와 가지(b)의 수를 구한다.

② $b-n+1$[개] 만큼의 소자전류를 임의로 선정한다.

③ $b-n+1$[개] 만큼의 망로에 KVL을 적용하여 회로방정식을 수립한다.

④ 연립방정식을 풀어 소자전류를 계산한다.

예제 3.6.1

그림 3.19 회로에 KVL을 적용하여 각 소자전류를 계산하기 위한 회로방정식을 수립하여라.

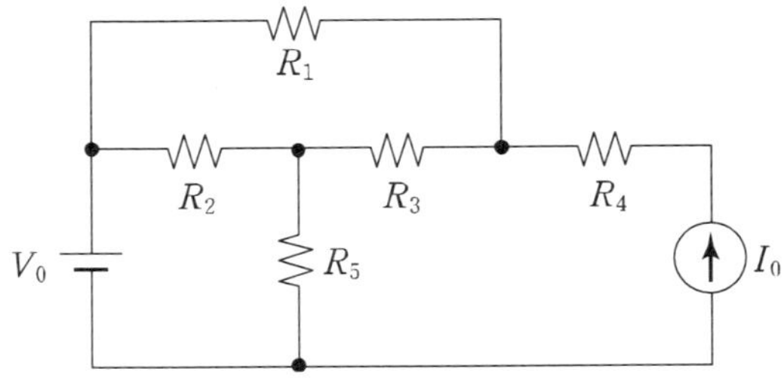

그림 3.19

풀이

전압원과 전류원이 함께 있는 회로이다. 저항 R_4의 전류는 I_0로서 이미 주어져 있다. 그림 3.20과 같이 전류원 I_0의 전압을 V_C라 가정하고 3개 망로에 대해 KVL을 적용한다.

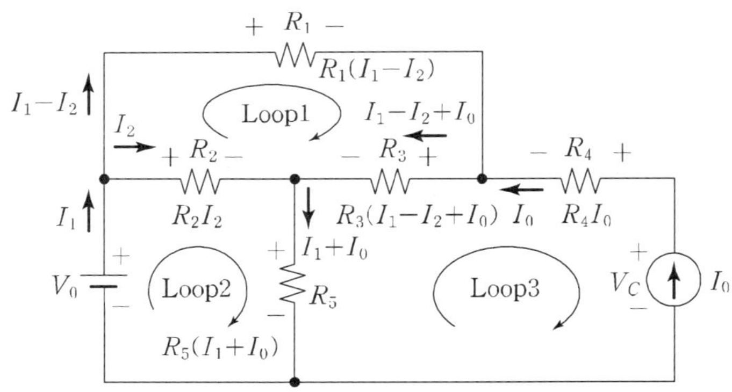

그림 3.20

각 망로(loop)에 KVL을 적용하여 3개의 수식을 세운다.

$$\text{Loop 1} : R_1(I_1-I_2)+R_3(I_1-I_2+I_0)+R_2 I_2=0$$

$$\text{Loop 2}: R_2I_2 + R_5(I_1 + I_0) - V_0 = 0$$

$$\text{Loop 3}: -R_3(I_1 - I_2 + I_0) - R_4I_0 + V_C - R_5(I_1 + I_0) = 0$$

일단 위 3개의 식을 I_1, I_2 및 V_C에 대하여 정리한다.

$$(R_1 + R_3)I_1 - (R_1 + R_2 + R_3)I_2 = -R_3I_0 \quad (1)$$

$$R_5I_1 + R_2I_2 = V_0 - R_5I_0 \quad (2)$$

$$-(R_3 + R_5)I_1 + R_3I_2 + V_C = (R_3 + R_4 + R_5)I_0 \quad (3)$$

실제 회로해석에는 3개의 식 모두가 필요 없고, 식 (1)과 (2)만 있으면 된다. 식 (1)과 (2)에서 I_1과 I_2를 계산하여 모든 소자의 전류와 전압강하를 계산할 수 있다. 굳이 전류원 전압 V_C도 알고자 할 때에는 V_C도 미지수로 놓고 상기의 3개 방정식을 풀면 I_1, I_2 및 V_C를 모두 얻을 수 있다.

3-7 망로전류법에 의한 회로해석

(1) 기본원리와 개념

소자전류 선정에 의한 KVL 해석법에서는 일단 모든 소자의 전류를 구하는 문제가 급선무였다. 각 마디에 KCL을 적용하여 모든 가지에 흐르는 전류를 모두 계산하는 것은 매우 번거로운 작업인 동시에 회로가 복잡해질수록 더욱 힘들 뿐만 아니라, 계산 과정에서 어느 소자의 전류 계산에 오류가 발생할 소지가 많다. 이러한 문제점 때문에 소자전류 해석법은 매우 간단한 회로해석에서나 사용될 뿐, 복잡한 회로에서는 많이 쓰이지 않는다. 반면에 지금 소개할 망로전류 해석법은 이와 같은 번거로움이 덜해질 뿐만 아니라 매우 복잡한 회로해석도 능히 감당할 수 있는 기법이다. 학생들은 지금 제시하는 망로전류 해석법을 주로 사용하기를 저자는 권한다. 이 해석법은 선정된 회로의 망로들에 망로전류가 흐른다고 가정하고, 해당 망로에 KVL을 적용한다. 여기서 망로전류는 회로해석을 위해 편의상 설정한 전류라는 점에 유의하기 바란다.

회로해석을 위한 망로 선정은 이미 앞에서 설명하였으므로, 해석법을 곧바로 고찰하겠다. 편의상 망로는 단독망로에 한정한다. 망로를 여러 형태로 선정할 수도 있겠으나 계산의 편의상 단독망로에서의 망로전류와 그 해석법을 알아보도록 한다. 단독망로에서의 망로전류 선정은 매우 간단하다. 그림 3.21은 그 요령을 보였다. 여기에서도 계산의 편의상 망로전류의 방향을 시계방향으로 통일하겠다.

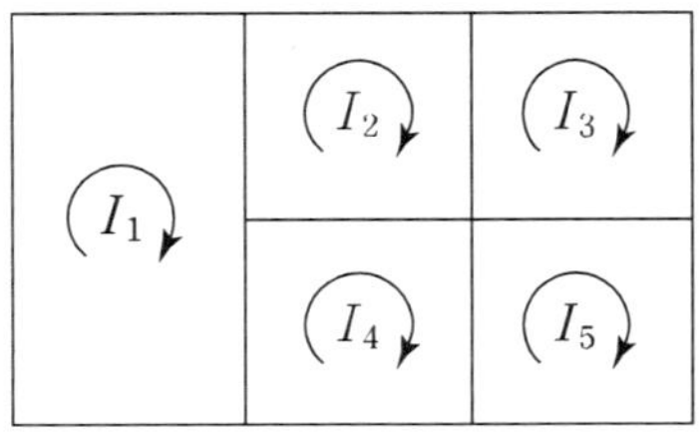

그림 3.21 망로전류법 해석

(2) 계산요령

회로 내의 망로에 망로전류가 선정되었으면 각 소자의 전류는 이 망로전류들의 상관관계에 의해 결정된다. 어느 한 망로를 기준으로 해당 망로전류를 한 바퀴 돌릴 때에 각 소자의 전류와 전압강하는 그 방향으로 늘어서고, 여기에 KVL을 적용함으로 회로해석을 위한 수식을 추출할 수 있다. 그림 3.22는 그러한 요령을 보이고 있다.

$$R_1 I_1 + R_2(I_1 - I_2) + R_3(I_1 - I_3) + V_1 + R_4(I_1 - I_4) - V_0 = 0$$

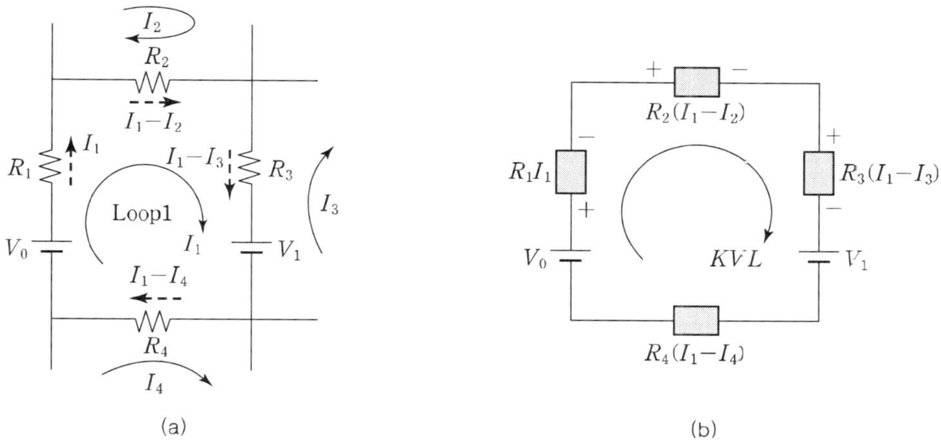

그림 3.22 망로전류 계산

그림 3.22(a)에서 망로1(loop1)을 기준으로 하였을 때 각 저항의 전류가 분포되는 것을 보였다. 이때 전류 I_1은 기준으로서 저항 R_2에서도 I_1에서 I_2가 빼지고, 저항 R_3에서도 I_1에서 I_3가 빼지고, 저항 R_4에서도 그러하며, 저항 R_1은 전류 I_1만 흐르므로 그대로 I_1이다. 각 저항 전류의 방향도 모두 망로전류의 방향과 일치한다. 이러한 방향 설정과 값들은 회로해석을 위한 하나의 수간이다. 방향을 일치시킨 상태에서 Loop1에 KVL을 적용하여 수식을 정립한다. 망로1만 별도로 그리면 그림 3.22(b)와 같고, 여기에 KVL을 적용한다.

(3) 예제를 통한 설명

망로가 세 개인 경우 그림 3.23의 회로를 통해 설명한다. 그림 3.23(a)는 본래의 회로이고, 그림 3.23(b)는 망로와 망로전류를 선정한 후 KVL을 적용한 결과이다.

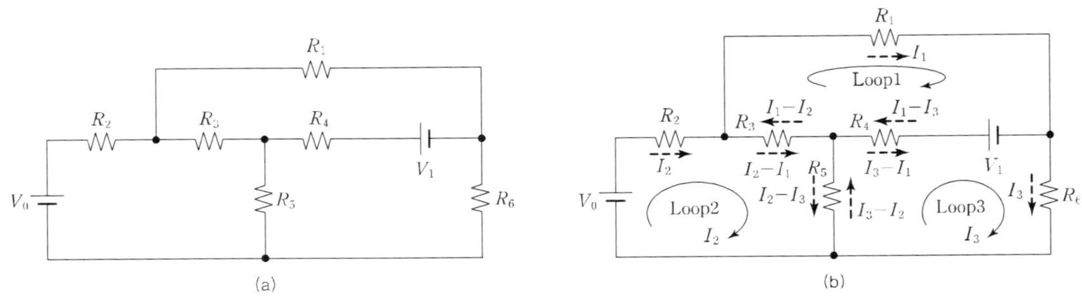

$$\text{Loop1}: R_1 I_1 + R_4(I_1 - I_3) + R_3(I_1 - I_2) = V_1$$

$$\text{Loop2}: R_2 I_2 + R_3(I_2 - I_1) + R_5(I_2 - I_3) = V_0$$

$$\text{Loop3}: R_6 I_3 + R_5(I_3 - I_2) + R_4(I_3 - I_1) = -V_1$$

그림 3.23 예제를 통한 설명

각 망로에서의 망로전류와 해당 망로를 기준으로 하였을 때의 전류 형태를 보였다. 각각의 망로에서의 전류를 그림 3.23(b)에 나타내었다. 그리고 이와 같이 하였을 때 각 망로에 KVL을 적용하여 얻은 수식을 그림 3.23(b)의 아래에 제시하였다.

(4) 수식 정리와 계산

그림 3.23(b)에서 얻은 수식을 망로 I_1, I_2, I_3 전류에 대하여 정리하면 다음 식과 같다.

$$\begin{aligned} (R_1 + R_3 + R_4)\, I_1 - R_3 I_2 - R_4 I_3 &= V_1 \\ -R_3 I_1 + (R_2 + R_3 + R_5)\, I_2 - R_5 I_3 &= V_0 \\ -R_4 I_1 - R_5 I_2 + (R_4 + R_5 + R_6)\, I_3 &= -V_1 \end{aligned} \qquad (1)$$

예제 3.7.1

그림 3.24와 같이 직류전압원과 저항으로 구성된 회로가 있다. 저항 R의 전류와 전압강하를 산출하여라. 모든 저항은 $10\,[\Omega]$이다.

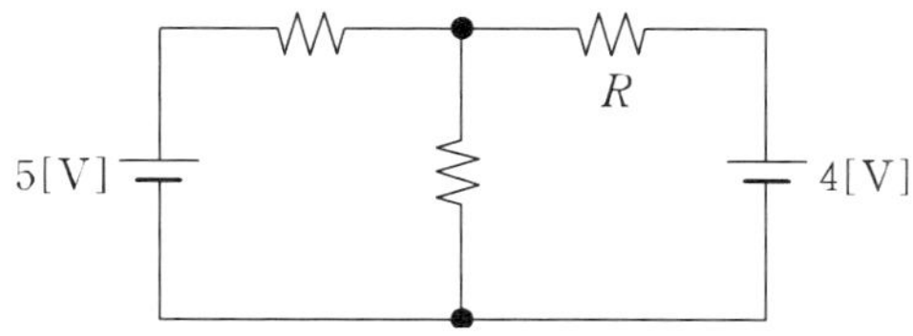

그림 3.24

풀이

(1) KCL에 의한 해법

그림 3.25와 같이 2개의 마디를 선정하고 하나를 기준마디로, 다른 하나의 마디 A의 전압을 V_0로 놓는다.

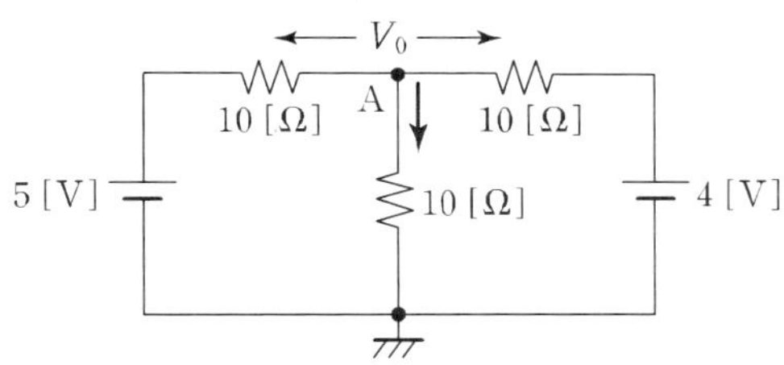

그림 3.25

마디 A에 KCL을 적용한다. 해석할 마디가 하나이므로 수식도 하나이다.

$$\frac{V_0-5}{10}+\frac{V_0}{10}+\frac{V_0-4}{10}=0 \tag{1}$$

식 (1)의 양변에 10을 곱하여 V_0에 대하여 정리한다.

$$3V_0=9, \quad V_0=3[\text{V}] \tag{2}$$

V_0가 구해졌으므로 그림 3.26과 같이 각 저항의 전류를 계산한다.

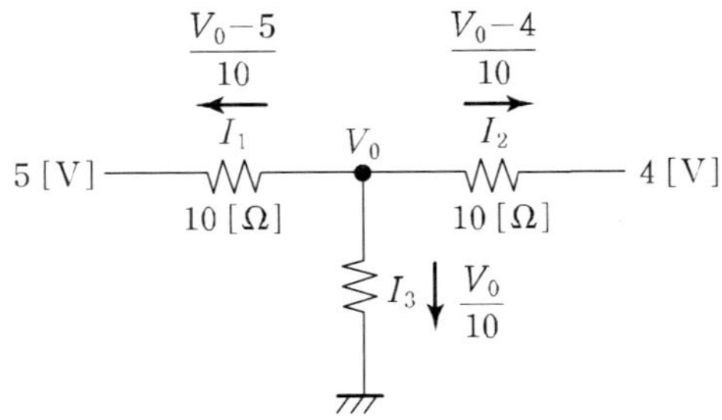

그림 3.26

계산 결과는 다음과 같다.

$$I_1 = \frac{3-5}{10} = -0.2[\text{A}]$$

$$I_2 = \frac{3-4}{10} = -0.1[\text{A}]$$

$$I_3 = \frac{3}{10} = 0.3[\text{A}]$$

전류값이 (−)이면, 실제는 전류방향이 반대이다.

$$I_1 = 0.2[\text{A}](\rightarrow),$$

$$I_2 = 0.1[\text{A}](\leftarrow),$$

$$I_3 = 0.3[\text{A}](\downarrow)$$

저항의 전압강하는 저항에 전류를 곱하여 얻는다. 이렇게 구한 전류와 전압강하를 그림 3.27 회로에 나타내었다.

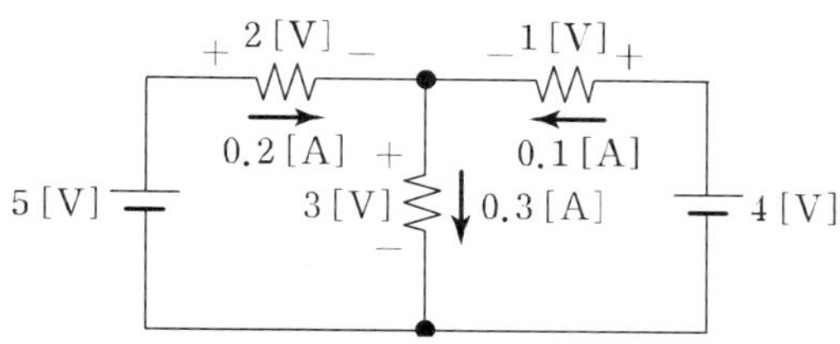

그림 3.27

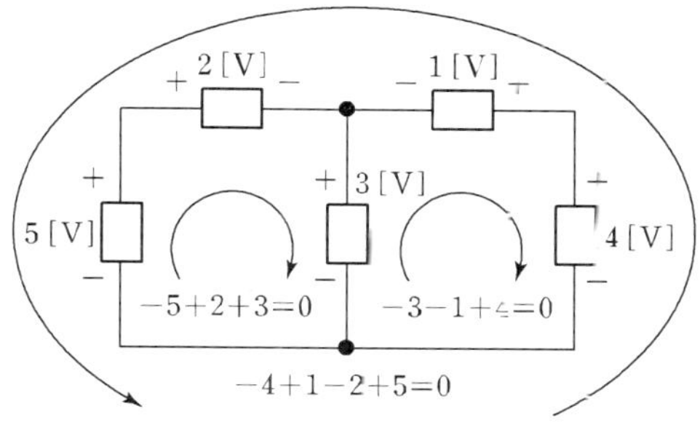

그림 3.28

그림 3.27에서 각 망로에 KVL이 성립함을 확인할 수 있다. 전압만으로 회로를 다시 나타내면 그림 3.28과 같다. 전압의 극성에 주의하면서 망로회전 방향으로 KVL을 적용하여 법칙이 성립함을 확인한다. 망로의 회전방향을 반대로 해도 마찬가지이다.

(2) KVL 에 의한 해법

• **소자전류에 의한 방법**

일단 회로해석을 위한 최소한의 수식 및 미지수의 개수를 알기 위해 그림 3.24 회로에서 마디와 가지의 수를 헤아린다. 2개의 마디와 3개의 가지로 구성시켜 놓고 공식 $b-n+1$에 대입하여 독립망로 및 수식의 개수 $3-2+1=2$[개]를 찾는다.

주어진 문제의 회로는 매우 간단하기 때문에 굳이 마디와 가지의 수를 헤아릴 필요 없이 회로 내의 방의 개수를 세어 2 개로 정해도 된다. 미지수의 개수 2 개가 정해졌으므로 그림 3.29와 같이 회로 내의 임의의 선로에 두 개의 전류 I_1, I_2를 설정하고 나머지 선로 전류를 I_1, I_2로 나타낸다. 전류의 방향을 유의하면서 각 망로에 KVL을 적용하여 수식을 이끌어낸다.

$$\text{Loop 1}:\ 10\mathrm{I}_1 + 10(\mathrm{I}_1 - \mathrm{I}_2) = 5$$

$$\text{Loop 2}:\ -10(\mathrm{I}_1 - \mathrm{I}_2) + 10\mathrm{I}_2 = -4$$

위 두 식을 I_1과 I_2에 대하여 정리한다.

$$20I_1 - 10I_2 = 5$$
$$-10I_1 + 20I_2 = -4$$

연립방정식을 풀어서 I_1과 I_2를 구한다.

$$I_1 = 0.2[\mathrm{A}], \quad I_2 = -0.1[\mathrm{A}]$$

앞의 풀이 1과 같은 동일한 결과를 얻었다.

- **망로전류에 의한 방법**

그림 3.29에서 독립 망로가 2개이므로 2개의 망로에 망로전류를 선정하고 망로전류의 상관관계에 의해 구한 각 소자의 전류값과 소자저항을 곱하여 전압을 계산한 후, KVL을 적용한다.

$$\text{Loop 1} : 10\mathrm{I}_1 + 10(\mathrm{I}_1 - \mathrm{I}_2) = 5$$
$$\text{Loop 2} : 10(\mathrm{I}_2 - \mathrm{I}_1) + 10\mathrm{I}_2 = -4$$

위 식들을 망로전류 I_1, I_2에 대하여 정리한다.

$$20I_1 - 10I_2 = 5$$
$$-10I_1 + 20I_2 = -4$$

위 두 식을 풀어 I_1, I_2를 구한다.

$$I_1 = 0.2[\mathrm{A}], \quad I_2 = -0.1[\mathrm{A}]$$

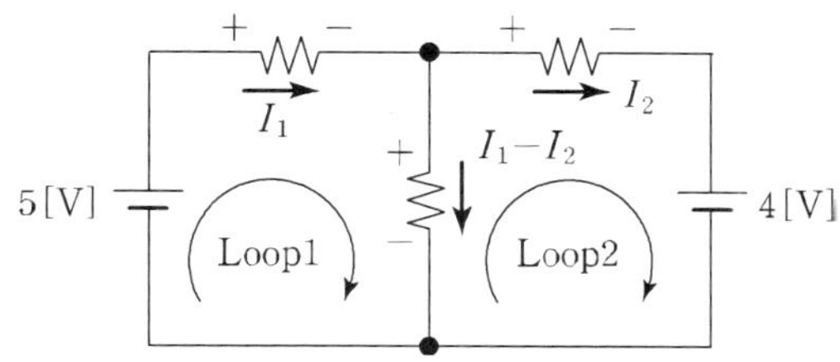

그림 3.29

3-8 중첩의 원리

중첩의 원리는 회로망 내의 여러 전원들을 처리할 때 사용되는 법칙이다. 전원들이 서로 독립적으로 회로망에 에너지를 공급할 경우, 각 전원은 개별적으로 영향을 미치므로 전원마다 회로망에 미치는 영향들을 각기 산출한 후 최종적으로 그 결과를 합성하면 전체 회로망 해석이 가능하다.

(1) 원리

여러 개의 전원을 가운데 하나만 그대로 두고, 나머지 전원들은 무효화시킨 상태에서 회로를 해석한 다음, 순차적으로 그 다음 전원을 그대로 둔 채 그 나머지를 무효화시켜가면서 각 전원마다 이러한 계산을 반복한다. 각 전원의 독립적 계산이 모두 종료된 후 그 결과치들을 최종적으로 합산한다.

전원의 무효화는 그림 3.30과 같다. 전원을 0 상태로 만드는 것으로 전압원은 단락(그림 3.30(a))시키고, 전류원은 개방(그림 3.30(b))한다.

그림 3.30 전원의 무효화

(2) 수식 계산

독립전원들의 개수가 n이고, $0 < k \le n$에 대하여 k번째 계산한 전류나 전압 값을 i_k, v_k라 할 때, 전체 전류 i_t와 v_t는 각각 계산 값의 합이다.

$$i_t = \sum_{k=1}^{n} i_k , \qquad v_t = \sum_{k=1}^{n} v_k \tag{3.7}$$

(3) 계산 요령

계산 요령의 예를 먼저 제시하여 이해를 돕도록 한다. 중첩의 원리로 회로를 해석하는 것은 회로 내의 전원을 순차적으로 처리하는 과정이다.

그림 3.31 회로에는 전원이 두 개 있다. 하나는 전압원 V_0이고, 다른 하나는 전류원 I_0이다.

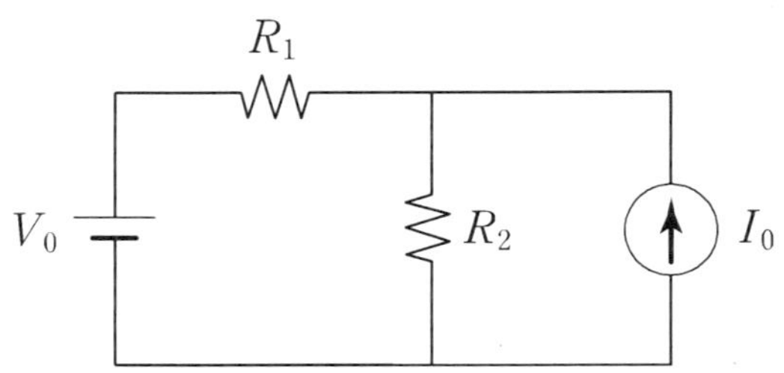

그림 3.31 두 개의 전원 회로

먼저 전압원 V_0로 회로를 해석한다.

이때 전류원 I_0는 무효화시킨다. **무효화**란 전원을 0 상태로 만드는 것으로 전류원의 무효화는 전류원을 제거하여 개방시키는 것이다. 그림 3.32에 V_0만 살리고 I_0는 무효화시켰을 때의 회로를 보이고 있다.

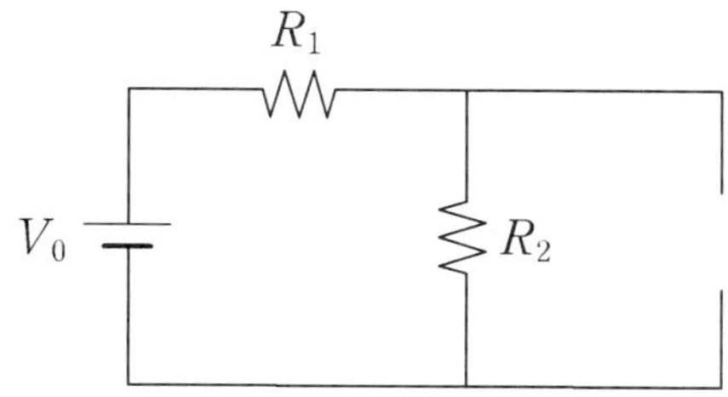

그림 3.32 전압원만 고려한 회로

R_1과 R_2는 직렬이 되고 V_0가 R_1과 R_2에 걸리므로 각 저항의 전류는 같다.

$$I_{R1} = I_{R2} = \frac{V_0}{R_1 + R_2} \tag{1}$$

그리고 저항에 흐르는 전류의 방향도 I_{R1}은 (→), I_{R2}는 (↓)이다. 이 전류의 방향은 마지막에 합할 때 중요하므로 기억해 놓아야 한다. 저항 R_1과 R_2의 전압도 쉽게 구할 수 있다. R_1과 R_2가 전압 V_0를 나누어 가진다.

$$V_{R1} = V_0 \times \frac{R_1}{R_1 + R_2}, \qquad V_{R2} = V_0 \times \frac{R_2}{R_1 + R_2} \tag{2}$$

전압원 계산이 마무리 되었으면, 이제는 전류원만을 살려서 계산해 보자. 전류원 I_0만을 살리고 전압원 V_0를 무효화시킨 회로가 그림 3.33이다.

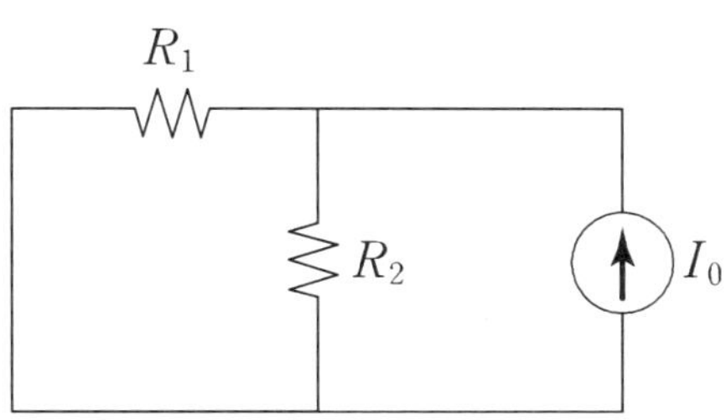

그림 3.33 전류원만 고려한 회로

전압원의 무효화는 단락이므로(단락한 곳의 전압강하가 0이다) 전압원 V_0가 있던 자리를 그대로 연결하면 그만이다. 그림 5.4에서 저항 R_1과 R_2의 전류를 계산한다. I_0가 R_1과 R_2로 나누어 흐른다. 저항이 큰 곳에는 적게 흐르고, 저항이 낮은 곳에는 많이 흐른다.

$$I_{R1} = I_0 \times \frac{R_2}{R_1 + R_2}, \quad I_{R2} = I_0 \times \frac{R_1}{R_1 + R_2} \tag{3}$$

모든 계산이 일단 마무리되었다. 마지막으로 두 결과를 합한다.
먼저 계산결과를 그림 3.34(a)와 (b)에 정리했다.

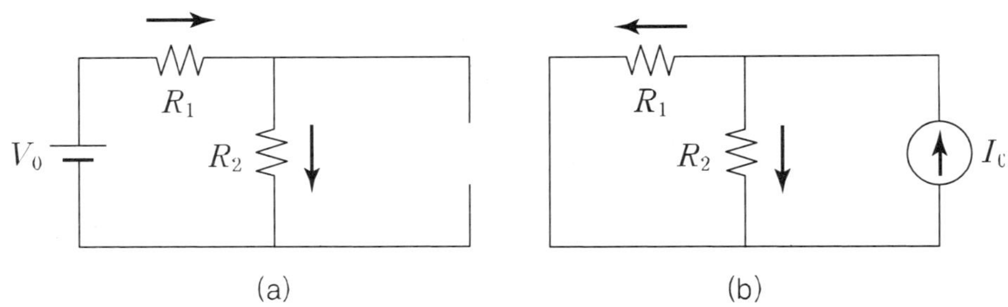

그림 3.34 전류의 방향을 고려

전류의 방향에 주의하여라. 저항 R_1의 전류방향은 서로 반대이고, R_2는 동일하다. 방향이 같은 R_2는 두 전류를 그대로 더하고, 방향이 반대인 R_1은 하나의 방향을 기준으로 서로 뺀다. 결과식 (1)과 (3)을 합성한다.

$$I_{R1} = \frac{V_0}{R_1 + R_2} - \frac{I_0 R_2}{R_1 + R_2} \quad \text{(전류방향 : }\rightarrow\text{)}$$

$$I_{R2} = \frac{V_0}{R_1 + R_2} + \frac{I_0 R_1}{R_1 + R_2} \quad \text{(전류방향 : }\downarrow\text{)}$$

(4) 전원의 무효화 작업

중첩의 원리로 회로를 해석하는 과정에 있어서, 하나의 전원만 있는 것처럼 처리해야 되므로 계산에 배제된 다른 전원들은 자연히 없는 것처럼 취급해야 한다. 이를 전원의 무효화 과정이라 한다. 전원의 무효화는 무작정 전원을 회로에서 분리하는 것이 아니다. 전류원은 분리하여도 상관이 없으나 전압원을 분리하면 전류의 흐름이 차단되기 때문에 회로 전체의 구조 변화를 초래한다. 전원의 무효화는 결국 전원을 '0' 상태로 잠시 만드는 과정이다. 이는 매우 간단하다. 전압을 '0'으로 만들려면 전압원을 제거한 후 양단자를 단락시키고, 전류원은 회로에서 분리하여 양단자를 개방시킨다. (그림 3.30)

(5) 계산순서

그림 3.35(a)는 두 개의 전압원 v_1과 v_2, 한 개의 전류원 i_0가 있는 회로에 중첩의 원리를 적용하여 부하 Z_L에 흐르는 전류 i를 계산하는 것이다. 이를 구하기 위해 그림 3.35(b), (c), (d)의 과정을 거친다. 먼저 그림 3.35(b)는 v_2와 i_0를 무효화시켜 놓고 v_1만에 의해 회로를 해석하여 Z_L에 흐르는 전류 i_1을 계산하였다. 그림 3.35(c)는 v_1과 i_0를 무효화시킨 다음 v_2만에 의해 계산하여 i_2를 구한 것이다. 그림 3.35(d)는 v_1과 v_2를 무효화시킨 후 i_0만 가지고 회로를 계산하여 i_3를 계산하였다. 각 전원에 의한 전류 i_1, i_2, i_3가 구하여졌으므로, 문제에서 요구하는 전류 $i = i_1 + i_2 + i_3$가 된다.

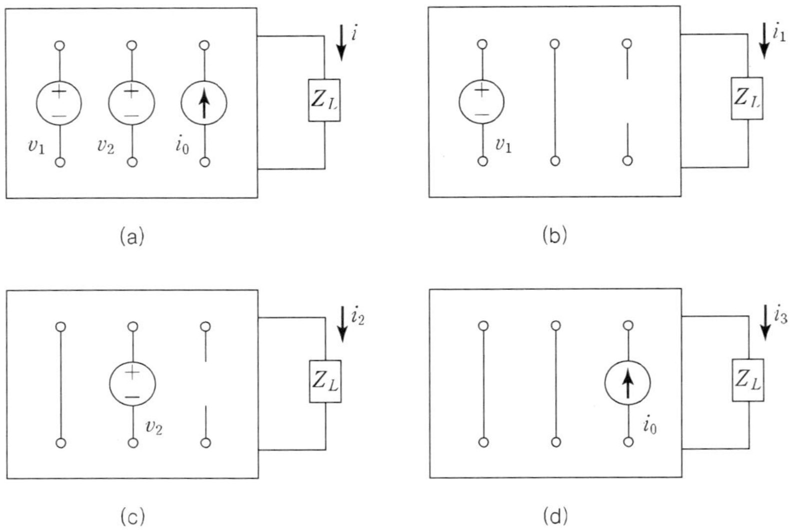

그림 3.35 $i = i_1 + i_2 + i_3$

(6) 마지막 합산시 전류방향에 주의

중첩의 원리로 회로를 해석하는 과정에서 흔히 틀리기 쉬운 부분이 바로 합산 과정이다. 각 과정에서 구한 값을 무작정 더한다고 계산이 끝나는 것이 아니다. 반드시 '전류의 방향'에 주의해야 한다. 전류의 방향을 일치시켜 놓고 합산해야 한다. 전류의 방향은 그 값 앞에 (+)나 (−) 부호에 의해 결정되므로, 전류값의 부호를 교정한 후 합산한다.

(7) 전원이 모두 전압원인 경우의 해석법

그림 3.36의 회로에 대하여 살펴보자. 전압원이 2개이므로 하나는 그대로 두고 나머지는 무효화시켜 해석한 다음, 나머지 전원에 대하여도 같은 요령으로 회로를 해석하여 그 결과를 합산한다. 단계별로 접근한다.

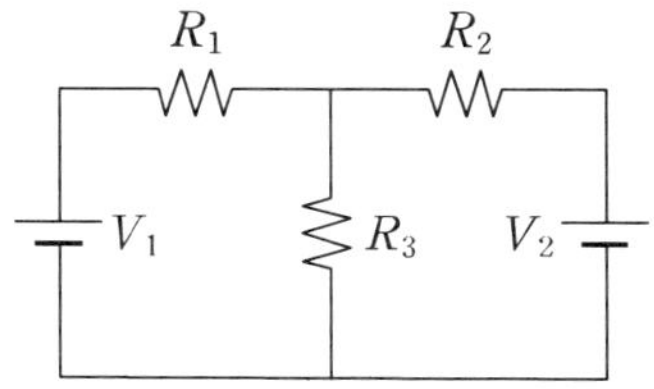

그림 3.36 전압원이 2개인 회로

① 전압 V_1 : OK!, 전압 V_2 : 무효화 (그림 3.37)

이 회로는 간단히 해석된다. 각 전류를 계산한 결과만을 제시하면 다음과 같다(전류의 방향에 주의할 것).

$$I_{10} = \frac{V_1(R_2 + R_3)}{R_1R_2 + R_1R_3 + R_2R_3} \qquad (\rightarrow)$$

$$I_{20} = \frac{V_1 R_3}{R_1R_2 + R_1R_3 + R_2R_3} \qquad (\rightarrow)$$

$$I_{30} = \frac{V_1 R_2}{R_1R_2 + R_1R_3 + R_2R_3} \qquad (\downarrow)$$

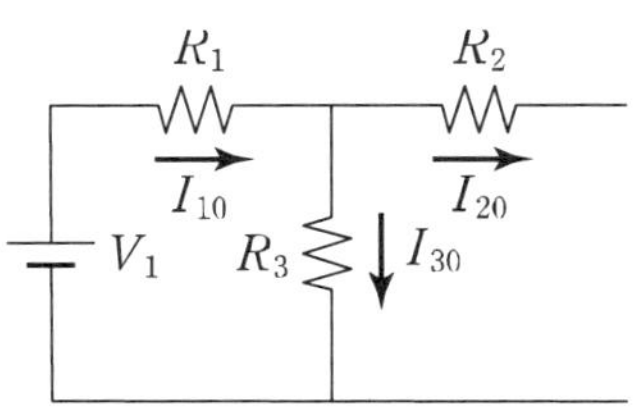

그림 3.37 전압원 V_2 제거

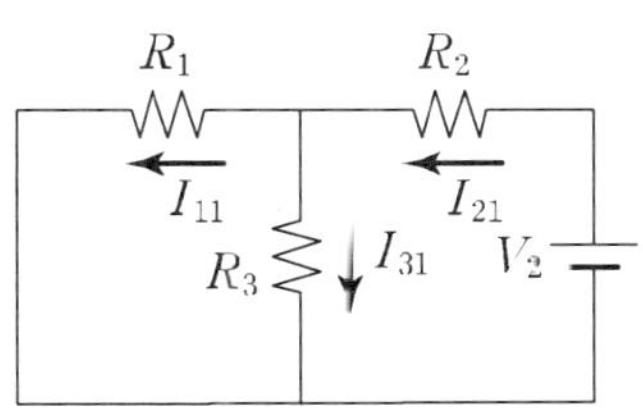

그림 3.38 전압원 V_1 제거

② 전압 V_1 : 무효화, 전압 V_2 : OK! (그림 3.38)

$$I_{21} = \frac{V_2(R_1 + R_3)}{R_1R_2 + R_1R_3 + R_2R_3} \qquad (\leftarrow)$$

$$I_{11} = \frac{V_2 R_3}{R_1R_2 + R_1R_3 + R_2R_3} \qquad (\leftarrow)$$

$$I_{31} = \frac{V_2 R_1}{R_1R_2 + R_1R_3 + R_2R_3} \qquad (\downarrow)$$

③ 전류값 합산 (그림 3.39)

최종 계산된 전류값과 방향을 고려하여 합산한다. 전류의 방향을 정리하면 그림 3.39과 같다. 해석자가 전류방향을 ①과 같이 잡았을 때, 각 저항의 전류는 다음과 같다.

$$I_{R1} = I_{10} - I_{11} = \frac{V_1R_2 + V_1R_3 - V_2R_3}{R_1R_2 + R_1R_3 + R_2R_3} \qquad (\rightarrow)$$

$$I_{R2} = I_{20} - I_{21} = \frac{V_1R_3 - V_2R_1 - V_2R_3}{R_1R_2 + R_1R_3 + R_2R_3} \qquad (\rightarrow)$$

$$I_{R3} = I_{30} + I_{31} = \frac{V_1R_2 + V_2R_1}{R_1R_2 + R_1R_3 + R_2R_3} \qquad (\downarrow)$$

①	I_{10} $(\rightarrow)$	I_{20} $(\rightarrow)$	I_{30} $(\downarrow)$
②	I_{11} $(\leftarrow)$	I_{21} $(\leftarrow)$	I_{31} $(\downarrow)$

그림 3.39 전류방향

(8) 전원이 모두 전류원인 경우의 해석법

그림 3.40의 회로에 대하여 살펴보자. 2개의 전류원 가운데 하나씩 순차적으로 적용시켜 회로를 해석한다.

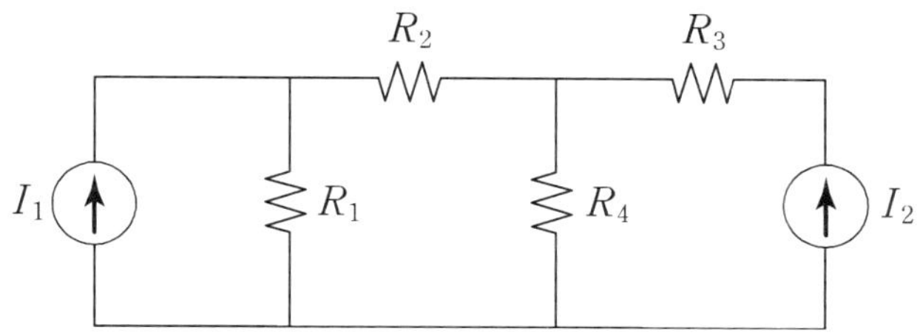

그림 3.40 전류원이 2개인 회로

그림 3.41에 전류원 한 개씩만 고려한 회로를 나타내었다.

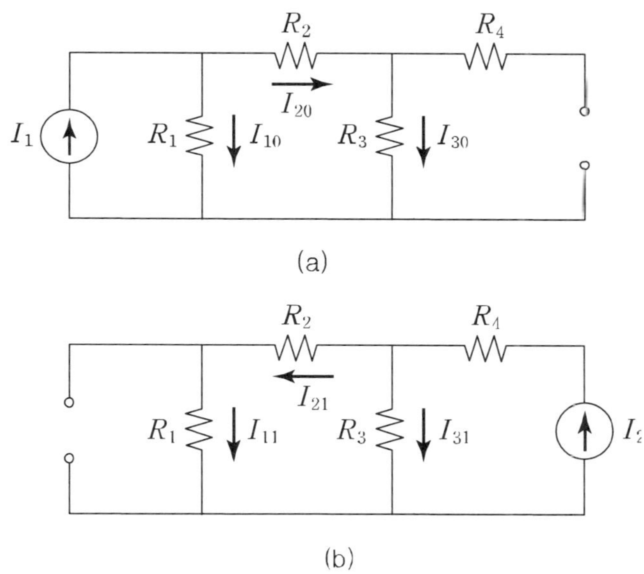

그림 3.41 전류원 한 개씩만 고려

① 그림 3.41(a)의 계산결과

$$I_{10} = \frac{I_1(R_2+R_3)}{R_1+R_2+R_3} \ (\downarrow)$$

$$I_{20} = I_{30} = \frac{I_1 R_1}{R_1 + R_2 + R_3} \; (\rightarrow)(\downarrow)$$

$$I_{R4} = 0$$

② 그림 3.41(b)의 계산결과

$$I_{11} = I_{21} = \frac{I_2 R_3}{R_1 + R_2 + R_3} \; (\downarrow)(\leftarrow)$$

$$I_{31} = \frac{I_2 (R_1 + R_2)}{R_1 + R_2 + R_3} \; (\downarrow)$$

$$I_{R4} = I_2 \; (\leftarrow)$$

③ 전류값 합성

방향을 고려하여 위 두 전류를 합산한다.

$$I_{R1} = I_{10} + I_{11} = \frac{I_1 R_2 + I_1 R_3 + I_2 R_3}{R_1 + R_2 + R_3} (\downarrow)$$

$$I_{R2} = I_{20} - I_{21} = \frac{I_1 R_1 - I_2 R_3}{R_1 + R_2 + R_3} (\rightarrow)$$

$$I_{R3} = I_{30} + I_{31} = \frac{I_1 R_1 + I_2 R_1 + I_2 R_2}{R_1 + R_2 + R_3} (\downarrow)$$

(9) 전압원과 전류원이 같이 있는 경우의 해석법

그림 3.42의 회로에 대하여 살펴보자. 각각의 전원에 대한 회로에서 전류들을 계산한 다음 그 결과치를 합산한다.

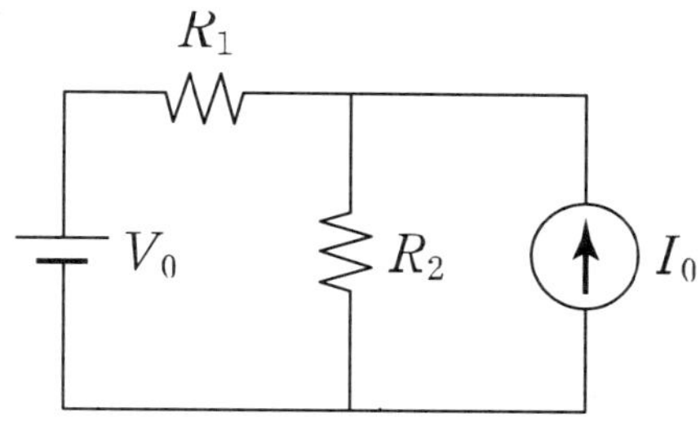

그림 3.42 전압원과 전류원이 같이 있는 회로

① 그림 3.43(a)의 계산결과

$$I_{10} = I_{20} = \frac{V_0}{R_1 + R_2}$$

② 그림 3.43(b)의 계산결과

$$I_{11} = \frac{R_2 I_0}{R_1 + R_2} \ (\leftarrow) \qquad I_{21} = \frac{R_1 I_0}{R_1 + R_2} \ (\downarrow)$$

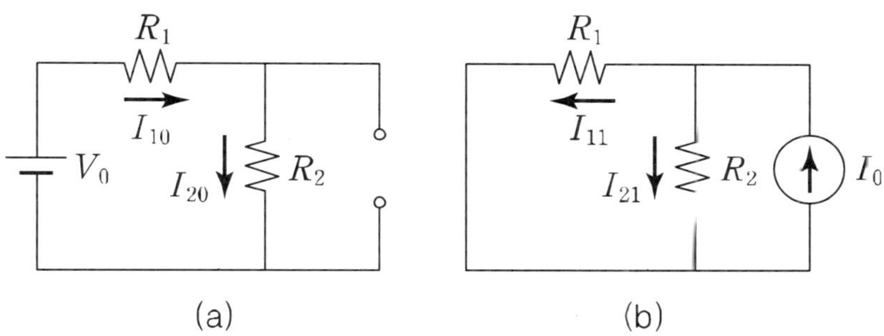

그림 3.43 전압원이나 전류원 한 개씩만 고려

③ 전류값 합성

전류의 방향에 유의하면서 결과값들을 합산한다.

$$I_{R1} = I_{10} - I_{11} = \frac{V_0 - R_2 I_0}{R_1 + R_2}\ (\rightarrow) \qquad , \qquad I_{R2} = I_{20} + I_{21} = \frac{V_0 + R_1 I_0}{R_1 + R_2}\ (\downarrow)$$

예제 3.8.1

그림 3.44은 두 개의 전압원과 저항으로 구성된 회로이다. 중첩의 원리로 각 저항 전류를 계산하고, 키르히호프의 법칙을 적용하여 결과값을 확인하여라.

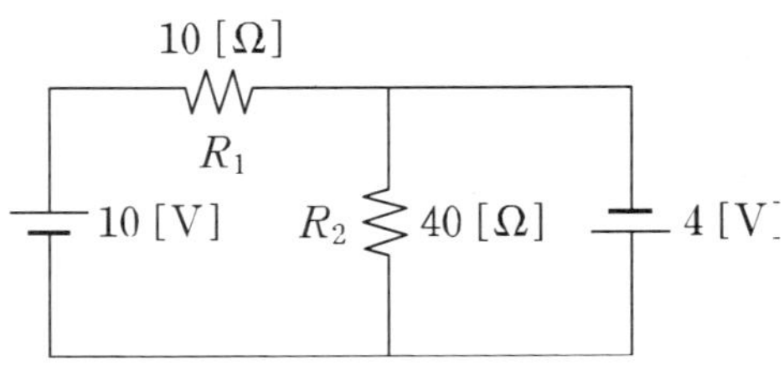

그림 3.44

풀이

중첩의 원리를 적용하여 V_1, V_2 인가시 전류를 계산한다.

i) V_1 전압을 인가하고 V_2를 무효화한 경우(그림 3.45a))

$$I_{10} = \frac{10}{10} = 1[\text{A}], \qquad I_{20} = 0$$

ii) V_2 전압을 인가하고, V_1을 무효화한 경우(그림 3.45(b))

$$I_{11} = \frac{4}{10} = 0.4[\text{A}], \quad I_{21} = \frac{4}{40} = 0.1[\text{A}]$$

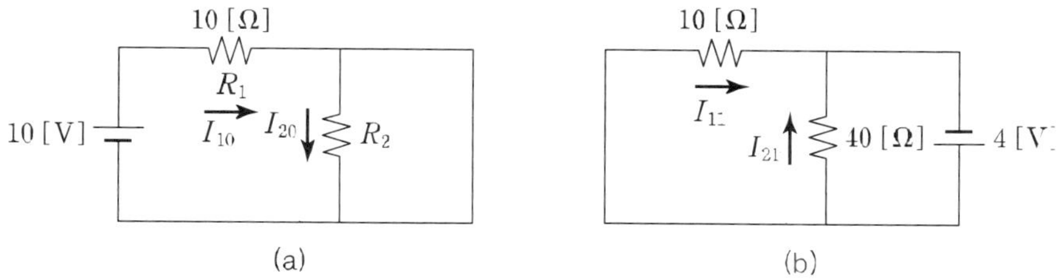

그림 3.45 전압원 한 개씩만 고려

iii) 전류의 방향을 고려하여 합성한다.

$$I_{R1} = I_{10} + I_{11} = 1.4[\text{A}] \quad (\rightarrow)$$
$$I_{R2} = I_{21} - I_{20} = 0.1[\text{A}] \quad (\uparrow)$$

별 해

키르히호프의 법칙을 적용한 회로해석(그림 3.46)

$$\text{Loop 1} : 10\text{I}_1 + 40(\text{I}_1 - \text{I}_2) = 10$$
$$\text{Loop 1} : 40(\text{I}_2 - \text{I}_1) = 4$$

두 식에서 I_1, I_2를 계산한다.

$$I_1 = 1.4[\text{A}], \qquad I_2 = 1.5[\text{A}]$$

I_1과 I_2에서 각 저항 전류를 구한다.

$$I_{R1} = I_1 = 1.4[\text{A}] \qquad (\rightarrow)$$
$$I_{R2} = I_2 - I_1 = 0.1[\text{A}] \quad (\uparrow)$$

앞의 해와 동일한 결과임을 확인할 수 있다.

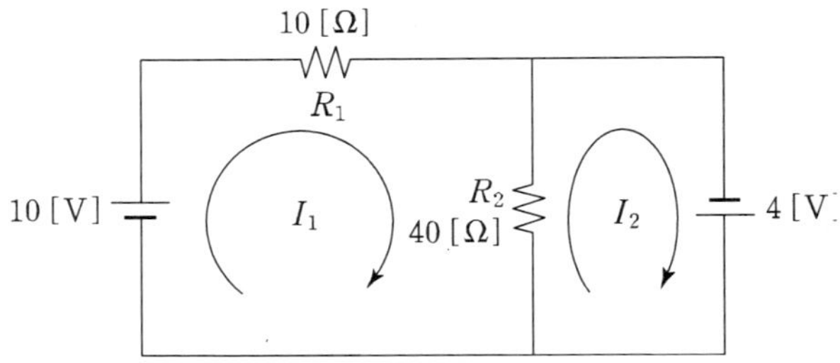

그림 3.46

예제 3.8.2

그림 3.47회로에서 $V_0 = 80[V], I_1 = 4[A], I_2 = 8[A]$, $R_1 = 10\ [\Omega], R_2 = 20\ [\Omega], R_3 = 50\ [\Omega]$일 때 각 저항의 전류를 구하여라.

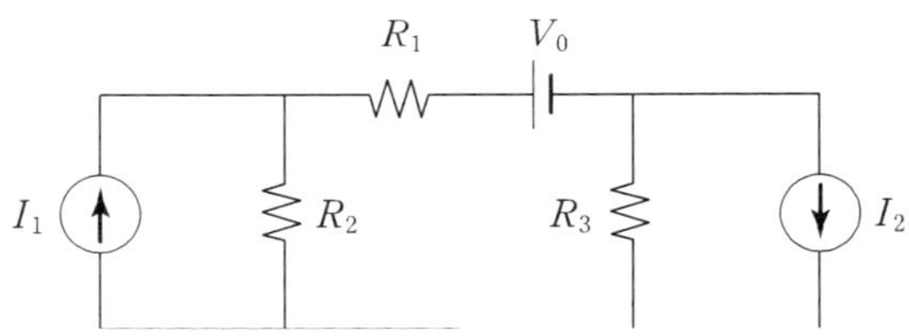

그림 3.47

풀 이

중첩의 원리를 적용하여 회로를 해석한다. 이에 대한 풀이는 여러 차례 하였으므로 각 전원에 해당하는 세 개의 그림 (그림 3.48, 49, 50)을 토대로 계산한다.

① 전류원 I_1 인가시

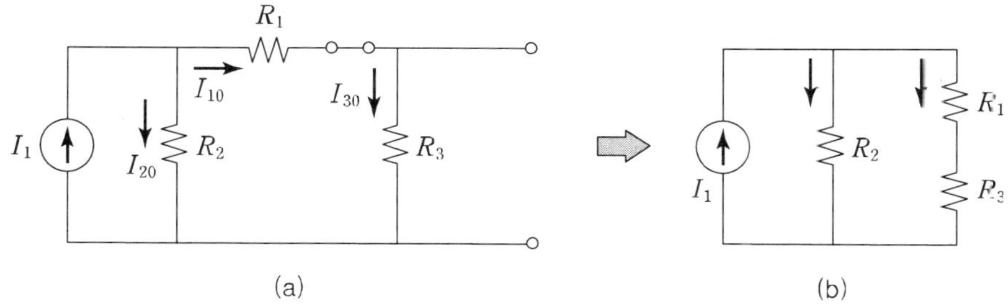

그림 3.48

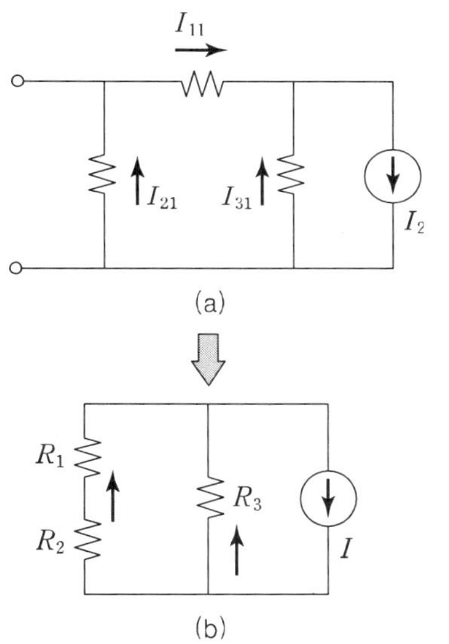

그림 3.49

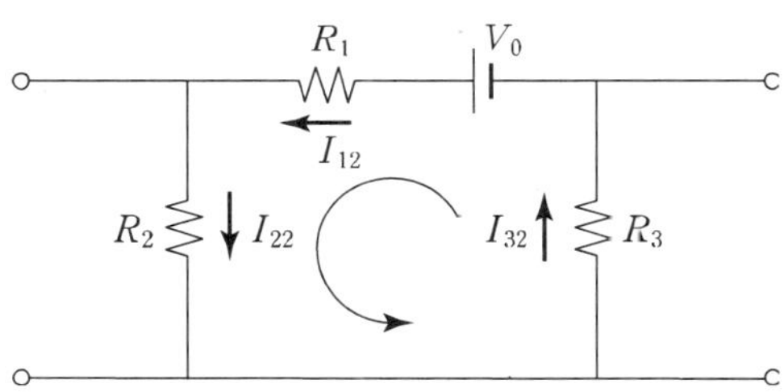

그림 3.50

전류가 병렬회로에 나누어 흐르므로 각 저항전류는 다음과 같다.

$$I_{10} = I_{30} = \frac{R_2 I_1}{R_1 + R_2 + R_3} = 1[\mathrm{A}] \qquad (\rightarrow,\ \downarrow)$$

$$I_{20} = \frac{(R_1 + R_3)\ I_1}{R_1 + R_2 + R_3} = 3[\mathrm{A}] \qquad (\downarrow)$$

② 전류원 I_2 인가시

앞의 경우와 마찬가지로 전류가 나누어 흐르므로 각 전류를 구한다.

$$I_{31} = \frac{(R_1 + R_2)\, I_2}{R_1 + R_2 + R_3} = 3[\mathrm{A}] \qquad (\uparrow)$$

$$I_{11} = I_{21} = \frac{R_3 I_2}{R_1 + R_2 + R_3} = 5[\mathrm{A}] \qquad (\rightarrow,\ \uparrow)$$

③ 전압원 V_0 인가시

전류원 I_1과 I_2는 개방상태가 되고 전압원 V_0만으로 이루어진 단독망이 된다.

그림 3.50에서 $I_{12} = I_{22} = I_{32} = \dfrac{V_0}{R_1 + R_2 + R_3} = 1[\mathrm{A}]$이다.

이상 세 가지 경우를 종합하면 표 3.1과 같다.

표 3.1

	I_1		I_2		I_3	
경우 1	1	→	3	↓	1	↓
경우 2	5	→	5	↑	3	↑
경우 3	1	←	1	↓	1	↑
합 성	5	→	1	↑	3	↑

3-9 테브난 정리

(1) 회로 간소화 기법

중첩의 원리가 전원처리에 유용하다면, **테브난**과 **노턴의 정리**는 복잡한 회로를 하나의 등가회로로 간략화하는데 유용하다(그림 3.51). 이 정리들을 사용하면 여러 능동소자와 수동소자로 구성된 회로망이 하나의 전원과 하나의 부하로 구성된 등가회로로 변환될 수 있다. 복잡한 회로가 간단한 등가회로로 변환될 수 있다는 사실은 여러가지의 장점을 갖고 있다.

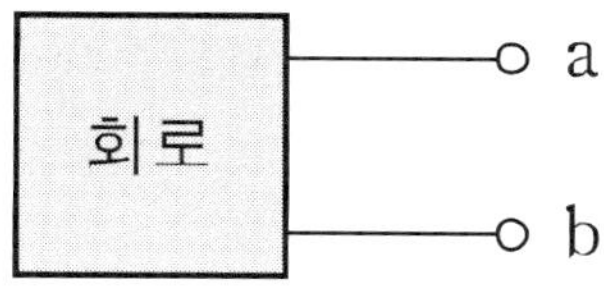

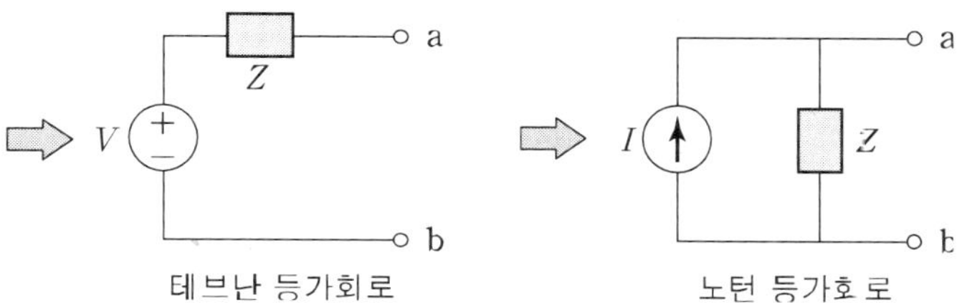

그림 3.51 테브난과 노턴의 등가회로

일단 구하고자 하는 대상소자를 회로에서 분리한다. 그 나머지 회로를 이 정리를 사용하여 간단한 등가회로로 바꾼다. 그 다음 이 등가회로에 대상소자를 다시 연결한 다음 회로 계산을 수행한다. 실제 현장에서 이를 간단히 적용하려면, 전원과 저항만으로 구성된 회로가 있다고 할 때, 먼저 해당 단자에서 전압이나 전류를 측정한다. 이 값을 등가회로의 전원값으로 규정한다. 그 다음 회로 내의 모든 전원들을 무효화한 후 그 단자에서 저항값을 측정한다. 이 저항값이 등가회로의 직렬 또는 병렬저항이다. 그림 3.51의 두 등가회로의 전압과 전류는 $V=ZI$의 관계가 성립한다. 두 등가회로의 임피던스 Z는 동일하다.

(2) 테브난 정리의 원리와 방법

회로해석 과정에서 어떤 복잡한 회로를 하나의 간단한 등가회로로 변환한 다음 계산을 하면 편리하게 풀 수 있다. **테브난 정리**는 이러한 접근 방법이다. 여러 개의 전류원과 전압원 및 수동소자들로 구성된 회로를 하나의 전원과 임피던스로 된 간단한 등가회로로 만드는 요령을 보여준다.

테브난 정리를 회로해석에 사용하려면 반드시 등가변환의 기준이 되는 단자가 있어야 한다. 어떤 특정 단자를 중심으로 등가변환이 이루어지기 때문이다. 그림 3.52과 같이 특정 단자를 중심으로 회로의 등가변환이 이루어지기 때문에 변화된 등가회로는 엄밀히 말해서 본래의 회로상태를 재현하였다고 볼 수 없다. 단지 그 특정 단자와 연결될 회로를 간단히 해석하기 위한 준비 단계로서의 의미가 있다.

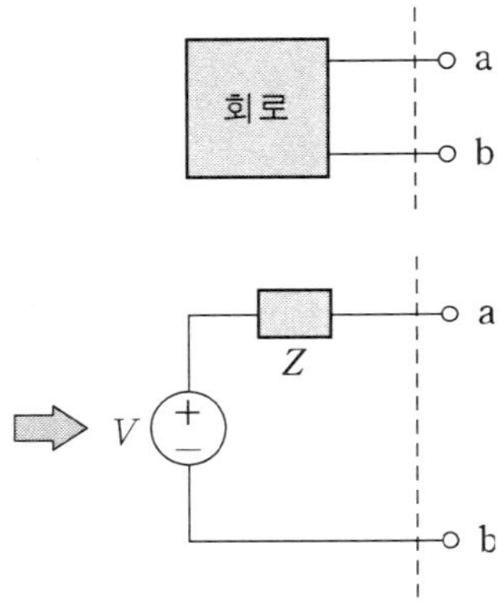

그림 3.52 회로의 등가변환

따라서 테브난 정리에서는 특정 단자 ab에 의미가 부여되며, 그 단자와 연결된 회로해석에 편리한 방법을 제공한다. 결국 이 기법을 적용하려면 일차적으로 회로 내에 단자를 설정하는 일이 선행되어야 한다. 이 단자를 중심으로 회로가 두 부분으로 분리되고 해석대상이 아닌 반쪽 회로만 등가변환하는 셈이다. 그림 3.53은 그 과정을 보여주고 있다.

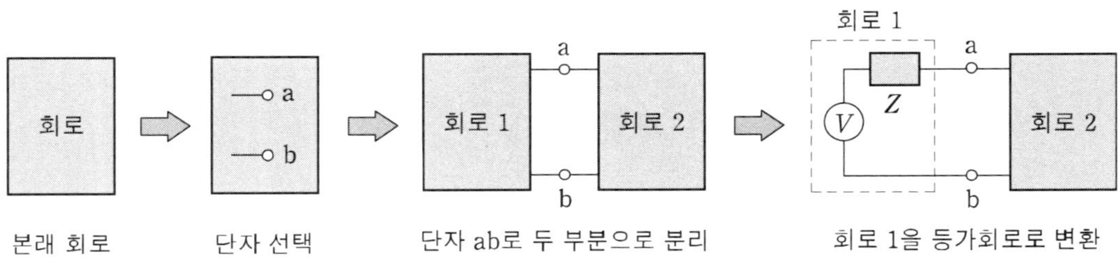

그림 3.53 등가회로 변환과정

(3) 테브난 정리의 요약

그림 3.54에 테브난 정리에 의한 회로해석을 정리하였다.

v_0 : 단자 ab 개방시 나타나는 전압

Z_0 : 회로 내의 모든 전원을 무효화한 후 단자 ab에서 본 임피던스

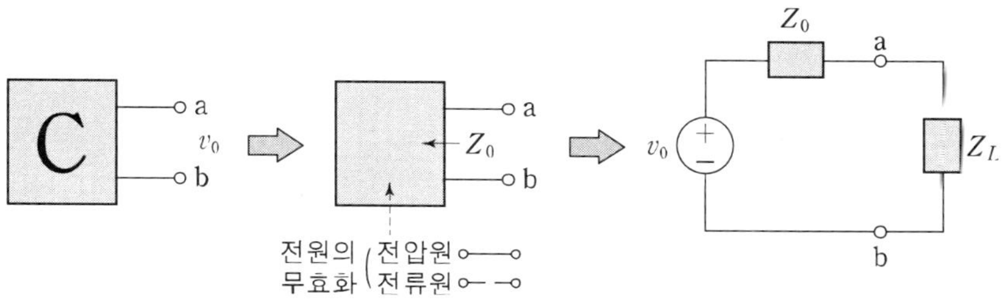

그림 3.54 테브난 정리를 위한 등가회로 구현

예제 3.9.1

다음 회로에서 테브난 정리를 사용하여 저항 R_L의 전류를 구하여라.

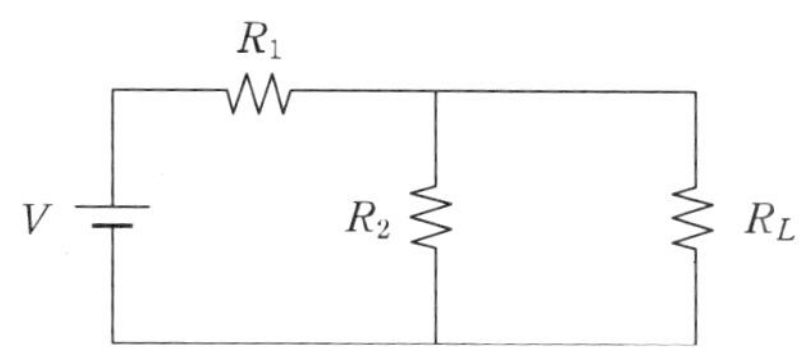

그림 3.55

풀 이

그림 3.56에 회로해석 단계를 보였다.

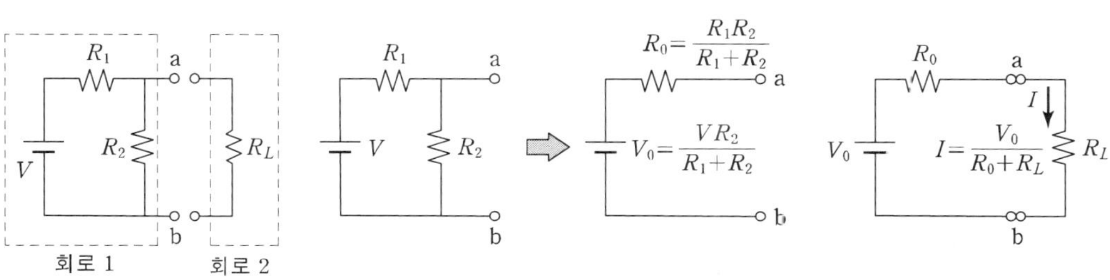

(a) 단자 분리 작업 (b) 회로 1의 등가회로 구현 (c) 두 회로의 연결

그림 3.56

i) 그림 3.56(a) : 단자 ab를 중심으로 저항 R_L을 회로로부터 분리한다.

ii) 그림 3.56(b) : 분리된 회로 1에 테브난 정리를 적용하여 등가회로를 구한다.

등가전압 V_0 : 단자 ab 전압 $= V\dfrac{R_2}{R_1+R_2}$

등가저항 R_0 : 회로 1의 모든 전원을 무효화한 후 단자 ab에서 구한 저항

$$R_0 = R_1 \parallel R_2 = \frac{R_1 R_2}{R_1+R_2}$$

이 과정을 그림 3.57에 다시 보였다.

iii) 그림 3.56(c) : 이렇게 구한 V_0와 R_0를 가지고 등가회로를 만든 다음, 처음 분리하였던 저항 R_L을 다시 연결하여 하나의 회로를 구성한다. 이 회로에서 R_L의 전류를 계산한다.

$$I = \frac{V_0}{R_L+R_0} = \frac{\dfrac{VR_2}{R_1+R_2}}{R_L+\dfrac{R_1R_2}{R_1+R_2}} = \frac{VR_2}{R_L(R_1+R_2)+R_1R_2}$$

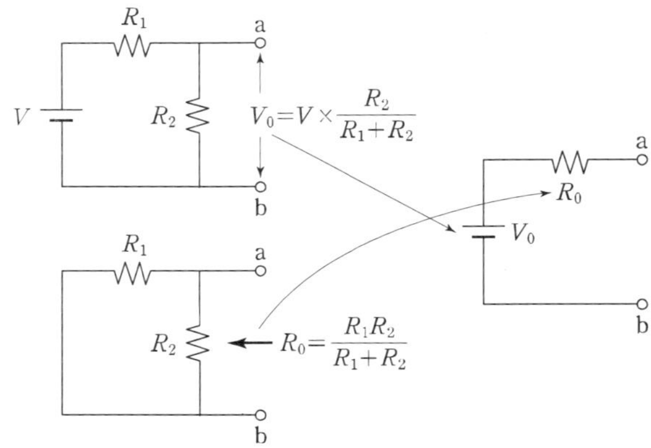

그림 3.57 테브난 정리를 위한 등가회로 구현

3-10 노턴 정리

테브난 정리에 의해 복잡한 회로가 간단한 등가회로로 변환되었듯이, **노턴 정리**에 의해서도 그러하다. 노턴 정리도 회로 내의 어떤 단자에 대하여 수행된다. 테브난 정리에서와 마찬가지로 대상소자를 회로로부터 분리한 후, 나머지 회로를 하나의 전류원과 등가 병렬임피던스로 변환한다. 그림 3.58은 노턴 정리에 의한 회로해석 요령을 보여주고 있다.

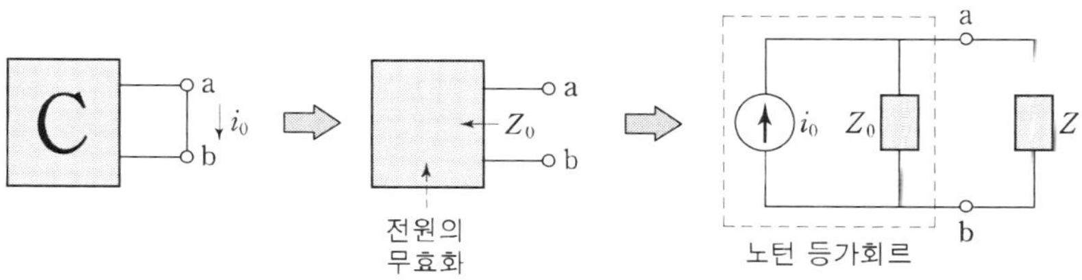

그림 3.58 노턴 정리

i_0 : 단자 ab 단락시 단락전류

Z_0 : 회로 내의 모든 전원을 무효화한 후 단자 ab에서 본 임피던스
즉, 테브난 정리의 Z_0와 동일하다.

(1) 기본원리

본래 회로로부터 단자 ab를 설정한 후 대상회로를 분리한 다음, 단자 ab를 단락하여 단락전류 I_0를 구하여 등가회로의 전류원 I_0로 놓는다. 등가회로의 등가 임피던스 Z_o는 회로 1의 모든 전원을 무효화한 다음 단자 ab측에서 회로 쪽을 보았을 때의 임피던스로서 테브난 정리에서나 노턴 정리에서 등가임피던스 Z_o는 동일하며 구하는 방법도 마찬가지이다.

(2) 테브난 정리와 노턴 정리의 차이점

두 정리 사이의 차이점은 이러하다. 테브난 정리는 단자 개방시 전압을 구하여 등가전압원으로 놓으며, 노턴 정리는 단자를 단락시켜 단락전류를 구하여 등가전류원으로 놓는다. 전자는 등가임피던스를 등가전압원과 직렬로 연결하지만, 후자는 등가전류원과 병렬로 연결한다. 이 정리를 사용하여 회로를 해석하는 요령은 테브난 정리시와 거의 같다. 단지 회로 계산에서 전압원 대신 전류원을 사용하고, 직렬보다는 병렬에 더 치중하며, KVL보다는 KCL을 많이 사용한다는 점이 다를 뿐이다. 노턴 정리의 개념을 이해하였으면, 이제는 이 정리를 사용하여 회로해석하는 방법을 고찰해본다. 이해를 돕기 위해, 테브난 정리시 사용하였던 회로들을 채택한다.

(3) 회로해석 과정

그림 3.59는 노턴 정리에 의한 회로해석 과정을 보이고 있다.

회로 내 단자설정 → 회로분리 → 회로 1의 등가회로 구현(노턴 정리 사용)→ 분리하였던 회로를 연결하여 해석

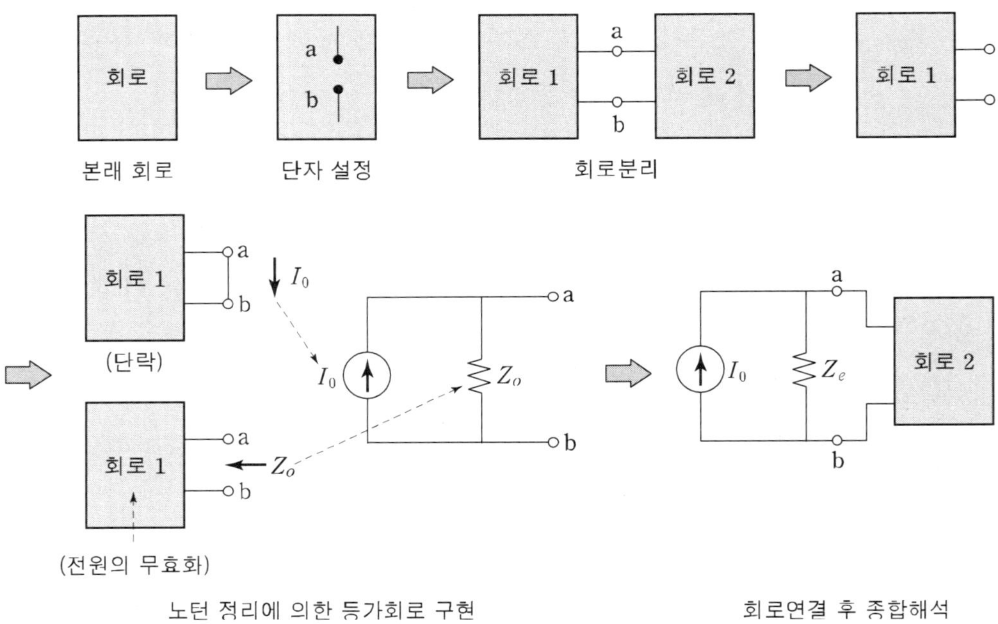

그림 3.59 노턴 정리에 의한 회로해석 과정

(4) 테브난 정리와 노턴 정리의 호환성

테브난 정리와 노턴 정리는 등가회로 구현에 있어서 서로 밀접한 관계가 있다. 어떤 복잡한 회로를 두 정리를 사용하여 간단한 등가회로로 만들었을 때, 두 등가회로 사이에는 상호 등가변환이 가능하다. 두 등가회로의 임피던스는 서로 같고, 전압원과 전류원 사이의 등가변환을 시킬 수 있다. 그림 3.60은 두 등가회로를 보이고 있다.

두 회로는 $V_0 = R_0 I_0$에 의해 상호 등가변환이 가능하다. 이러한 성질을 회로에서는 **쌍대성**(duality)이라고 부른다. 이 두 등가회로의 경우처럼 유사한 형태로 상호 대치가 가능한 성질을 가리킨다. 두 정리 사이의 쌍대성은 회로를 해석하는데 매우 유용하다. 대상 회로에 두 정리 중에 다루기 편한 것을 적용하여 등가회로를 만들면 된다. 등가회로가 완성되었다 하더라도 계산상 편리하다면 또 다른 등가회로로 바꾸어 계산한다. 즉 두 정리는 함께 사용할 것 없이 편한 것 하나만 사용해서 회로에 적용한다. 이 점이 두 정리를 '테브난 · 노턴 정리'라고 함께 부르는 이유이다. 회로에서 보고 어떤 정리를 적용하는 것이 계산상 쉬운가를 결정한 다음 그 정리를 적용하여 회로를 해석하기 바란다.

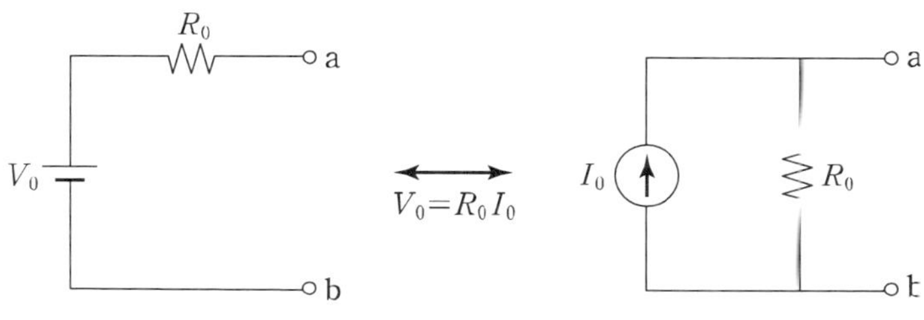

(a) 테브난 등가회로　　(b) 노턴 등가회로

그림 3.60 회로의 쌍대성

예제 3.10.1

노턴 정리를 이용하여 그림 3.61 회로의 부하 저항 R_L의 전류를 구하여라.

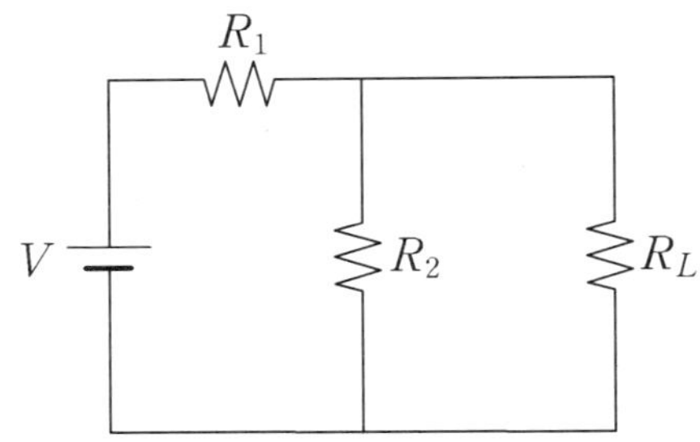

그림 3.61

풀 이

그림 3.62은 노턴 정리를 사용하여 저항 R_L의 전류를 계산하는 과정을 보여주고 있다. 그림 3.62(a)는 일단 저항R_L을 분리한다.

그림3.62(b)는 단자 ab를 단락시켜 단락전류 I_0를 계산한다. 회로 계산에 의해 단자 ab의 저항이 0이므로 R_2로는 전류가 흐르지 않고 모든 전류가 R_1으로 흘러서, I_0 전류는 그림에서와 같이 $I_0 = \dfrac{V}{R_1}$가 된다. 이때의 I_0가 등가회로의 전류원 전류이다.

그림 3.62(c)는 등가저항을 산출하는 과정인데, 테브난 정리의 등가저항 계산 과정과 일치한다.

그림 3.62(d)는 I_0와 R_0로 등가회로를 만든 다음, 단자 ab에 이전에 분리하였던 저항 R_L을 연결하고 R_L 전류를 계산하는 과정을 보이고 있다. 이 때의 R_L 전류 $I_L = I_0 \times \dfrac{R_0}{R_0 + R_L}$이다. 앞에서 계산한 I_0를 이 식에 대입하면 I_L은 V와 R_L, R_2 및 R_L로 산출된다.

$$I_L = I_0 \times \frac{R_0}{R_0 + R_L} = \frac{V}{R_1} \times \frac{\dfrac{R_1 R_2}{R_1 + R_2}}{\dfrac{R_1 R_2}{R_1 + R_2} + R_L} = \frac{V \bullet R_1 R_2}{R_1 (R_1 R_2 + R_L R_1 + R_L R_2)}$$

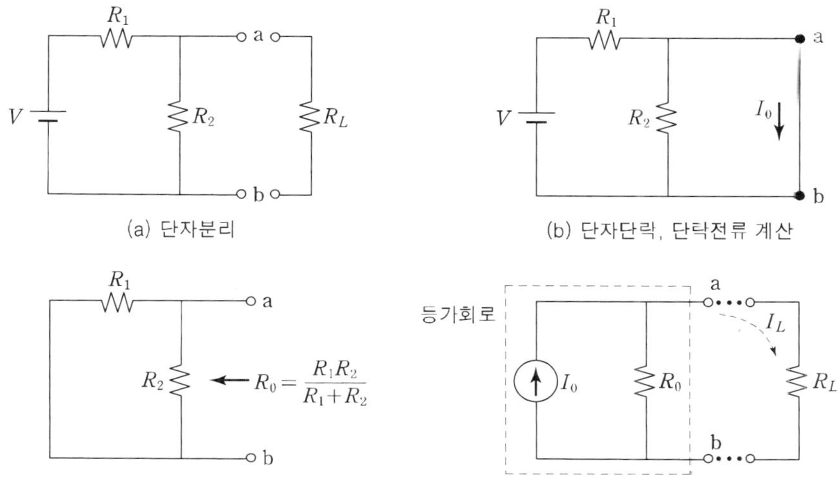

(a) 단자분리 (b) 단자단락, 단락전류 계산

(c) 등가저항 계산 (d) 등가회로, R_L 연결, 회로해석

그림 3.62

예제 3.10.2

노턴 정리를 사용하여 그림 3.63 회로의 저항 R_4의 전류를 구하여라.

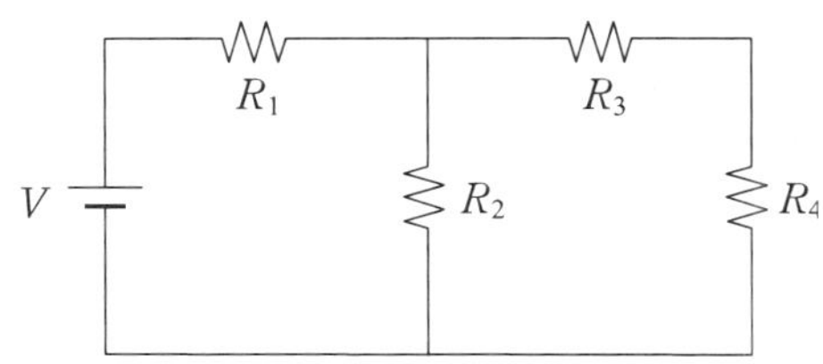

그림 3.63

풀이

저항 R_4를 분리한 다음, 그 부분을 단자로 처리한다. 단자 ab를 단락시켜 단락전류를 구하여 등가회로의 전류원 I_0로 처리한다. 등가저항을 구하는 요령은 테

브난 정리시와 동일하므로 앞의 관련 문제풀이 내용을 참고하여라. 그림 3.64과 같이 단락전류와 등가저항을 구하여 등가회로를 구성한다.
그림 3.64에서 I_0는 저항 R_3의 전류와 동일하다.

$$I_0 = V \times \frac{(R_2 \| R_3)}{R_1 + (R_2 \| R_3)} \times \frac{R_2}{R_2 + R_3}$$

등가저항 R_o를 구한다.

$$R_o = R_3 + (R_1 \| R_2) = \frac{R_1 R_3 + R_1 R_2 + R_2 R_3}{R_1 + R_2}$$

이렇게 계산된 I_0와 R_o로 그림 3.64(c)처럼 등가회로를 구성하고 단자 ab에 이전에 분리하였던 R_4를 연결하여 R_4 전류를 계산한다.

$$I_{R_4} = I_0 \times \frac{R_o}{R_o + R_4} = \frac{R_2 V}{R_1 R_2 + R_1 R_3 + R_1 R_4 + R_2 R_3 + R_2 R_4}$$

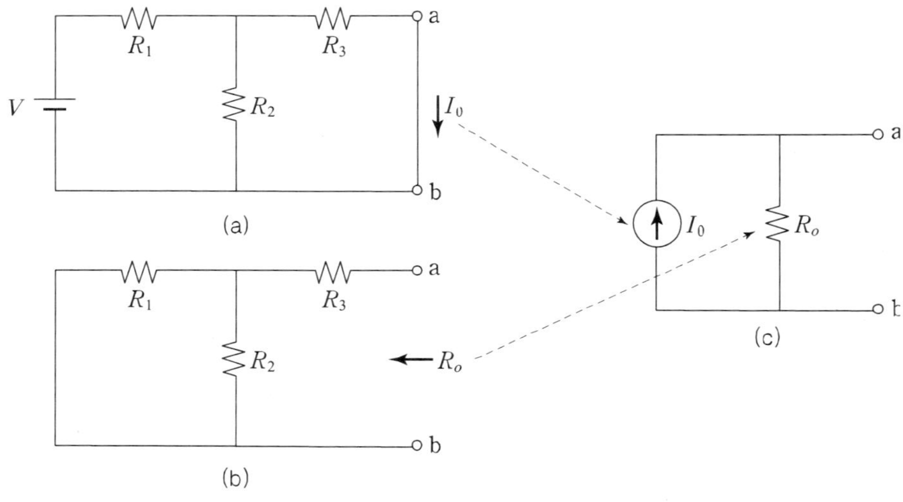

그림 3.64

예제 3.10.3

노턴 정리를 사용하여 그림 3.65회로의 저항 R_4의 전류를 구하여라.

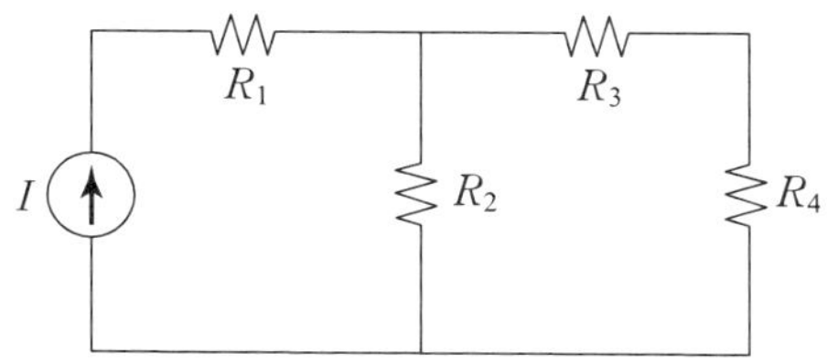

그림 3.65

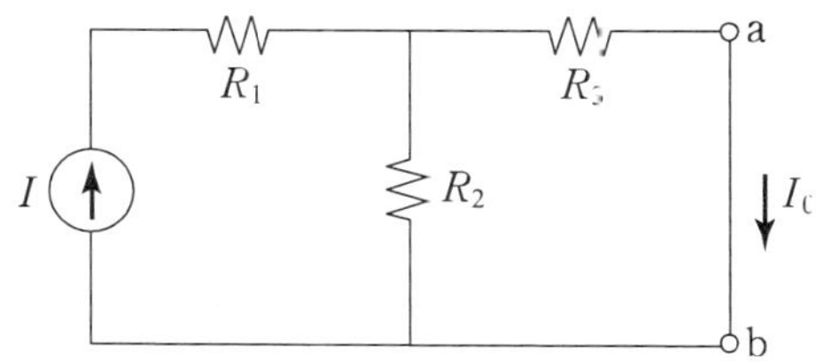

그림 3.66

풀 이

문제를 푸는 요령은 앞의 예제 5.3.2와 동일하다. 단지 단자 ab 단락시 전류 계산만 차이가 있다. 그 부분만 계산하면 다음과 같다(그림 3.66).

저항 R_1의 전류는 전류원 전류 I가 그대로 흐르므로 계산할 필요가 없다. 그 전류가 저항 R_2과 R_3에 나뉘어 흐르고 전류 I_0는 R_3의 전류이다.

$$I_0 = I \times \frac{R_2}{R_2 + R_3}$$

등가저항 R_1 는 전류원 I를 개방시켜 구한다.

전류원 전원 I가 있던 자리는 개방되어 끊어진 상태가 되었으므로 저항 계산에서 R_1는 의미가 없다. 그림 3.67에서 등가저항 R_o 는 R_2과R_3로만 되어 있다.

$$R_o = R_2 + R_3$$

이렇게 구한 I_0와 R_o로서 등가회로를 구성하고, 이전에 떼어내었던 저항 R_4를 병렬로 연결한다.

그림 3.67에서 전류 I_{R4}는 손쉽게 계산할 수 있다.

$$I_{R_4} = I_0 \times \frac{R_o}{R_o + R_4}$$

$$= \frac{R_2 I}{R_2 + R_3} \times \frac{R_2 + R_3}{R_2 + R_3 + R_4} = \frac{R_2 I}{R_2 + R_3 + R_4}$$

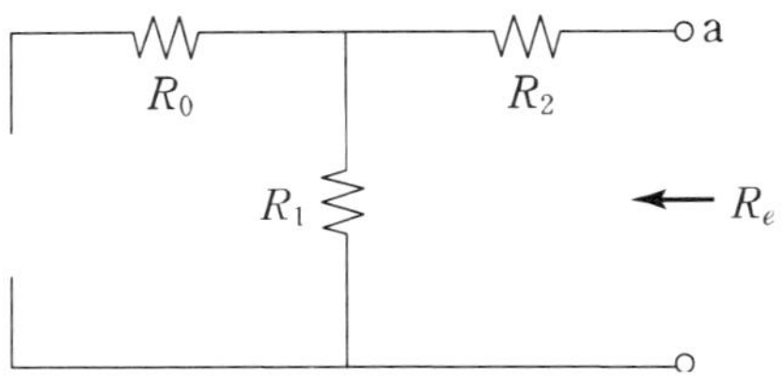

그림 3.67

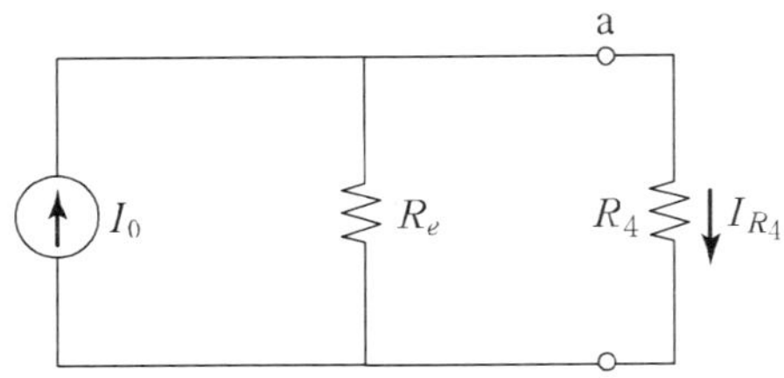

그림 3.68

3-11 밀만 정리

밀만 정리는 전원의 등가변환을 사용하여 여러 전원이 서로 병렬연결된 경우 전체 단자전압값을 계산하는 데 사용한다. 여기에서 사용되는 공식도 매우 간단하다. 전원과 직렬연결되어 있는 소자의 어드미턴스값과 전원의 전압값을 수식에 대입하면 된다.

(1) 원리 및 수식

그림 3.69의 회로를 통해 설명한다. 그림 3.69(b)는 그림 3.69(a)의 등가회로이다. 등가저항 R_0와 등가전압 V_0는 다음 수식에 의해 계산한다.

$$\frac{1}{R_0} = \frac{1}{R_1} + \frac{1}{R_2} + \frac{1}{R_3} \Rightarrow R_0 = \frac{1}{\frac{1}{R_1} + \frac{1}{R_2} + \frac{1}{R_3}} \quad (3.2)$$

$$V_0 = \frac{\frac{V_1}{R_1}+\frac{V_2}{R_2}+\frac{V_3}{R_3}}{\frac{1}{R_0}} \Rightarrow V_0 = \frac{\frac{V_1}{R_1}+\frac{V_2}{R_2}+\frac{V_3}{R_3}}{\frac{1}{R_1}+\frac{1}{R_2}+\frac{1}{R_3}} \tag{3.3}$$

식 (3.2)과 식 (3.3)의 수식을 설명하기 위하여 다음과 같이 쓸 수 있다.

$$R_0 = \frac{1}{\text{각각의 어드미터스들끼리의 합}}$$

$$R_0 = \frac{\text{각 어드미턴스와 해당전압끼리의 곱을 합성함}}{\text{각각의 어드미터스들끼리의 합}}$$

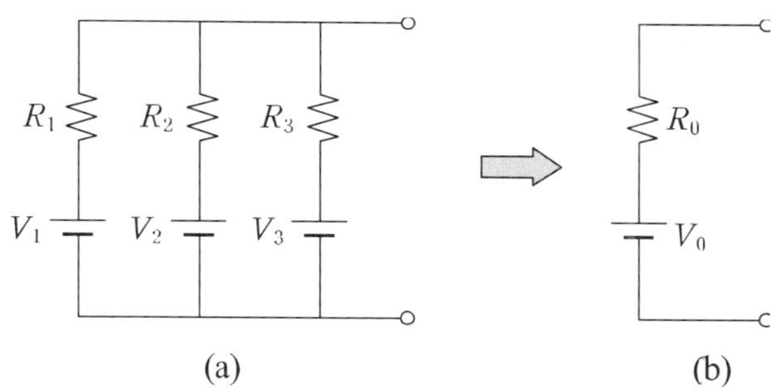

그림 3.69 밀만정리의 원리

예제 3.11.1

그림 3.70 회로의 단자전압 V_{ab} 와 등가저항 R_0 를 계산하고 등가회로로 나타내어라.

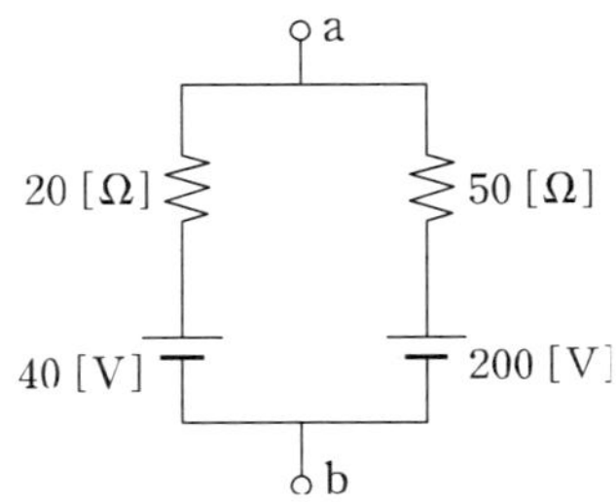

그림 3.70

풀 이

밀만정리를 그대로 적용할 수 있는 좋은 예제이다. 회로의 특징을 살펴본다. 병렬회로이고, 40[V]에는 20[Ω], 200[V]에는 50[Ω]이 직렬로 각각 연결되어 있다. 전원과 저항이 한 쌍을 이루고 있다. 저항만으로 등가저항 R_0 를 계산한다. 이때 각 저항의 역수인 컨덕턴스 $\frac{1}{20}$, $\frac{1}{50}$ 을 서로 더한다.

$$R_0 = \frac{1}{\frac{1}{20}+\frac{1}{50}} = \frac{1}{0.05+0.02} \fallingdotseq 14.3[\Omega]$$

등가전압 V_0 를 구하려면, 일단 R_0 를 분모분자에 모두 올려 놓는다. 분모는 그대로 두고 분자는 20[Ω]과 50[Ω] 각각에 해당하는 전원값을 곱한다.

$$\frac{\frac{1}{20}+\frac{1}{50}}{\frac{1}{20}+\frac{1}{50}} \Rightarrow \frac{\frac{1}{20}\times 40+\frac{1}{50}\times 200}{\frac{1}{20}+\frac{1}{50}}$$

$$V_0 = \frac{\frac{1}{20}\times 40 + \frac{1}{50}\times 200}{\frac{1}{20}+\frac{1}{50}} \fallingdotseq 85.7[\mathrm{V}]$$

이때 해당 전원이 없으면 0이다. R_0와 V_0로 등가회로를 구성한다(그림 3.71).

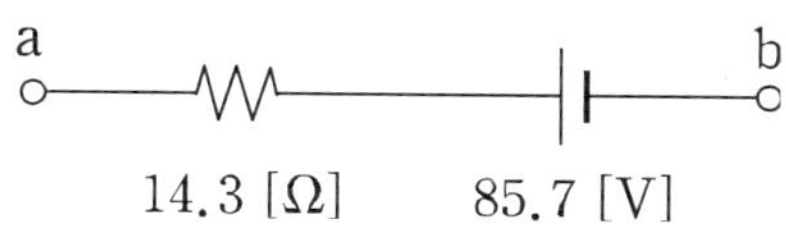

그림 3.71

(2) 일반식

그림 3.72와 같이 서로 병렬연결된 회로 각각의 어드미턴스가 Y_1, Y_2, …, 전원 전압값이 V_1, V_2, … 일 때, 단자 ab의 전압 V_0와 등가임피던스 Z_0는 다음과 같다.

$$V_0 = \frac{Y_1V_1 + Y_2V_2 + Y_3V_3 + \cdots}{Y_1 + Y_2 + Y_3 + \cdots} = \frac{\sum_i Y_iV_i}{\sum_i Y_i} \tag{3.4}$$

$$Z_0 = \frac{1}{Y_1 + Y_2 + Y_3 + \cdots} = \frac{1}{\sum_i Y_i} \tag{3.5}$$

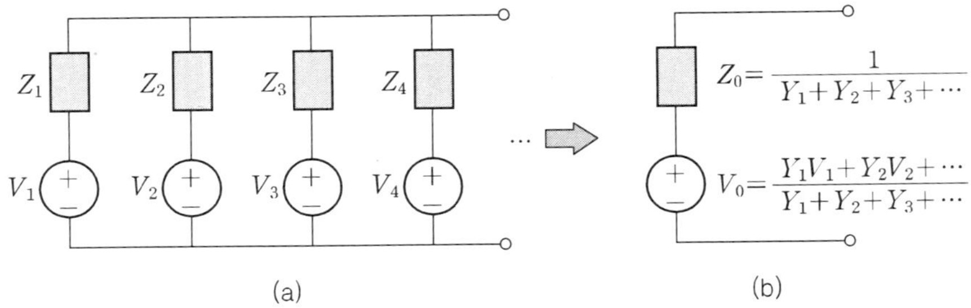

그림 3.72 밀만정리에 의한 간략화 과정

(3) 공식에 관한 이해

밀만정리를 표현하는 공식을 보면 어떤 규칙성이 있음을 발견하게 된다. 전체 저항은 그대로 각 수동소자의 어드미턴스를 합하여 분모에 위치시키면 되지만, 전압 V는 약간 복잡한 듯이 보인다.

$$R_0 = \frac{1}{Y_1 + Y_2 + Y_3 + \cdots} \text{ : 각각의 어드미턴스들의 합}$$

$$V_0 = \frac{Y_1 V_1 + Y_2 V_2 + Y_3 V_3 + \cdots}{Y_1 + Y_2 + Y_3 + \cdots} \quad \begin{matrix} \leftarrow \text{전압} \times \text{어드미턴스} \\ \leftarrow R_0\text{의 경우와 동일} \end{matrix}$$

V_0의 분자가 각각의 (전압)×(어드미턴스)들의 합이므로 그 값들을 구하여 곱하면 된다. 이때 전압이 없으면 0으로 처리한다. 전압의 극성에도 유의하여 부호가 틀리는 일이 없게 한다.

예제 3.11.2

오른쪽 그림 3.73의 세 가지 경우에 밀만정리를 사용하여 단자전압과 등가저항을 구하여라.

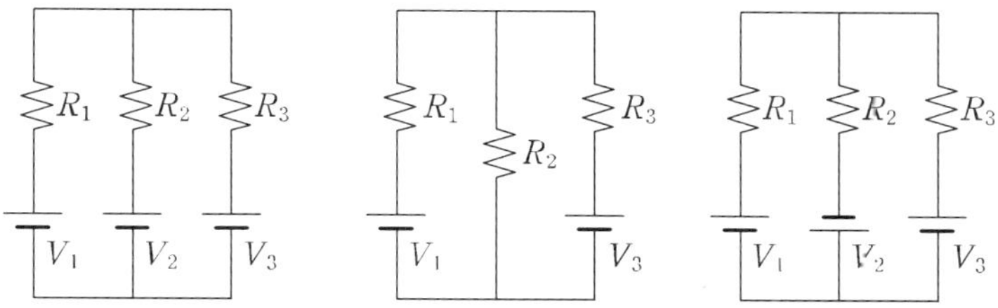

(a) (b) (c)

그림 3.73

$$R_1 = 10\,[\Omega],\ R_2 = 5\,[\Omega],\ R_3 = 2\,[\Omega]$$
$$V_1 = 2[\mathrm{V}],\ \ V_2 = 4[\mathrm{V}],\ \ V_3 = 5[\mathrm{V}]$$

풀 이

그림 3.73의 세 가지 경우는 각기 다른 유형을 보여주고 있다. 그림 3.73(a)와 그림 3.73(b)는 앞에서 언급하였던 것이고, 그림 3.73(c)는 전압의 극성이 서로 다른 경우이다. 이러한 문제는 저항보다는 컨덕턴스로 접근하는 것이 편리하다. 각 저항의 컨덕턴스를 구한다.

$$G_1 = 0.1[\mho],\ G_2 = 0.2[\mho],\ G_3 = 0.5[\mho]$$

① 그림 3.73(a)의 경우

$$\text{등가전압}\ V_0 = \frac{V_1 G_1 + V_2 G_2 + V_3 G_3}{G_1 + G_2 + G_3} = \frac{0.1\times 2 + 0.2\times 4 + 0.5\times 5}{0.1 + 0.2 + 0.5} = 4.375[\mathrm{V}]$$

$$\text{등가저항}\ R_0 = \frac{1}{G + G_2 + G_3} = \frac{1}{0.8} = 1.25[\Omega]$$

이 결과를 그림으로 그리면 그림 3.74와 같다.

② 그림 3.74(b)의 경우

저항 R_2에 해당되는 전압이 0이다.

$$\text{등가전압 } V_0 = \frac{G_1 V_1 + G_3 V_3}{G_1 + G_2 + G_3} = \frac{2.7}{0.8} = 3.375[\text{V}]$$

$$\text{등가저항 } R_0 = \frac{1}{G_1 + G_2 + G_3} = 1.25[\Omega]$$

이 결과의 회로도는 그림 3.75과 같다.

③ 그림 3.73(c)의 경우

전압의 극성에 유의해야 한다. V_1 이나 V_3 를 (+)로 놓으면 V_2 는 (−)가 된다.

$$\text{등가 전압 } V_0 = \frac{G_1 V_1 - G_2 V_2 + G_3 V_3}{G_1 + G_2 + G_3} = \frac{1.5}{0.8} = 1.875[\text{V}]$$

$$\text{등가 저항 } R_0 = \frac{1}{G_1 + G_2 + G_3} = 1.25[\Omega]$$

이 결과의 회로도는 그림 3.76과 같다.

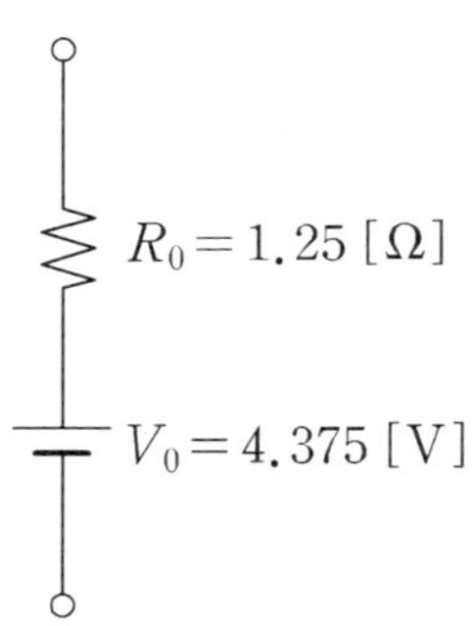

그림 3.74

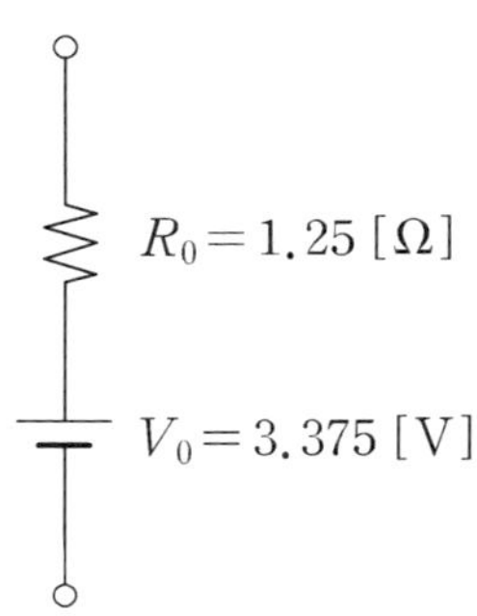

그림 3.75

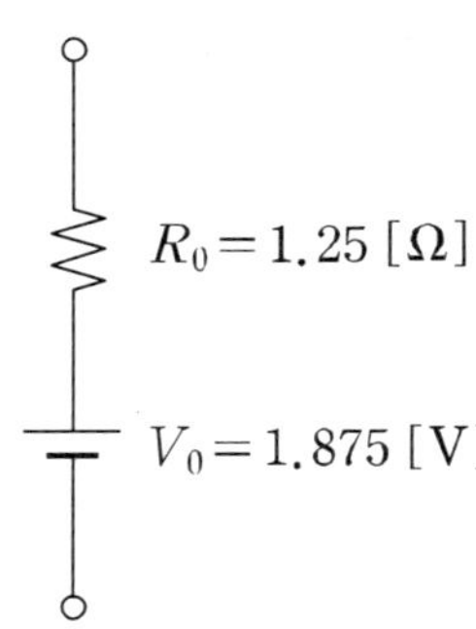

그림 3.76

④ 종합적 검토

이상의 세 가지 유형에서 등가저항은 모두 동일하고, 전압원의 극성과 유무에 따라 등가전압의 극성과 크기가 달라짐을 확인할 수 있다.

예제 3.11.3

직류전압 1.5[V] 건전지 세 개를 병렬로 연결하여 사용하는 라디오가 있다. 직류 전원에 의해 동작하는 라디오 전체 저항이 10[Ω]이다.
건전지 내부 저항은 모두 0.1[Ω]이었다. 예비 건전지가 한 개 밖에 없어서 세 개 가운데 하나만 교체하였다. 이때 라디오 회로에 공급되던 전류의 변동을 고찰하여라.

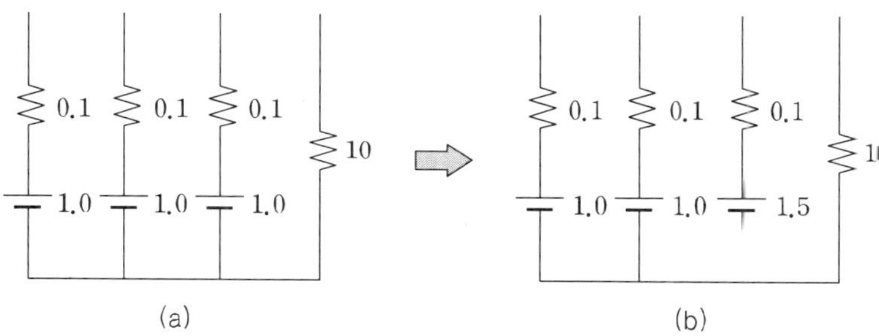

그림 3.77

풀이

건전지 교체 전후의 등가회로에 의해 저항 10[Ω]의 전류를 계산한다.

① 건전지 교체 전 (그림 3.77(a))

세 개의 내부저항과 내부전압이 병렬로 연결되었으므로 밀만정리를 사용하여 등가회로를 만든다.

각 저항값이 0.1[Ω]이므로 $G_1 = G_2 = G_3 = 10$ [℧]이다.

$$\text{등가저항 } R_0 = \frac{1}{G_1 + G_2 + G_3} = \frac{1}{30} \, [\Omega]$$

$$\text{등가전압 } V_0 = \frac{G_1 V_1 + G_2 V_2 + G_3 V_3}{G_1 + G_2 + G_3} = \frac{10+10+10}{30} = 1.0[\text{V}]$$

이를 사용하여 등가회로를 구성하고 10[Ω]을 연결한다. (그림 3.78)
그림 3.78에서 전류 I_L을 계산한다.

$$I_L = \frac{1}{10 + \frac{1}{30}} = \frac{30}{301}[\text{A}]$$

② 건전지 교체 후 (그림 3.77(b))
마찬가지로 계산한다.

$$\text{등가저항 } R_e = \frac{1}{G_1 + G_2 + G_3} = \frac{1}{30}[\Omega]$$

$$\text{등가전압 } V_0 = \frac{G_1 V_1 + G_2 V_2 + G_3 V_3}{G_1 + G_2 + G_3} = \frac{20+15}{30} = \frac{35}{30}[\text{V}]$$

이를 사용한 등가회로에서 전류 I_L를 계산한다.

$$I_L = \frac{\frac{35}{30}}{10 + \frac{1}{30}} = \frac{35}{301}[\text{A}]$$

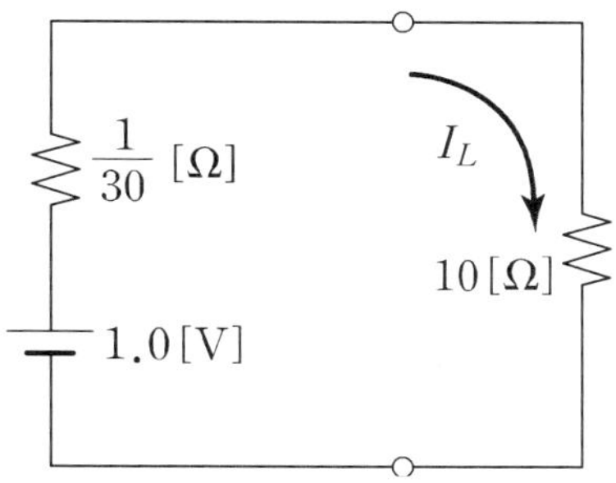

그림 3.78

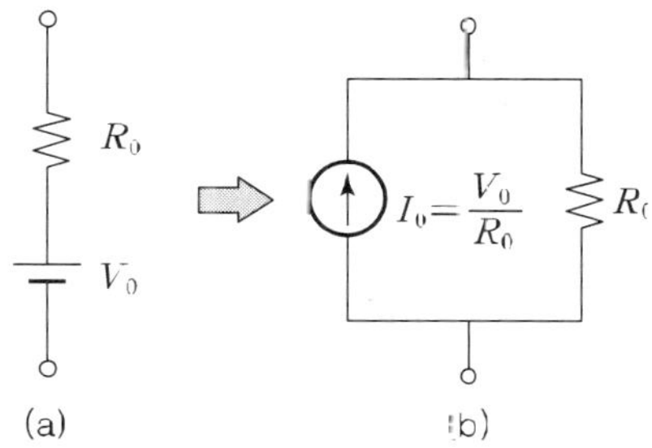

그림 3.79

③ 회로 양단간의 전압차

앞의 그림 3.77에서 병렬 회로 양단간의 전압차도 밀만정리에 의해 구한다. 회로들은 결국 그림 3.79(a)와 같이 될 것이나, 이는 곧 병렬회로로 바꿀 수 있으므로 부하 연결전의 전압이 나온다. 그림 3.79에서 무부하시 단자전압은 V_0와 동일하다. 건전지 교체 전후에 대하여 이를 확인해 보자.

(a) 건전지 교체 전

그림 3.77(a) 회로에 밀만정리를 그대로 적용하여 단자전압(병렬전압)을 구한다.

$$V_a = \frac{10+10+10}{10+10+10+0.1} = \frac{30}{301}[\mathrm{V}]$$

등가회로(그림 3.78)에서 저항 10[Ω]의 전압을 계산한다.

$$V_L = 1 \times \frac{10}{10+\frac{1}{30}} = \frac{30}{301}[\mathrm{V}]$$

$V_a = V_L$로서 두 전압이 동일함을 확인할 수 있다.

(b) 건전지 교체 후

그림 3.77(b) 전체 회로에 밀만정리를 적용하여 단자전압을 계산한다.

$$V_b = \frac{10+10+15}{10+10+10+0.1} = \frac{35}{301}[\mathrm{V}]$$

등가회로에서 전압분배에 의해 10[Ω]의 전압을 구한다.

$$V_L = V_0 \times \frac{10}{\frac{1}{30}+10} = \frac{35}{30} \times \frac{30}{30.1} = \frac{35}{301}[\mathrm{V}]$$

이것도 두 전압이 서로 같다.

$$V_b = V_L$$

이러한 결과에 의해 건전지 교체전후의 저항 10[Ω]의 전류를 전체 회로의 단자 전압으로부터 계산할 수 있다.

연 습 문 제

1 그림 3.80 회로에서 저항 R_1의 전류를 구하여라.
(단, $R_0=15[\Omega], R_1=R_2=10[\Omega]$이다)

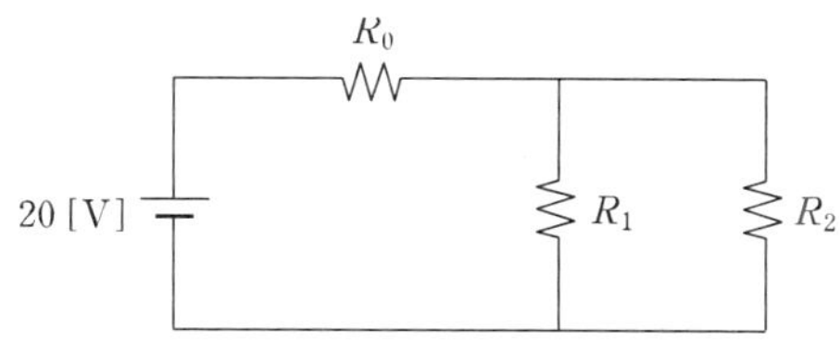

그림 3.80

2 그림 3.81의 병렬회로에서 인가전압에 대한 R과 C의 전류를 구하여라.
(단, $R=10[\Omega], C=0.2[F]$이다)

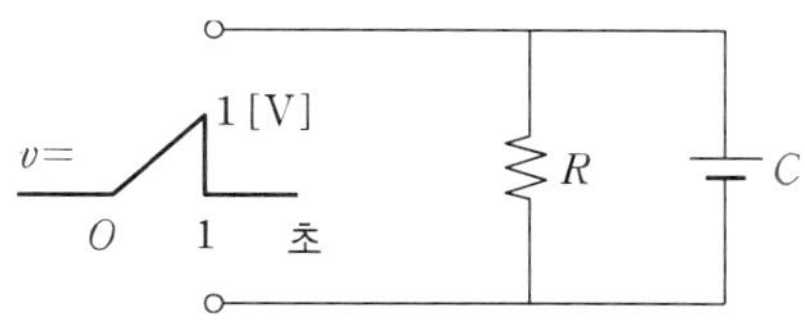

그림 3.81

3 어떤 저항체의 전압·전류특성 실험결과가 그림 3.82이다. 저항값을 구하여라.

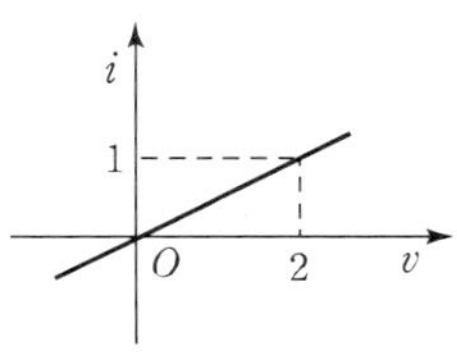

그림 3.82

4 회로 내의 어떤 마디의 전류분포가 그림 3.83와 같다. $i_1=2[\mathrm{A}], i_2=4[\mathrm{A}]$, $i_3=1[\mathrm{A}]$일 때 i_4를 구하여라.

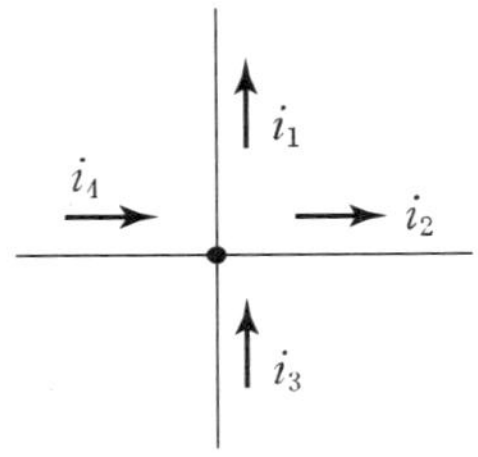

그림 3.83

5 회로 내의 망로 전압분포가 그림 3.84와 같다. 소자 A의 전압과 극성을 구하여라. (단, $V_1=1$ [V], $V_2=4$ [V], $V_3=3[\mathrm{V}]$이다)

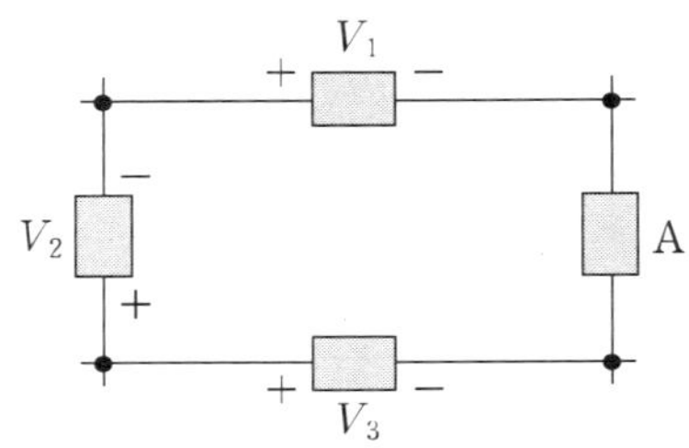

그림 3.84

6 그림 3.85의 회로소자의 극성을 표시하고 시계방향으로 선회하면서 전압을 합성하여 KVL이 성립함을 보여라.

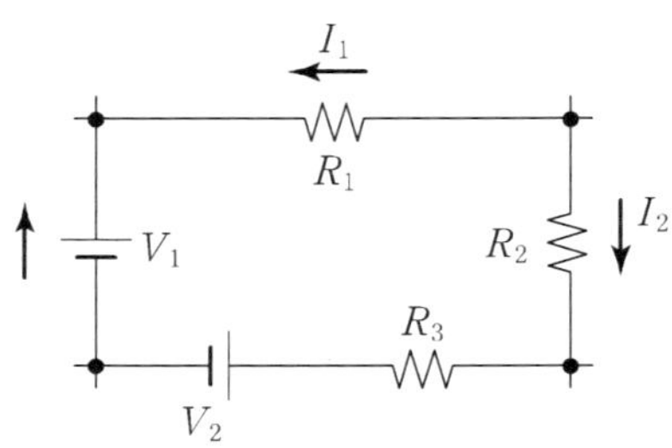

그림 3.85

7 그림 3.86은 그래프로 나타낸 것이다. 회로를 해석하기 위한 최소한의 수식의 갯수를 구하여라.

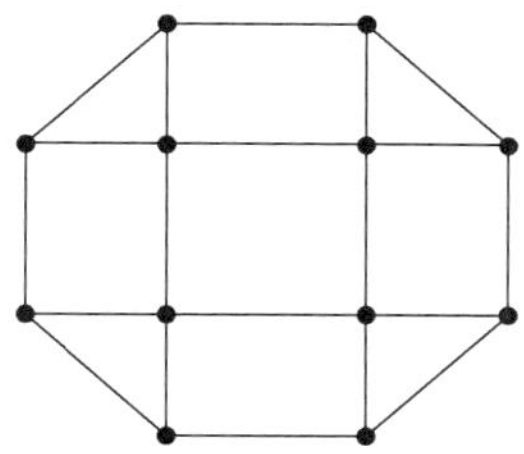

그림 3.86

8 그림 3.87의 마디 N에서 KCL 수식을 세워라.

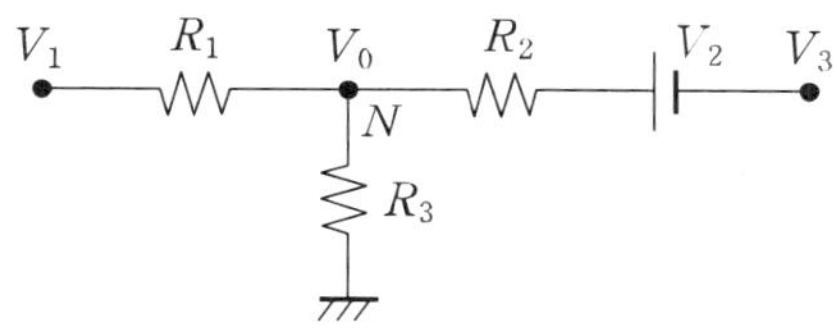

그림 3.87

9 그림 3.88 회로 내의 망에서 주변 망로전류가 주어졌을 때 KVL 수식을 세워라.

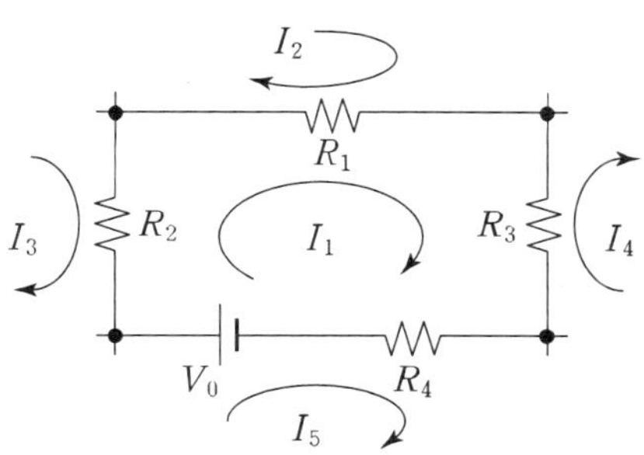

그림 3.88

10 그림 3.89회로에서 전류 I_1 을 계산하여라.

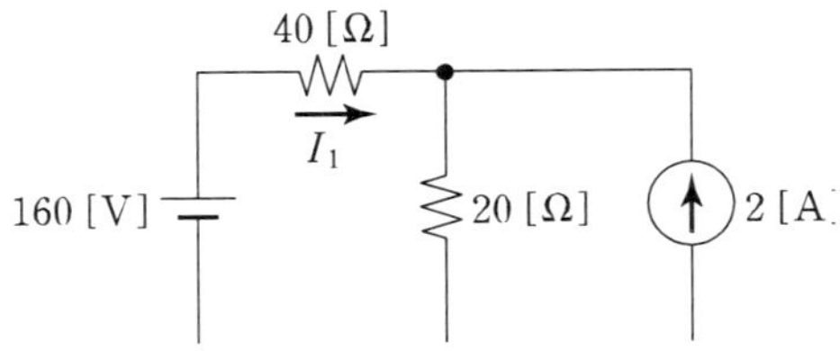

그림 3.89

11 그림 3.90와 같은 전압원과 전류원이 함께 있는 회로가 있다. 키르히호프의 법칙에 의해 각 저항의 전류를 구하여라.

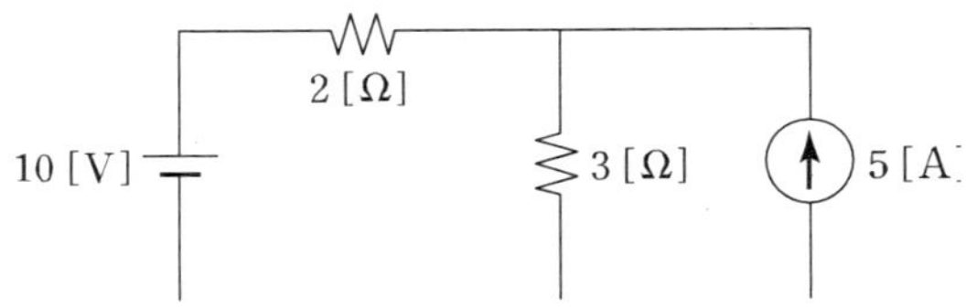

그림 3.90

12 중첩의 원리를 사용하여 그림 3.91 회로의 저항 R_L의 전류를 구하여라.

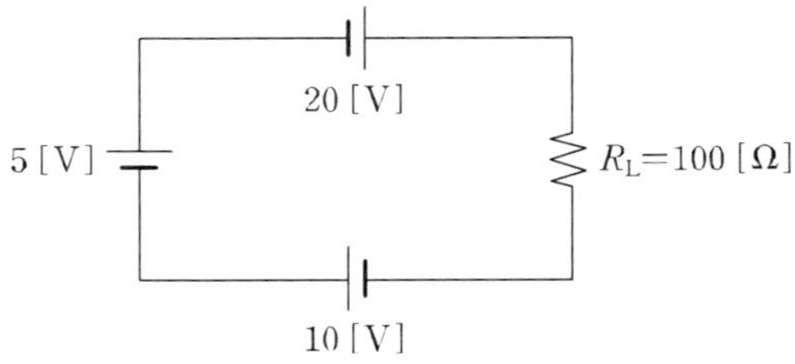

그림 3.91

13 KVL을 사용하여 문제 1의 결과를 확인하여라.

14 중첩의 원리를 사용하여 그림 3.92 회로의 저항 R_0의 전압을 구하여라.

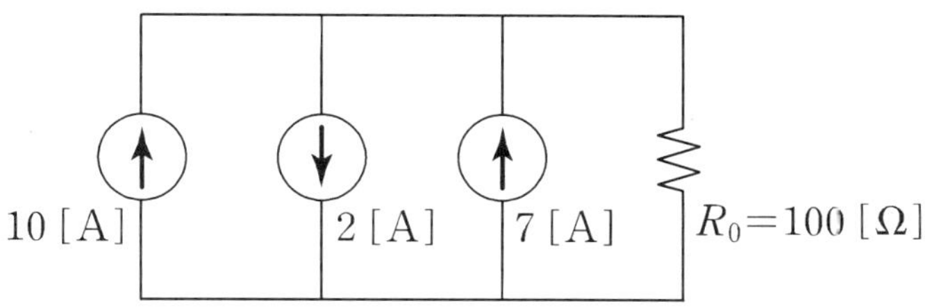

그림 3.92

15 KCL을 사용하여 문제 3의 결과를 확인하여라.

16 중첩의 원리에 의해 그림 3.93의 저항R_0의 전압을 계산한 결과 세 개의 전원 A, B, C에 대하여 그림 3.93에 표기된 바와 같이 전압이 나타났다. 저항 R_0의 전압을 구하여라.

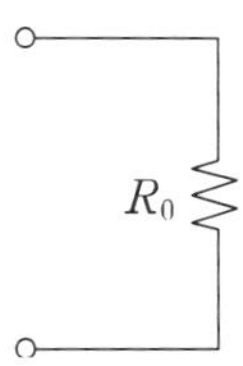

A	B	C
+ 3 [V] −	− 2 [V] +	+ 5 [V] −

그림 3.93

17 그림 3.94는 중첩의 원리로 저항 R_L의 전류를 계산한 결과이다. 전류값과 방향이 그림 3.94에 표기된 바와 같을 때 R_L의 전류와 전압강하를 구하여라.

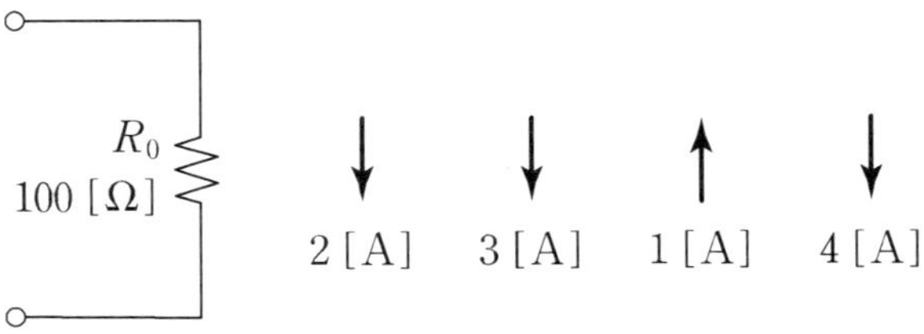

그림 3.94

18 중첩의 원리에 의해 그림 3.95 회로의 저항 R_0의 전압강하를 구하여라.

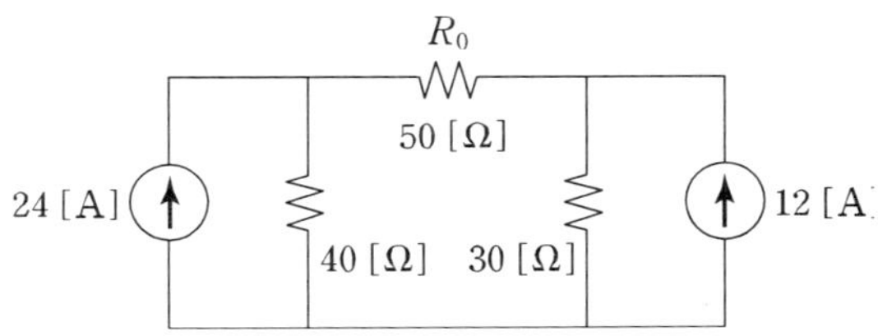

그림 3.95

19 그림 3.96 회로에 중첩의 원리를 적용하고자 한다. 적용할 수 있는지의 여부를 판별하여라.

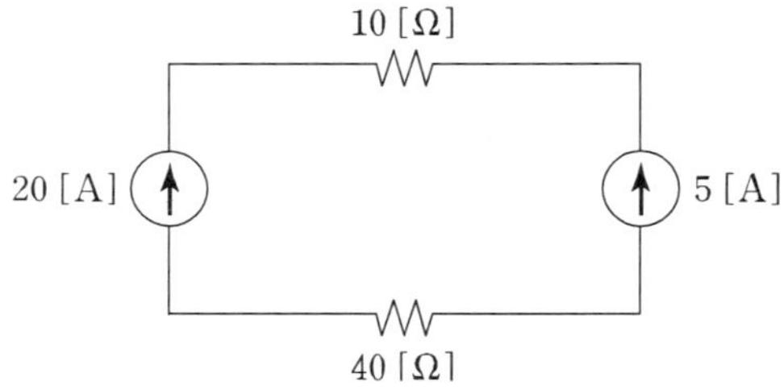

그림 3.96

20 그림 3.97 회로에 중첩의 원리를 적용하여 저항 R_0의 전류를 구하여라.

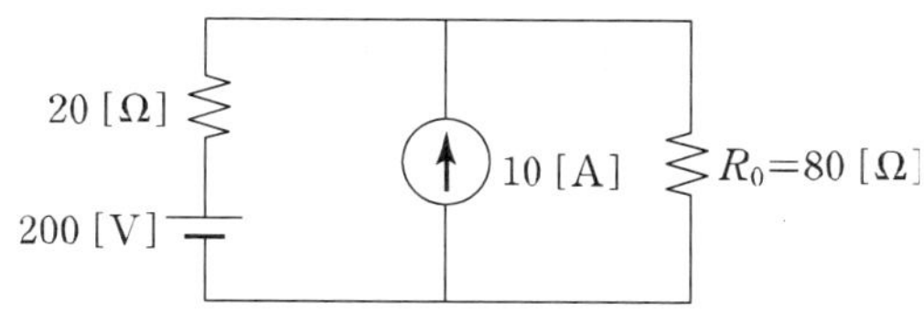

그림 3.97

21 그림 3.98 회로에서 단자 ab의 부하저항 R_L을 제거한 후의 단자 ab의 전압 V_{ab}은 얼마인가?

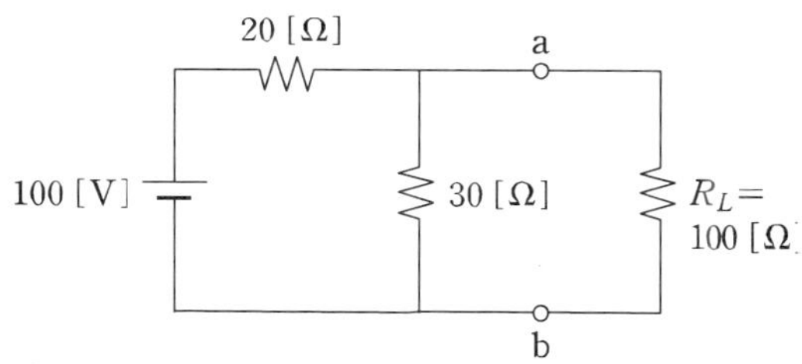

그림 3.98

22 그림 3.98 회로에서 부하저항 R_L을 제거하고 전원을 단락시킨 후 단자 ab에서 저항을 측정하였다. 단자저항 R_0를 계산하여라.

23 문제 21과 22의 결과로 그림 3.99와 같이 등가회로를 구성하고 단자 ab에 부하저항 R_L을 연결한 후 R_L의 전류 I_L을 구하여라.

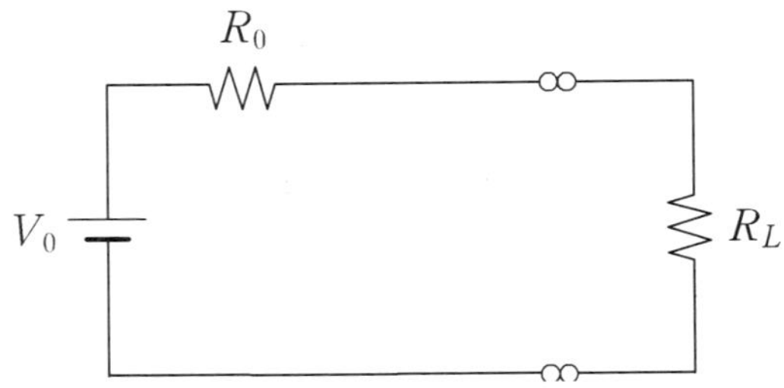

그림 3.99

24 문제 21의 그림 3.100 회로의 단자 ab에서 부하저항 R_L을 제거한 후 그림 3.100과 같이 단자 ab를 단락하였다. 단락 전류 I_0를 구하여라.

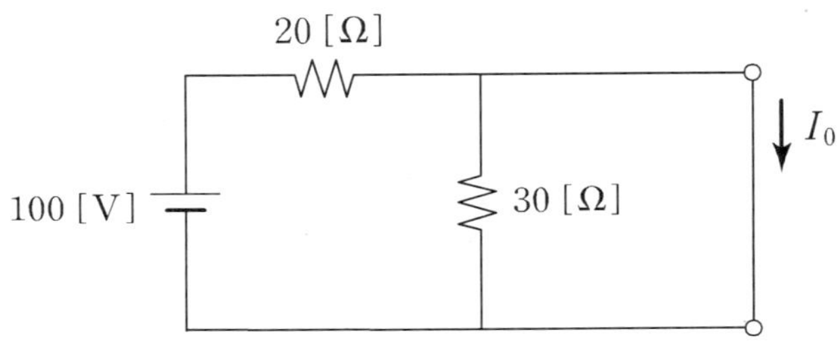

그림 3.100

25 문제 24의 결과 I_0와 문제 11의 결과 R_0로 그림 3.101과 같은 등가회로를 구성하고 저항R_L을 연결하였다. 부하전류 I_L을 구하여라.

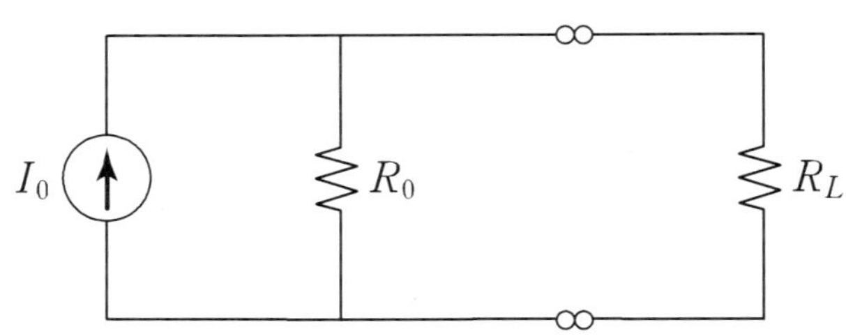

그림 3.101

26 문제 는 테브난 정리, 문제 14는 노턴 정리를 적용한 것이다. 두 결과를 비교 설명하여라.

27 그림 3.102의 회로를 전류원 등가 회로로 변환하여라.

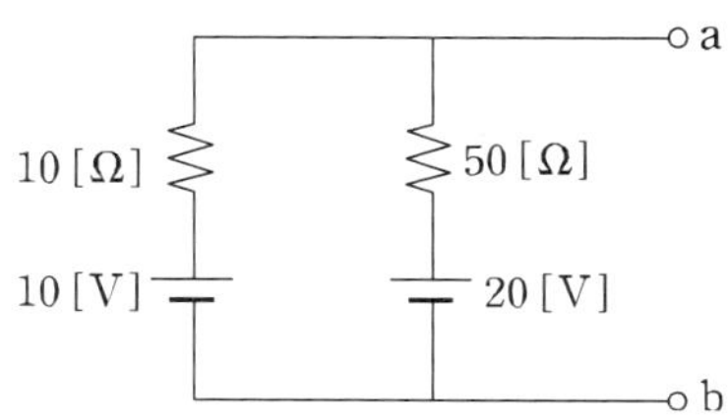

그림 3.102

28 문제 27의 그림 3.103의 단자전압 V_{ab} 를 구하여라.

29 그림 3.104 회로의 단자전압 V_{ab} 를 구하여라.

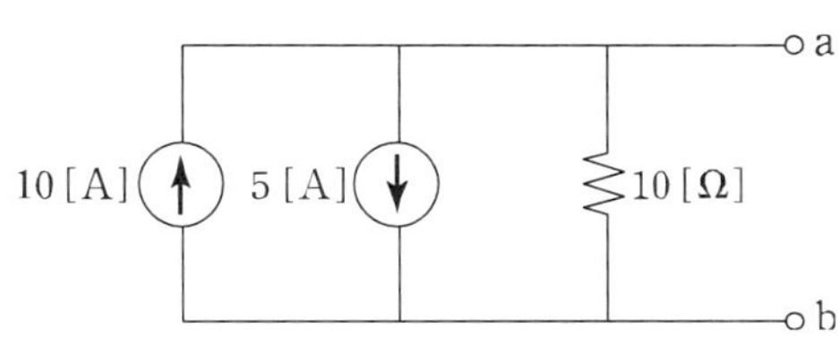

그림 3.104

제 4 장

정현파 교류

4-1 순시치

4-2 평균치

4-3 실효치

4-4 파형률과 파고율

4-5 회로소자의 전압 · 전류 특성

[연 습 문 제]

제4장 정현파 교류

4-1 순시치

교류 발생의 대표적 형태로서 물성계에서 에너지의 전파나 파급 등과 매우 밀접한 파형이다. 대부분의 음성신호나 진동신호는 정현파 형태로 매질 속에서 진행한다. 어떤 벽에 줄을 매고 그 줄을 상하로 당기면 정현파 형태르 물결치면서 운동 에너지가 상대편으로 파급되어 가는 모습을 볼 수 있다. 인간을 비롯한 소리를 내는 대부분의 생명체도 여러 가지 방법으로 정현파 신호를 발생시켜 신호를 멀리까지 전달한다. 관악기나 현악기를 울리거나 켤 때 발생되는 신호도 정현파이다. 발전기에서 생성되는 교류도 물론 정현파이다. 이처럼 정현파는 우리 생활에 매우 친숙해 있다. 정현파를 수학적으로 나타내면 sin이나 cos이 된다.

(1) 정현파의 발생

그림 4.1은 회전 운동을 통해 발생되는 정현파를 보이고 있다.

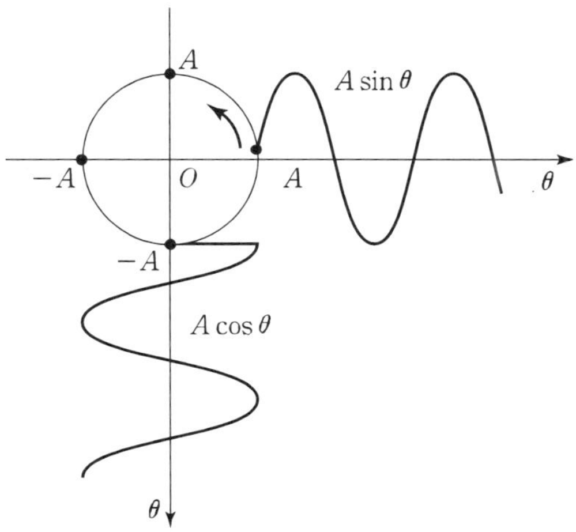

그림 4.1 정현파의 발생

그림 4.1에서 가로축에 나타난 신호는 sin파이고 세로축에 나타난 신호는 cos 파이다. sin파는 그림 4.1에서 보는 바와 같이 주어진 반지름 A에 대한 $\sin\theta$ 값을 나타낸다. 시계 반대 방향으로 회전하는 지점의 세로 방향의 높이가 그 길이 A의 sin값이다. 좌측 그림의 원운동을 가로축에 대하여 펼치면 보기에 편리한 오른쪽 그림이 된다. 그림 4.2에서와 같이 각 θ의 진행에 따른 $A\sin\theta$의 크기 변화를 볼 수 있다.

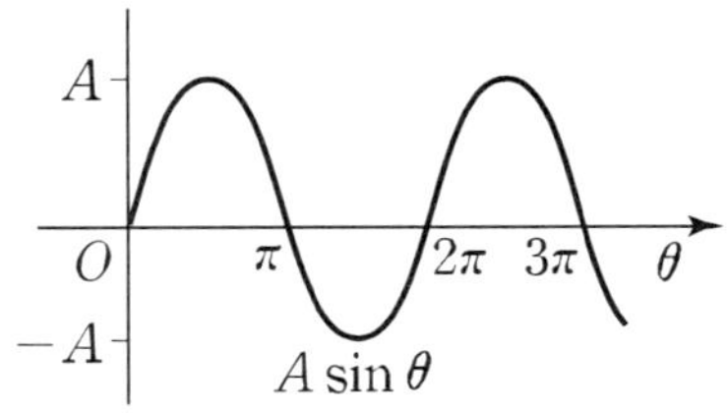

그림 4.2 정현파

(2) 위상과 순시치 표현

정현파의 위상은 파형 진행의 앞서고, 뒤지는 모습을 보여주는 동시에 수식으로 표시된다.

① 위상이 앞서는 경우 (그림 4.3(a)) : $A\sin(\theta + \theta_0)$ (4.1)

② 위상이 늦는 경우 (그림 4.3(b)) : $A\sin(\theta - \theta_0)$ (4.2)

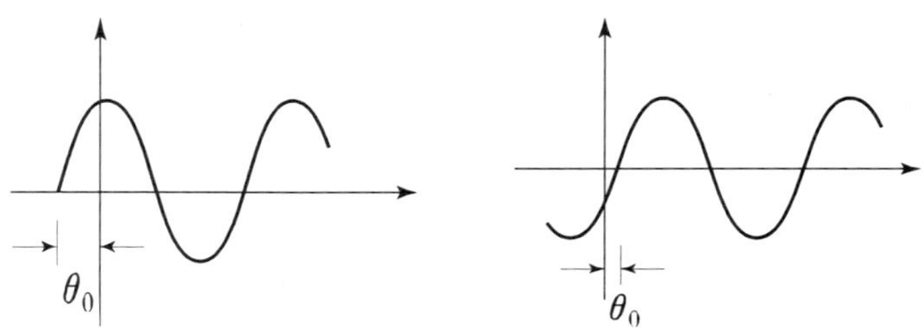

그림 4.3 위상과 순시치 표현

만약 회전운동이 θ_0 이라는 처음 각도에서 시작하였다면 신호 파형은 그림

643(a)이고, θ_0 만큼 늦게 시작하였다면 그림 4.3(b)이다. 식 (4.1)과 (4.2)의 $\theta = \omega t$ 로서 시간 t 에 따라 변한다. 식 (4.1)과 (4.2)를 일반식으로 나타내면 다음과 같다.

① 위상이 θ_0 만큼 앞서는 경우

$$x(t) = A\sin(\omega t + \theta_0) = A\cos\left(\omega t + \theta_0 - \frac{\pi}{2}\right) \tag{4.3}$$

② 위상이 θ_0 만큼 늦는 경우

$$x(t) = A\sin(\omega t - \theta_0) = A\cos\left(\omega t - \theta_0 - \frac{\pi}{2}\right) \tag{4.4}$$

여기서 A 는 정현파의 진폭으로 신호의 세기를 나타내고, θ_0 는 위상차, ω 는 각속도이다. 진폭 A 가 크면 그만큼 큰 에너지를 갖고 있으며 A 가 작으면 그 반대이다.

(3) 시간축과 위상축에서의 표현

그림 4.4에서 살펴보면

$$x(t) = A\sin\omega(t + t_0) \quad : t_0 \text{ 만큼 앞선다.}$$
$$= A\sin(\omega t + \omega t_0) \quad : \text{각주파수 } \omega \text{ 를 } t \text{ 와 } t_0 \text{에 곱한다.}$$
$$= A\sin(\omega t + \theta_0) \quad : \theta_0 = \omega t_0, \text{ 위상차} \theta_0 \text{ 와 시간차 } t_0 \text{ 의 관계}$$

여기에서 t_0 와 θ_0 와의 관계를 알 수 있다. 그림 4.4(b)는 각도로 나타낸 것으로 수식은 다음과 같다.

$$x(\theta) = A\sin(\theta + \theta_0)$$
$$x(\omega t) = A\sin(\omega t + \theta_0) \quad : \theta = \omega t \tag{4.5}$$

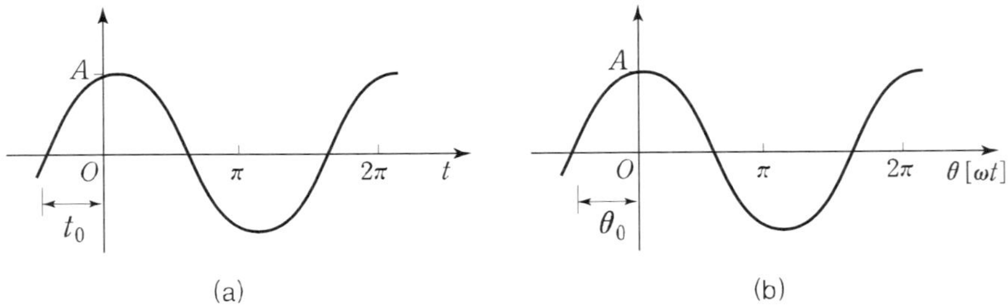

그림 4.4 시간축과 위상축에서의 표현

또한 각속도 ω, 주파수 f 및 주기 T와의 관계는 다음과 같다.

$$\omega = 2\pi f, \quad f = \frac{1}{T} \tag{4.6}$$

예제 4.1.1

회로 전압의 순시치가 $v(t) = 100\sin(20t - 30°)$이다. 진폭, 각주파수, 위상차 및 주기 및 주파수를 구하고 위상차를 시간으로 나타내어라.

풀 이

$$v(t) = \underline{100}\sin(\underline{20}\,\underline{t} - \underline{30°})$$

- 100: 진폭
- 20: 각주파수 $\omega = 2\pi f = 20$
- $-$: 위상이 늦다
- 30°: 위상차 $\theta_0 = 30° = \frac{\pi}{6}$[rad]

$$f = \frac{\omega}{2\pi} = \frac{20}{2\pi} = \frac{10}{\pi}$$

$$T = \frac{1}{f} = \frac{\pi}{10} = 0.314(\text{초})$$

순시치 $v(t)$의 위상차 30° 를 시간차 t_0로 나타낸다.

$$v(t) = 100\sin\left(20t - \frac{\pi}{6}\right) \quad : 30° \text{ 를 } \frac{\pi}{6}[\text{rad}]\text{로 변환}$$

$$= 100\sin 20\left(t - \frac{\pi}{120}\right) : \omega = 20\text{을 괄호 밖으로 빼낸다.}$$

따라서, $t_0 = \dfrac{\pi}{120} = 0.026(\text{초})$

예제 4.1.2

$x(t) = 80\sin 10t$인 정현파를 $t_0 = 0.2$초만큼 시간지연시켰을 때의 파형의 수식을 구하여라.

풀 이

t_0 만큼 시간지연 되었으므로 t 대신에 $t - 0.2$를 대입한다.

$$x(t - t_0) = 80\sin 10(t - 0.2)$$
$$x(t) = 80\sin(10t - 2)$$

이때, 한 주기 $T = \dfrac{1}{f} = \dfrac{2\pi}{\omega}$에 $\omega = 10$을 대입하며, $T = \dfrac{\pi}{5} = 0.628[\text{초}]$이다.

4-2 평균치

평균치(average value) 또는 **평균값**은 정현파를 비롯한 모든 신호의 직류 값이다. 정현파뿐만 아니라 모든 신호의 표기에 사용되는 값으로, 한 주기 내의 모든 값을 더하여 그 주기로 나누어 평균을 취한 값이다. 여기에는 시간축 상의 한 주기에서의 평균을 취할 수도 있고, 정현파의 한 주기가 2π[rad]라는 점을 감안하여 2π[rad]에서의 평균을 취하기도 한다. 통상 정현파의 경우에는 각도로 계산하는 것이 편리하고, 일반적인 신호에서는 주기 T로 계산한다.

(1) 평균치 산출 수식

전압이나 전류의 순시치 $v(t)$, $i(t)$의 평균치

$$V_{av} = \frac{1}{T}\int_0^T v(t)\,dt \qquad : \text{주기 } T\text{로 계산}$$

$$= \frac{1}{2\pi}\int_0^{2\pi} v(\theta)\,d\theta \qquad : \text{각도}(0\sim2\pi)\text{로 계산}$$

$$I_{av} = \frac{1}{T}\int_0^T i(t)\,dt \qquad : \text{주기 } T\text{로 계산}$$

$$= \frac{1}{2\pi}\int_0^{2\pi} i(\theta)\,d\theta \qquad : \text{각도}(0\sim2\pi)\text{로 계산}$$

(2) 정현파의 평균치

그림 4.5와 같이 상하 두 부분의 면적이 같으므로 서로 더하면 0이다. 정의 식에 의해 평균치를 계산해도 마찬가지의 결과이다. $v = V_m \sin\omega t$에 대하여

$$V_{av} = \frac{1}{2\pi}\int_0^{2\pi} V_m \sin\theta d\theta, \quad \theta = \omega t$$

$$= \frac{V_m}{2\pi}\{-[\cos\theta]_0^{2\pi}\} = 0 \qquad (4.7)$$

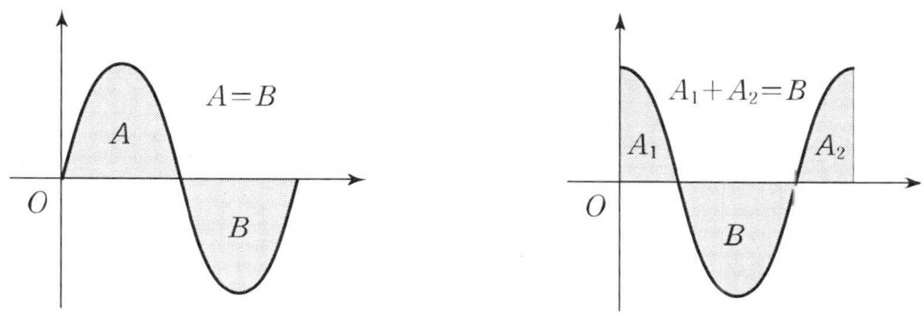

(a) sin 파형　　(b) cos 파형

그림 4.5 정현파의 평균치

(3) 전파 정류파의 평균치

그림 4.6에 전파 정류파를 보였다. 정류자편을 사용한 2극 직류발전기나 전파 정류기 출력단의 파형은 정현파의 세로축 (−)부분이 모두 (+) 방향으로 올라간 형태이다.

이 파형은 정현파의 반주기 파형과 동일하므로 평균치는 그림 4.6(b)에서 구한다. 정의식에 의해 평균치를 계산한다.

$$V_{av} = \frac{1}{\pi}\int_0^{\pi} V_m \sin\theta d\theta = \frac{V_m}{\pi}\{-[\cos\theta]_0^{\pi}\}$$

$$= \frac{2V_m}{\pi} = 0.637V_m \qquad (4.8)$$

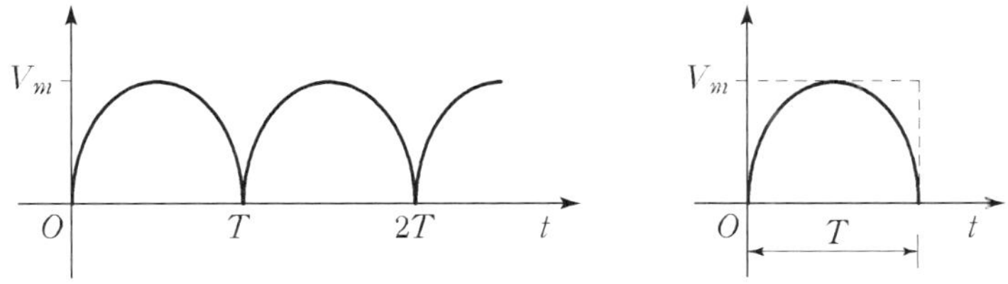

(a)　　(b)

그림 4.6 전파 정류파의 평균치

(4) 반파 정류파의 평균치

그림 4.7에서 보는 바와 같이 반파 정류파는 반주기파가 주기마다 반복되는 파형으로서 앞에서 제시된 전파 정류파의 반쪽에 해당한다. 정의식에 의해 평균치를 구한다. 파형이 $0 \sim \frac{T}{2}$까지만 있고 주기는 $0 \sim T$이므로, 적분구간은 $0 \sim \frac{T}{2}$(또는 $0 \sim \pi$), 평균은 T(또는 2π)로 나눈다. 반파 정류파의 평균치는 전파 정류파의 평균치의 $\frac{1}{2}$이다.

$$V_{av} = \frac{1}{T}\int_0^{\frac{T}{2}} V_m \sin\omega t\,dt = \frac{1}{2\pi}\int_0^{\pi} V_m \sin\theta d\theta$$
$$= \frac{V_m}{\pi} = 0.32\,V_m \tag{4.9}$$

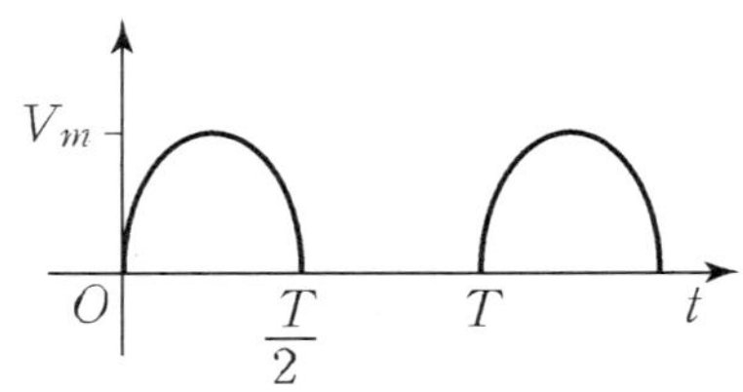

그림 4.7 반파 정류파의 평균치

4-3 실효치

교류회로에 사용되는 여러 값들 가운데 실효치(RMS)는 매우 중요한 의미를 지니는 값이다. 전기를 취급하는 교류회로의 궁극적 목적은 에너지에 있다. 전기의 에너지는 실효치로 표현된다. 전기는 실효치로 자신의 힘을 과시한다. 우리가 전압을 말할 때 흔히 가정용 전기의 전압 110[V], 220[V]를 지칭하거나 송전전압 154[KV]나 345[KV]을 언급하는데, 이 모든 값들이 실효치이다. 교류 10[A]가 흐른다든지 전선의 허용 전류가 50[A]라고 하는 이 모든 수치도 실효치이다.

이 **실효치**는 RMS(root mean square) 값으로 불리기도 한다. Root Mean Square의 각각은 root($\sqrt{\ }$), mean(평균 $\frac{1}{T}\int v\,dt$), square(자승)의 뜻을 갖고 있다. 이는 실효치를 구하는 식이 그와 같은 형태를 갖고 있는데서 비롯되었다. 실효치 정의식이 어떤 변수를 자승한 후 평균치를 구한 다음 그 전체에 $\sqrt{\ }$를 씌운 꼴이다.

(1) 실효치 산출 수식

$$V_s = \sqrt{\frac{1}{T}\int_0^T v^2(t)\,dt} = \sqrt{\frac{1}{2\pi}\int_0^{2\pi} v^2(\theta)\,d\theta} \tag{4.10}$$

실효치의 표기는 V_{rms}로 쓰기도 하지만 통상 대문자 V나 I를 그대로 사용하기도 한다. 교류전압이나 전류는 시간에 대하여 세로축의 극성이 (+)와 (−)를 반복하는 파형을 그린다. 이때 전기는 (+)극성 부분만 일하는 것이 아니라 (−)극성 부분도 마찬가지로 일을 하며 에너지를 갖고 있다. 따라서 이러한 전기가 하는 역할을 모두 표현하려면 (+), (−) 극성 모두를 사용해야 한다. 그 가장 좋은 것이 자승이다. 어떤 변수를 자승하면 (+)는 물론이고 (−)도 모두 (+)가 된다. 이렇게 (+)방향으로 모두 올린 것을 평균하여 어떤 값을 취한 후, 바로 전에 자승한 것을 되돌리기 위해 그 결과에 $\sqrt{\ }$를 씌운다.

(2) 정현파의 실효치

$$V_{rms} = \frac{V_m}{\sqrt{2}}, \qquad V_m : \text{최대치}$$

- 정현파의 순시치 : $v = V_m \sin\omega t$
- 실효치 계산 :

$$V_{rms} = \sqrt{\frac{1}{T}\int_0^T (V_m \sin\omega t)^2 dt}$$

$$= \sqrt{\frac{1}{2\pi}\int_0^{2\pi}(V_m \sin\theta)^2 d\theta} \qquad (1)$$

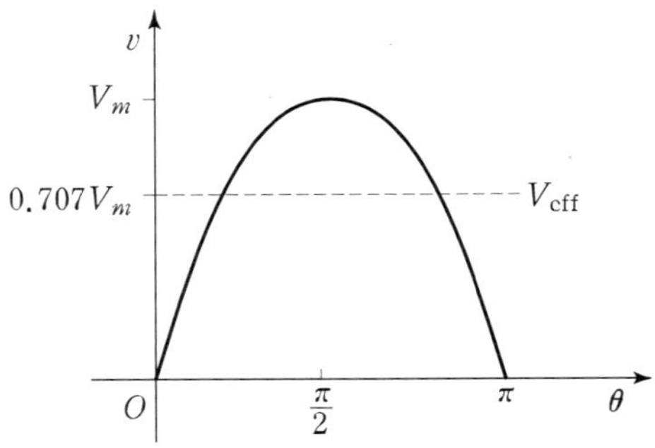

그림 4.8 정현파의 실효치

수식을 풀기 전에 적분 결과를 먼저 계산한다.

$$\int_0^{2\pi}(V_m \sin\theta)^2 d\theta = {V_m}^2\int_0^{2\pi}\sin^2\theta\, d\theta$$

여기서, $\sin^2\theta = \frac{1}{2}(1-\cos 2\theta)$를 적용하면

$$= {V_m}^2\int_0^{2\pi}\frac{1}{2}(1-\cos 2\theta)\, d\theta$$

$$= \frac{{V_m}^2}{2}\int_0^{2\pi}(1-\cos 2\theta)\, d\theta$$

$$= \frac{{V_m}^2}{2}\left\{\left[\theta - \frac{1}{2}sin2\theta\right]_0^{2\pi}\right\}$$

$$= \frac{{V_m}^2}{2}\times 2\pi$$

$$= {V_m}^2\pi \qquad (2)$$

계산 결과식 (2)를 식 (1)에 대입한다.

$$V_{\text{rms}} = \sqrt{\frac{1}{2\pi} \mathrm{V_m}^2 \pi} = \frac{\mathrm{V_m}}{\sqrt{2}} = 0.707\mathrm{V_m} \tag{4.11}$$

정현파의 실효치는 최대치(진폭)를 $\sqrt{2}$로 나눈 것과 같다. 정현파의 의상이나 주파수와는 전혀 상관이 없다. 그림 4.8에 정현파의 실효치를 보였다.

(3) 전파 정류파의 실효치

$$V_{\text{rms}} = \frac{V_m}{\sqrt{2}}, \qquad V_m : \text{최대치}$$

전파 정류파의 실효치는 정현파의 실효치와 같은 값이다. 그림 4.9와 같은 두 경우 모두 실효치는 동일하다.

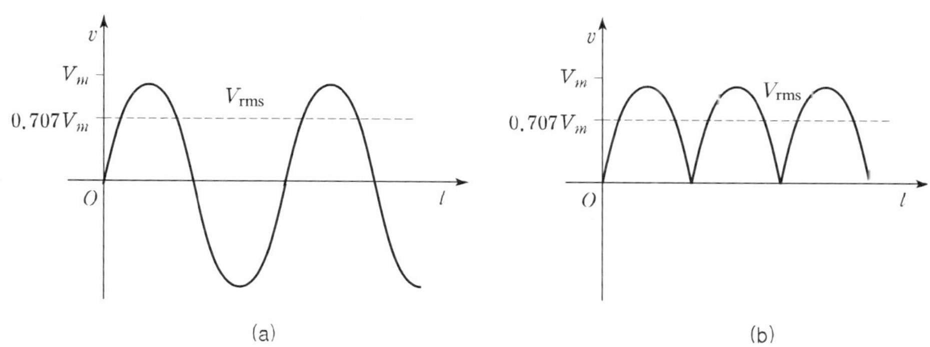

그림 4.9 정현파와 전파 정류파의 실효치

(4) 반파 정류파의 실효치

$$V_{rms} = \frac{V_m}{2}, \qquad V_m : \text{최대치}$$

정현파의 반주기만 반복되는 반파 정류파의 실효치는 정의식에 의해 구한다. 이때 적분 구간은 반주기인 $0 \sim \frac{T}{2}$인 점이 정현파의 경우와 다르다.

- **실효치 계산**

$$V_{rms} = \sqrt{\frac{1}{T}\int_0^{\frac{T}{2}} (V_m \sin \omega t)^2 dt}$$

$$= \sqrt{\frac{1}{2\pi}\int_0^{\pi} {V_m}^2 \sin^2\theta d\theta} \qquad (1)$$

위 식의 적분을 먼저 계산한다.

$$\int_0^{\pi} \sin^2\theta d\theta = \int_0^{\pi} \frac{1}{2}(1-\cos 2\theta) d\theta$$

$$= \left[\frac{\theta}{2} - \frac{1}{4} sin\, 2\theta\right]_0^{\pi}$$

$$= \frac{\pi}{2} \qquad (2)$$

식 (2)를 식 (1)에 대입한다.

$$V_{rms} = V_m \sqrt{\frac{1}{2\pi} \times \frac{\pi}{2}} = \frac{V_m}{2} \qquad (4.12)$$

이와 같이 구한 실효치를 그림 4.10에 보였다.

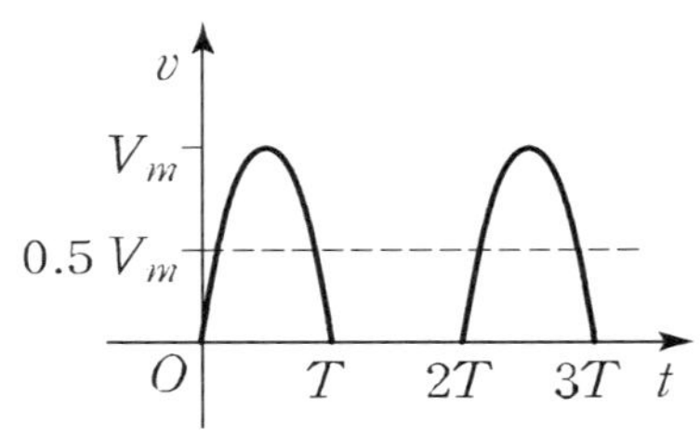

그림 4.10 반파 정류파의 실효치

4-4 파형률과 파고율

파형률(form factor)과 **파고율**(crest factor)은 신호파형의 형태를 가늠하는 요소이다. 앞에서 제시한 최대치, 평균치 및 실효치만을 가지고는 파형이 어떻게 생겼는지 잘 알 수 없다. 파형률이나 파고율은 대상 신호의 형태의 대략을 알기 위한 지표이다.

- **수식 :** 파형률이나 파고율은 실효치, 평균치 및 최대치로 계산한다.

$$\text{파형률} = \frac{\text{실효치}}{\text{평균치}}, \qquad \text{파고율} = \frac{\text{최대치}}{\text{실효치}}$$

표 4.1 대표적인 정현파 파형의 파형률과 파고율

명 칭	파 형	평균치	실효치	파고율	파형률
전파 정류파		$\frac{2V_m}{\pi}$	$\frac{V_m}{\sqrt{2}}$	$\sqrt{2}$	$\frac{\pi}{2\sqrt{2}} = 1.11$
반파 정류파		$\frac{V_m}{\pi}$	$\frac{V_m}{2}$	2	$\frac{\pi}{2} = 1.57$

예제 4.4.1

전압의 순시치 $v(t) = 100\sin 20t$의 전파 정류파에 대한 파형률과 파고율을 구하여라.

풀 이

최대치 $V_m = 100$, 실효치 $V_{rms} = \frac{100}{\sqrt{2}}$, 평균치 $V_{av} = \frac{200}{\pi}$

이 세 값으로 파형률과 파고율을 계산한다.

$$\text{파형률} = \frac{\text{실효치}}{\text{평균치}} = \frac{\frac{100}{\sqrt{2}}}{\frac{200}{\pi}} = \frac{\pi}{2\sqrt{2}} = 1.11$$

$$\text{파고율} = \frac{\text{최대치}}{\text{실효치}} = \frac{V_m}{\frac{V_m}{\sqrt{2}}} = \frac{100}{\frac{100}{\sqrt{2}}} = \sqrt{2}$$

4-5 회로소자의 전압 · 전류 특성

저항, 인덕터 및 콘덴서 각각에 교류전압이 인가되면 서로 다른 전류특성을 나타낸다. 먼저 위상을 살펴보면, 저항에서는 서로 위상변화가 일어나지 않는다. 반면에 인덕터에서는 전류가 전압보다 위상이 90° 늦다. 콘덴서에서는 정반대로 전류가 전압보다 90° 앞선다. 전압의 순시치와 전류의 순시치의 위상이 같은 것을 **동상**, 전류가 전압보다 앞선 것을 **진상**(lead), 전류가 전압보다 늦은 것을 **지상**(lag)이라 한다. 따라서 저항은 동상, 인덕터는 90° 지상, 콘덴서는 90° 진상인 셈이다. 다음으로 크기를 결정하는데 큰 역할을 하는 것이 주파수이다. 주파수의 크기에 따라 인덕터와 콘덴서에서의 전류의 크기가 전혀 다르다. 주파수가 클수록 인덕터는 전류가 감소하고, 콘덴서는 전류가 오히려 증가한다.

(1) 교류에서의 위상 특성

교류 해석시 위상의 기준은 전압이다. 이 점을 명심해야 한다. 전압과 전류의 순시치가 다음과 같을 때

$$\text{전압의 순시치 } v = V_m \sin(\omega t + \theta_1)$$
$$\text{전류의 순시치 } i = I_m \sin(\omega t + \theta_2)$$

① $\theta_1 = \theta_2$ 이면 동상으로서 전압과 전류의 위상이 일치한다. 이 현상은 저항 회로에서만 발생한다.

② $\theta_1 > \theta_2$ 이면, 전압의 위상이 전류보다 앞서고, 전류는 위상차 $\Delta\theta = \theta_1 - \theta_2$ 만큼 뒤진다. 이러한 회로를 지상회로라고 한다. 유도성 부하인 경우에 발생한다.

③ $\theta_1 < \theta_2$ 이면, 전류의 위상이 전압보다 위상차 $\Delta\theta = \theta_2 - \theta_1$ 만큼 앞선다. 이러한 회로를 진상회로라고 한다. 용량성 부하인 경우에 발생한다.

(2) 저항(R)에서의 교류 특성

저항만 있는 회로에 교류 전압 $v = V_m \sin\omega t$ 가 공급될 때, 전류 i 는 오옴의 법칙에 의해 다음과 같다.

$$i = \frac{v}{R} = \frac{V_m}{R}\sin\omega t = I_m \sin\omega t, \qquad I_m = \frac{V_m}{R} \tag{4.13}$$

전압과 전류의 순시치는 모두 동일한 주파수에서 파형의 크기만 변하고 위상이 일치한다. 실효치를 살펴보면, 전압 $v = V_m \sin\omega t$ 와 전류 $i = I_m \sin\omega t$ 의 실효치는 각각 다음과 같다.

$$V_s = \frac{V_m}{\sqrt{2}}, \qquad I_s = \frac{I_m}{\sqrt{2}}$$

$I_m = \dfrac{V_m}{R}$ 을 대입하여 실효치 만의 관계식을 세운다.

$$V_{rms} = \frac{\mathrm{V_m}}{\sqrt{2}} = \frac{\mathrm{R\,I_m}}{\sqrt{2}} = \mathrm{R\,I_{rms}} \tag{4.14}$$

식 (4.14)에서 전압의 실효치는 저항과 전류의 실효치를 곱한 것과 같다. 오옴의 법칙이 성립함을 알 수 있다. 이러한 관계를 그림 4.11로 나타내면 다음과 같다.

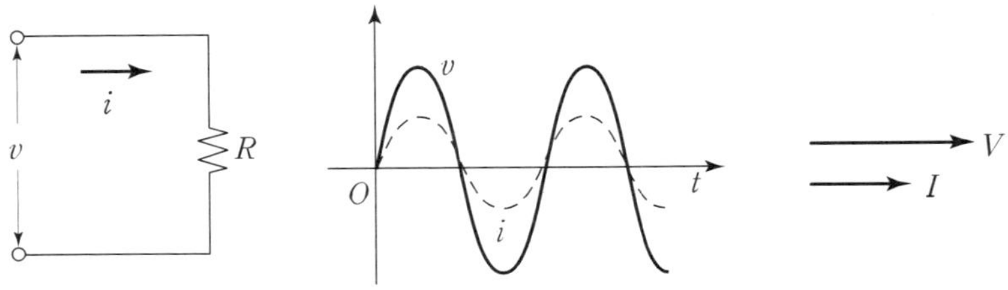

(a) 저항 회로 (b) 전압, 전류 파형 (c) 위상관계 : 동상

그림 4.11 저항에서의 교류특성

그림 4.11(b)나 (c)에서는 전류의 크기가 전압보다 작게 표시되어 있으나 반드시 그러한 것은 아니다. 일반적으로 저항값이 1 보다 훨씬 크기 때문에 그러한 그림을 그릴 수 있으나, $R < 1$인 경우는 전류의 크기가 전압보다 커질 수도 있다. 정리하면 저항에서는 어떠한 위상 변화도 일어나지 않는다. 저항은 동상이다.

$$v = V_m \sin \omega t, \quad i = \frac{V_m}{R} \sin \omega t$$

(3) 인덕터(L)에서의 교류 특성

인덕터는 전류를 받아들여 자속을 발생시키는 소자로서, 교류 전류에 대하여 주파수에 비례하는 전압을 발생시킨다. 전류의 변화에 비례하는 전압을 발생하기 때문에 약간의 전류변동에도 민감한 전압 변동을 유발하여 전압은 항상 전류보다 위상이 앞선다. 이 관계를 수식으로 살펴보자. 그림 4.12에서와 같이 인덕터 단독인 부하에 교류전류 $i = I_m \sin \omega t$가 인가되었다.

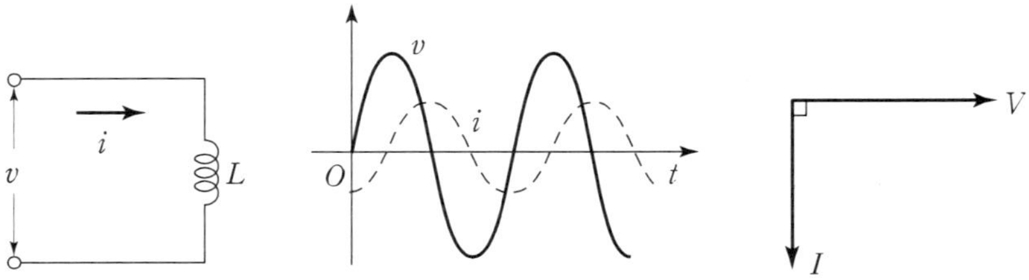

(a) (b) (c)

그림 4.12 인덕터에서의 교류 특성

인덕터의 전압·전류 관계식으로부터 전압의 순시치 v를 구한다.

$$v = L\frac{di}{dt} = L\frac{d}{dt}(I_m \sin \omega t)$$
$$= \omega L I_m \cos \omega t$$
$$= \omega L I_m \sin(\omega t + 90°)$$
$$= V_m \sin(\omega t + 90°), \quad V_m = \omega L I_m \qquad (4.15)$$

식 (4.15)와 그림 4.12는 몇 가지 중요한 정보를 제공한다.

① 인덕터의 전류는 전압보다 90° 위상이 늦은 지상(lag)이다.

② 전압·전류의 최대치 사이에는 $V_m = \omega L I_m$의 관계가 성립한다. 여기서 $\omega L = X_L$로 정의하며, X_L을 **유도성 리액턴스**(inductive reactance), 단위는 [Ω]이다. 이 리액턴스 X_L이 주파수의 함수라는데 그 특성이 있다. 즉 동일한 L소자와 진폭이 같은 전류라 하더라도 주파수의 크기에 따라 생성되는 전압의 진폭이 엄청나게 달라질 수 있다는 점이다.

③ 최대치뿐만 아니라 실효치 V_{rms}, I_{rms} 사이에도 동일한 관계가 성립한다. $V_m = \omega L I_m$의 양변을 $\sqrt{2}$로 나누면 각각은 실효치도 된다.

$$\frac{V_m}{\sqrt{2}} = \omega L \frac{I_m}{\sqrt{2}}$$
$$V_{rms} = X_L I_{rms}, \quad X_L = \omega L : \text{유도성 리액턴스}[\Omega] \qquad (4.16)$$

이러한 관계를 그림 4.13에 보였다.

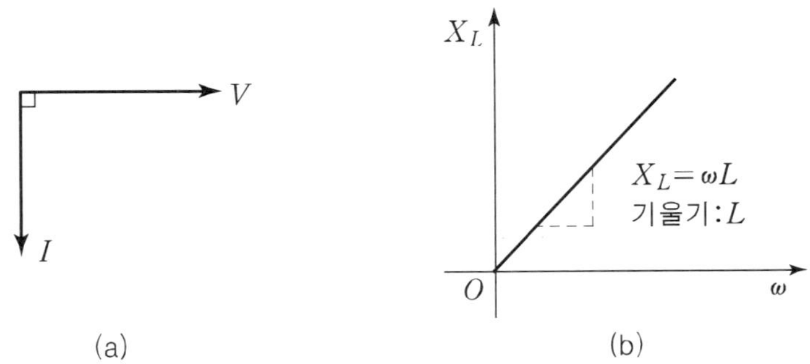

그림 4.13 유도성 리액턴스의 특성

그림4.13에서 동일한 진폭의 전압이 인덕터에 인가되더라도 ω에 따라 인덕터의 전류의 크기가 달라지며, 전압과 전류는 L이나 ω의 크기와 관계없이 항상 위상이 90° 차이가 남을 알 수 있다. 전류가 항상 전압보다 90° 느리기 때문에, 인덕터는 대표적인 지상회로의 소자이다.

인덕터(L)에서는 위상이 90° 지상(lag)이며, 오옴의 법칙 $V_{rms} = X_L I_{rms}$ 가 성립하고, $X_L = \omega L$이다.

예제 4.5.1

$L = 0.2$[mH]인 인덕터에 전류 $i = 50 \sin 100t$[A]가 인가되었다. 인덕터의 리액턴스 X_L을 구하여라.

풀 이

순시치 전류 $i = 50 \sin 100t$[A]에서 $\omega = 100$[rad/s]이므로, 리액턴스 $X_L = \omega L$에 의해 계산한다.

$$X_L = 100 \times 0.2 \times 10^{-3} = 0.02[\Omega]$$

(4) 콘덴서(C)에서의 교류 특성

콘덴서로 불리는 **커패시터**에서는 전압의 시간적 변화에 의해 전류가 흐른다. 전압이 일정한 직류는 콘덴서를 통과하지 못한다. 이는 전압의 시간적 변화인 주파수가 클수록 콘덴서의 전류는 증가함을 의미한다. 콘덴서에서의 전압·전류 특성은 이와 같이 주파수에 민감하며, 이는 곧 콘덴서의 교류해석을 가능하게 한다. 그림 6.14와 같이 콘덴서 단독인 부하에 교류전압 $v = V_m \sin \omega t$ 가 인가되었다. 콘덴서의 전압·전류 관계식으로부터 전류의 순시치 i 를 구한다.

$$\begin{aligned} i &= C\frac{dv}{dt} = C\frac{d}{dt}(V_m \sin \omega t) \\ &= \omega C V_m \cos \omega t \\ &= \omega C V_m \sin(\omega t + 90°) \\ &= I_m \sin(\omega t + 90°),\ I_m = \omega C V_m \end{aligned} \tag{4.17}$$

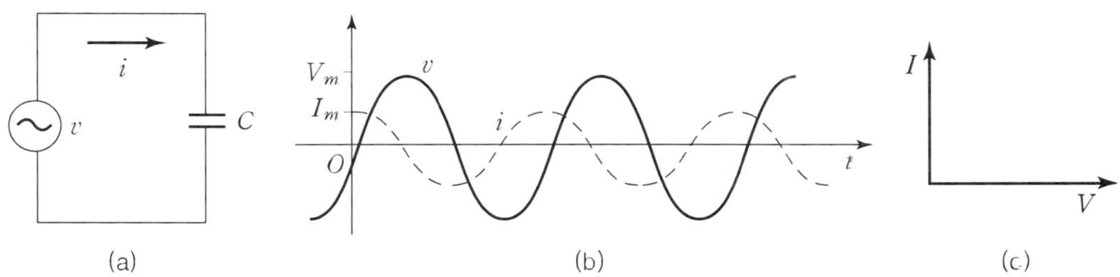

그림 4.14 콘덴서에서의 교류 특성

콘덴서의 중요한 교류특성을 알 수 있다.

① 커패시터의 전류는 전압보다 90° 빠른 진상(lead)이다.

② 전압·전류의 최대치 사이에는 $I_m = \omega C V_m$ 의 관계가 성립한다. 이 관계는 실효치에서도 마찬가지이다. $I_{rms} = \omega C\ V_{rms}$ 를 V_{rms} 에 대하여 정리한다.

$$V_{rms} = \frac{1}{\omega C} I_{rms} = X_C I_{rms},\ X_C = \frac{1}{\omega C} \text{ : 용량성 리액턴스}[\Omega] \tag{4.18}$$

이때 X_C를 **용량성 리액턴스**(capactive reactance)라 부르며, 단위는[Ω]이다.

용량성 리액턴스는 주파수의 함수로서 주파수에 반비례하며, 주파수가 커지면 X_C는 감소하고, 반대로 작아지면 X_C는 증가한다. ω가 매우 작아져서 $\omega = 0$인 직류가 되면 $X_C = \infty$가 되어 전류가 전혀 흐르지 못한다. 이러한 특성을 그림 4.15에 보였다.

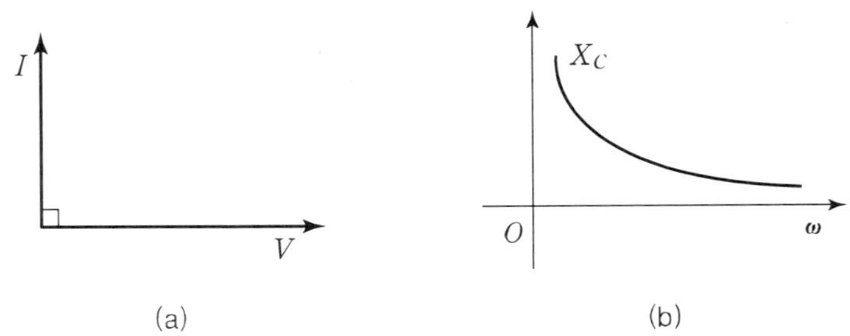

그림 4.15 용량성 리액턴스의 특성

인덕터의 리액턴스가 주파수에 비례하는 것과는 대조적으로, 콘덴서의 리액턴스는 주파수에 반비례한다. 인덕터와 콘덴서의 리액턴스는 저항의 저항치와 동일한 것으로서 이 값이 크면 클수록 전류의 흐름은 억제된다. 따라서 높은 주파수에서 인덕터의 전류는 감소하지만, 콘덴서에서는 리액턴스가 감소하여 전류는 증가한다. 주파수의 증감에 대해 인덕터와 콘덴서는 서로 대조적인 전기적 반응을 보인다. 이상의 내용을 표 4.2에 정리하였다.

표 4.2 회로소자 R, L, C의 전압·전류 특성 요약

소 자	위 상	리액턴스X	전압·전류 관계식 $v = V_m \sin \omega t$
R	동상	−	$v = R_i$
L	90° 지상	$X_L = \omega L$	$i_L = \dfrac{V_m}{X_L} sin\,(\omega t - 90°)$
C	90° 진상	$X_C = \dfrac{1}{\omega C}$	$i_C = \dfrac{V_m}{X_C} sin\,(\omega t + 90°)$

예제 4.5.2

$C = 2[\mu F]$인 콘덴서에 교류전압 $v = 50\sin 800t\,[V]$가 인가되었다. 콘덴서의 리액턴스 X_C를 구하여라.

풀 이

콘덴서의 전압 $v = 50\sin 800t$에서 각주파수 $\omega = 800[rad/s]$이다. ω와 C로 리액턴스를 구한다.

$$X_C = \frac{1}{\omega C} = \frac{1}{800 \times 2 \times 10^{-6}} = 625[\Omega]$$

예제 4.5.3

$C = 0.02[F]$인 콘덴서에 $v = 4\cos\left(2t - \frac{\pi}{4}\right)$가 인가되었다. 리액턴스 $X_C[\Omega]$와 전류의 순시치를 구하여라.

풀 이

$$\omega = 2, \quad \theta = -\frac{\pi}{4}, \quad X_C = \frac{1}{\omega C} = \frac{1}{0.02 \times 2} = 25[\Omega]$$

$$\begin{aligned} i &= C\frac{dv}{dt} \\ &= 0.02\frac{d}{dt}\left[4\cos\left(2t - \frac{\pi}{4}\right)\right] \\ &= -0.08 \times 2\sin\left(2t - \frac{\pi}{4}\right) \\ &= -0.16\sin\left(2t - \frac{\pi}{4}\right) \end{aligned}$$

연 습 문 제

1 정현파의 순시치가 $v = 20\sin(40t - 50°)$이다. 진폭, 각주파수, 주파수, 주기 및 위상을 구하여라.

2 어떤 교류 회로의 전압과 전류의 순시치가 다음과 같다. 위상관계를 설명하여라. $v = 50\sin(40t - 10°)$, $i = 10\sin(40t + 5°)$

3 그림 4.16 파형의 평균치를 구하여라.

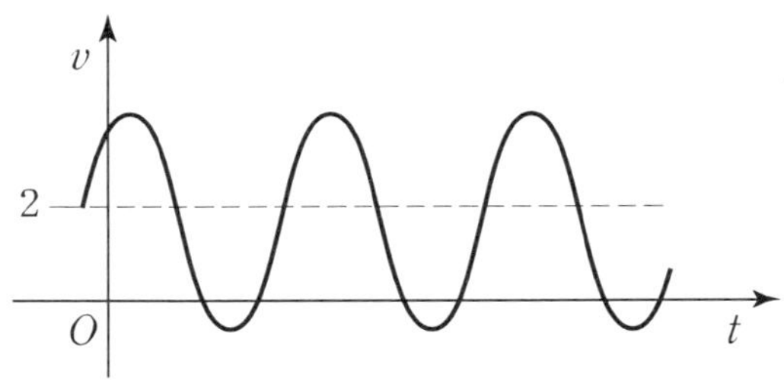

그림 4.16

4 그림 4.17(a)는 반파정류파형이다. 이 파형의 평균치가 $V_{av} = 10[\mathrm{V}]$이다. 전파정류파형(그림 4.17(b))의 평균치는 얼마인가?

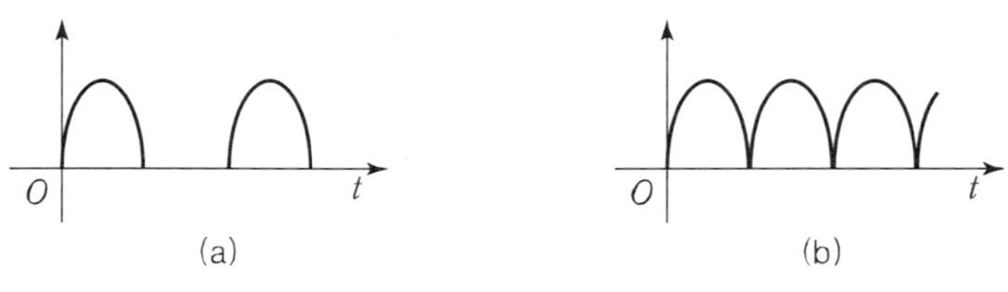

그림 4.17

5 그림 4.18(a)의 실효치가 $10[\mathrm{V}]$이다. 그림 4.18(b)의 실효치를 구하여라.

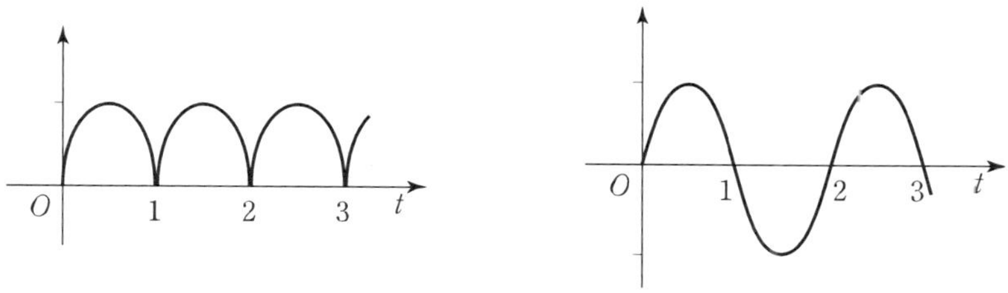

(a) (b)

그림 4.18

6 그림 4.19(a)의 실효치가 $20[\mathrm{V}]$이다. 그림 4.19(b)의 실효치를 구하여라.

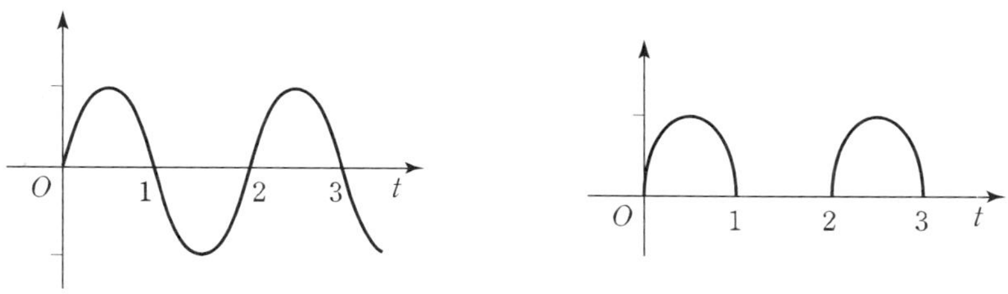

(a) (b)

그림 4.19

7 어떤 교류 주기 파형의 최대치 $V_m = 10$, 실효치 $V_{eff} = 8$, 평균치=5이다. 파형률과 파고율을 구하여라.

8 어떤 인덕터에 주파수 $60[\mathrm{Hz}]$인 교류신호를 인가하였더니 실효치 전류 $3[\mathrm{A}]$가 흘렀다. 교류신호의 진폭은 변하지 않고 주파수만 $30[\mathrm{Hz}]$로 하였다. 전류의 실효치를 구하여라.

9 콘덴서 전압을 측정하였더니 주파수 50[Hz]에서 실효치 전압이 10[V]이었다. 콘덴서 전류가 크기는 일정하고 주파수만 100[Hz]가 되었을 때 실효치 전압 크기를 구하여라.

10 인덕터의 순시치 전류가 $i = 100 \sin 20t$이다. 전압의 최대치가 50[V]일 때, 전압의 순시치를 구하여라.

11 RLC 직렬회로에 순시치 전류 $i = 10 \sin 20t$[A]가 흐른다. 인덕터와 콘덴서 전압의 위상차를 구하여라.

12 저항 $R = 100[\Omega]$에 전압 $v = 50 \sin 20t$ 인가시 저항의 전류 i를 구하여라.

13 콘덴서의 전류가 $i = 10\sin(20t + 15°)$[A]이다. 전압의 진폭이 20[V]일 때 전압의 순시치를 구하여라.

제 5 장
교류회로 해석

5-1 복소수

5-2 교류신호의 복소수 표현

5-3 임피던스와 어드미턴스

5-4 직·병렬연결

5-5 공진회로

[연 습 문 제]

제5장 교류회로 해석

5-1 복소수

교류해석은 **복소수**에 전적으로 의존하고, 그 성패는 복소수 계산에 달려 있다. 정현파가 복소수 형태로 표현 가능하다는 사실은 교류해석의 열쇠를 제공하는 중대한 사실이다. 이를 **페이서(phasor)법**이라 하는데, 이번 단원에서 자세히 고찰한다. 복소수의 능숙한 계산은 교류해석에 앞서 반드시 선행되어야 한다.

(1) 복소수의 특성과 여러 가지 표현

복소수는 실수 +허수 형태로 되어 있고 **허수**를 표현할 대는 j (또는 i)를 앞에 붙인다. 여기서 $j = \sqrt{-1}$이다. 복소수는 복소수 평면에 표현되고 x축은 실수, y축은 허수값을 가리키는 xy 평면상의 한 점이다. 허수의 기본 단위 j는 그림 5.1(a)처럼 허수축의 양방향의 값 1에 위치한다. 이 j에 j를 계속 곱해 나가면 크기는 1로서 변하지 않고 복소수 평면 상에서 90° 씩 시계 반대방향으로 회전한다. j를 한 번 곱하면 실수축(−1)에 위치하고, 다시 한 번 곱하면 허수축 $-j$가 되며, 또 다시 곱하여 j^4이 되면 실수축(+1)에 오고, 거기에 다시 한번 곱하면 제자리로 돌아온다.

j의 회전에 대해 직각좌표 형식과 극좌표 형식의 계산을 살펴보면 더욱 확실해진다.

j의 곱셈에 대한 계산 요령을 살펴보자.

① $j \times j = -1,\quad j \times j \times j = -j,\quad j \times j \times j \times j = (-1) \times (-1) = 1$
$j \times j \times j \times j \times j = j$

② $j = 1 \angle 90°$

$$j \times j = (1 \angle 90°)(1 \angle 90°) = 1 \angle 180° = -1$$
$$j \times j \times j = (1 \angle 90°)(1 \angle 90°)(1 \angle 90°) = 1 \angle 270° = -j$$
$$j \times j \times j \times j = (1 \angle 90°)^4 = 1 \angle 360° = 1$$
$$j \times j \times j \times j \times j = (1 \angle 90°)^5 = 1 \angle 450° = 1 \angle 90° = j$$

또한 복소수는 여러 가지 형태로 표현된다. 2차 평면상의 실수와 허수 좌표로 표시되는 **직각좌표 형식**, 복소수의 크기와 위상으로 표현되는 **극좌표 형식**, 그리고 sin이나 cos으로 변형 가능한 **지수함수 표현 형식**이 그것이다. 어떠한 복소수 $x = a + jb$에 대하여 이상의 세 가지 방법으로 표현해 보도록 한다. 일단 복소수 x를 복소수 평면상에 위치시킨다.

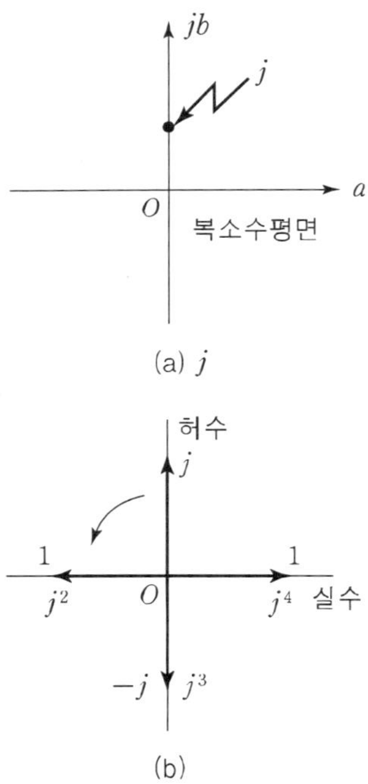

그림 5.1 복소수 평면

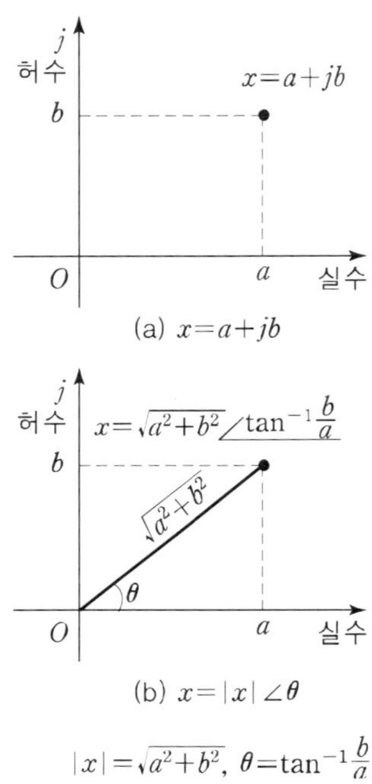

그림 5.2 복소수 표현형식

◀ 직각 좌표 형식에 의한 복소수 표시 ▶

그림 5.2(a)는 대표적인 직각 좌표 형식의 표시 방법으로서 복소수 x = 실수 + 허수의 형태로 되어 있고, 허수는 jb에 의해 허수축에서 b값을 갖는다. 복소수 x의 절대값은 실수와 허수값의 평방근이다.

$$x = a + jb, \quad |x| = \sqrt{a^2 + b^2} \tag{5.1}$$

◀ 극좌표 형식에 의한 복소수 표시 ▶

그림 5.2(b)는 극좌표 형식의 표시로서, 복소수 x = 절대값∠위상각의 형태를 갖는다. 복소수의 절대값은 복소수의 크기이다.

$$x = \sqrt{a^2 + b^2} \angle \theta, \quad \theta = \tan^{-1} \frac{\text{허수부}}{\text{실수값}} \tag{5.2}$$

◀ 지수함수 형식에 의한 복소수 표시 ▶

이 표현 방식은 극좌표적 표현과 동일하고 단지 표시 방법이 다르다. 극좌표 형식에서는 위상 θ를 각도 표시∠에 위치시켜∠θ라고 한데 비해. 이 방식은 지수함수의 $e^{j\square}$를 대신 사용하여 □칸에 각도θ를 위치시켜 $e^{j\theta}$라고 쓴다. 절대값을 지수함수 앞에 쓰는 것은 극좌표 형식과 같다. 두 방식을 비교하면 식 (5.3)과 같다.

$$x = \sqrt{a^2 + b^2} \angle \theta = \sqrt{a^2 + b^2}\, e^{j\theta} \tag{5.3}$$

극좌표 형식이 복소수의 크기와 위상만을 가지고 단순히 복소수를 표현하는데 비해 지수함수적 표현은 그 활용 범위가 보다 넓다. $Ae^{j\theta}$ 형식은 **오일러(Euler)정리**에 의해 곧바로 cos이나 sin의 형식으로 전환 가능하다.

$$\cos\theta = \frac{e^{j\theta} + e^{-j\theta}}{2}, \quad \sin\theta = \frac{e^{j\theta} - e^{-j\theta}}{2j} \tag{5.4}$$

식 (5.4)의 두 식으로부터 $e^{j\theta}$를 cos과 sin으로의 표기가 가능하다.

$$e^{j\theta} + e^{-j\theta} = 2\cos\theta$$

$$e^{j\theta} - e^{-j\theta} = 2j\sin\theta$$

위 두 식의 좌우변을 서로 더하여 $e^{j\theta}$를 구한다.

$$e^{j\theta} = \cos\theta + j\sin\theta \tag{5.5}$$

식 (5.5)는 마치 $e^{j\theta}$를 직각좌표 형식으로 표현한 것과 같다. $e^{j\theta}$ 앞에 복소수의 크기 A를 곱하여 $x = Ae^{j\theta}$로 나타낸다.

$$x = Ae^{j\theta} = A(\cos\theta + j\sin\theta) \tag{5.6}$$

이를 복소수 평면에 나타내면 그림 5.3과 같다.

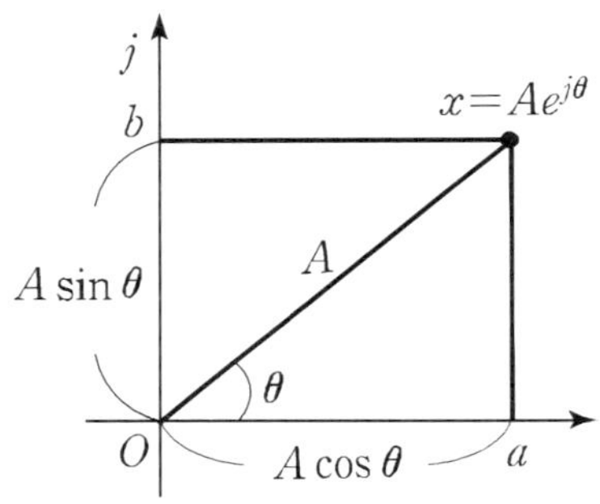

그림 5.3 오일러 정리

◀ 표현 형식끼리의 관계 ▶

직각좌표 형식의 표현 : $x = a + jb$

극좌표 형식의 표현 : $x = \sqrt{a^2+b^2} \angle \theta$, $\theta = \tan^{-1}\dfrac{b}{a}$

지수함수형식의 표현 : $x = \sqrt{a^2+b^2}\, e^{j\theta}$, $\theta = \tan^{-1}\dfrac{b}{a}$

위 세 가지 표현 형식을 다음에 정리하였다.

$$x = a + jb = \sqrt{a^2+b^2} \angle \theta = \sqrt{a^2+b^2}\, e^{j\theta}, \quad \theta = \tan^{-1}\frac{b}{a}$$

$$|x| = \sqrt{a^2+b^2}, \quad a = |x|\cos\theta, \quad b = |x|\sin\theta$$

$$x = |x|(\cos\theta + j\sin\theta) \quad e^{j\theta} = \cos\theta + j\sin\theta$$

예제 5.1.1

다음의 복소수를 간단히 하여라.

(1) j^3 (2) j^8 (3) j^{50} (4) j^{200}

(5) $(3+j4)j$ (6) $(2-j2)(-j\ )$ (7) $(-\sqrt{-3}+j)(-j)^3$

풀 이

그림 5.4와 같이 j의 승분은 j가 j^5, j^9, j^{13}, ⋯ 에 대하여 제자리로 돌아오는 성질을 이용한다. j곱에 대항 회전방향이 시계 반대방향으로 90° 씩 이동한다.

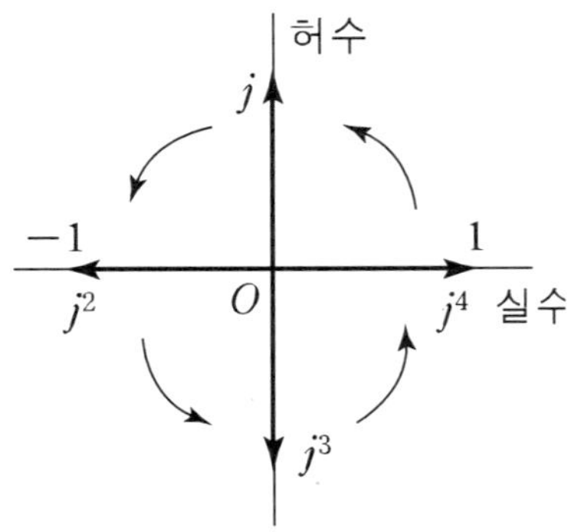

그림 5.4

(1) $j^3 = j \times j^2$이 되어 j를 두 번 곱한 것으로 j를 $90° + 90° = 180°$ 시계 반대방향으로 이동한 것과 같다. 그렇게 되면 j는 세로축 반대방향에 위치하여 $j^3 = -j$이다.

(2) j가 본래의 자리로 되돌아오는 것은 j^n에서 $n = 1, 5, 9, 13, \cdots, (4k+1), \cdots$ 인 경우이다. $n = 8$이므로, $8-5=3$, 즉 $j^8 = j^5 j^3 = j \times j^3$이다. 이는 j를 시계 반대방향으로 $3 \times 90° = 270°$만큼 이동시킨 셈이다. $j^8 = j^5 \times j^3 = j \times j^3 = 1$

(3) 동일한 요령에 의해, $j^{50} = j^{49} \times j = j \times j = -1$이다. 이는 j가 이미 12바퀴 회전한 다음 j만큼 다시 이동한 것과 같다.

(4) $j^{200} = j^{(4 \times 49 + 1)} \times j^3 = j \times j^3 = 1$

(5) $(3 + j4)j = -4 + j3$으로서 이는 마치 $3 + j4$를 크기는 그대로 두고 시계 반대방향으로 90° 회전시킨 것과 같다 (그림 5.5). 이는 어떤 복소수에 j를 곱하면 그 복소수를 일정한 크기(반지름)를 갖고 시계 반대방향으로 90° 회전시키게 된다. 여기에 $j^2, j^3, \cdots$ 등을 곱해도 j^n의 $n = 2, 3, 4, \cdots$에 따라 180°, 270°, 360°, … 회전한다. 이 예를 극좌표로 나타내면 이 내용이 더욱 명확해진다.

$$3 + j4 = 5 \angle 53.1°, \quad j = 1 \angle 90°$$

위 두 복소수를 극좌표에서 곱하면 절대값은 곱해지고, 각도는 합해진다.

$$(3+j4)j = (5\angle 53.1°)\times(1\angle 90°) = 5\angle(53.1°+90°) = 5\angle 143.1°$$

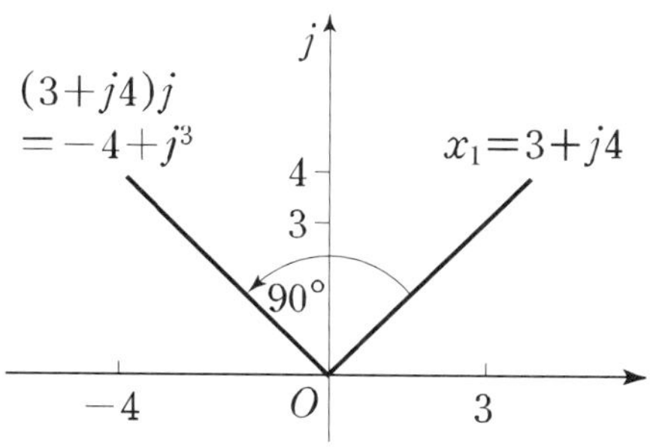

그림 5.5

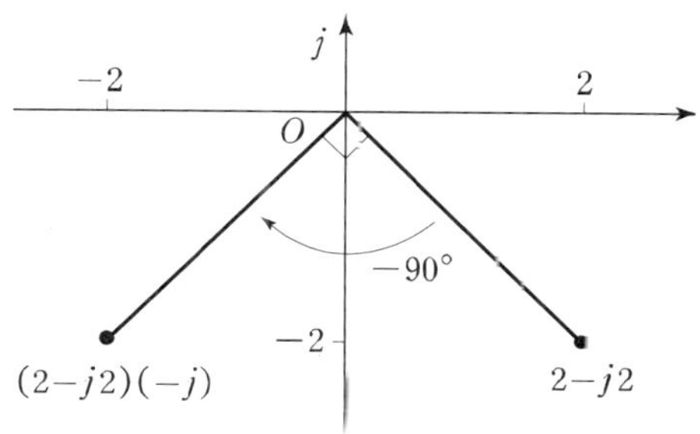

그림 5.6

(6) $(2-j2)(-j) = -2-j2$

이것도 마찬가지로 풀 수 있다. $-j = 1\angle -90°$이므로 어떤 복소수에 $(-j)$를 곱해 나가면 이번에는 시계 방향으로 90° 씩 회전 이동한다. (그림 5.6)

(7) $(-\sqrt{3}+j)(-j)^3 = (-\sqrt{3}+j)j = -1-j\sqrt{3}$

$(-j)^3 = (-j)(-j)^2$으로서 $(-j)$를 시계 방향으로 90° 씩 2회전시킨 것이다. 극좌표적으로 계산한다. (그림 5.7)

$$\begin{aligned}(-\sqrt{3}+j)(-j)^3 &= (2\angle 150°)(1\angle -90°)^3\\ &= (2\angle 150°)(1\angle -270°)^3\\ &= 2\angle -120°\\ &= 2[\cos(-120°)+j\sin(-120°)]\\ &= -1-j\sqrt{3}\end{aligned}$$

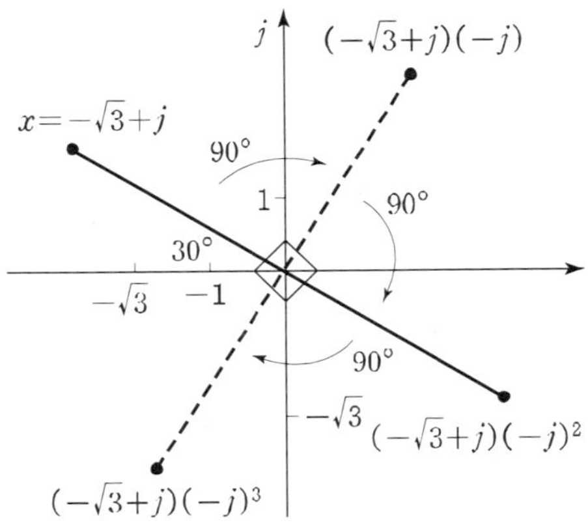

그림 5.7

예제 5.1.2

다음은 표현형식에 대한 물음이다.

(1) 복소수 $x = 3 - j4$의 절대값과 위상을 구하여라.

(2) 복소수 $x = 1 - \sqrt{3}\,j$를 극좌표와 지수함수적 형태로 표현하여라.

(3) $x = 20\,e^{j30}$일 때 실수부와 허수부의 값을 산출하여라.

(4) $x = j\,10\angle 30° = a + jb$일 때 a, b를 구하여라.

풀이

(1) $x = a + jb$에서 절대값과 위상을 구한다.

$$|x| = \sqrt{a^2 + b^2}, \quad \theta = \tan^{-1}\frac{b}{a}, \quad x = 3 - j4$$

$$|x| = \sqrt{3^2 + (-4)^2} = 5, \quad \theta = \tan^{-1}\frac{-4}{3} = -\tan^{-1}\frac{4}{3} = -53.1°$$

(2) $x = 1 - \sqrt{3}\,j$의 극좌표 형식 :

$$x = \sqrt{1^2 + (-\sqrt{3})^2}\,\angle\tan^{-1} - \frac{\sqrt{3}}{1} = 2\angle -60°$$

$x = 1-\sqrt{3}\,j$의 지수 함수적 표현 : $x = 2e^{-j60}$

(3) $x = 20e^{j30}$은 지수함수적 표현으로서 이를 직각 좌표 형식으로 나타낼 수 있다.

$$x = 20\,e^{j30} = 20(\cos 30° + j\sin 30°) = 20\left(\frac{\sqrt{3}}{2} + j\frac{1}{2}\right) = 10\sqrt{3} + j10$$

(4) $x = j\,10\angle 30° = j\,[10(\cos 30° + j\sin 30°)] = j\,(5\sqrt{3} + j5) = -5 + j5\sqrt{3}$

극좌표 형식으로 구한다.

$$x = j\,10\angle 30° = (1\angle 90°)(10\angle 30°) = 10\angle 120° = 10(\cos 120° + j\sin 120°)$$
$$= -5 + j5\sqrt{3}$$

따라서, $a = -5,\ b = 5\sqrt{3}$이다.

(2) 복소수의 사칙연산

교류해석에 사용되는 복소수 사칙연산의 중요한 원칙은, 덧셈(+)와 뺄셈(−)는 직각좌표 형식으로, 곱셈(×)와 나눗셈(÷)는 극좌표 형식으로 계산한다.

◀ 더하기와 뺄셈 ▶

두 개의 복소수 $x_1 = a_1 + jb_1,\ x_2 = a_2 + jb_2$에 대하여 다음의 관계가 성립한다.

$$x_1 \pm x_2 = (a_1 \pm a_2) + j\,(b_1 \pm b_2)$$

◀ 곱셈과 나눗셈 ▶

복소수의 곱셈과 나눗셈을 직각 좌표계 형식으로 계산할 수도 있으나, 대상 복소수가 일단 세 개 이상이 되면 이를 필산으로 계산하는 것은 매우 번거롭고 힘든 작업이다. 복소수 2개 정도는 그런대로 이 방식을 자주 사용해도 별 무리는 없으나, 세 개 이상 되면 극좌표 형식에 의해 계산하는 것이 바람직하다.

$$x_1 x_2 = (a_1 + jb_1)(a_2 + jb_2) = a_1a_2 - b_1b_2 + j(a_1b_2 + a_2b_1)$$

$$\frac{x_1}{x_2} = \frac{a_1 + jb_1}{a_2 + jb_2} = \frac{(a_1 + jb_1)(a_2 - jb_2)}{(a_2 + jb_2)(a_2 - jb_2)}$$

$$= \frac{a_1a_2 + b_1b_2 + j(a_2b_1 - a_1b_2)}{{a_2}^2 + {b_2}^2}$$

두 개 정도이면 그런대로 위와 같은 요령으로 계산하지만, 일단 세 개 이상이면 모두 극좌표로 바꾸어 계산한다. 극좌표로 바꾸는 초기 단계가 약간 번거롭겠지만, 그것도 숙달하면 쉽게 계산할 수 있다. 이 방식으로 계산하는 요령을 하나씩 숙지해 보도록 하자. 가장 근본적인 계산 원칙은, 절대값은 곱하거나 나누고, 각도는 더하거나 뺀다. 가령 $x_1 = 3 + j4$, $x_2 = 4 - j6$, $x_3 = -3 + j8$, $x_4 = -5 - j9$라는 네 개의 복소수가 있다고 하면, 그들 사이의 곱과 나누기는 다음과 같이 진행한다.

$$x_1x_2 = (3 + j4)(4 - j6) = \sqrt{3^2 + 4^2}\ \sqrt{4^2 + (-6)^2} \angle \left(\tan^{-1}\frac{4}{3} + \tan^{-1}\frac{-6}{4}\right)$$

절대값 끼리는 곱하고, 각도 끼리는 합한다.

$$\begin{aligned} x_1x_2x_3 &= (3 + j4)(4 - j6)(-3 + j8) \\ &= \sqrt{3^2 + 4^2}\ \sqrt{4^2 + (-6)^2}\ \sqrt{(-3)^2 + 8^2} \\ &\qquad \angle \left(\tan^{-1}\frac{4}{3} + \tan^{-1}\frac{-6}{4} + \tan^{-1}\frac{8}{-3}\right) \end{aligned}$$

$$\begin{aligned} x_1x_2x_3x_4 &= (3 + j4)(4 - j6)(-3 + j8)(-5 - j9) \\ &= \sqrt{3^2 + 4^2}\ \sqrt{4^2 + (-6)^2}\ \sqrt{(-3)^2 + 8^2}\ \sqrt{(-5)^2 + (-9)^2} \\ &\qquad \angle \left(\tan^{-1}\frac{4}{3} + \tan^{-1}\frac{-6}{4} + \tan^{-1}\frac{8}{-3} + \tan^{-1}\frac{-9}{-5}\right) \end{aligned}$$

다음은 나눗셈이다.

$$\frac{x_1}{x_2}=\frac{(3+j4)}{(4-j6)}=\frac{\sqrt{3^2+4^2}}{\sqrt{4^2+(-6)^2}}\angle\left(\tan^{-1}\frac{4}{3}-\tan^{-1}\frac{-6}{4}\right)$$

절대값끼리 모아서 나누고, 각도끼리 모아서 뺀다.
분자의 각도는 덧셈(+), 분모의 각도는 뺄셈(−)로 처리

$$\frac{x_1}{x_2x_3}=\frac{(3+j4)}{(4-j6)(-3+j8)}=\frac{\sqrt{3^2+4^2}}{\sqrt{4^2+(-6)^2}\ \sqrt{(-3)^2+8^2}}$$
$$\angle\left(\tan^{-1}\frac{4}{3}-\tan^{-1}\frac{-6}{4}-\tan^{-1}\frac{8}{-3}\right)$$

$$\frac{x_1x_2}{x_3x_4}=\frac{(3+j4)(4-j6)}{(-3+j8)(-5-9)}=\frac{\sqrt{3^2+4^2}\ \sqrt{4^2+(-6)^2}}{\sqrt{(-3)^2+8^2}\ \sqrt{(-5)^2+(-9)^2}}$$
$$\angle\left(\tan^{-1}\frac{4}{3}+\tan^{-1}\frac{-6}{4}-\tan^{-1}\frac{8}{-3}-\tan^{-1}\frac{-9}{-5}\right)$$

예제 5.1.3

다음과 같은 시스템 전달함수에 대하여 ω 변화에 따른 크기를 계산하고자 한다.

$$H(j\omega)=\frac{(4-j9\omega)(-1-j5\omega)}{(2+j\omega)(3-j4\omega)(-4+j7\omega)}$$

전달함수의 주파수 변화에 따른 절대값(gain)과 위상(phase)의 변화를 고찰하여라.

풀 이

극좌표 개념으로 접근한다. 절대값들과 각도들을 끼리끼리 좌우로 몰아 수식을 세운다. 결과는 이득과 위상도 주파수의 함수로 표현되었다.

$$H(j\omega)=\frac{\sqrt{4^2+(-9\omega)^2}\ \sqrt{(-1)^2+(-5\omega)^2}}{\sqrt{2^2+\omega^2}\ \sqrt{3^2+(-4\omega)^2}\ \sqrt{(-4)^2+(7\omega)^2}}\angle\tan^{-1}\frac{-9\omega}{4}$$

$$+\tan^{-1}\frac{-5\omega}{-1}-\tan^{-1}\frac{\omega}{2}-\tan^{-1}\frac{-4\omega}{3}-\tan^{-1}\frac{7\omega}{-4} \quad = H(\omega)\angle\theta(\omega)$$

예제 5.1.4

다음의 복소수를 계산하고 직각좌표 형식으로 나타내어라.

(1) $\dfrac{(3+j4)(10-j2)}{(1+j)(4-j5)(-6+j8)}$

(2) $25\angle 20° + 30\angle -10°$

(3) $4e^{j50}(2e^{-j10}+e^{j20})$

(4) $\dfrac{70\angle 60°}{40\angle 30°(10\angle -10°-5\angle -20°)}$

풀 이

(1) $$\frac{(3+j4)(10-j2)}{(1+j)(4-5j)(-6+j8)}=\frac{\sqrt{3^2+4^2}\ \sqrt{(10)^2+(-2)^2}}{\sqrt{1+1}\ \sqrt{4^2+(-5)^2}\ \sqrt{(-6)^2+(8)^2}}$$

$$\angle\tan^{-1}\frac{4}{3}+\tan^{-1}-\frac{2}{10}-\tan^{-1}1-\tan^{-1}-\frac{5}{4}-\tan^{-1}\frac{8}{-6}$$

$$=0.56\angle 101.29°$$

$$=0.56(\cos 101.29°+j\sin 101.29°)=-0.109+j0.549$$

(2) $$25\angle 20°+30\angle -10°=25(\cos 20°+j\sin 20°)+30(\cos(-10°)+j\sin(-10°))$$

$$=23.49+j8.55+29.54-j5.21=53.03+j3.34$$

(3) $$4e^{j50}(2e^{-j10}+e^{j20})=8e^{j40}+4e^{j70}=8(\cos 40°+j\sin 40°)+4(\cos 70°+j\sin 70°)$$

$$=6.128+j5.142+1.368+j3.75=7.496+j8.892$$

(4) $$\frac{70\angle 60°}{40\angle 30°(10\angle -10°-5\angle -20°)}=\frac{70\angle 60°}{400\angle 20°-200\angle 10°}$$

$$= \frac{70\angle 60°}{400(\cos 20° + j\sin 20°) - 200(\cos 10° + j\sin 10°)}$$

$$= \frac{70\angle 60°}{178.92 + j\,102.08} = \frac{70\angle 60°}{\sqrt{178.92^2 + 102.08^2}\ \angle \tan^{-1}\dfrac{102.08}{178.92}}$$

$$= 0.34\ \angle\ 30.29° = 0.34(\cos 30.29° + j\sin 30.29°)$$

$$= 0.294 + j\,0.171$$

5-2 교류신호의 복소수 표현

교류해석의 중요한 열쇠는 페이서이다. 전류 · 전압 및 RLC 소자 모두는 복소수로 표현가능하다. 이것을 페이서라 부른다. 여기에는 근본적인 전제가 있다. 교류해석시 주파수는 변하지 않고 항상 일정하다. 교류해석시 변하는 것은 전압이나 전류의 진폭과 위상이다. 주파수는 전혀 변하지 않는다. 만약 주파수가 변한다면 페이서로 교류를 해석할 수 없다. 여기서 진폭은 복소수의 절대값에 상응하고, 위상은 복소수의 각도에 대응된다. 교류해석이 복소수로 가능한 이유는 바로 이 점에 있다. 진폭과 위상은 간단히 복소수의 극좌표 표현 형식으로 쓸 수 있고, 전압 · 전류의 계산 또한 복소수의 사칙연산이다. 그러면 교류를 복소수로 표현 가능함에 대하여 설명하겠다.

(1) 교류 전압 · 전류의 복소수 표현

교류전압과 전류는 크기와 위상으로 표현되는 복소수 수식을 갖게되는 것이 페이서법이다. 따라서 어떤 교류의 순시치가 주어졌을 때, 그 수치에서 크기와 위상을 떼어내어 복소수의 극좌표 형식으로 구성하고. 상호관계를 복소수 사칙연산에 의하여 계산한다. 그리고 최종 계산된 복소수 결과는 다시 순시치로 환원하면 그만이다. 페이서에 의한 교류해석의 순서를 그림 5.8에 정리하였다.

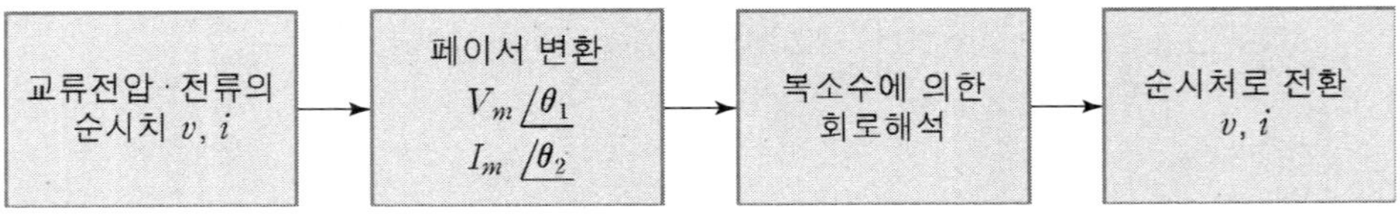

그림 5.8 페이서에 의한 교류해석의 순서도

교류 전압 · 전류의 순시치 v, i 의 복소수 표현 수식은 다음과 같다.

$$v = V_m \sin(\omega t + \theta_1) \quad \rightarrow \quad V = V_m e^{j\theta_1} = V_m \angle \theta_1 \tag{5.7}$$

$$i = I_m \sin(\omega t + \theta_2) \quad \rightarrow \quad I = I_m e^{j\theta_2} = I_m \angle \theta_2 \tag{5.8}$$

(2) RLC 소자의 복소수 표현

교류 전압 · 전류뿐만 아니라 RLC 소자도 복소수로 표현 가능하다. 모든 회로해석이 복소수에 의한 것이라면 전압 · 전류는 물론이고 RLC 소자 모두 복소수로 표현하는 것은 당연한 일이다.

- **저항** R : $v = Ri$에 의해 전류 $i = I_m \sin(\omega t + \theta)$가 저항 R에 흐를 때의 전압은

$$v_R = V_m \sin(\omega t + \theta) = RI_m \sin(\omega t + \theta)$$

이때 전압과 전류를 페이서로 바꾼다.

$$V_m \angle \theta = RI_m \angle \theta$$

저항 R을 그대로 사용하여 전압을 구한다.

- **인덕터** L : 인덕터의 전압·전류 관계식 $v = L\dfrac{di}{dt}$에 의해, 전류 $i = I_m \sin(\omega t + \theta)$가 L에 흐를 때의 전압은

$$v_L = V_m \sin(\omega t + \theta) = L\frac{d}{dt}[I_m \sin(\omega t + \theta)]$$

$$L\frac{d}{dt}[I_m \sin(\omega t + \theta)] = \omega L I_m \cos(\omega t + \theta) = \omega L I_m \sin(\omega t + \theta + 90°)$$

양변의 전압·전류 순시치를 페이서로 변환한다.

$$V_m \angle \theta = \omega L\, I_m \angle(\theta + 90°) = \omega L\, I_m \angle \theta \times (1\angle 90°)$$
$$= (\omega L \angle 90°)\cdot(I_m \angle \theta)$$

여기서 $\omega L \angle 90° = j\omega L$로서 복소수이다. 즉 인덕터 L의 복소수적 표현은 $j\omega L$이다. 전압·전류 관계에서 찾았으므로 $j\omega L$의 단위는 오옴(Ω)이며 저항이라는 용어 대신 임피던스라고 부른다.

- **콘덴서 C** : 콘덴서의 전압·전류 관계식 $i = C\frac{dv}{dt}$에 의해, 전압 $v = V_m \sin(\omega t + \theta)$가 C에 인가될때의 전류는

$$i_C = I_m \sin(\omega t + \theta)$$
$$= C\frac{d}{dt}[V_m \sin(\omega t + \theta)] = \omega C\, V_m \cos(\omega t + \theta) = \omega C\, V_m \sin(\omega t + \vartheta + 90°)$$

양변의 전압과 전류 순시치를 페이서로 변환한다.

$$I_m \angle \theta = (\omega C \angle 90°)\cdot(V_m \angle \theta)$$
$$V_m \angle \theta = \left(\frac{1}{\omega C \angle 90°}\right)\cdot(I_m \angle \theta)$$

여기서, $\omega C \angle 90° = j\omega C$로서 복소수이다. 즉 콘덴서 C의 복소수 표현은 $\frac{1}{j\omega C}$

이다. 이 또한 전압·전류 관계에서 찾았으므로 $\frac{1}{j\omega C}$의 단위는 오옴(Ω)이며, 역시 임피던스라고 부른다.

이상 세 가지를 정리한다.

RLC 각 소자의 복소수 표현은 다음과 같고, 이를 임피던스라 부른다.

$$\begin{aligned} R &\rightarrow R \\ L &\rightarrow j\omega L \\ C &\rightarrow \frac{1}{j\omega C} \end{aligned} \tag{5.9}$$

예제 5.2.1

다음의 전압·전류 순시치나 RLC 소자를 복소수 표현으로 나타내고, 복소수 표현은 순시치로 변환하여라.

(1) $v = 100\sin 10t$

(2) $i = 20\cos(2t + 40°)$

(3) $R = 400\,[\Omega]$

(4) $L = 0.01\,[\mathrm{H}],\ \omega = 10[\mathrm{rad/s}]$

(5) $C = 0.02\,[\mathrm{F}],\ \omega = 100[\mathrm{rad/s}]$

(6) $V = 150\angle 40°,\ \omega = 5[\mathrm{rad/s}]$

(7) $I = 40\angle -10°,\ \omega = 4[\mathrm{rad/s}]$

풀 이

식 (5.7) ~ 5.9)를 사용한다.

(1) $v = 100\sin 10t \rightarrow V = 100$

(2) $i = 20\cos(2t + 40°) = 20\sin(2t + 130°) \rightarrow I = 20\angle 130°$

(3) $R = 400 \rightarrow 400$

(4) $L = 0.01\,[\mathrm{H}], \omega = 10 \;\rightarrow\; \mathrm{j}\,\omega \mathrm{L} = \mathrm{j}\;0.1\,[\Omega]$

(5) $C = 0.02\,[\mathrm{F}],\;\; \omega = 100 \rightarrow \dfrac{1}{\mathrm{j}\,\omega \mathrm{C}} = \dfrac{1}{\mathrm{j}\,2} = -\mathrm{j}\,0.5$

(6) $V = 150 \angle 40° \;\rightarrow\; v = 150 \sin(5t + 40°)$

(7) $I = 40 \angle -10° \;\rightarrow\; i = 40 \sin(4t - 10°)$

5-3 임피던스와 어드미턴스

(1) 임피던스

교류전압과 전류를 페이서로 표시한 V와 I 사이에는 일종의 오옴의 법칙이 성립한다. 일반적인 오옴의 법칙을 $v = Ri$로 정의하는 것과 마찬가지로 V와 I의 관계는 다음과 같이 Z로 설정된다. 여기서 Z는 $v = Ri$의 R에 해당되는 것으로 저항 R과 마찬가지로 단위는 오옴[Ω]이다.

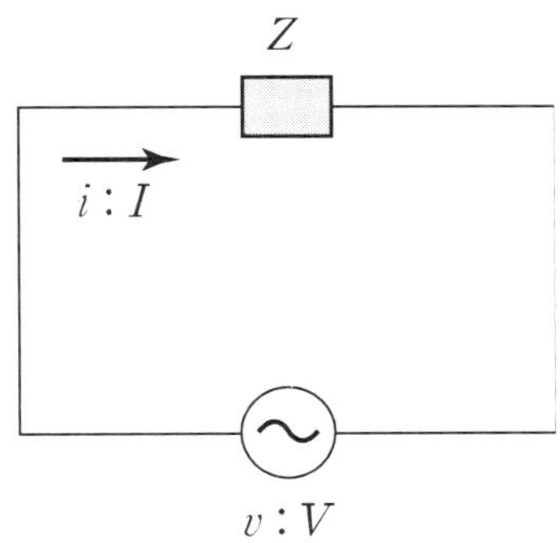

그림 5.9 임피던스

- **수 식 :** $V = ZI,$ $\qquad Z$: 임피던스[Ω] $\qquad$ (5.10)

- **설 명**

식 (5.10)의 Z를 **임피던스**(impedance)라 부르며 교류에서의 저항 역할을 한다.

임피던스 정의식의 V, I 및 Z 모두는 복소수이다. 전압과 전류의 순시치를 극좌표 형식의 복소수로 바꾼 전압·전류 V, I의 관계가 식 (5.10)로 주어지는 것이다. 예를 들어 어떤 회로의 전압·전류의 순시치가 각각 다음과 같다.

$$v = 100\sin(20t + 10°)$$

$$i = 50\sin(20t - 50°)$$

회로의 임피던스 Z는 위의 v, i를 복소수화 함으로써 구할 수 있다. 순시치 v, i를 페이서로 나타낸다.

$$v \rightarrow \ V = 100 \angle 10°$$

$$i \rightarrow \ I = 50 \angle -50°$$

페이서 V, I의 관계식을 Z를 사용하여 수립한다.

$$V = ZI$$

$$Z = \frac{V}{I} = \frac{100 \angle 10°}{50 \angle -50°} = 2 \angle 60° = 2(\cos 60° + j\sin 60°)$$

$$= 1 + j\sqrt{3}$$

앞의 계산을 통해 임피던스 Z를 V, I의 복소수 계산을 통해 구할 수 있음을 확인하였다. 또한 임피던스 Z가 복소수이므로 Z = 실수 + 허수로 되어 있고, 이를 식으로 쓰면 다음과 같다.

$$Z = R + jX$$

여기서, 임피던스의 실수부 R을 **저항**이라 하며, 허수부 X를 **리액턴스**라고 부른다. 바로 위의 계산 예에서 $R = 1$이고 $X = \sqrt{3}$ 임을 알 수 있다. 임피던스 Z도 복소수 계산을 위해 세 가지 형태로 나타낼 수 있다. 직각좌표 형식, 극좌표 형식 및 지수함수 형식이 그것들인데, 실제 계산에서는 앞의 두 형식이 많이 쓰인다.

$$Z = R + jX = \sqrt{R^2 + X^2} \angle \tan^{-1} \frac{X}{R}$$
$$Z = |Z| \angle \theta = |Z|(\cos\theta + j\sin\theta)$$
$$R = |Z|\cos\theta, \quad X = |Z|\sin\theta$$

Z, R, X 및 θ의 관계를 그림 5.10 복소수 평면에 그렸다.

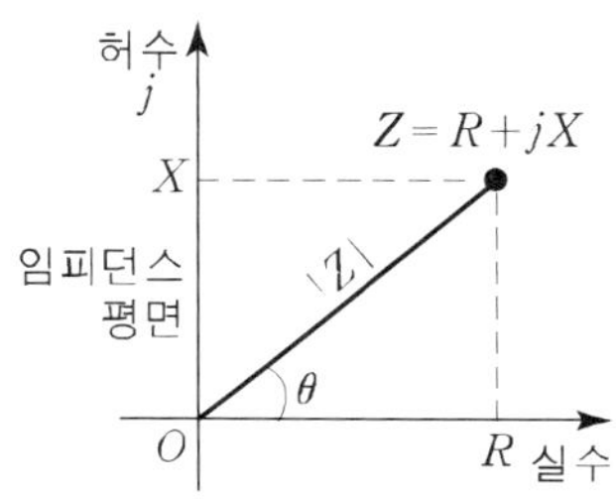

그림 5.10 $Z = R + jX$

그림 5.10에서 R과 X에 의해 만들어진 각도 θ는 전압과 전류의 위상차 θ인 동시에 회로의 역률을 나타내는 $\cos\theta$의 θ와 동일하다. 이 사실은 매우 중요하다. 복소수로 표현되는 임피던스 Z에도 이러한 정보들이 내재되어 있다.

(2) 어드미턴스

전압・전류 V, I의 관계는 임피던스처럼 $V = ZI$로 나타낼 수도 있으나, 반대로 전류를 전압으로 표현할 수도 있다. 전류와 전압의 관계는 어드미턴스 (admittance) Y로 설정된다.

- **수 식** : $I = YV$, Y : 어드미턴스[℧] (5.11)

- **설 명** :

식 (5.11)에서 Y를 **어드미턴스**라 정의한다. I와 V가 복소수이듯이 Y도 복소수이다. 임피던스 정의식 $V=ZI$와 어드미턴스 정의식 $I=YV$를 비교하면, Z와 Y의 관계를 쉽게 알 수 있다.

$$Z=\frac{1}{Y} \tag{5.12}$$

즉 Y와 Z는 서로 역수이다. Y가 복소수이므로 $Y=$실수부$+$허수부이다.
Y의 실수부를 **컨덕턴스**, 허수부를 **서셉턴스**라 부른다.

$$Y=G+jB \tag{5.13}$$

여기서 G를 **컨덕턴스**(conductance), B를 **서셉턴스**(susceptance)라 부르며 단위는 모두 [℧]이다. Y를 복소수 평면에 표시하면 그림 5.11과 같다.

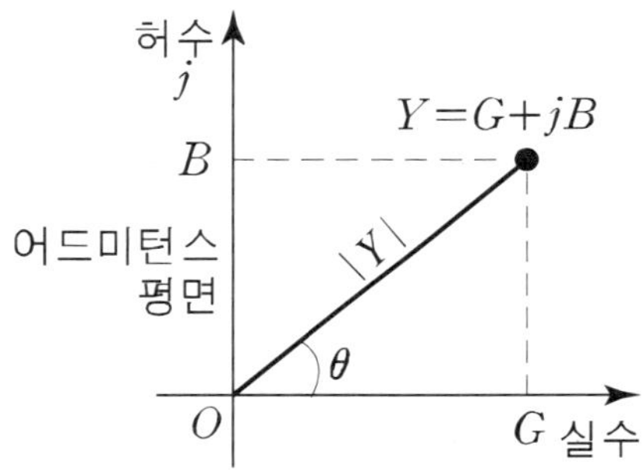

그림 5.11 어드미턴스

여기서,

$$Y=G+jB=\sqrt{G^2+B^2}\ \angle\tan^{-1}\frac{B}{G}$$

$$Y=|Y|\angle\theta=|Y|(\cos\theta+j\sin\theta)=|Y|\cos\theta+j|Y|\sin\theta$$

$$G=|Y|\cos\theta,\quad B=|Y|\sin\theta$$

(3) 임피던스 및 어드미턴스 크기와 전압·전류 크기

임피던스는 전류의 흐름을 억제하는 저항 요소이고, 어드미턴스는 임피던스의 역수로서 전도도 요소이다. 인가 교류 전압이 일정할 때 회로 전류는 Z에 반비례하고 Y에 비례한다. Z가 크면 I가 적고, Y가 크면 I가 크다. 이 개념은 매우 중요하다. 어떤 회로에 Z가 크다는 말은 전류가 잘 흐르지 못함을 말하고, Z가 무한대라는 말은 전류가 0이라는 의미이다. 반대로 Y가 크면 전류 I가 비례해서 크고, Y가 0이면 전류도 0이다. 또한 동일한 전류에 대하여 Z가 크면 그만큼 전압강하가 크고, Y가 크면 상대적으로 전압강하가 줄어든다.

- **Z와 Y의 관계 :** 모두 복소수로 표현되는 Z와 Y 사이에는 다음의 관계가 성립한다.

$$Z = R + jX$$
$$Y = \frac{1}{Z} = \frac{1}{R + jX} = \frac{R - jX}{R^2 + X^2} = G + jB \tag{5.14}$$

위 식에서

$$G = \frac{R}{R^2 + X^2}, \quad B = -\frac{X}{R^2 + X^2}$$
$$Y = G + jB$$
$$Z = \frac{1}{Y} = \frac{1}{G + jB} = \frac{G - jB}{G^2 + B^2} = R + jX \tag{5.15}$$

R, X와 G, B의 관계를 구한다.

$$R = \frac{G}{G^2 + B^2}, \quad X = -\frac{B}{G^2 + B^2}$$

이 관계를 극좌표 형식을 사용하여 복소수평면에 나타내면 그림 5.12와 같다.

$$Z = R + jX = \sqrt{R^2 + X^2} \angle \tan^{-1}\frac{X}{R} = |Z| \angle \theta$$

$$Y = \frac{1}{Z} = \frac{1}{|Z| \angle \theta} = \frac{1}{|Z|} \angle -\theta$$

그림 5.12에서 Z를 Y로 변환할 때 임피던스의 절대값 $|Z|$는 어드미턴스 평면에서 길이가 $\frac{1}{|Z|}$이고 각도는 θ에서 $-\theta$로 된다. 어드미턴스를 임피던스로 바꿀 때도 마찬가지이다.

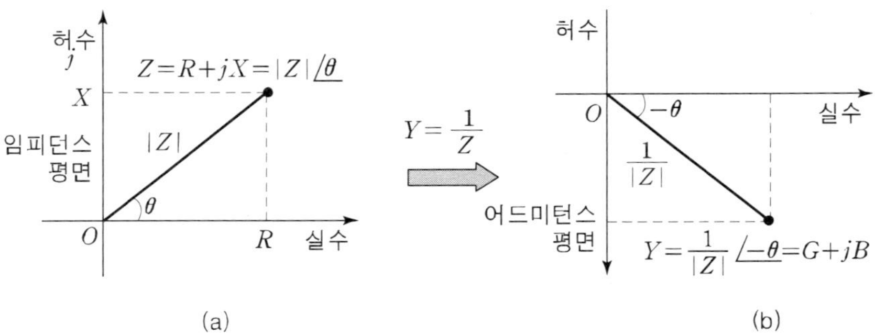

그림 5.12 임피던스와 어드미턴스의 변환

$$Y = G + jB = \sqrt{G^2 + B^2} \angle \tan^{-1}\frac{B}{G} = |Y| \angle \theta$$

$$Z = \frac{1}{Y} = \frac{1}{|Y| \angle \theta} = \frac{1}{|Y|} \angle -\theta$$

예제 5.3.1

다음과 같은 전압과 전류의 순시치 v, i가 주어졌을 때 임피던스 Z와 어드미턴스 Y를 구하여라.

(1) $v = 200\sin 10t,\ i = 10\sin(10t - 30°)$

(2) $v = 50\sin(4t - 15°),\quad i = 5\sin(4t + 30°)$

(3) $v = 70\sin(2t + 10°),\quad i = 7\cos(2t - 40°)$

(4) $v = 150\sin 4t,\ i = 15\sin(2t - 60°)$

풀이

위 문제들은 교류 전압과 전류의 순시치로부터 임피던스 Z와 어드미턴스 Y를 산출하는 요령을 묻고 있다. v, i를 모두 복소수로 바꾼 후, 임피던스 정의식 $V = ZI$와 어드미턴스 정의식 $I = YV$ 또는 $Z = \dfrac{1}{Y}$에 의해 각각의 것을 계산한다. 여기서 Z, Y를 구하려면 v, i의 주파수가 동일해야 한다. 만약 이 조건이 성립하지 않으면 계산할 수 없다.

(1) v와 i를 페이서로 나타낸다.

$$v = 200\sin 10t \quad \rightarrow \quad V = 200$$

$$i = 10\sin(10t - 30°) \quad \rightarrow \quad I = 10\angle -30°$$

$$Z = \frac{V}{I} = \frac{200}{10\angle -30°} = 20\angle 30° = 20(\cos 30° + j\sin 30°) = 10\sqrt{3} + j10$$

$$Y = \frac{1}{Z} = \frac{I}{V} = \frac{10\angle -30°}{200} = 0.05\angle -30°$$

$$= 0.05[\cos(-30°) + j\sin(-30°)]$$

$$= 0.025\sqrt{3} - j\,0.025$$

(2) $v = 50\sin(4t - 15°) \quad \rightarrow \quad V = 50\angle -15°$

$$i = 5\sin(4t + 30°) \quad \rightarrow \quad I = 5\angle 30°$$

$$Z = \frac{V}{I} = \frac{50\angle -15°}{5\angle 30°} = 10\angle -45° = 10[\cos 45° + j\sin(-45°)]$$

$$= 5\sqrt{2} - j5\sqrt{2}$$

$$Y = \frac{1}{Z} = \frac{I}{V} = \frac{5\angle 30°}{50\angle -15°} = 0.1\angle 45° = 0.1\,(\cos 45° + j\sin 45°)$$

$$= 0.05\sqrt{2} + j\,0.05\sqrt{2}$$

(3) $v = 70\sin(2t + 10°) \rightarrow V = 70\angle 10°$

$$i = 7\cos(2t - 40°) = 7\sin(2t + 90° - 40°) = 7\sin(2t + 50°) \rightarrow I = 7\angle 50°$$

$$Z = \frac{V}{I} = \frac{70\angle 10°}{7\angle 50°} = 10\angle -40° = 10\,[\cos(-40°) + j\sin(-40°)]$$

$$= 7.66 - j\,6.43$$

$$Y = \frac{1}{Z} = \frac{7\angle 50°}{70\angle 10°} = 0.1\angle 40° = 0.1\,[\cos 40° + j\sin 40°] \fallingdotseq 0.0766 + j0.0643$$

(4) 이 문제는 v와 i의 주파수가 다르기 때문에 Z와 Y를 계산할 수 없다.

예제 5.3.2

Z와 Y의 상호 변환이나 Z나 Y가 주어졌을 경우, 이를 다른 표현 형식으로 바꾸는 문제이다.

(1) $Z = 3 + j4$를 극좌표와 지수함수 형식으로 나타내고 어드미턴스 Y를 계산하여라.

(2) $Y = 7 + j10$의 임피던스 $Z = R + jX$를 구하여라.

(3) $Z = 10\angle 60°$의 어드미턴스 Y를 어드미턴스 평면에서의 점의 위치로 나타내어라.

풀 이

임피던스 Z나 어드미턴스 Y의 복소수 평면상에서의 표시 및 여러 표현 형식들로의 능숙한 표현을 살펴본다.

(1) $Z = 3 + j4 = \sqrt{3^2 + 4^2}\,\angle \tan^{-1}\frac{4}{3} = 5\angle 53.13° = 5e^{j53.13}$

$$Y = \frac{1}{Z} = \frac{1}{3+j4} = \frac{1}{5\angle 53.13°} = 0.2\angle -53.13$$
$$= 0.2\,[\cos(-53.13°) + j\sin(-53.13°)]$$
$$= 0.12 - j\,0.16$$

(2) $Z = \frac{1}{Y} = \frac{1}{7+j\,10} = \frac{7-j10}{7^2+10^2} = 0.047 - j\,0.067 \quad \therefore R = 0.047,\ \ X = -0.067$

(3)

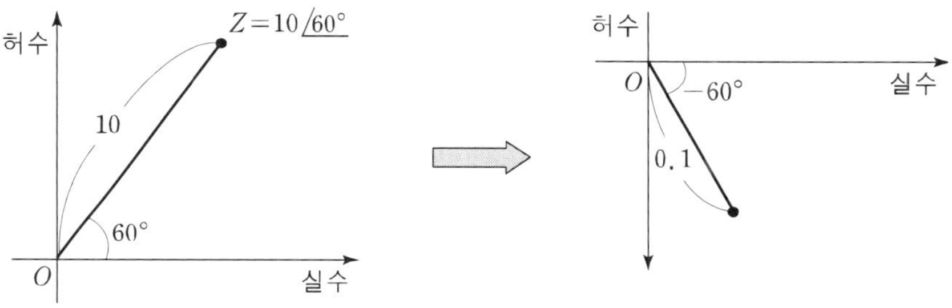

(a) 임피던스 평면 (b) 어드미턴스 평면

그림 5.13

5-4 직·병렬연결

RLC 소자들이 직·병렬연결 되어 있을 때의 전체 임피던스와 어드미턴스를 구하는 요령은 저항의 경우와 동일하다. 임피던스의 경우 R은 R로, L은 $j\omega L$로, 그리고 C 는 $\frac{1}{j\omega C}$로 마치 저항 연결된 회로의 전체 저항을 계산하듯 복소수의 가감승제를 행한다. 어드미턴스의 경우는 R은 $\frac{1}{R}$로, L은 $\frac{1}{j\omega L}$로, 그리고 C 는 $j\omega C$로 콘덕턴스 계산하듯이 복소수 계산을 행한다.

(1) 직렬연결

RLC 소자들이 서로 직렬연결 되어 있으면, 전체 임피던스는 각 소자의 임피던스를 순차적으로 더하여 합산한다. 그림 5.14는 그 요령을 보였다.

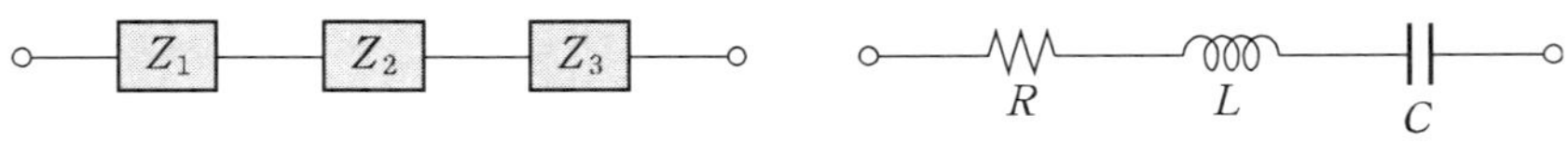

(a) $Z = Z_1 + Z_2 + Z_3$ (b) $Z = R + j\omega L + \frac{1}{j\omega C}$

그림 5.14 직렬연결

예제 5.4.1

그림 5.15의 직렬연결 회로에서 전체 임피던스와 어드미턴스를 구하여라 (단, $\omega = 100$ [rad/s]이다).

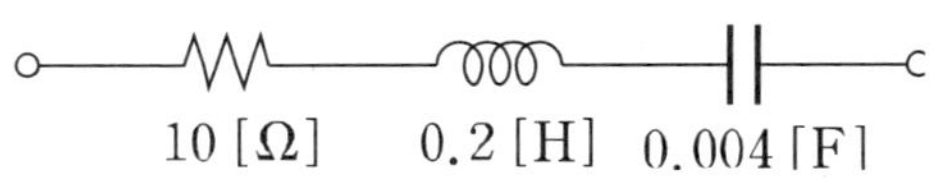

그림 5.15

풀이

(1) 임피던스 계산

$Z = R + j\omega L + \dfrac{1}{j\omega C} = R + j\left(\omega L - \dfrac{1}{\omega C}\right)$에 의한다.

$\omega = 100$[rad/s]이므로 $Z = 10 + j\,20 + \dfrac{1}{j\,0.4} = 10 + j\,20 - j\,2.5 = 10 + j\,17.5$이다.

(2) 어드미턴스계산

$$Y = \frac{1}{Z} = \frac{1}{10 + j\,17.5} = \frac{10 - j\,17.5}{10^2 + 17.5^2} = 0.0246 - j\,0.0431$$

이를 극좌표 형식으로 표현한다.

$$Z = \sqrt{10^2 + (17.5)^2} \angle \tan^{-1}\frac{17.5}{10} = 20.156 \angle 60.26°$$

$$Y = 0.0496 \angle -60.26°$$

(2) 병렬연결

소자들이 병렬연결 되어 있으면, 임피던스를 계산하는 것보다 각 소자의 어드미턴스를 구하여 전체 어드미턴스를 계산한 다음, 이를 다시 임피던스로 바꾸는 것이 더욱 편리할 때가 있다. 그림 5.16은 병렬연결시 어드미턴스와 임피던스를 구하는 요령을 보였다. 병렬은 어드미턴스들끼리 합한다.

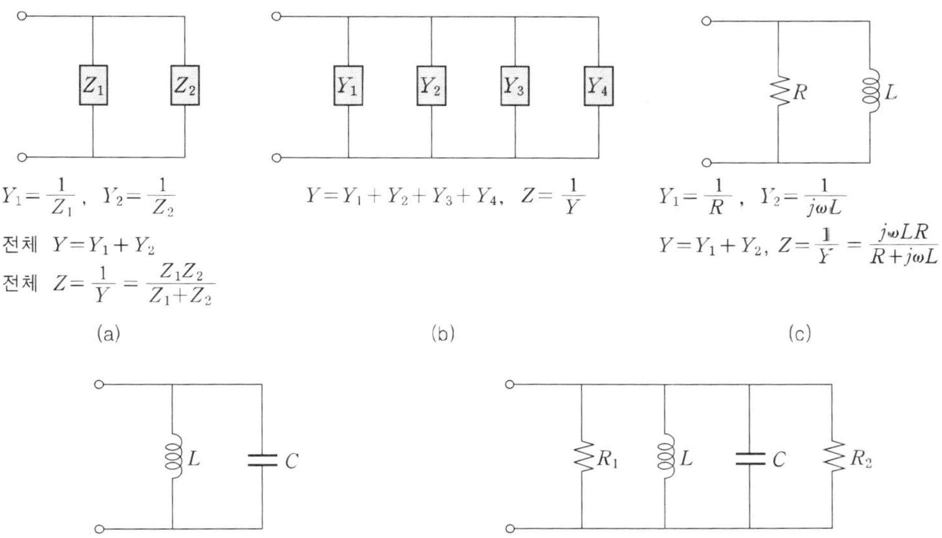

(a) $Y_1 = \frac{1}{Z_1}$, $Y_2 = \frac{1}{Z_2}$

전체 $Y = Y_1 + Y_2$

전체 $Z = \frac{1}{Y} = \frac{Z_1 Z_2}{Z_1 + Z_2}$

(b) $Y = Y_1 + Y_2 + Y_3 + Y_4$, $Z = \frac{1}{Y}$

(c) $Y_1 = \frac{1}{R}$, $Y_2 = \frac{1}{j\omega L}$

$Y = Y_1 + Y_2$, $Z = \frac{1}{Y} = \frac{j\omega LR}{R + j\omega L}$

(d) $Y_1 = \frac{1}{j\omega L}$, $Y_2 = j\omega C$

$Y = Y_1 + Y_2$, $Z = \frac{1}{Y} = \frac{\frac{j\omega L}{j\omega C}}{j\omega L + \frac{1}{j\omega C}}$

(e) $Y_1 = \frac{1}{R_1}$, $Y_2 = \frac{1}{j\omega L}$, $Y_3 = j\omega C$, $Y_4 = \frac{1}{R_2}$

$Y = Y_1 + Y_2 + Y_3 + Y_4$

$Z = \frac{1}{Y} = \frac{1}{\frac{1}{R_1} + \frac{1}{j\omega L} + j\omega C + \frac{1}{R_2}}$

그림 5.16 병렬연결 계산요령

예제 5.4.2

$\omega = 80$[rad/s]일 때 그림 5.17 회로의 어드미턴스를 구하여라.

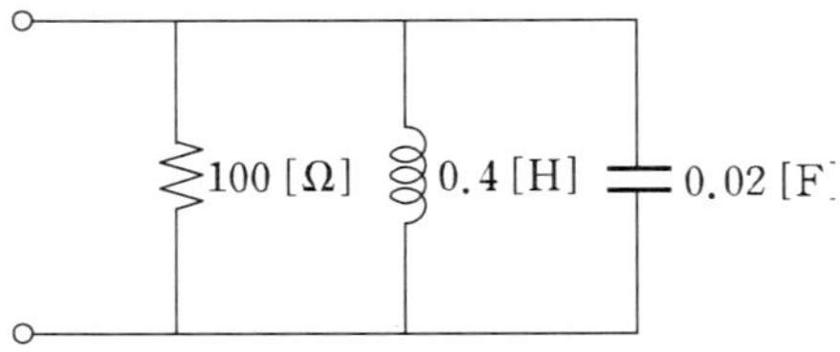

그림 5.17

풀이

$$Y = \frac{1}{R} + \frac{1}{j\omega L} + j\omega C = \frac{1}{100} + \frac{1}{j\,80 \times 0.4} + j\,80 \times 0.02$$

$$= 0.01 + j\,(-0.03 + 1.6)$$

$$= 0.01 + j\,1.57$$

(3) 직·병렬연결

저항의 직·병렬연결과 동일하다. 병렬회로들의 임피던스를 구하여 직렬회로의 임피던스와 합산한다. 그림 5.18은 그 요령을 보였다.

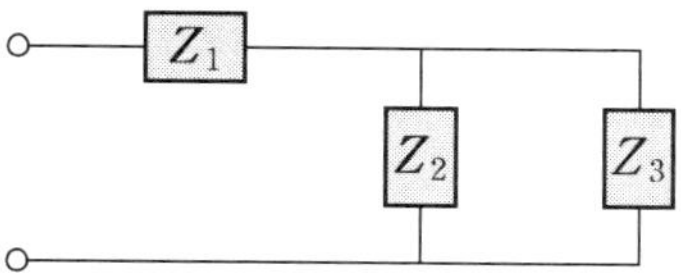

$$Z = Z_1 + (Z_2 /\!/ Z_3) = Z_1 + \frac{Z_2 Z_3}{Z_2 + Z_3}$$

(a)

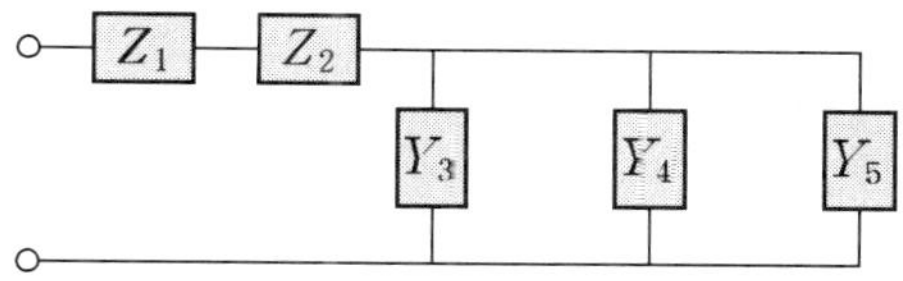

$$Y_3 = \frac{1}{Z_3},\ Y_4 = \frac{1}{Z_4},\ Y_5 = \frac{1}{Z_5}$$

$$Z = Z_1 + Z_2 + \frac{1}{Y_3 + Y_4 + Y_5}$$

(b)

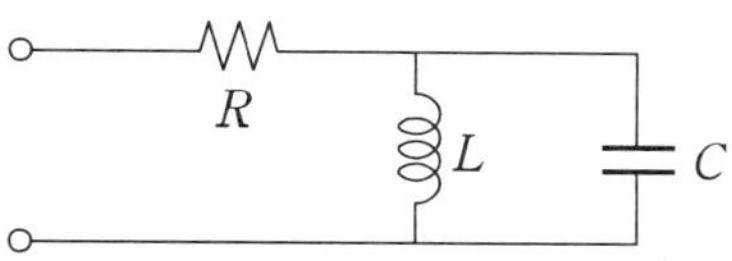

$$Z = R + \left(j\omega L \,\|\, \frac{1}{j\omega C}\right)$$

$$= R + \frac{\dfrac{j\omega L}{j\omega C}}{j\omega L + \dfrac{1}{j\omega C}}$$

(c)

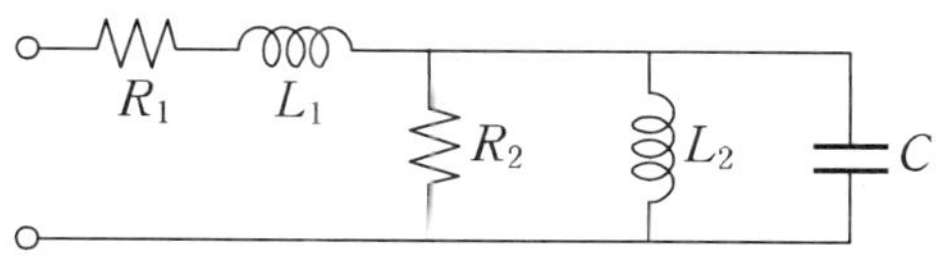

$$Z = R_1 + j\omega L_1 + \frac{1}{\dfrac{1}{R_2} + \dfrac{1}{j\omega L_2} + j\omega C}$$

(d)

그림 5.18 직·병렬연결

예제 5.4.3

$\omega = 200$[rad/s]일 때, 그림 5.19 회로의 임피던스와 어드미턴스를 구하여라.

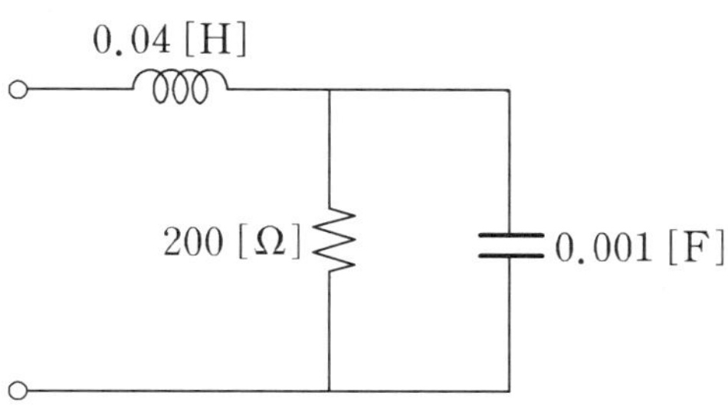

그림 5.19

풀 이

$$Z = j\omega L + \left(R \parallel \frac{1}{j\omega C}\right) = j\omega L + \frac{\dfrac{R}{j\omega C}}{R + \dfrac{1}{j\omega C}}$$

$$= j\omega L + \frac{R}{1 + jR\omega C}$$

$\omega = 200[\mathrm{rad/s}]$과 소자값을 대입한다.

$$Z = j\,200 \times 0.04 + \frac{200}{1 + j\,200 \times 200 \times 0.001} = j8 + \frac{200}{1 + j40} = j8 + \frac{200(1 - j40)}{1 + 40^2}$$

$$= 0.125 + j3\,[\Omega]$$

$$Y = \frac{1}{Z} = \frac{1}{0.125 + j3} = 0.014 - j\,0.333\,[\mho]$$

5-5 공진회로

(1) 공진이란 ?

회전기기의 속도를 서서히 증가시키는 중에 어느 속도에 이르면 갑자기 기기에 심한 진동이 발생하는데, 이는 회전속도와 그 기기의 고유진동수가 일치하였기 때문이다. 그 정도가 심하면 기기는 큰 손상을 입거나 파괴된다. 이를 피하기 위해 속히 고유진동수 영역을 벗어나고자 속도를 급히 증가시킨다. 이러한 물체의 현상을 **공진**(resonance)이라고 부른다.

회로에서도 마찬가지 현상이 나타난다. 항상 주파수에 노출되어 있는 교류회로는 회로 내의 고유진동수인 **공진주파수**와 회로에 인가되는 주파수가 일치하였을 때, 독특한 회로적 반응을 일으킨다. 회로의 공진상태에서의 주파수와 임피던스의 관계가 이 현상을 설명하고 있다.

그 원리는 회로가 어떤 주파수에서 공진상태가 되면 그 공진주파수에서만 임피던스의 급격한 변화가 일어난다. 임피던스의 크기는 곧 그 회로를 통과하는 전압과 전류의 크기에 곧바로 영향을 주므로, 공진주파수를 갖고 있는 신호만을 통과시키고 나머지 신호는 억제한다.

예를 들어 직렬공진회로에서 공진회로의 공진주파수에서의 임피던스는 최소가 되어 해당 주파수의 신호는 쉽게 회로를 통과하지만, 다른 주파수에서의 임피던스가 상대적으로 매우 커서 거의 통과하지 못하고 모두 걸리게 된다.

(2) 직렬공진회로

◀ 공진조건과 공진주파수 ▶

직렬공진조건은 임피던스의 리액턴스가 0이 될 때이다. 즉 $Z=R+jX$에서 리액턴스 $X=0$이 되는 경우이다. 리액턴스 $X=0$을 성립시키는 주파수가 공진주파수이다. 공진회로 해석의 가장 중요한 파라미터인 공진주파수는 $X=0$의 관계식에서 구한다. $X=0$이므로 직렬공진시 전체 임피던스는 저항성분만 남는다.

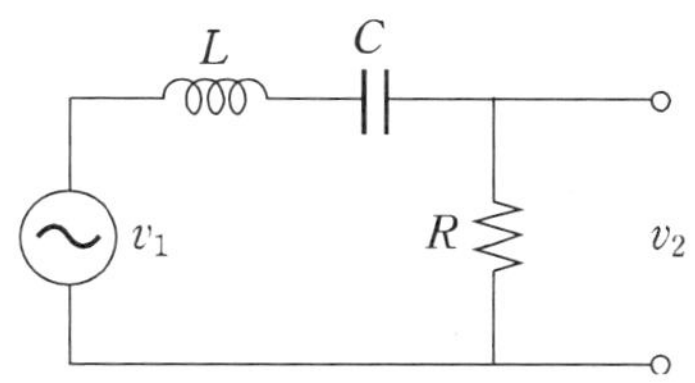

그림 5.20 직렬공진회로

그림 5.20의 RLC 직렬회로의 전체 임피던스

$$Z = R + j\left(\omega L - \frac{1}{\omega C}\right)$$

공진조건은 임피던스의 허수부가 0일 때이므로, 위 식에서 임피던스의 리액턴스 부분이 0일 때이다.

$$\omega L - \frac{1}{\omega C} = 0 \tag{5.16}$$

식 (5.16)에서 ω를 구한다.

$$\omega = \frac{1}{\sqrt{LC}} \tag{5.17}$$

$\omega = 2\pi f$ 이므로 그때의 주파수

$$f = \frac{1}{2\pi\sqrt{LC}}$$

이를 공진주파수라 부른다.

$$\omega_0 = \frac{1}{\sqrt{LC}}, \quad f_0 = \frac{1}{2\pi\sqrt{LC}} \tag{5.18}$$

특이한 사실은 공진 주파수가 L과 C값에 의해서만 결정된다는 사실이다. 공진 주파수란 수신기에서 선택할 방송국의 주파수를 의미하기 때문에 L이나 C를 가변시킴으로 원하는 방송국을 선정할 수 있다. 인덕터 L은 실제로 가변시키기가 용이하지 않으나 콘덴서는 소위 바리콘이라는 가변 콘덴서로 값을 변화시킬 수 있기 때문에 가변 콘덴서를 조절하여 공진 주파수를 변경함으로 전파를 선택한다.

예제 5.5.1

그림 5.21과 같은 RLC 직렬회로에서 저항 R을 통하여 입력단에 들어온 여러 주파수들 가운데 하나의 주파수만을 추출하려 한다. $R=50[\Omega]$, $L=0.08[\mathrm{H}]$일 때, 500[Hz]를 추출하기 위한 가변 콘덴서 C의 값을 구하여라.

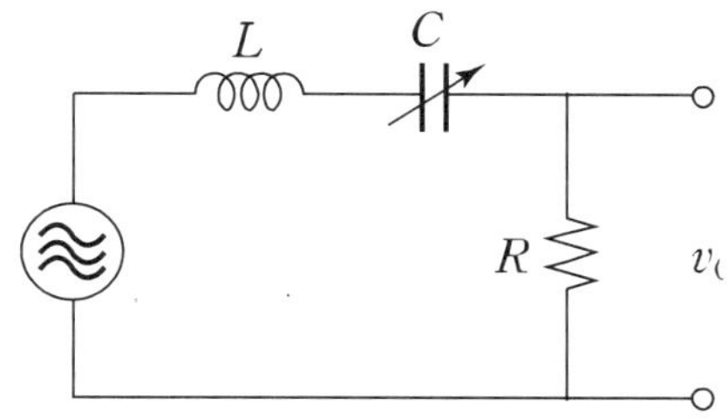

그림 5.21

풀 이

이 문제는 공진 주파수 f_0를 제시하고, 역으로 C값을 계산하는 요령을 다루고 있다. 기본 공식도 $f_0 = \dfrac{1}{2\pi\sqrt{LC}}$을 사용한다.

$$C = \frac{1}{L(2\pi f_0)^2} = 1.27[\mu\mathrm{F}]$$

◀ 공진시 전압과 전류 ▶

교류회로 해석시 공진상태는 독특한 회로 특성을 나타낸다. 회로 계산의 세 인자인 임피던스와 전압·전류가 어떤 일정한 형태로 정렬한다. 이 모든 실마리는 공진시 임피던스로부터 비롯된다. 공진시 임피던스의 리액턴스는 0이므로 저항값이 곧 임피던스이다. 공진시 임피던스는

$$Z_0 = R, \quad X = 0 \tag{5.19}$$

RLC 직렬회로의 임피던스는 주파수에 따라 변하며, 그 절대값은 $Z = R$일 때 최소이다.

전압의 크기가 일정한 경우 $I = \dfrac{V}{Z}$에 의해 전류의 크기는 임피던스 값에 반비례하므로, 임피던스가 최소인 공진시 최대전류가 흐른다. 즉 공진시 전류는 최대

이다.

(3) 병렬공진회로

직렬공진 현상이 직렬회로 임피던스의 리액턴스값 = 0이 될 때를 일컫는 것이라고 한다면, 병렬공진 상태는 병렬회로 어드미턴스의 허수부인 서셉턴스가 0이 되는 경우를 말한다. 어드미턴스의 서셉턴스가 0이 되면 임피던스의 리액턴스가 0이 되는 것과는 서로 상반되는 결과를 초래한다.

◀ 공진조건 ▶

그림 5.22의 병렬공진회로에서 어드미턴스 Y는 다음과 같다.

$$Y = G + j\left(\omega C - \frac{1}{\omega L}\right)$$

허수부인 서셉턴스가 0인 되는 각주파수 ω를 구한다.

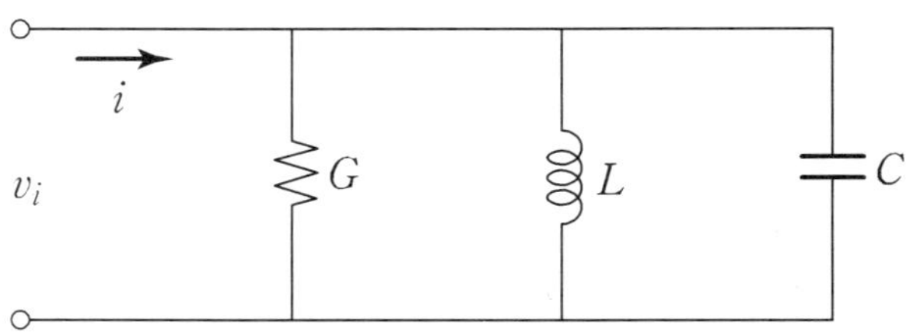

그림 5.22 병렬공진회로

$$B = \omega C - \frac{1}{\omega L} = 0, \quad \omega = \frac{1}{\sqrt{LC}}$$

이때의 각주파수를 공진 각주파수 ω_0[rad/s]라 한다. 공진주파수 f_0와 함께 정리한다. 여기서 병렬공진회로의 공진주파수를 병렬공진주파수 또는 반공진주파수(anti-resonance frequency)라고 부른다.

$$\omega_0 = \frac{1}{\sqrt{LC}}, \quad f_0 = \frac{1}{2\pi\sqrt{LC}} \tag{5.20}$$

병렬공진회로가 공진상태가 되면, 나름대로의 독특한 회로 특성을 갖는다. 주파수에 따른 서셉턴스의 변화가 그림 7.23와 같이 공진주파수에서 0이다. 서셉턴스 $B=0$이라는 사실은 회로적으로 전류의 흐름이 0이 됨을 의미한다. L과 C로만 구성된 회로에서 이 사실을 고찰한다. 그림 5.24에서 v는 여러 주파수 성분을 갖는 전원이다. 공진상태가 되면 $B=0$이고, $I=BV$에 의해 $I=0$이다. LC 병렬회로에는 전류가 흘러 들어가지 못한다. 공진주파수에 해당되는 전류가 아예 회로로 유입되지 못하고 차단된다. LC 직렬 공진회로에서 공진상태가 되면 $X=0$으로 전류가 무한대가 되는 것과는 매우 대조적이다. LC 병렬회로에 저항이 추가된 RLC 병렬회로의 경우도 LC 병렬 공진 특성은 그대로 유지된다.

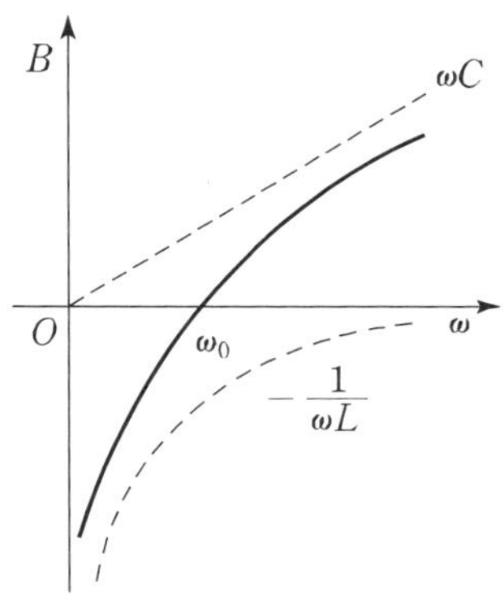

그림 5.23 서셉턴스 변화

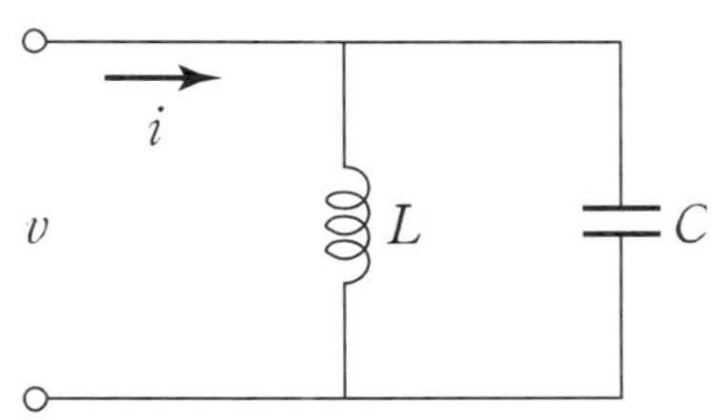

그림 5.24 LC 병렬회로

◀ 공진시 회로 특성 ▶

RLC 병렬회로는 LC 병렬회로에 저항 R을 병렬로 추가한 회로이다. 병렬회로이므로 각 소자에는 동일한 전압이 인가된다. 공진상태가 되어도 이 관계는 변하지 않는다. 그림 5.25에서 공진 현상이 발생하는 곳은 LC 병렬회로인 Part 2이다.

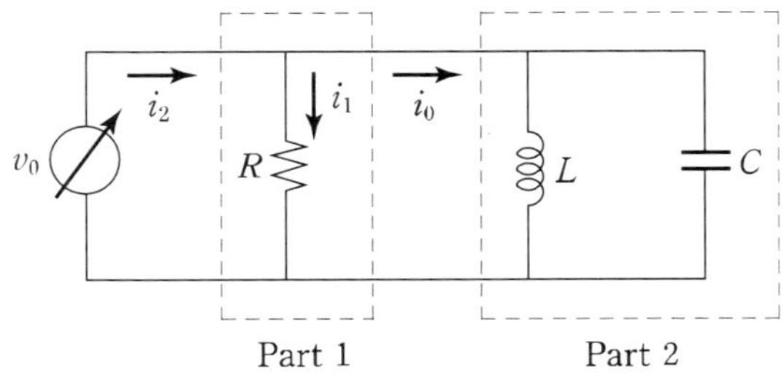

그림 5.25 *RLC* 병렬회로

Part 1은 공진상태와는 무관하다. Part 2는 공진상태에서 서셉턴스 $B=0$이므로 전류 $i_0=0$이다. 만약 저항이 없다면 전체 전류 $i_2=0$이다. 저항 R에 의해 전원의 전류가 흐르고, 그 전류는 전체 전류와 같다. 즉 $i_2=i_1+i_0$에서 $i_0=0$에 의해 $i_2=i_1$이다. *RLC* 병렬회로가 공진상태가 되면 회로의 전체 전류는 저항 전류와 같다. 저항에만 전류가 흐르므로 전압·전류의 위상도 동상이다. 이 관계를 수식적으로 살펴보자.

$$\begin{aligned} &\text{전체 어드미턴스}: Y = G + j\left(\omega C - \frac{1}{\omega L}\right) \\ &\text{공진시 전체 어드미턴스}: Y_0 = G \\ &\text{공진시 전류}: I_2 = I_1 = GV_0 \end{aligned} \tag{5.21}$$

병렬공진시 서셉턴스 $B=0$이므로 전체 어드미턴스값이 최소이고, 전체 전류 역시 최소이다. 즉 *RLC* 병렬회로가 공진상태가 되면 최소 전류가 흐른다.

예제 5.5.2

공진상태에서의 회로 특성은 그림 5.26의 세 가지 유형의 회로에서 고찰하는 것이 유익하다. 각 경우 모두 공진상태가 되었을 때 회로를 해석하여라.

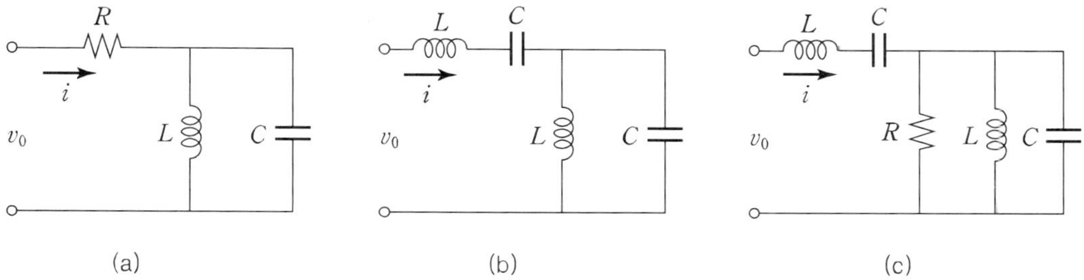

그림 5.26

풀 이

RLC 회로의 공진 특성을 이해하는데 매우 좋은 문제들이다. 첫 번째 회로는 LC 병렬공진시 저항 R의 역할을 묻고 있고, 두 번째는 LC 직·병렬회로가 서로 연결된 경우이며, 세 번째는 그 중간에 저항 R이 병렬연결 된 경우이다. 해석 방법은 매우 간단하다.

(1) 공진시 LC 병렬회로의 전류가 0이므로 저항의 전류도 0이다. $i=0$

(2) 공진 상태가 되면 전체 임피던스는

$$Z = j\left(\omega L - \frac{1}{\omega C}\right) + \frac{1}{j\left(\omega C - \frac{1}{\omega L}\right)}$$

이 식은 $\omega_0 = \dfrac{1}{\sqrt{LC}}$에 의해, 직렬 LC는 0이 되고, 병렬 LC는 무한대이다.

$$Z_0 = j0 + \frac{1}{j0} = 0 + \infty = \infty$$

따라서 회로는 그림 5.27과 같이 되고 전류 $i_0 = 0$이다.

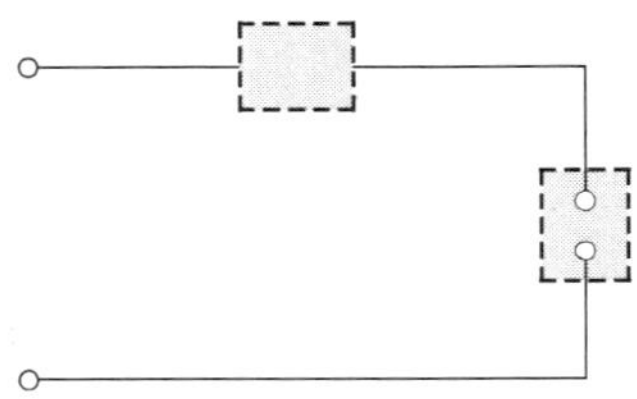

그림 5.27

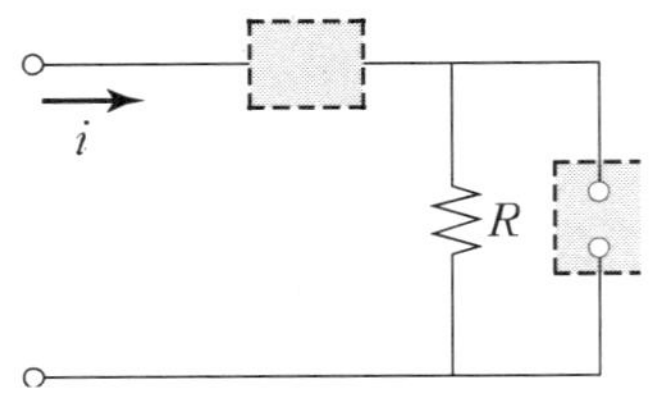

그림 5.28

(3) 위 (2)의 해석 원리를 그대로 적용하면 개념적으로 그림 5.28 회로가 된다. 전류 $i = \dfrac{V_0}{R}$ 임은 당연하다. 전체 임피던스를 계산하여 결과를 확인한다. 공진이 아닌 경우 전체 임피던스는

$$Z = j\left(\omega L - \frac{1}{\omega C}\right) + \frac{1}{G + j\left(\omega C - \dfrac{1}{\omega L}\right)}$$

이다. 공진 상태에서 $\omega_0 = \dfrac{1}{\sqrt{LC}}$ 이므로 공진시 임피던스는

$$Z_0 = j0 + \frac{1}{G + j0} = R$$

(4) 공진회로의 양호도 Q

공진회로를 공부하면서 가장 중요한 부분을 지목한다면, 바로 **양호도**(quality factor) Q의 이해라고 하겠다. 그만큼 선택도 Q는 공진회로의 특성을 나타내는 중요한 인자이다. 주파수 선국 회로인 검파회로의 성능을 좌우하는 것이 Q이다. Q가 작으면 그 수신기는 싸구려가 되고, Q가 클수록 수신기 기능이 좋아진다.

◀ 직렬공진회로의 양호도 Q ▶

직렬공진회로에서 공진시 임피던스 Z_0와 공진이 아닌 경우의 임피던스 Z의 관계로 설명된다.

$$\frac{Z}{Z_0} = 1 + j\frac{1}{R}\frac{1}{\sqrt{LC}}\left(\omega L\sqrt{LC} - \frac{\sqrt{LC}}{\omega C}\right)$$

$$= 1 + j\frac{\omega_0 L}{R}\left(\frac{\omega}{\omega_0} - \frac{1}{\omega}\frac{\sqrt{LC}}{LC}\right)$$

$$= 1 + j\frac{\omega_0 L}{R}\left(\frac{\omega}{\omega_0} - \frac{\omega_0}{\omega}\right) \tag{5.22}$$

식 (5.22)에서 $\dfrac{\omega_0 L}{R} = Q$로 놓고 다시 쓴다.

$$\frac{Z}{Z_0} = 1 + jQ\left(\frac{\omega}{\omega_0} - \frac{\omega_0}{\omega}\right) \tag{5.23}$$

식 (5.23)에 대하여 그래프로 나타내면 그림 7.29와 같다. 이 그림에서 Q값이 커질수록 뾰족해짐을 알 수 있다. 즉 Q가 클수록 주파수 선택 기능이 좋아진다.

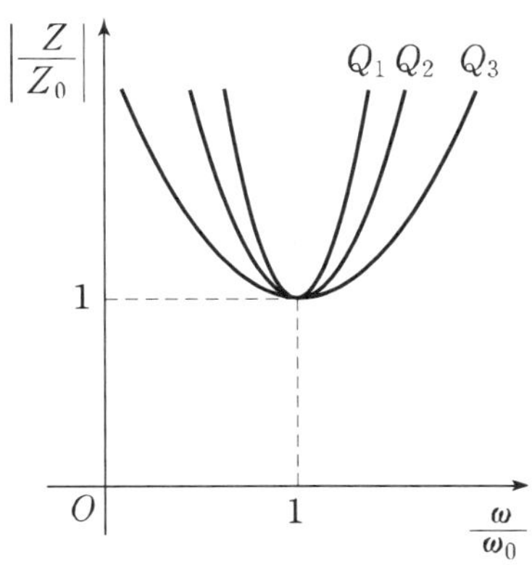

그림 7.29 $Q_1 > Q_2 > Q_3$

어드미턴스의 경우도 임피던스의 경우와 동일한 과정으로 표현하면 식 (5.24)와 같다.

$$\frac{Y}{Y_0} = \frac{Z_0}{Z} = \frac{1}{1 + jQ\left(\frac{\omega}{\omega_0} - \frac{\omega_0}{\omega}\right)} \tag{5.24}$$

식 (5.24)의 그래프가 그림 5.30과 같다.

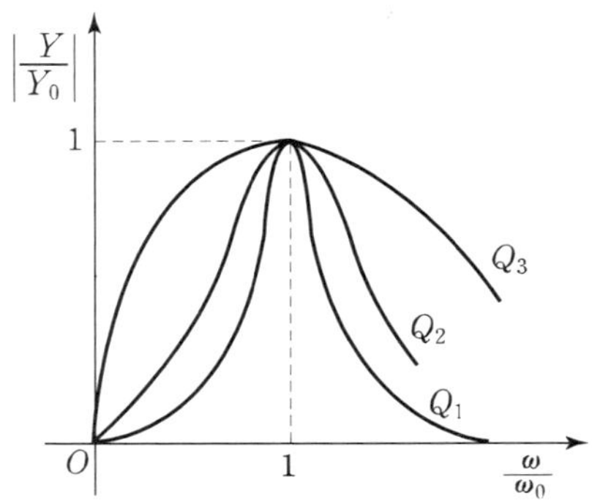

그림 5.30 어드미턴스 공진곡선

직렬공진회로의 양호도 Q값은 ω_0와 R, L, C로 표현된다.

$$Q = \frac{\omega_0 L}{R} = \frac{1}{\omega_0 RC} = \frac{1}{R}\sqrt{\frac{L}{C}} \tag{5.25}$$

◀ 병렬공진회로의 양호도 Q ▶

병렬회로의 전류 특성은 공진시 어드미턴스 $Y_0 = \dfrac{1}{R}$, 공진이 아닌 경우의 어드미턴스 Y의 관계로 설명된다.

$$\frac{Y}{Y_0} = \frac{\frac{1}{R} + j\left(\omega C - \frac{1}{\omega L}\right)}{\frac{1}{R}} = 1 + jR\left(\omega C - \frac{1}{\omega L}\right)$$

$$= 1 + j\omega_0 RC\left(\frac{\omega}{\omega_0} - \frac{\omega_0}{\omega}\right) \tag{5.26}$$

직렬공진시와 비교할 때 Q값이 서로 다르다는 것을 제외하면 유사한 형태이다. 직렬공진시 $\frac{\omega}{\omega_0}$를 가로축으로 Q에 따른 특성 곡선을 그렸듯이, 병렬공진시도 특성 곡선을 그릴 수 있다. 식 (7.26)의 역수 $\frac{Z}{Z_0}$를 구한다.

$$\frac{Z}{Z_0} = \frac{1}{1 + jQ_P\left(\frac{\omega}{\omega_0} - \frac{\omega_0}{\omega}\right)} \tag{5.27}$$

Q_P 변화에 따른 식 (5.27)의 절대값 특성 곡선을 그린다. (그림 5.31)

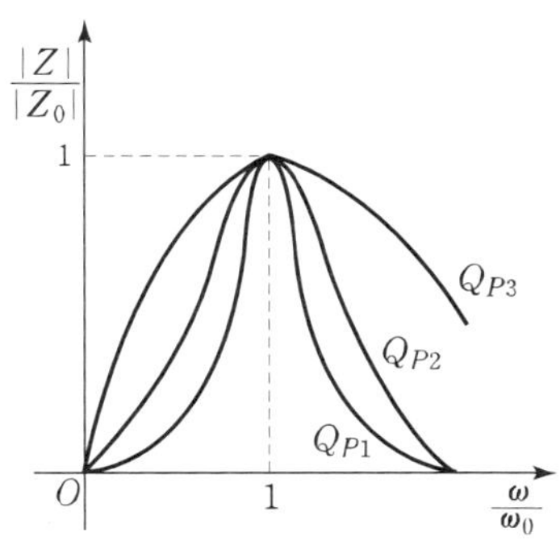

그림 5.31 병렬회로 공진곡선

특성 곡선의 유형을 결정하는 병렬공진회로의 양호도 Q_P는 앞의 식 (5.26)으로부터 표현할 수 있다.

$$Q_P = \omega_0 RC = \frac{R}{\omega_0 L} = R\sqrt{\frac{C}{L}} \tag{5.28}$$

병렬공진시의 양호도 Q_P가 직렬공진시 양호도Q의 역수라는 점에 주의하여라. 직렬공진시는 저항이 크면 선택도가 작아지는데 비해, 병렬공진시는 저항이 클수록 선택도가 커진다. L과 C의 경우도 서로 반대이다.

표 5.1 직·병렬 공진회로의 특성

구분 특성	직렬공진	병렬공진
회 로	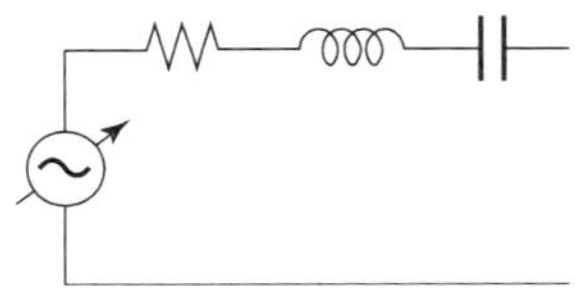	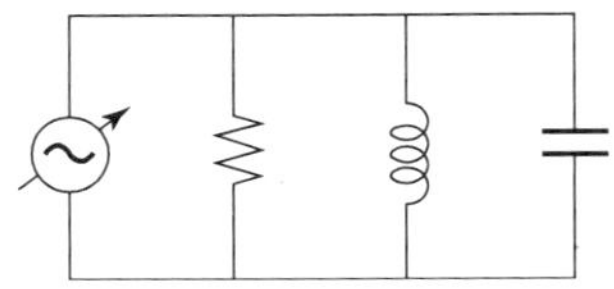
공진 조건	$Z = R + jX, \quad X = 0$	$Y = G + jB, \quad B = 0$
공진 주파수	$\omega_0 = \frac{1}{\sqrt{LC}}, \qquad f_0 = \frac{1}{2\pi\sqrt{LC}}$	
선택도	$Q = \frac{\omega_0 L}{R} = \frac{1}{\omega_0 RC}$	$Q = \omega_0 RC = \frac{R}{\omega_0 L}$
임피던스	최소	최대
어드미턴스	최대	최소

연 습 문 제

1 RL 직렬회로에 흐르는 전류 $i = 10\sin 50t$[A]이다. $R = 5$ [Ω], $L = 0.2$[H]일 때, 저항 R의 전압 v_R, 인덕터 L의 전압 v_L을 구하여라.

2 $3\sin x + 4\cos x = A\cos(x+\theta)$가 성립한다. A와 θ를 구하여라.

3 어떤 회로의 전압 $v = 100\sin 20t$, 전류 $i = 50\sin(20t - 50°)$이다. 진상 및 지상 관계를 설명하여라.

4 그림 5.32와 같은 RC 직렬회로에서 $R = 10\sqrt{3}$ [Ω], $X_C = 10$ [Ω]이다. 전류 $i = \sin 20t$ [A]가 흐르는 경우 공급전압 v를 구하여라.

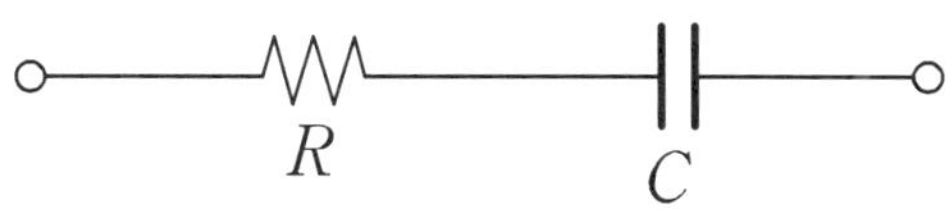

그림 5.32

5 그림 5.33의 RLC 직렬회로에서 리액턴스 값이 0이 되는 각주파수 ω를 구하여라.

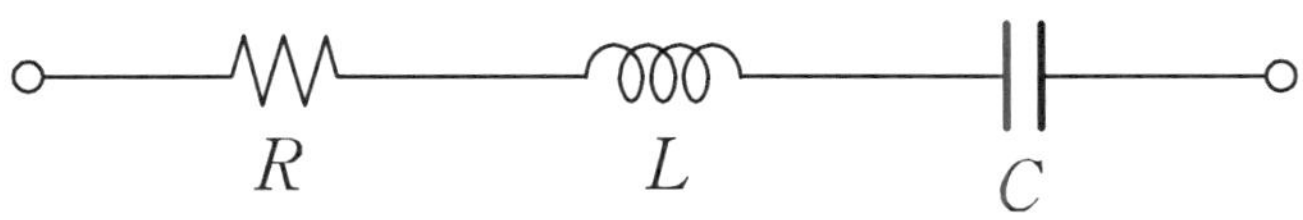

그림5.33

6 문제 5의 그림 5.33의 회로에서 L과 C의 전압을 v_L, v_C라 할 때 v_L과 v_C의 위상차를 구하여라.

7 어떤 회로의 임피던스가 $Z = 10 \angle 30°\ [\Omega]$이다. 어드미턴스 Y를 구하여라.

8 임피던스가 그림 5.34와 같이 복소수 평면상에 표시되었다. 어드미턴스 Y를 구하여라.

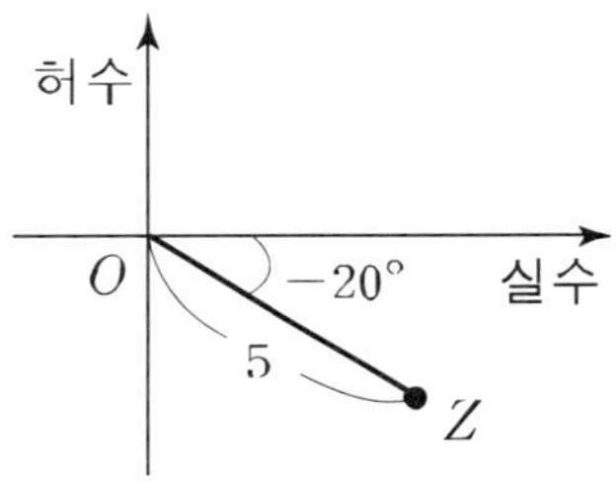

그림 5.34

9 그림 5.35 회로의 전체 임피던스를 구하여라.

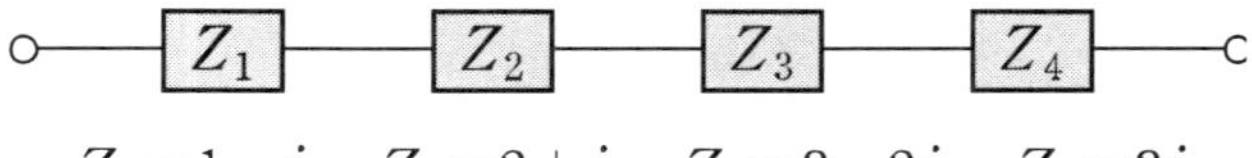

$Z_1 = 1 - j,\quad Z_2 = 2 + j,\quad Z_3 = 3 - 2j,\quad Z_4 = 3j$

그림 5.35

10 그림 5.36 회로의 전체 어드미턴스를 구하여라.

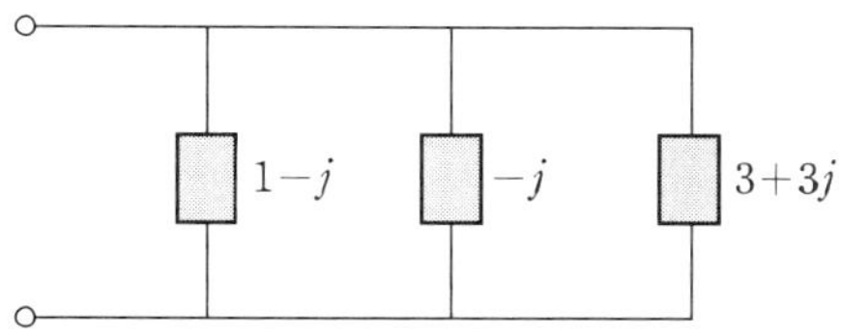

그림 5.36

11 문제 10의 그림 5.36 회로의 임피던스를 구하여라.

12 그림 5.37 회로에 전압 $v_1 = 50\sin t[\mathrm{V}]$와 전압 $v_2 = 50\sin 1000t[\mathrm{V}]$가 인가될 때 인덕터 양단의 임피던스의 비를 구하여라. (단, $L = 0.2[\mathrm{mH}]$, $C = 8[\mu\mathrm{F}]$이다)

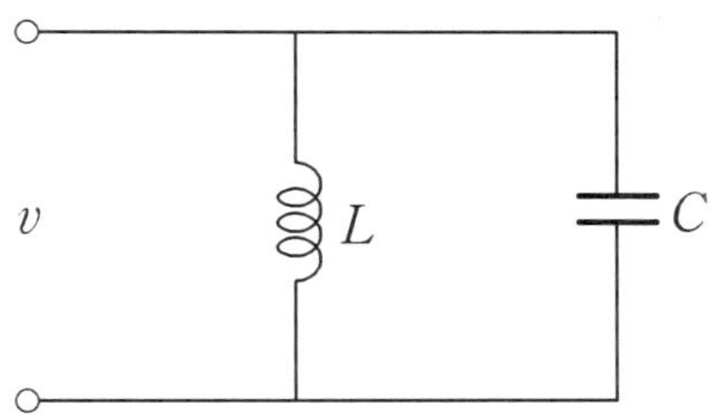

그림 5.37

13 그림 5.37 회로에서 두 전압 인가시 콘덴서 양단의 임피던스의 비를 구하여라.

14 그림 5.37 회로 전체의 어드미턴스가 0이 되는 각주파수는 몇[rad/s]인가?

15 그림 5.38 회로에 $v = v_1 + v_2$ 형태의 전압이 인가되었다. $v_1 = 10\sin t$[V], $v_2 = 10\sin 1000t$[V]일 때 출력단 v_0의 근사값을 구하여라. (단, L =5 [mH], C =2 [mF], $R = 4[\Omega]$이다)

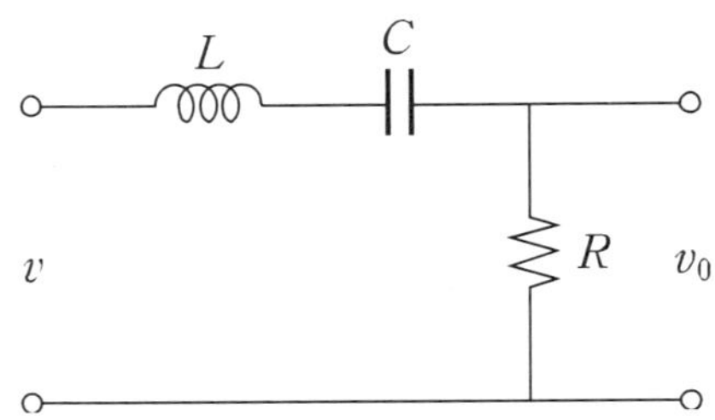

그림 5.38

16 그림 5.38 회로에서 L과 C에 걸리는 전압의 위상차는 몇[°]인가?

17 그림 5.38 회로에서 입력전압과 출력전압이 같아지는 각주파수를 구하여라.

18 그림 5.39 회로에서 $\omega = 100[\mathrm{rad/s}]$일 때 L 양단 전압의 실효치가 $40[\mathrm{V}]$이었다면 C 양단 전압의 실효치는 얼마인가?

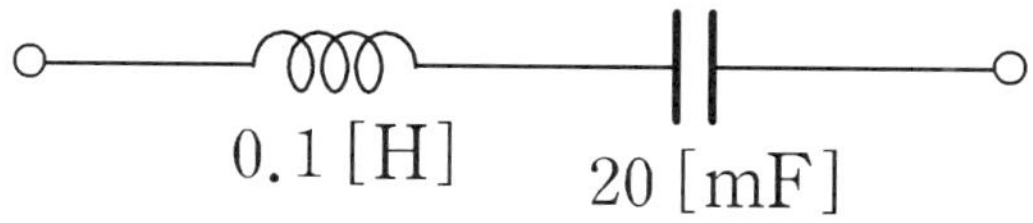

그림 5.39

19 그림 5.39 회로가 공진상태가 되었다. 전류는 얼마인가?

제 6 장
유도결합회로

제6장 유도결합회로

두 개의 코일이 서로 인접해 있을 때 한 코일에 전류가 흐르면, 이 전류에 의해서 발생한 자속이 다른 코일과 쇄교할 때, 이 두 코일은 유도적으로 결합되었다고 하며, 이 경우 한 회로에서 다른 회로로 에너지 전달이 일어나게 된다. 이 때 코일의 양단에는 패러데이(Faraday)의 법칙에 의해서 자속쇄교수의 시간적 변화율에 비례하는 유기전압 $v = \dfrac{d\lambda}{dt}$가 발생한다는 사실을 알 수 있다.

이러한 현상을 **상호유도작용**(mutual inductance)이라고 하고, 이와같이 유도적으로 결합된 회로를 **유도결합회로**(inductively coupled circuit)라고 한다.

6-1 상호유도작용

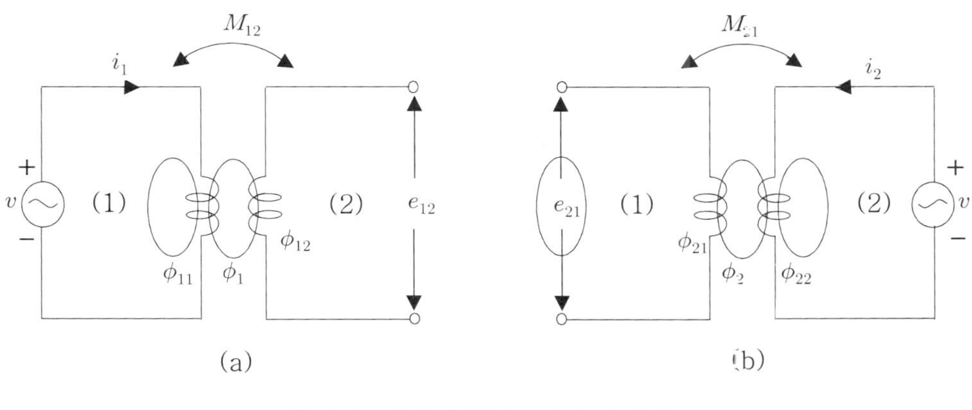

그림 6.1 자기 인덕턴스와 상호인덕턴스

6.1(a)에서 1차측의 전류 i_1이 흘러서 ϕ_1의 자속이 발생하여 코일 1만을 쇄교하는 자속을 ϕ_{11}, 코일 1과 코일 2를 동시에 쇄교하는 자속을 ϕ_{12}라 하면

$$\phi_1 = \phi_{11} + \phi_{12} \tag{6.1}$$

이다. 그리고 i_1에 의해 생기는 코일 1, 2의 자속쇄교수를 각각 λ_1, λ_2라 하면

$$\begin{aligned} \lambda_{12} &= n_2\phi_{12} = M_{12}i_1 \ \ (i_2 = 0) \\ \lambda_1 &= n_1\phi_1 = L_1 i_1 \ \ (i_2 = 0) \end{aligned} \tag{6.2}$$

로 표시된다. 그러므로

$$L_1 = \frac{n_1\phi_1}{i_1}, \ M_{12} = \frac{n_2\phi_{12}}{i_1} \tag{6.3}$$

의 관계가 성립된다.

여기서 L_1을 코일 1의 자기 인덕턴스(self inductance)라 하고, M_{12}를 코일 1과 2사이의 상호 인덕턴스(mutual inductance)라 한다. n_1, n_2는 코일 권수이다. 같은 방법으로 6.1(b)에서 2차측의 전류 i_2가 흘러서 ϕ_2의 자속이 발생하여 코일 2만 쇄교하는 자속을 ϕ_{22}, 코일 1과 코일 2를 동시에 쇄교하는 자속을 ϕ_{21}이라 하면

$$\phi_2 = \phi_{21} + \phi_{22} \tag{6.4}$$

가 된다. 또 각 코일의 자속쇄교수는 i_2에 비례하는 경우

$$\begin{aligned} \lambda_{21} &= n_1\phi_{21} = M_{21}i_2 \ \ (i_1 = 0) \\ \lambda_2 &= n_2\phi_2 = L_2 i_2 \ \ (i_1 = 0) \end{aligned} \tag{6.5}$$

으로 표시된다. 그러므로

$$L_2 = \frac{n_2\phi_2}{i_2}, \ M_{21} = \frac{n_1\phi_{21}}{i_2} \tag{6.6}$$

의 관계가 성립된다.

여기서 L_2는 코일 2의 자기 인덕턴스, M_{21}은 코일 1과 2 사이의 상호 인덕턴스 이다. 따라서 상호 인덕턴스 M_{12}와 M_{21}은 철심의 투자율이 일정한 경우

$$M_{12} = M_{21} = M \tag{6.7}$$

으로 되며 단위는 자기 인덕턴스와 같이 헨리[H]를 사용한다. 그러므로 그림 6.1(a)과 같이 2차측에 유기되는 전압 e_{12}는6

$$e_{12} = \pm M\frac{di_1}{dt}\ [\mathrm{V}] \tag{6.8}$$

이 되고 그림 6.1(b)와 같이 1차측에 유기되는 전압 e_{21}은

$$e_{21} = \pm M\frac{di_2}{dt}\ [\mathrm{V}] \tag{6.9}$$

가 된다. 여기서 상호 인덕턴스의 극성은 두 코일에서 생기는 자속이 합쳐지는 방향이면 (+), 반대 방향이면 (-)이다.

예제 6.1.1

어떤 코일이 권수는 100회이고, 자기 인덕턴스는 10[mH]이다. 이 코일에 2[A]의 전류가 흐를 때 생기는 자속은 몇 [Wb]인가?

풀 이

$\lambda = n\phi$ 관계식에서 $\phi = \dfrac{\lambda}{n} = \dfrac{Li}{n}$이므로

$$\phi = \frac{10 \times 10^{-3} \times 2}{100} = 2 \times 10^{-4}\ [\mathrm{Wb}]$$

6-2 결합계수

유도결합을 하고 있는 두 코일에서 ϕ_1에 대한 ϕ_{12}의 비율을 k_{12}라 하고, ϕ_2에 대한 ϕ_{21}의 비율을 k_{21}이라 하면

$$k_{12} = \frac{\phi_{12}}{\phi_1},\ k_{21} = \frac{\phi_{21}}{\phi_2} \tag{6.10}$$

으로 되어 식 (6.3)과 식 (6.6)으로부터 상호 인덕턴스는

$$M_{12} = \frac{n_2\phi_{12}}{i_1} = \frac{n_2 k_{12}\phi_1}{i_1} = \frac{n_2}{n_1} \cdot k_{12}\frac{n_1\phi_1}{i_1} = \frac{n_2}{n_1} \cdot k_{12}L_1$$

$$M_{21} = \frac{n_1\phi_{21}}{i_2} = \frac{n_1 k_{21}\phi_2}{i_2} = \frac{n_1}{n_2} \cdot k_{21}\frac{n_2\phi_2}{i_2} = \frac{n_1}{n_2} \cdot k_{21}L_2$$

$$\therefore\ M_{12}M_{21} = M^2 - k_{12}k_{21}L_1L_2 = k^2L_1L_2 \tag{6.11}$$

여기서 k는 $k = k_{12} = k_{21}$이므로

$$k = \frac{M}{\sqrt{L_1L_2}} \tag{6.12}$$

으로 되며, 이것을 **결합계수**(coupling coefficient)라 한다.

결합계수 k는 $0 \le k \le 1$의 범위의 값이다. $k = 0$은 유도결합이 없는 경우이고, $k = 1$은 이상적인 경우로 완전결합(perfect coupling)의 경우이다.

예제 6.2.1

두 코일이 있다. 각각의 L은 $4[\mu\text{H}]$, $25[\mu\text{H}]$이고, 결합계수 k는 0.5이다. 두코일의 상호 인덕턴스 M을 구하여라.

풀 이

$k = \dfrac{M}{\sqrt{L_1L_2}}$이므로

$M = k\sqrt{L_1L_2} = 0.5 \times \sqrt{4 \times 25} = 5[\mu\text{H}]$

6-3 코일의 극성 표시

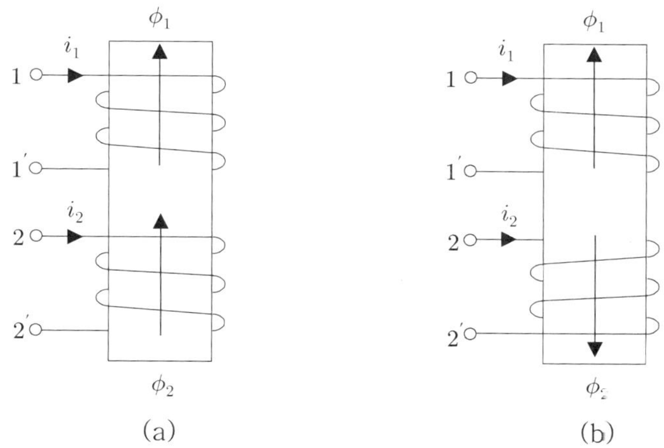

그림 6.2 코일의 극성 표시

유도결합된 두 코일의 상대적 권선방향을 표시하기 위하여 각 코일의 한 쪽 단자에 그림 6.2와 같이 점을 찍는다. 이것을 코일의 극성표시라 한다. 점(dot)을 찍는 단자로부터 각 코일에 유입하는 전류에 의해서 생기는 자속이 서로 같은 방향이 되도록 점을 찍는다.

따라서 두 코일의 전류를 다 점이 찍힌 단자에서 코일쪽으로 유입하는 것을 정(+)으로 잡았다면 M의 부호는 (+)가 되고, 한 쪽 전류는 점이 찍힌 단자에 유입하고 다른 쪽 전류는 점이 찍힌 단자로부터 유출하는 것을 정(+)으로 하였다면 M의 부호는 (-)가 된다.

예제 6.3.1

유도결합되어 있는 두 코일이 있다. 한 쪽 코일의 전류가 매초 2[A]의 비율로 변화하여 다른 쪽 코일 양단에 7[V]의 기전력이 발생하였다. 이 때 두 코일의 상호 인덕턴스 M을 구하여라.

풀 이

유도 기전력은 $e = M\dfrac{di}{dt}$이고, $e = 7[\mathrm{V}]$, $\dfrac{di}{dt} = 2[\mathrm{A}]$이므로 $7 = 2M$

$\therefore\ M = \dfrac{7}{2} = 3.5[\mathrm{H}]$

6-4 두 코일의 직렬접속

2개의 코일을 그림 6.3(a), (b)와 같이 2가지로 나누어 생각해 보자.
그림 6.3에서 합성 인덕턴스를 구하면 그림 (a)에서

$$v_1 = L_1\frac{di}{dt} + M\frac{di}{dt}\ [\mathrm{V}] \tag{6.13}$$
$$v_2 = M\frac{di}{dt} + L_2\frac{di}{dt}\ [\mathrm{V}]$$

합성 전압 v는

$$v = v_1 + v_2 = (L_1 + L_2 + 2M)\frac{di}{dt} = L\frac{di}{dt}\ [\mathrm{V}] \tag{6.14}$$

따라서 합성 인덕턴스 L은

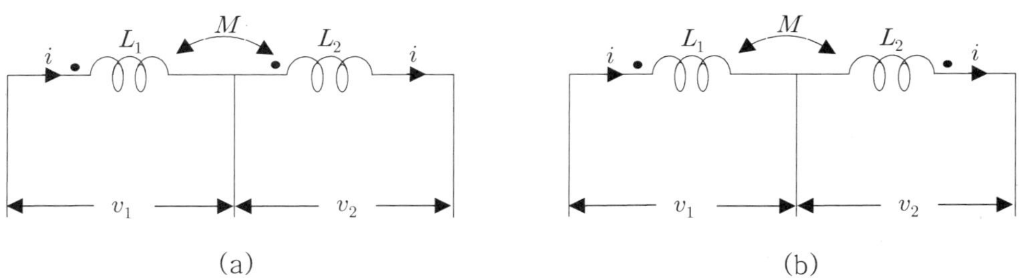

그림 6.3 두 코일의 직렬접속

$$L = L_1 + L_2 + 2M\,[\mathrm{H}] \tag{6.15}$$

또한 그림 (b)에서는

$$v_1 = L_1\frac{di}{dt} - M\frac{di}{dt} \tag{6.16}$$
$$v_2 = -M\frac{di}{dt} + L_2\frac{di}{dt}$$

합성 전압 v는

$$v = v_1 + v_2 = (L_1 + L_2 - 2M)\frac{di}{dt} = L\frac{di}{dt}\ [\mathrm{V}] \tag{6.17}$$

따라서 합성 인덕턴스는

$$L = L_1 + L_2 - 2M\,[\mathrm{H}] \tag{6.18}$$

식 (6.15), (6.18)을 종합하면 두 코일을 직렬로 접속할 때 합성 인덕턴스는 $L = L_1 + L_2 \pm 2M$이 됨을 알 수 있다.

예제 6.4.

2개의 코일 a, b가 있다. 두 코일을 직렬로 접속했더니 합성 인덕턴스가 20[mH]가 되고, 극성을 반대로 했더니 합성 인덕턴스가 12[mH]가 된다. a코일의 인덕턴스가 10[mH]라 하면 코일 b의 자기 인덕턴스 L_b, 상호 인덕턴스 M, 결합계수 k를 구하여라.

풀 이

$L_2 = L_a + L_b - 2M = 12$ … ①

$L_1 = L_a + L_b + 2M = 20$ … ②

식 ① + 식 ② 하면 $L_1 + L_2 = 2(L_a + L_b) = 32$가 된다. 따라서

$L_b = 16 - L_a = 16 - 10 = 6$ [mH]

$L_a + L_b + 2M = 20$에서 $M = 20 - (L_a + L_b)/2 = 2$ [mH]

$$k = \frac{M}{\sqrt{L_a \cdot L_b}} = \frac{2}{\sqrt{10 \times 6}} \fallingdotseq 0.26$$

6-5 변압기의 등가 T회로

유도결합이 있는 회로의 해석은 변압기 부분을 T형 등가회로로 바꾸어서 생각하는 것이 편리하다.

그림 6.4(a), (b)에서 V_1, V_2를 해석하기 위해 T형 등가회로로 바꾸면 그림 6.5와 같다.

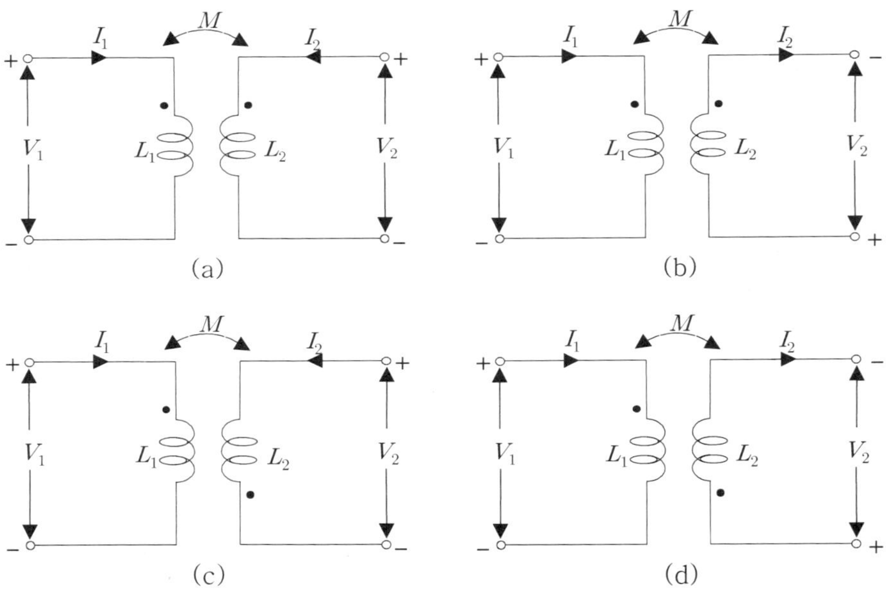

그림 6.4 변압기 회로

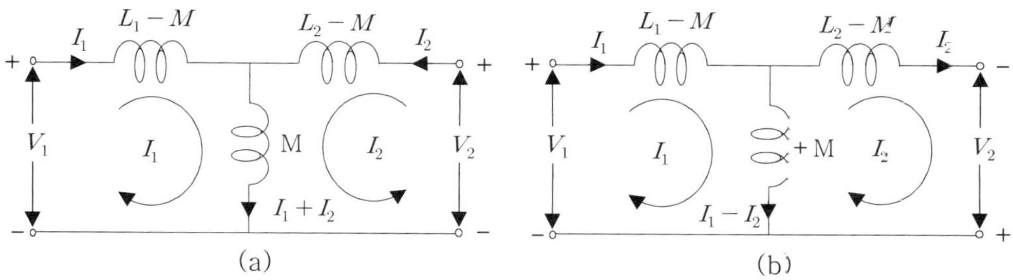

그림 6.5 변압기의 T형 등가회로

그림 6.5에서 키르히호프 제2법칙을 적용하면

(a) 회로

$$V_1 = jw(L_1 - M)I_1 + jwM(I_1 + I_2) = jwL_1I_1 + jwMI_2 \quad (6.19)$$
$$V_2 = jw(L_2 - M)I_2 + jwM(I_1 + I_2) = jwMI_1 + jwL_2I_2$$

(b) 회로

$$V_1 = jw(L_1 - M)I_1 + jwM(I_1 - I_2) = jwL_1I_1 - jwMI_2 \quad (6.20)$$
$$V_2 = jw(L_2 - M)I_2 + jwM(I_1 - I_2) = -jwMI_1 + jwL_2I_2$$

그림 6.4(a), (b), (c), (d)의 V_1, V_2를 구하는 데 있어서 식 (6.19)와 식 (6.20)의 결과로 상호 인덕턴스의 부호를 구하는 방법은 전류의 방향과 코일의 점(dot)상태를 같이 생각하므로 최종적인 M이 결정된다.

따라서 그림 6.4(a) 회로는 두 전류 I_1과 I_2가 합해지므로 (+)가 되고, 점도 같은 선상에 찍혀 있으므로 (+)가 되어 최종적인 상호 인덕턴스는 (+)가 된다.

그림 6.4(b) 회로는 두 전류 I_1과 I_2는 반대방향이므로 차의 전류는 (-)가 되고 점은 같은 선상에 찍혀 있으므로 (+)가 되어 최종적인 상호 인덕턴스는 (-)가 된다.

그러므로 그림 6.4(c)에서는 전류가 (+)가 되며 점이 서로 다른 선상에 있으므로 (-)가 되어 상호 인덕턴스는 (-)가 된다.

그림 6.4(d)는 전류가 (-)가 되며 점도 (-)가 되어 전류와 점이 각각(-)가 되어

상호 인덕턴스는 (+)가 된다.

따라서 그림 6.4(a), (b), (c), (d)의 V_1, V_2를 해석하면

(a) 회로

$$\begin{aligned} V_1 &= jwL_1I_1 + jwMI_2 \quad \Rightarrow \quad I_1, I_2 \quad : \quad (+) \quad \Rightarrow \quad +M \\ V_2 &= jwMI_1 + jwL_2I_2 \qquad\qquad \bullet \quad : \quad (+) \end{aligned} \tag{6.21}$$

(b) 회로

$$\begin{aligned} V_1 &= jwL_1I_1 - jwMI_2 \quad \Rightarrow \quad I_1, I_2 \quad : \quad (-) \quad \Rightarrow \quad -M \\ V_2 &= -jwMI_1 + jwL_2I_2 \qquad\qquad \bullet \quad : \quad (+) \end{aligned} \tag{6.22}$$

(c) 회로

$$\begin{aligned} V_1 &= jwL_1I_1 - jwMI_2 \quad \Rightarrow \quad I_1, I_2 \quad : \quad (+) \quad \Rightarrow \quad -M \\ V_2 &= -jwMI_1 + jwL_2I_2 \qquad\qquad \bullet \quad : \quad (-) \end{aligned} \tag{6.23}$$

(d) 회로

$$\begin{aligned} V_1 &= jwL_1I_1 + jwMI_2 \quad \Rightarrow \quad I_1, I_2 \quad : \quad (-) \quad \Rightarrow \quad +M \\ V_2 &= jwMI_1 + jwL_2I_2 \qquad\qquad \bullet \quad : \quad (-) \end{aligned} \tag{6.24}$$

이 된다. 그리고 식 (8.21)을 임피던스로 표시하면

$$\begin{aligned} V_1 &= Z_{11}I_1 + Z_{12}I_2 \\ V_2 &= Z_{21}I_1 + Z_{22}I_2 \end{aligned} \tag{6.25}$$

으로 표시되며 $Z_{12} = Z_{21}$이 된다. 여기서

$$Z_{11} = jwL_1,\ Z_{12} = Z_{21} = jwM,\ Z_{22} = jwL_2$$

이다.

6-6 정현파 전원을 갖는 유도결합회로

그림 6.6에서와 같이 자기 인덕턴스 L_1, L_2의 두 코이이 상호 인덕턴스 M으로 결합되어 있고, 1차측 전원으로 정현파 전원을 인가하는 유도결합회로에 대하여 고찰한다.

그림 6.6의 회로에서 전류의 방향은 (-)이고 등가 상호 인덕턴스 M은 (+)이므로 회로방정식에 필요한 최종적인 상호 인덕턴스 M은 (-)로 결정된다. 따라서 전압방정식을 적용하여 방정식을 세우면 다음과 같다.

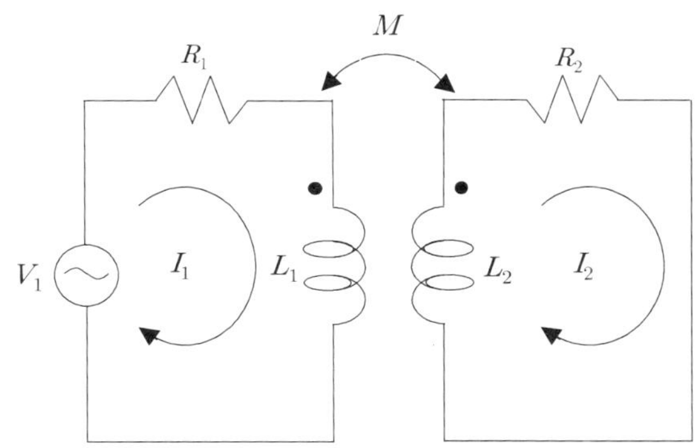

그림 6.6 정현파 전원을 인가하는 유도결합회로

$$\begin{aligned} V_1 &= R_1 I_1 + jwL_1 I_1 - jwMI_2 = (R_1 + jwL_1)I_1 - jwMI_2 \\ 0 &= R_2 I_2 + jwL_2 I_2 - jwMI_1 = -jwMI_1 + (R_2 + jwL_2)I_2 \end{aligned} \tag{6.26}$$

가 되며 $Z_{11} = R_1 + jwL_1$, $Z_{21} = Z_{12} = -jwM$, $Z_{22} = R_2 + jwL_2$라고 하면서 식 (6.26)은

$$\begin{aligned} Z_{11}I_1 + Z_{12}I_2 &= V_1 \\ Z_{21}I_1 + Z_{22}I_2 &= 0 \end{aligned} \tag{6.27}$$

이며, 따라서 전류 I_1, I_2는

$$I_1 = \frac{Z_{22}V_1}{Z_{11}Z_{22} - Z_{12}{}^2} \tag{6.28}$$

$$I_2 = \frac{-Z_{12}V_1}{Z_{11}Z_{22} - Z_{12}{}^2} \tag{6.29}$$

의 관계가 된다. 따라서 1차 회로에서 본 임피던스, 즉 구동점 임피던스 (driving point impedence)를 Z_{ab}라 하면 다음과 같이 된다.

$$Z_{ab} = \frac{V_1}{I_1} = \frac{Z_{11}Z_{22} - Z_{12}{}^2}{Z_{22}} = Z_{11} - \frac{Z_{12}{}^2}{Z_{22}} \tag{6.30}$$

또한 $Z_{12} = -jwM$이므로

$$Z_{ab} = Z_{11} + \frac{(wM)^2}{Z_{22}} \tag{6.31}$$

이 된다.

또한 1차 전류에 대한 2차 전류의 비, 즉 전류비는 식 (6.28)과 식 (6.29)로 부터

$$\frac{I_2}{I_1} = -\frac{Z_{12}}{Z_{22}} \tag{6.32}$$

이 된다, 그리고 2차 회로의 임피던스 Z_L과 R_2를 $Z_L = R_2$라 놓고 Z_L양단의 전압 V_L을 구하면

$$V_L = Z_L I_2 \tag{6.33}$$

이므로 전원전압에 대한 부하전압의 비, 즉 전압비는 식 (6.29)와 식 (6.33)으로 부터

$$\frac{V_L}{V_1} = \frac{-Z_{12}Z_L}{Z_{11}Z_{22} - Z_{12}^{\ 2}} \tag{6.34}$$

이 된다.

식 (6.30)에서 구동점 임피던스는 1차 회로가 단독적으로 존재할 때의 자체 임피던스 Z_{11}과 2차 회로의 결합으로 생기는 $(wM)^2/Z_{22}$에 해당하는 임피던스와의 합으로 만들어진다.

이때의 임피던스 $(wM)^2/Z_{22}$를 결합 임피던스(coupled impedence) 또는 반사 임피던스(reflexted impedence)라 한다.

예제 6.6.1

다음회로에서 $wM = 2[\Omega]$일 때 구동점임피던스 Z_d를 구하여라.

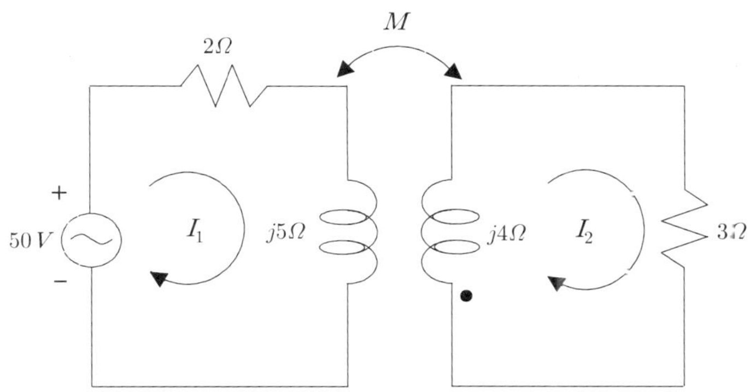

풀 이

망로전류의 방향을 그림과 같이 가정하면 망로방정식은

$(2+j5)\,I_1 + j2\ \ I_2 = 50$

$j2\ \ I_1 + (3+j4)\ \ I_2 = 0$

$$\therefore\ I_1 = \frac{\begin{vmatrix} 50 & j2 \\ 0 & 3+j4 \end{vmatrix}}{\begin{vmatrix} 2+j5 & j2 \\ j2 & 3+j4 \end{vmatrix}} = \frac{50(3+j4)}{(2+j5)(3+j4)} + 4$$

$$Z_d = \frac{V}{I} = 2 + j5 + \frac{4}{3 + j4} = 2.48 + j4.36\ [\Omega]$$

6-7 이상변압기와 완전변압기

(1) 이상변압기

다음의 3가지 조건을 만족하는 가상적인 변압기를 이상변압기(ideal transformer)라고 한다.

(1) 두 코일간의 결합계수가 1일 것(완전결합일 것)
(2) 코일에 관계되는 손실이 0일 것(코일 권선의 저항이 0이고, 자기회로에서의 히스테리시스손이나 와류손이 0일 것)
(3) 각 코일의 인덕턴스가 무한대일 것(코일에 직렬로 연결된 다른 회로소자의 임피던스는 무시할 수 있을 것)

이와 같은 조건을 만족하는 변압기를 물리적으로 실현할 수 없음은 분명하나 잘 설계된 철심변합기는 이상변압기에 가깝다.

조건 (1)로부터 이상변압기에서는 누설자속이 없으므로

$$M = \frac{n_2 \phi_1}{i_1} = \frac{n_1 \phi_2}{i_2} \tag{6.35}$$

$$L_1 = \frac{n_1 \phi_1}{i_1},\ \ L_2 = \frac{n_2 \phi_2}{i_2} \tag{6.36}$$

식 (6.35)와 (6.36)으로부터 이상변압기의 권수비(ratio of turns) n은 다음과 같이 여러 가지로 표시된다.

$$n = \frac{n_1}{n_2} = \frac{L_1}{M} = \frac{M}{L_2} = \sqrt{\frac{L_1}{L_2}} \tag{6.37}$$

그림 6.7의 회로에서 최종적인 상호 인덕턴스가 (-)로 결정되고, 이때 전압 방정식을 세우면

$$\begin{aligned} V_1 &= jwL_1 I_1 - jwMI_2 \\ 0 &= -jwMI_1 + (Z_L + jwL_2) I_2 \end{aligned} \tag{6.38}$$

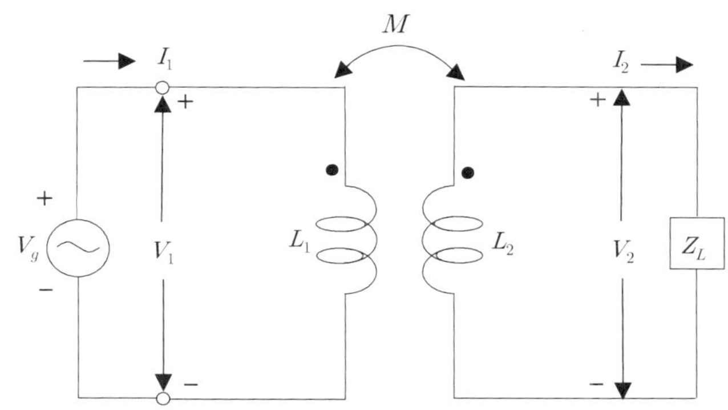

그림 6.7 정현파 전원을 갖는 변압기 회로

이 된다. 따라서 전류비 $\frac{I_2}{I_1}$는 식 (6.32)로부터

$$\frac{I_2}{I_1} = -\frac{Z_{12}}{Z_{22}} = \frac{-(-jwM)}{Z_L + jwL_2} = \frac{jwM}{Z_L + jwL_2} \tag{6.39}$$

이 되며 전압비 $\frac{V_2}{V_1}$는 식 (6.34)로부터

$$\frac{V_2}{V_1} = \frac{-Z_{12}Z_L}{Z_{11}Z_{22} - Z_{12}^2} = \frac{-(-jwM)Z_L}{jwL_1(Z_L + jwL_2) + (wM)^2} = \frac{jwMZ_L}{jwL_1(Z_L + jwL_2) + w^2M^2} \tag{6.40}$$

이 얻어진다. 그런데 이상변압기는 결합계수 $k=1$이므로 $M=\sqrt{L_1L_2}$이고 L_1

과 L_2는 매우 큰 값이므로 $wL > Z_L$이다.

따라서 식 (6.39)는

$$\frac{I_2}{I_1} = \frac{jwM}{Z_L + jwL_2} = \frac{M}{L_2} = \frac{n_1}{n_2} \tag{6.41}$$

이 되고, 식 (6.40)은

$$\begin{aligned} \frac{V_2}{V_1} &= \frac{jwMZ_L}{jwL_1(Z_L + jwL_2) + w^2M^2} \\ &= \frac{jw\sqrt{L_1L_2}\,Z_L}{jwL_1(Z_L + jwL_2) + w^2M^2} = \sqrt{\frac{L_2}{L_1}} = \frac{n_2}{n_1} \end{aligned} \tag{6.42}$$

이 된다. 따라서 이상변압기에서는 1차와 2차의 전압과 전류비는

$$\frac{V_2}{V_1} = \frac{1}{n} = \frac{n_2}{n_1} \tag{6.43}$$

$$\frac{I_2}{I_1} = n = \frac{n_1}{n_2} \tag{6.44}$$

가 된다.

식 (6.44)로부터 $\dfrac{I_2}{V_2}\dfrac{V_1}{I_1} = n^2$이 되는데 1차 단자에서 본 임피던스 $Z_{ab} = V_1/I_1$ 및 부하 임피던스 $Z_L = V_2/I_2$를 대입하면 다음과 같다.

$$Z_{ab} = n^2 Z_L = \left(\frac{n_1}{n_2}\right)^2 Z_L \tag{6.45}$$

예제 6.7.1

이상 변압기의 1차측 코일의 권수 $n_1 = 50$, 자기인덕턴스 $L_1 = 100\ [\mu\text{H}]$이다. 2차측 코일의 권수 $n_2 = 25$일 때 2차측 자기인덕턴스 L_2 및 상호인덕턴스 M을 구하여라.

풀이

$n = \dfrac{n_1}{n_2} = \dfrac{50}{25} = 2,\ n = \sqrt{\dfrac{L_1}{L_2}}$에서

$L_2 = \dfrac{L_1}{n} = \dfrac{100}{2} = 50[\mu\text{H}]$

$\therefore M = \sqrt{L_1 L_2} = \sqrt{50 \times 50} = 50\ [\mu\text{H}]$

예제 6.7.2

이상변압기의 1차측 권선수 n_1과 2차측 권선수 n_2와의 비가 1:2일 때 부하 임피던스는200 $[\Omega]$이다. 압력에서 본 구동점임피던스는 몇 $[\Omega]$인가?

풀이

$Z_{ab} = n^2 Z_L = \left(\dfrac{n_1}{n_2}\right)^2 Z_L$에서

$Z_{ab} = \left(\dfrac{1}{2}\right)^2 \times 200 = 500\ [\Omega]$

(2) 완전변압기

다음의 조건을 만족하는 가성적인 변압기를 완전변압기(perfect transformer)라고 한다.

(1) 두 코일의 결합계수가 1일 것

(2) 코일에 관계되는 손실이 없을 것

즉 완전변압기는 결합계수 $k=1$이고, 손실이 없으나 각 코일의 인덕턴스가 무한대라는 조건은 제외된다.

그러므로 완전변압기에서는 식 (6.37)과 (6.43)은 성립되지만 식 (6.44)와 (6.45)는 성립되지 않는다.

따라서 완전변압기에서는

$$\frac{V_2}{V_1}=\frac{1}{n}=\frac{n_2}{n_1},\ \ \frac{I_2}{I_1}\neq n=\frac{n_1}{n_2},\ \ Z_{ab}\neq n^2Z_L \tag{6.46}$$

이다.

연 습 문 제

1 어떤 코일에 흐르는 전류가 0.01초 사이에 일정하게 50[A]에서 10[A]로 변할 때 20[V]의 전압이 발생하면 자기인덕턴스는 몇 [mH]인가?

2 두 코일이 있다. 한 코일의 전류가 매초 150[A]의 비율로 변화할 때, 다른 코일에는 30[V]의 전압이 발생하였다면 두 코일의 상호인덕턴스는 몇 [H]인가?

3 그림 6.8와 같은 결합회로에서 $L_1 = 20$ [mH], $L_2 = 10$ [mH], $M = 5$ [mH]일 때 합성인덕턴스는 몇 [mH]인가?

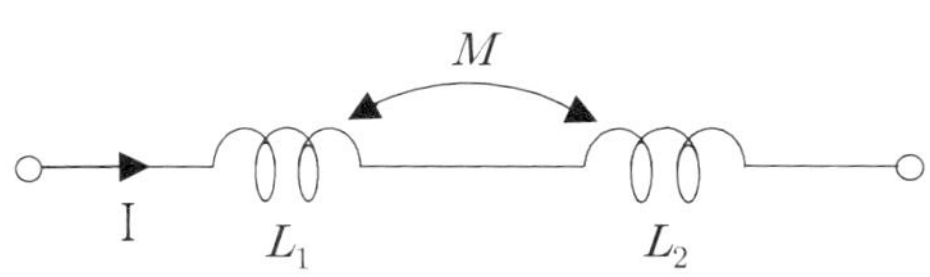

그림 6.8

4 두 코일을 직렬로 하여 합성인덕턴스를 측정하였더니 95[mH]였고, 한쪽 코일만 반대가 되도록 단자를 바꾸어 접속하고 합성인덕턴스를 측정하였더니 15[mH]가 되었다고 한다. 두 코일간의 상호인덕턴스는 몇 [mH]인가?

5 인덕턴스가 각각 $L_1 = L_2 = 10\ [\mathrm{mH}]$, $\mathrm{M} = 5\ [\mathrm{mH}]$일 때 결합계수 k를 구하여라.

6 그림 6.9와 같은 인덕턴스의 전체 인덕턴스의 값은 얼마인가?

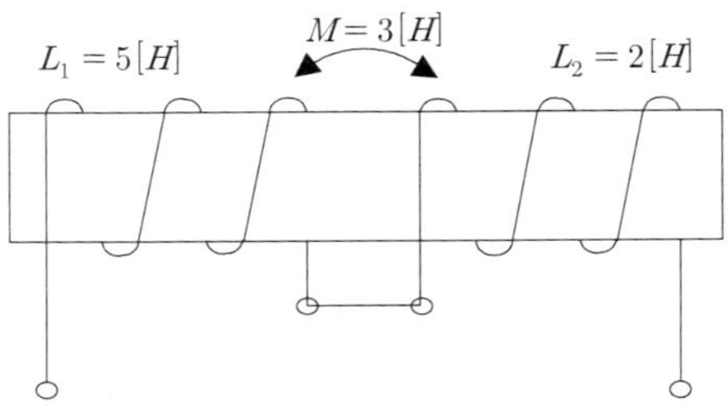

그림 6.9

7 그림 6.10의 회로에서 합성 인덕턴스는?

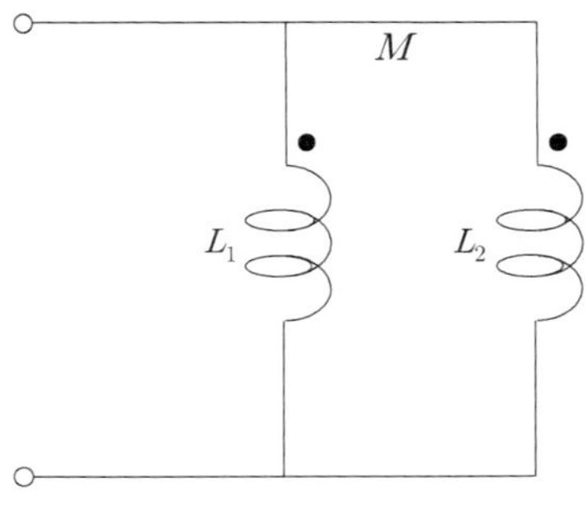

그림 6.10

8 그림 6.11와 같이 고주파 브리지를 가지고 상호 인덕턴스를 측정하고자 한다. 그림 (a)와 같이 접속하면 합성 자기 인덕턴스는 30[mH]이고, (b)와 같이 접속하면 14[mH]이다. 상호 인덕턴스 [mH]는?

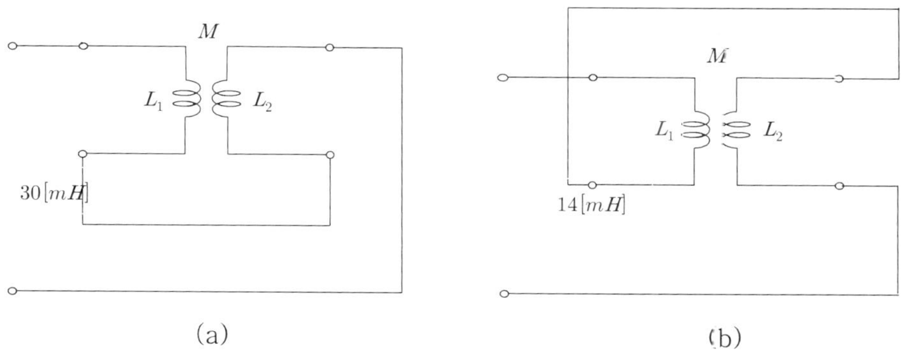

그림 6.11

9 그림 6.12에서 $wL_1 = 2[\Omega]$, $wL_2 = 3[\Omega]$, $wM = 1[\Omega]$, $\frac{1}{wC} = 5[\Omega]$일 때 회로에 흐르는 전류 I, I_1, I_2 [A]는?

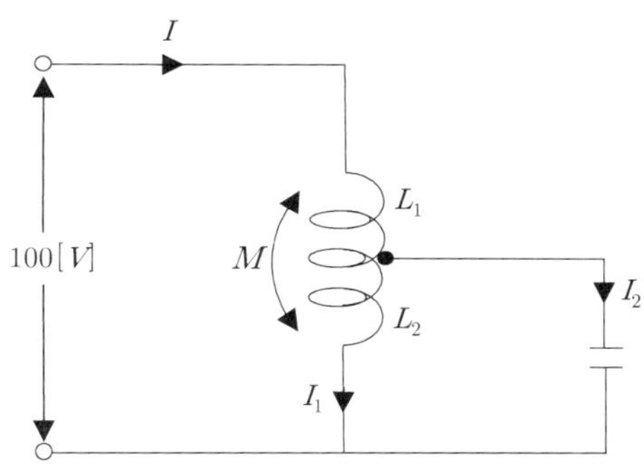

그림 6.12

10 그림 6.13과 같은 회로에서 $i_1 = I_m \cos wt$일 때 개방된 2차 단자에 나타나는 유기기전력 v_2는 얼마인가?

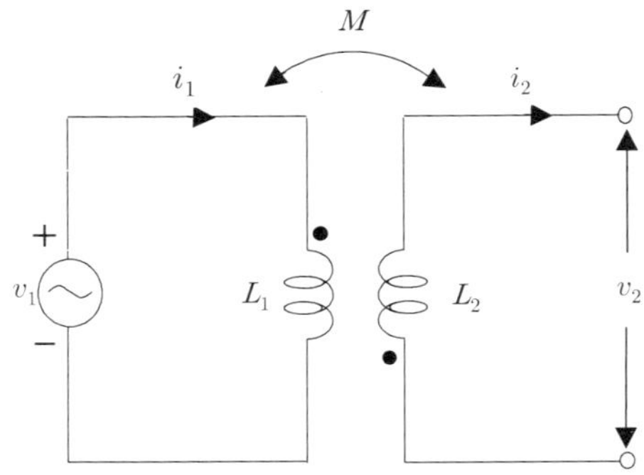

그림 6.13

11 그림 6.14과 같은 이상변압기의 권선비가 $n_1 : n_2 = 1 : 3$일 때 a, b단자에서 본 임피던스는?

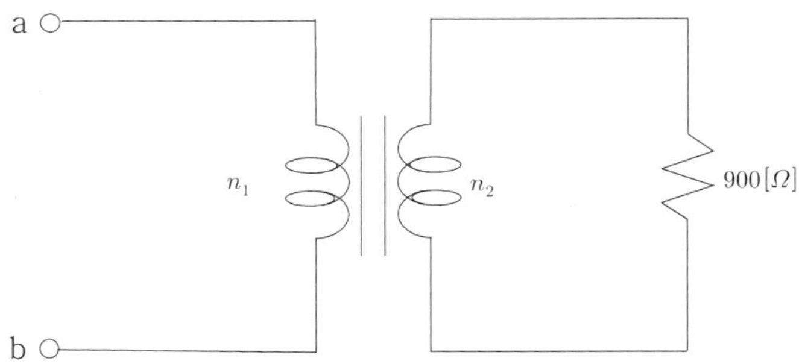

그림 6.14

12 자기인덕턴스가 $L_1 = 0.8$ [H], $L_2 = 0.2$ [H]인 두 코일의 결합계수가 0.9이다. 상호인덕턴스 M, 권선비 n을 구하여라.

13 자기인덕턴스 L_1, L_2가 각각 5 [mH], 10 [mH]인 두 코일이 이상 결합되었다면 상호인덕턴스 M은 몇 [mH]인가?

14 이상변압기의 1차측과 2차측의 권선비가 $\frac{1}{3}$이고, 부하저항은 360[Ω]이다. 이때 입력에서 본 등가임피던스는 몇 [Ω]인가?

제 7 장
교류 전력

제7장 교류 전력

7-1 순시전력과 평균전력

순시전력은 교류전력의 순시치이고, **평균전력**은 순시전력을 한 주기 평균한 값이다. 따라서 순시전력은 시간 t의 함수이나 평균전력은 어떤 값이다. 수식적으로 순시전력은 전압·전류의 순시치 v와 i의 곱이고 소문자 p로 나타낸다. 평균전력은 순시전력의 한 주기 적분이고 대문자 P로 쓴다.

단위는 모두 와트[W, Watt]이다.

(1) 수식

교류전압·전류의 순시치를 v, i라고 하면

순시전력 : $$p = vi \tag{7·1}$$

평균전력 : $$P = \frac{1}{T}\int_0^T p\,dt \tag{7·2}$$

순시전력, 평균전력

전압 $v = V_m \sin\omega t$, 전류 $i = I_m \sin(\omega t - \theta)$

순시전력 $p = vi = \dfrac{V_m I_m}{2}\{\cos\theta - \cos(2\omega t - \theta)\}$

평균전력 $P = \dfrac{1}{T}\displaystyle\int_0^T p\,dt = \dfrac{V_m I_m}{2}\cos\theta = V_{rms}\ I_{rms}\cos\theta$

예제 7.1.1

어떤 회로의 전압 · 전류의 순시치가 $v = 100\sin 40t$, $i = 80\sin(40t - 60°)$이다. 순시전력과 평균전력을 구하여라.

풀이

식 (7.1)에 의해 순시전력을 계산한다. (단, $V_m = 100$, $I_m = 80$, $\theta = 60°$, $\cos\theta = 0.5$, $\omega = 40$[rad/s]이다)

$$p = vi = \frac{V_m I_m}{2} cos\theta - \frac{V_m I_m}{2} cos(2\omega t - \theta) = \frac{100 \times 80}{2} \times 0.5 - \frac{100 \times 80}{2} cos(80t - 60°)$$

$$= 2000 - 4000\cos(80t - 60°)\,[\mathrm{W}]$$

평균전력은 순시전력의 상수값이다. 즉, $P = 2000$[W]

(2) RLC 소자에서의 순시전력과 평균전력

RLC 소자의 전력 관계는 일단 순시전력과 그 순시전력의 평균인 평균전력의 이해로부터 비롯된다. 어떤 소자의 순시전력은 순시전압과 순시전류를 곱하여 구한다. 각각의 소자에 대하여 살펴본다. 순시전력은 소문자 p, 평균전력은 대문자 P로 쓰기 바란다.

◀ 저항 R ▶

저항에서는 전압과 전류의 위상차가 없으므로 순시전압 $v = V_m \sin\omega t$ 가 저항에 인가되면 오옴의 법칙으로부터 순시전류 $i = \frac{V_m}{R} sin\omega t = I_m \sin\omega t$가 흐른다. 이 두 v와 i를 곱하여 순시전력을 얻는다.

- **순시전력** : $p_R = vi = V_m I_m \sin^2\omega t = \frac{V_m I_m}{2}(1 - \cos 2\omega t)$

$$= \frac{V_m}{\sqrt{2}} \frac{I_m}{\sqrt{2}}(1 - \cos 2\omega t)$$

$$= V_{\text{rms}}\, I_{\text{rms}}(1 - \cos 2\omega t) \tag{7.3}$$

식 (7.3)을 정리하면, 저항에서의 순시전력 p는 전압과 전류의 실효치 V_{rms}, I_{rms}의 곱과 진폭이 $V_{\text{rms}}\, I_{\text{rms}}$이고 주파수가 2ω인 정현파와의 합이다.

$$p_R = V_{\text{rms}}\, I_{\text{rms}}(1 - \cos 2\omega t) = V_{\text{rms}}\, I_{\text{rms}} - V_{\text{rms}}\, I_{\text{rms}} \cos 2\omega t \tag{7.4}$$

그림 7.1에 저항에서의 전압・전류 및 순시전력 파형을 보였다. 순시전력의 주파수가 전압의 두 배임을 알 수 있다. 저항에서의 순시전력 파형은 본래 전압 주파수의 두 배이며 최대치 $V_m\, I_m$과 0 사이를 오가는 정현파이다. 가장 중요한 특징은 그 값이 항상 0보다 크다는 점이다. 이는 저항에서는 오직 전력소비만이 일어남을 의미한다. 저항은 전기에너지를 소비만 하는 소자이기 때문에 순시전력의 그 어느 순간에서도 전력은 항상 0 이상이다. 그리고 순시전력의 평균값은 $\dfrac{V_m\, I_m}{2} = V_{\text{rms}}\, I_{\text{rms}}$ 이다. 순시전력 p의 평균치는

$$P_R = \frac{1}{T}\int_0^T p_R\, dt = \frac{1}{T}\int_0^T (V_{\text{rms}}\, \text{I}_{\text{rms}} - \text{V}_{\text{rms}}\, \text{I}_{\text{rms}} \cos 2\omega t)\, dt \tag{7.5}$$

식 (7.5)에서 적분의 두 번째 항은 cos 함수로서, 이를 평균하면 언제나 0이기 때문에, 아예 적분할 필요조차 없으므로 앞의 상수항 $V_{\text{rms}}\, I_{\text{rms}}$만 남는다.

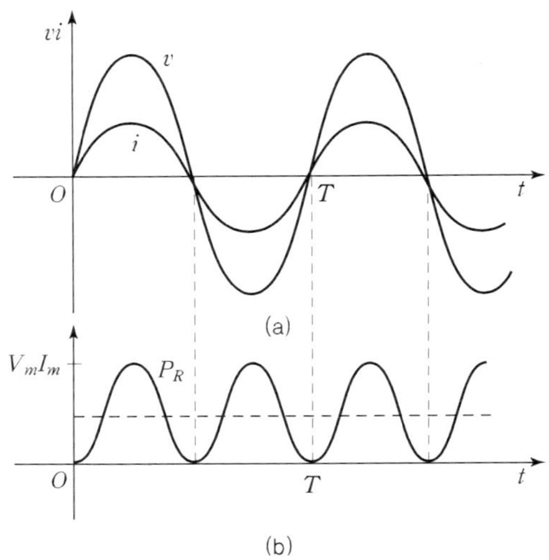

그림 7.1 저항에서의 전압·전류 및 순시전력 파형

- **평균전력** : $P_R = V_{\text{rms}}\ I_{\text{rms}}$ (7.6)

이 식은 매우 중요한 식이다. 저항의 평균전력은 저항에 인가되는 전압과 전류의 실효치를 곱한 값이라는 사실을 알려준다.

예제 7.1.2

어떤 저항 $R = 100\,[\Omega]$에 전압 $v = 200\sin 50t\,[\text{V}]$가 인가되어, 전류 $i = 2\sin 50t\,[\text{A}]$가 흘렀다. 저항에서의 평균전력을 구하여라.

풀 이

이 문제에는 R, v, i가 모두 주어져 있다. v, i만 가지고 평균전력 P를 구할 수도 있고, R과 v나 i만 가지고도 P를 계산할 수 있다.

① v, i에 의해서 P 계산 : $P = V_{\text{rms}}\ I_{\text{rms}} = \dfrac{200}{\sqrt{2}}\dfrac{2}{\sqrt{2}} = \dfrac{400}{2} = 200[\text{W}]$

② R과 v나 i에 의한 P 계산 : $P = I_{\mathrm{rms}}{}^2 R = \dfrac{V_{\mathrm{rms}}{}^2}{R}$

$$P = I_{\mathrm{rms}}{}^2 R = \left(\frac{2}{\sqrt{2}}\right)^2 \times 100 = 200[\mathrm{W}]$$

$$P = \frac{V_{\mathrm{rms}}{}^2}{R} = \frac{\left(\dfrac{200}{\sqrt{2}}\right)^2}{100} = 200[\mathrm{W}]$$

◀ 인덕터 L ▶

인덕터 L에서는 전류가 전압보다 90° 뒤진다. 순시전압 $v = V_m \sin\omega t$가 L에 걸린 경우 전류 $i = \dfrac{V_m}{\omega L} sin(\omega t - 90°) = I_m \sin(\omega t - 90°)$가 되는 것을 이미 앞에서 공부하였다. 순시전력 p_L은 v와 i를 곱하여 구한다.

$$p_L = vi = V_m \sin\omega t \cdot I_m \sin(\omega t - 90°) = V_m I_m \sin\omega t \cdot \sin(\omega t - 90°) \quad (7.7)$$

삼각함수공식 $\sin\alpha \sin\beta = \dfrac{1}{2}\{\cos(\alpha - \beta) - \cos(\alpha + \beta)\}$를 사용하여 식 (7.7)을 정리한다.

$$\begin{aligned} p_L &= \frac{V_m I_m}{2}\{\cos 90° - \cos(2\omega t - 90°)\} \\ &= -\frac{V_m I_m}{2} cos(2\omega t - 90°) = -\frac{V_m I_m}{2} sin2\omega t \end{aligned} \quad (7.8)$$

$\cos 90° = 0$이므로 인덕터의 순시전력 p_L은 다음과 같다.

- **순시전력** : $p_L = -\frac{V_m I_m}{2} sin2\omega t = \frac{V_m}{\sqrt{2}}\frac{I_m}{\sqrt{2}} sin(2\omega t - 180°)$

$$= V_{\text{rms}} I_{\text{rms}} \sin(2\omega t - 180°) \qquad (7.9)$$

순시전력 p_L의 파형은 그림 7.2와 같다. 최대치가 $V_{\text{rms}} I_{\text{rms}}$ 이고 전원주파수의 두 배 주파수로 진동하는 정현파이다. 그림 9.2에서도 알 수 있듯이 그 평균치는 0이다. 즉 인덕터의 평균전력은 다음과 같다.

- **평균전력** : $P_L = \frac{1}{T}\int_0^T p_L dt = \frac{1}{T}\int_0^T V_{\text{rms}} I_{\text{rms}} \sin(2\omega t - 180°)dt = 0$

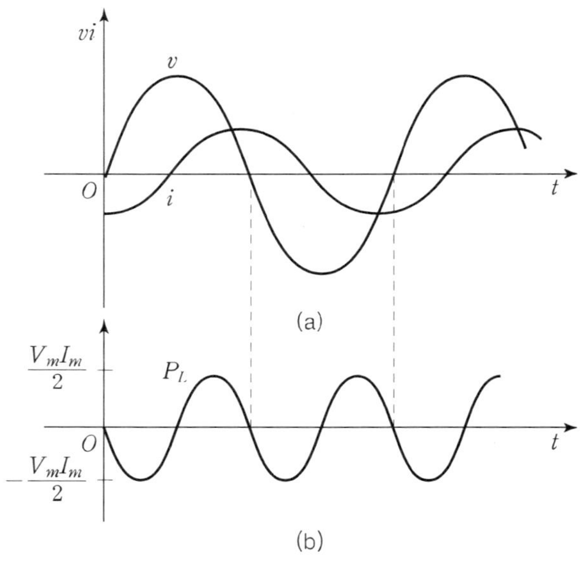

그림 7.2 인덕터 L 에서의 순시전력 파형

평균전력이 0이라는 말은 에너지 소비가 전혀 없다는 의미이다. 인덕터가 전력을 저장하였다가 다시 방출하는 과정을 반복하지만, 인덕터에서 소비되는 전력은 0이다. 인덕터가 전력을 소비하는 소자가 아니므로 평균전력이 0인 것은 당연하다. 이러한 의미에서 콘덴서의 평균전력도 0일 것이다. 그렇다. 콘덴서의 평균전력도 0이지만 순시전력의 파형에서 중대한 차이가 보인다.

◀ **콘덴서 C** ▶

콘덴서에서는 순시전압 $v = V_m \sin\omega t$[V]에 대하여 전류 $i = \omega C V_m \sin(\omega t + 90°) = I_m \sin(\omega t + 90°)$로서 전압보다 90° 위상차가 빠르다. 순시전력 $p_C = vi$는

$$p_C = vi = V_m I_m \sin\omega t \cdot \sin(\omega t + 90°) \tag{7.10}$$

마찬가지의 삼각함수 공식으로 이를 간단히 한다.

- **순시전력** : $p_C = \frac{V_m I_m}{2}\{\cos(-90°) - \cos(2\omega t + 90°)\}$

$$= -\frac{V_m I_m}{2} cos(2\omega t + 90°) = \frac{V_m I_m}{2} \sin 2\omega t$$

$$= \frac{V_m}{\sqrt{2}} \frac{I_m}{\sqrt{2}} sin 2\omega t = V_{rms}\, I_{rms} \sin 2\omega t \tag{7.11}$$

콘덴서에서도 순시전력의 주파수는 전원주파수의 두 배이고 최대치 $V_{rms}\, I_{rms}$로 진동하는 정현파이다(그림 7.3). 그 평균치가 0인 것은 당연하다.

- **평균전력** : $p_C = \frac{1}{T}\int_0^T p_C dt = 0$

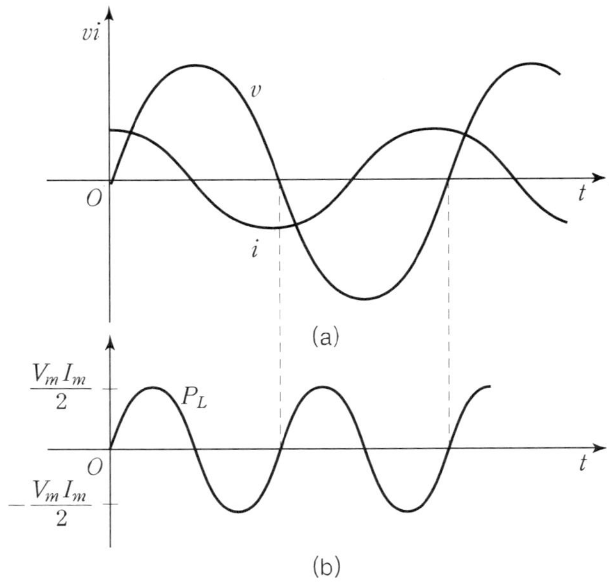

그림 7.3 콘덴서 C 에서의 순시전력 파형

평균전력이 0이므로, 인덕터에서와 마찬가지로 콘덴서에서의 에너지 소비는 없다. 전력의 순간적인 입·출입은 있을지 몰라도 콘덴서는 외부에 어떠한 일도 하지 않는다.

인덕터 L과 콘덴서 C에서의 순시전력 비교 : 두 소자 모두 평균전력이 0이지만 순시전력의 파형에 있어서는 매우 재미있는 현상이 발견된다. 인가전압 $v = V_m \sin\omega t$에 대하여 인덕터 전류 $i_L = I_m \sin(\omega t - 90°)$이고, 콘덴서 전류 $i_C = I_m \sin(\omega t + 90°)$이다. 두 순시전력은

$$p_L = V_{\text{rms}} I_{\text{rms}} \sin(2\omega t - 180°), \quad p_C = V_{\text{rms}} I_{\text{rms}} \sin 2\omega t$$

이 관계를 그림 7.4에 보였다.

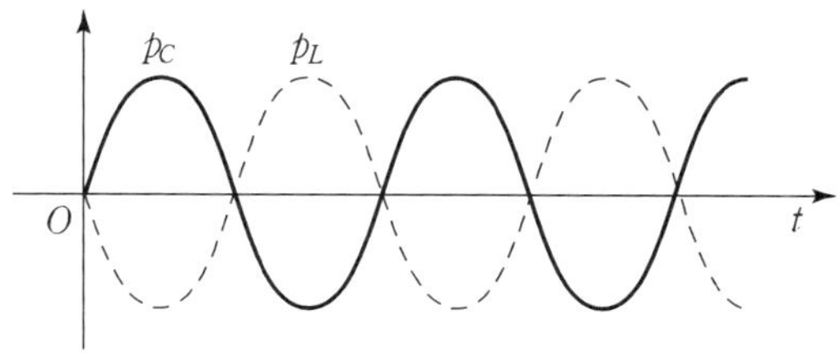

그림 7.4 인덕터 L과 콘덴서 C에서의 순시전력 파형

그림 7.4가 의미하는 바는 L과 C에서 서로서로 전력을 주고받고 한다는 점이다. 탁구경기에서 공을 서로 주고받듯이 인덕터와 콘덴서에서는 한 쪽이 전력을 저장하면, 다른 쪽은 전력을 방출하고, 방출하는 동시에 다른 쪽은 삼키는 작용이 반복된다. 이러한 성질은 L과 C가 함께 있는 회로의 전력을 관찰할 때 매우 중요한 물리적 개념을 제공한다. 이상의 내용을 표 9.1로서 정리한다.

표 7.1

소 자	R	L	C
순시전력	$V_{rms} I_{rms}(1-\cos 2\omega t)$	$V_s I_s \sin(2\omega t - 180^\circ)$	$V_{rms} I_{rms} \sin 2\omega t$
평균전력	$V_{\rm rms} I_{\rm rms}$	0	0

예제 7.1.3

임피던스 $Z = R + jX$인 회로에 $v = V_m \sin\omega t$가 인가되었다. 평균전력을 구하여라.

풀 이

전력 계산의 가장 기본적인 이론을 묻는 문제이다. 일반적인 교류회로의 평균전력 $P = VI\cos\theta$이다. 여기서 V, I는 실효치이고, $\cos\theta$는 역률로서 θ는 임피던스 Z의 R과 X에 의해 구한다. $\theta = \tan^{-1}\dfrac{X}{R}$에서 θ를 구하여 $\cos\theta$를 계산한다.

다음으로 전류 i를 구하는데, 페이서 계산에 의해 일단 $\dot{I}$를 산출한다.

$$I = \frac{V_m}{R+jX} = \frac{V_m}{\sqrt{R^2+X^2}} \angle -\tan^{-1}\frac{X}{R}$$

이때, $\frac{V_m}{\sqrt{R^2+X^2}} = I_m$이 된다. 즉 구하려는 I_m은 순시전압 v의 V_m과 임피던스 Z의 R과 X에 의해 간단히 계산된다. 기초 계산이 끝났으면 평균전력 본 식에 이를 대입한다.

$$P = VI\cos\theta = \frac{V_m I_m}{2}cos\theta = \frac{V_m}{2}\frac{V_m}{\sqrt{R^2+X^2}}\cos\theta = \frac{{V_m}^2}{2\sqrt{R^2+X^2}}cos\theta, \quad \theta = \tan^{-1}\frac{X}{R}$$

예제 7.1.4

저항 R과 인덕터 L이 서로 직렬연결된 회로가 있다. 그림 7.5과 같이 이 회로에 $v = 80\sin 100t$[V]를 인가하였다. 평균전력 P를 구하여라 (단, $R = 50\,[\Omega]$, $L = 0.1$[H]이다).

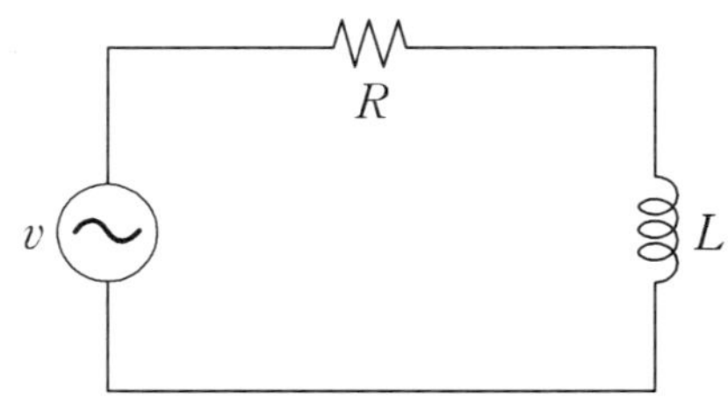

그림 7.5

풀이

$\omega = 100$[rad/s]이므로

$Z = R + j\omega L = 50 + j100 \times 0.1 = 50 + j10$

$v = 80\sin 100t \rightarrow V = 80$

$$I = \frac{V}{Z} = \frac{80}{50+j10} = \frac{80}{\sqrt{50^2+10^2}} \angle -\tan^{-1}\frac{10}{50} = 1.57 \angle -11.3°$$

$$i = 1.57\sin(100t - 11.3°)$$

$$I_m = 1.57, \qquad I_{rms} = \frac{1.57}{\sqrt{2}} = 1.11$$

$$P = VI\cos\theta = \frac{80}{\sqrt{2}}\frac{1.57}{\sqrt{2}}cos(-11.3°) = 61.6[W]$$

예제 7.1.5

어떤 회로의 전체 임피던스를 계산하였더니 $Z = 60 + j80\ [\Omega]$이다. $Z = R + jX$라 할 때 R양단의 전압 $v_R = 150\sin(50t + 30°)$이었다. 이 회로 전체의 평균전력과 전체 전압을 구하여라.

풀 이

먼저 저항의 전류 $i = \frac{v_R}{R} = \frac{150}{60}\sin(50t + 30°) = 2.5\sin(50t + 30°)$

- 평균전력 : $P = {I_{rms}}^2 R = \left(\frac{2.5}{\sqrt{2}}\right)^2 \times 60 = 187.5[W]$
- 리액턴스 양단의 전압 : $V_X = j80 \times 2.5 \angle 30° = 200 \angle 120°$
- 전체전압 :

$$V = V_R + V_X = 150\angle 30° + 200\angle 120° = 150\cos 30° + 200\cos 120° + j(150\sin 30° + 200\sin 120°)$$

$$= 29.9 + j\,248.2 = 250 \angle 83.13°$$

- 전체전압 순시치 : $v = 250\sin(50t + 83.13°)$

7-2 유효전력과 무효전력

교류 전압·전류 및 임피던스의 모든 관계는 전력계산에 집약된다. 교류이론에서 많이 사용되는 전력의 종류는 **유효전력**, **무효전력**, **피상전력** 및 **복소전력**의 네 가지이다. **유효전력**은 실제로 일을 하는 전력으로서 저항에서의 에너지 소비로 나타난다. **무효전력**은 실제로 사용할 수 없는 전력이지만 L과 C 에 의해 어쩔 수 없이 존재하는 전력이다. **유효전력**은 실수로서 복소수 평면상에 실수축에 위치하고, **무효전력**은 허수로서 허수축 상에 위치한다.

(1) 유효전력(active power), P

전기를 실제로 생산하고, 소비하는 일련의 과정에서 가장 많이 사용되는 전력이 바로 **유효전력**이다. 앞 단원에서 살펴보았듯이 어떤 회로의 평균전력은 곧 유효전력이다. 가정용 전구가 60[W], 30[W]라고 하든지 앰프의 출력이1[kW]라고 한다거나 발전소의 출력이 30만 kW, 100만 kW라고 하는 모든 것은 유효전력을 가리킨다. 이처럼 유효전력은 친숙한 전력의 단위이며 실제전기의 혜택을 누리는 수용가에게 가까울 뿐만 아니라, 이 전력의 사용량에 따라 전기요금을 지불한다. 흔히 와트[W]수가 크면 클수록 전구의 밝기가 밝고, 모터의 세기가 더욱 크고, 전열기는 더 강한 열을 발생하고, 앰프의 소리는 더욱 커짐을 알고 있다. 이는 유효전력이 에너지의 소비와 직결되고 있음을 말한다.

- **단위 :** [W] = 와트, [kW] = W $\times 10^3$, [MW] = W $\times 10^6$

- **산출 요령 :** 유효전력을 구하는 공식은 전압과 전류의 실효치의 곱에 역률 $\cos\theta$를 곱한 것과 같다. 역률 $\cos\theta$는 0~1 사이의 값으로서 1에 가까울수록 전기가 갖고 있는 모든 에너지를 쓸 수 있다는 것이고, 0에 가까울수록 에너지를 거의 쓰지 못한다는 것과 같다. $\cos\theta$가 1에 가까운 것은 $Z = R + jX$에서 $R \gg X$를 말하며, 0에 가깝다는 것은 $R \ll X$를 의미한다. 이 뜻은 리액턴스 값이 저항값에 비해 상대적으로 작을 때, 전기가 갖고 있는 에너지(VA)를 더 많이 사용할 수 있다는 뜻이다.

임피던스 $Z = R + jX$인 회로에 전압 $v = V_m \sin\omega t$가 인가되어 전류 $i =$

$I_m \sin(\omega t - \theta)$가 흐를 때 전체 회로의 평균전력(=유효전력) P는 앞에서 구한대로 $P = VI\cos\theta$이다. 여기서 V, I는 전압 v와 전류 i의 실효치이고 $\cos\theta$는 역률이다. 리액턴스 X는 L과 C에 관계되는 항으로 그 결과는 jX라는 허수 형태를 갖는다.

전류 i에 의한 저항 R의 전압강하 $v_R = RI_m \sin(\omega t - \theta)$와 전류 i에 의한 저항 R의 순시전력 p_R을 구한다.

$$p_R = v_R i = RI_m^{\,2} \sin^2(\omega t - \theta) = \frac{RI_m^{\,2}}{2}[1 - \cos(2\omega t - \theta)]$$

p_R의 평균전력 P_R는

$$P_R = \frac{1}{T}\int_0^T p_R dt = \frac{RI_m^{\,2}}{2} = R\left(\frac{I_m}{\sqrt{2}}\right)^2 = RI_{rms}^{\,2}$$

리액턴스 X의 전압 v_x는

$$v_x = XI_m \sin(\omega t + 90 - \theta)$$

전류 i와의 순시전력 p_x는

$$\begin{aligned} p_x &= v_x i = XI_m^{\,2} \sin(\omega t + 90 - \theta)\sin(\omega t - \theta) \\ &= \frac{XI_m^{\,2}}{2}[\cos 90° - \cos(\omega t + 90° - 2\theta)] \end{aligned}$$

p_x의 평균전력 P_X는

$$P_X = \frac{1}{T}\int_0^T = p_x dt = 0$$

이로써 임피던스 $Z = R + jX$에서의 전체 평균전력은 R에서의 평균전력뿐이다.

$$P = P_R + P_X = P_R = RI_{\text{rms}}{}^2 \tag{7.12}$$

예제 7.2.1

$R = 100\,[\Omega]$, $L = 0.4\,[\text{mH}]$, $\text{C} = 20[\mu\text{F}]$인 RLC 직렬 회로에 전류 $i = 2\sin 100t\,[\text{A}]$가 흐른다. 유효전력 P를 구하여라.

풀 이

RLC 회로의 유효전력은 저항에서만 발생하므로 식 (7.12)에 의해 구한다.

$$P = RI_{\text{rms}}{}^2 = 100\left(\frac{2}{\sqrt{2}}\right)^2 = 200[\text{W}]$$

(2) 무효전력(reactive power), Q

전력에는 유효전력처럼 쓸모 있는 전력이 있는 반면, 별로 쓸모없으나 어쩔 수 없이 존재하는 전력이 있다. 이 전력을 **무효전력**이라 부르며 리액턴스 X에서 발생되는 전력이다.

- **단위 :** [Var], [kVar], [MVar]
- **산출 요령 :** 유효전력 $P = VI\cos\theta$에 대하여 θ의 sin 성분 $\sin\theta$를 VI에 곱한다.

$$Q = VI\sin\theta = I^2 X, \qquad V,\ I\text{는 실효치} \tag{7.13}$$

이러한 무효전력은 철저히 L과 C 성분에 의해 발생한다. 공교롭게도 L과 C는 무효전력의 부호가 서로 반대이다.

① 인덕터 L의 무효전력 Q_L

인덕터 L의 임피던스 $Z = j\omega L = jX_L$에 대하여 식 (9.13)에 의해 Q_L을 구한다.

$$Q_L = \omega L I^2 > 0 \quad : \quad \text{부호는 } (+) \tag{7.14}$$

② 콘덴서 C의 무효전력 Q_C

콘덴서 C의 임피던스 $Z = -j\dfrac{1}{\omega C} = -jX_C$에 대하여 무효전력 Q_C는 (−)이다.

$$Q_C = -\frac{1}{\omega C} I^2 < 0 \quad : \quad \text{부호는 } (-) \tag{7.15}$$

즉 L의 무효전력이 (+)인데 반하여 C의 무효전력은 (−)이다. 이러한 사실은 L과 C가 공존하는 회로에서는 L이나 C값 또는 ω에 따라 무효전력이 (−)일 수도 있고 (−)일 수도 있음을 보여준다. 유효전력 P가 항상 (+)인데 비해, 무효전력 Q는 경우에 따라 (+)나 (−)가 된다. θ가 (+)이면 유도성 부하이고, (−)이면 C 성분이 커서 용량성 부하이다. 즉 그림 9.6과 같이 동일한 P에 대하여 Q가 (+)이면 유도성 부하이면서 지상회로이고, 반대로 (−)이면 용량성 부하이면서 진상회로이다.

교류회로에서 유도성이 크면 콘덴서 C를 투입하여 지상의 폭을 줄여주고, 용량성이 크면 L을 투입하여 진상의 폭을 줄일 수 있는 것이 바로 L과 C가 갖고 있는 무효전력의 극성 특성에 근거함이다.

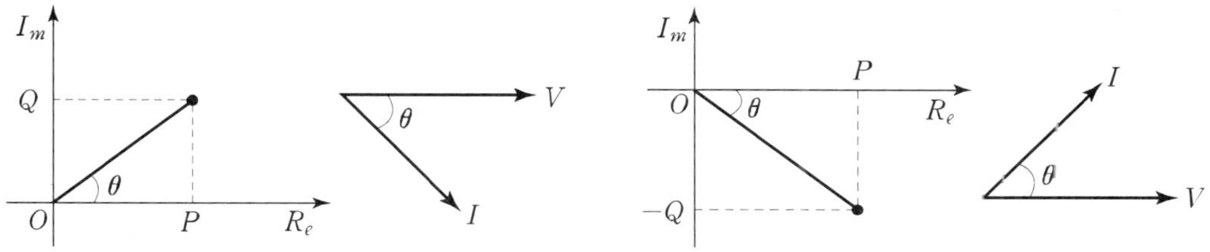

(a) $Q>0$, 유도성, 지상　　(b) $Q<0$, 용량성, 진상

그림 7.6 교류회로에서 유도성과 용량성

예제 7.2.2

리액턴스 $X = 10\,[\Omega]$인 부하에 $i = 100\sin 40t\,[\mathrm{A}]$가 흐른다. 무효전력 Q를 구하여라.

풀 이

$$Q = XI^2 = 10 \times \left(\frac{100}{\sqrt{2}}\right)^2 = 50000[\mathrm{Var}]$$

예제 7.2.3

그림 7.7의 회로의 전류 $i = 10\sin 50t\,[\mathrm{A}]$가 흐른다. $X_L = 50\,[\Omega], X_C = 30\,[\Omega]$일 때 무효전력$Q$를 구하여라.

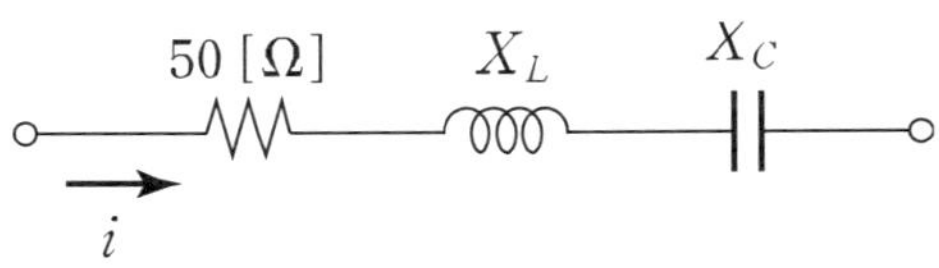

그림 7.7

풀 이

X_L과 X_C는 극성이 서로 반대이다. 전체 리액턴스

$$X = X_L - X_C = 20\,[\Omega]$$

- 무효전력 : $Q = XI^2 = 20 \times \left(\frac{10}{\sqrt{2}}\right)^2 = 1000[\mathrm{Var}]$

7-3 피상전력과 복소전력

피상전력은 전력의 크기를 말하며 발전기나 변압기 용량 등을 말할 때 사용된다. **복소전력**은 유효전력과 무효전력의 복소수적인 합인 $P+jQ$ 형태의 전력을 일컫는다.

(1) 피상전력(apparent power), P_a

피상전력은 유효전력과 무효전력을 포함한 전체 전력의 절대값 크기를 일컫는다. 주로 전력의 전체 용량을 말할 때 사용되는 용어로서 발전기나 변압기 및 케이블과 같은 전기관련 기기들의 에너지 허용용량 등을 기술할 때 사용한다.

- **단위** : [VA], [KVA], [MVA]
- **산출요령** : 피상전력으로부터 유효전력과 무효전력이 비롯되며, 유효전력과 무효전력의 관계로부터 역률이 정의된다. 일단 피상전력 P_a를 구하는 수식을 살펴본다.

$$P_a = VI = \sqrt{P^2 + Q^2} \tag{7.16}$$

V와 I는 전압과 전류의 실효치이다. 전압과 전류의 실효치들의 곱은 해당 회로가 갖고 있는 전력의 총용량이다. 그 전체용량 P_a의 실수 성분인 $P_a \cos\theta$가 실제 사용 가능한 유효전력이고 허수 성분인 $P_a \sin\theta$가 무효전력이다. 역률 $\cos\theta$가 1에 가까울수록 유효전력 P의 크기는 P_a에 가깝고, $\cos\theta$가 0에 가까울수록 P는 줄고 Q가 증가한다. 즉 동일한 전력 용량이 있다고 하더라도 역률에 따라 실제 일로서 사용할만한 양이 결정된다.

가령 발전기에서 1000[kVA]라는 전기를 생산한다 하더라도 $\cos\theta = 0.5$이면 그 중에 50%만 일로서 쓸 수 있다. 변압기의 경우도 마찬가지이다. 변압기 용량이 10[kVA]이고, 전압의 실효치 $V = 100$[V]일 때 전류는100[A]가 된다. 그러나 역률 $\cos\theta = 0.4$ 밖에 안 된다면 100[A]의 전류가 모두 일을 하는데 사용되지 못하고 40%만 일에 사용되고 변압기에는 계속해서 100[A]의 부담을 지게 되어 외부에 일도 못하면서 변압기가 뜨거워지기만 하는 결과를 초래한다. 이와 같이 피상전력은 역률과 함께 전기 에너지의 실제 사용을 분석하는 중요한 요인이다.

유효전력 $$P = P_a \cos\theta = VI\cos\theta \tag{7.17}$$

무효전력 $$Q = P_a \sin\theta = VI\sin\theta \tag{7.18}$$

$P_a, P, Q, \cos\theta$ 의 관계를 그리면 그림 7.8와 같이 복소수 평면에 나타난다.

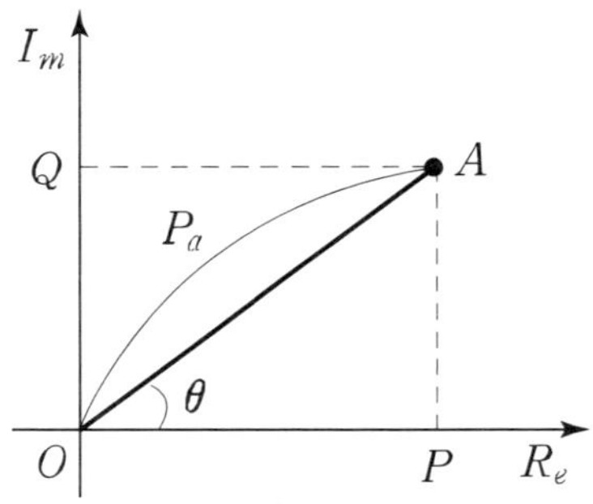

그림 7.8 $P_a, P, Q, \cos\theta$ 의 관계

그림 7.8에서 복소수 평면상의 한 점 A의 길이가 P_a 이다. 역률 $\cos\theta$ 는 P_a와 P 와의 관계에서 결정된다.

$$\cos\theta = \frac{P}{P_a} \tag{7.19}$$

예제 7.3.1

어떤 회로의 유효전력 $P = 80[\mathrm{W}]$, 무효전력 $Q = 60[\mathrm{Var}]$이다. 피상전력을 구하여라.

풀 이

피상전력 $P_a = \sqrt{P^2 + Q^2} = \sqrt{80^2 + 60^2} = 100[\mathrm{VA}]$

P_a, P, Q의 관계를 복소수 평면상에 그리면 그림 7.9와 같다.

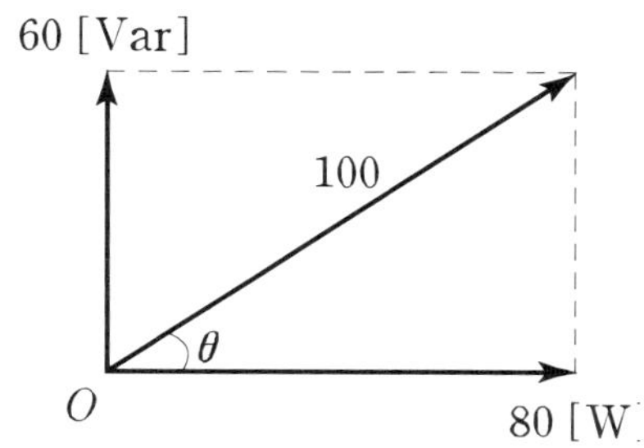

그림 7.9

(2) 복소전력(complex power), P_C

복소수 평면상의 한 점에서 유효전력 P와 무효전력 Q를 각각 실수부와 허수부로 갖는 복소수로 표현한 전력을 **복소전력**이라 한다.

- **수식** : $P_C = P + jQ = ZI^2$, I: 전류의 실효치 (7.20)
- **상호관계** : v, i, P, Q, P_a, P_C의 상호 관계를 살펴본다.

일단 전압·전류의 순시치는

$$v = \sqrt{2}\,V\sin\omega t \tag{7.21}$$

$$i = \sqrt{2}\,I\sin(\omega t + \theta) \tag{7.22}$$

식 7.21)과 식 (7.22)에서 V, I는 전압과 전류의 실효치이고 θ는 위상차이다. 피상전력 P_a는 V와 I의 곱이다.

$$P_a = VI \tag{7.23}$$

이후의 전개 과정은 그림 7.10을 반드시 기억하기 바란다.

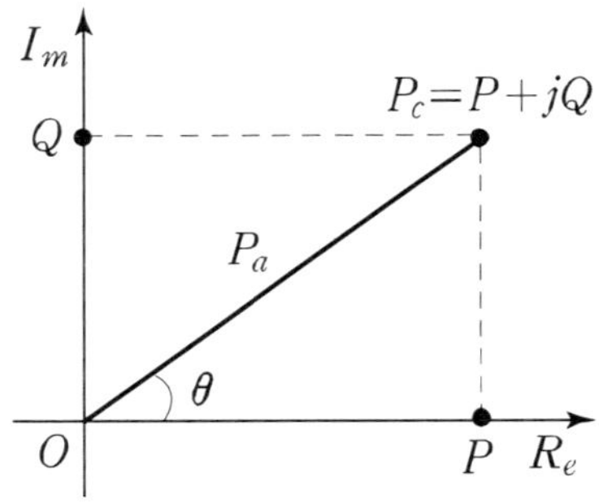

그림 7.10 전력의 상호관계

$$P = P_a \cos\theta, \qquad Q = P_a \sin\theta \tag{7.24}$$

이로부터 P_c를 정리한다.

$$P_c = P_a(\cos\theta + j\sin\theta) = VI(\cos\theta + j\sin\theta) = VI\angle\theta \tag{7.25}$$

또한 $P = I^2R$, $Q = I^2X$의 관계로부터 위 식을 다시 쓸 수 있다.

$$P_c = P + jQ = I^2R + jI^2X = I^2(R + jX) = I^2Z$$

페이서 전압 V, 전류 I에 의한 복소전력 계산 : 순시전압·전류 v, i

$$v = \sqrt{2}\,V\sin(\omega t + \theta_1)$$
$$i = \sqrt{2}\,I\sin(\omega t + \theta_2)$$

전압·전류를 페이서로 나타낸다. 이때 크기는 실효치를 사용한다.

$$v \rightarrow V\angle\theta_1 = \dot{V}$$
$$i \rightarrow I\angle\theta_2 = \dot{I}$$

$\dot{V}$ 와 $\dot{I}$ 는 복소수이다. $\dot{I}$ 의 켤레복소수를 $\dot{I}^*$ 라고 한다.

$$\text{복소전력 :} \qquad P_c = \dot{V}\dot{I}^* \tag{7.26}$$

식 (7.26)은 매우 중요한 식이다. 복소수로 표현한 전압과 전류로부터 복소전력을 직접 계산한다.

식 (7.26)을 유도하는 과정은 다음과 같다.

$$\dot{I}\dot{I}^* = I^2(\cos\theta_2 + j\sin\theta_2)(\cos\theta_2 - j\sin\theta_2) = I^2$$

식 (7.20)에서 $I^2 = \dot{I}\dot{I}^*$을 대입한다.

$$P_c = ZI^2 = Z\dot{I}\dot{I}^* = \dot{V}\dot{I}^*$$

예제 7.3.2

어떤 회로의 전압 $\dot{V} = 2 + j[\text{V}]$, 전류 $\dot{I} = 1 - j[\text{A}]$이다. 복소전력 P_c 를 구하여라.

풀 이

$$P_c = \dot{V}\dot{I}^* = (2+j)(1+j) = 1+3j[\text{VA}]$$

예제 7.3.3

어떤 회로의 전압 $v = 50\sin(10t + 30°)$, 전류 $i = 4\sin(10t - 45°)$이다. 복소전력 P_c 를 구하여라.

풀 이

전압과 전류를 페이서법으로 바꾼다. 이때 크기는 실효치를 사용한다.

$$v = 50\sin(10t + 30°) \quad \rightarrow \quad V = \frac{50}{\sqrt{2}} \angle 30°$$

$$i = 4\sin(10t - 45°) \rightarrow I = \frac{4}{\sqrt{2}} \angle -45°$$

V, I를 직각 좌표로 바꾼다.

$$V = \frac{50}{\sqrt{2}}(\cos 30° + j\sin 30°) = \frac{25\sqrt{3}}{\sqrt{2}} + j\frac{25}{\sqrt{2}}$$

$$I = \frac{4}{\sqrt{2}}(\cos 45° - j\sin 45°) = 2 - j2$$

$$\text{복소전력 } P_c = VI^* = \left(\frac{25\sqrt{3}}{\sqrt{2}} + j\frac{25}{\sqrt{2}}\right)(2 + j2) = 25.88 + j96.6$$

예제 7.3.4

예제 7.3.3에서 무효전력 Q를 구하여라.

풀이

$$Q = VI\sin\theta = \frac{50}{\sqrt{2}}\frac{4}{\sqrt{2}}sin75° = 96.6[\mathrm{Var}]$$

7-4 역률과 역률 보상

역률은 발생된 전기적 용량을 실제 일로 사용하는데 관련된 요소로서, 역률이 클수록 더욱 효과적으로 에너지를 쓸 수 있다. 역률의 개념은 흔히 태양과 지구의 관계에서 설명한다. 태양 빛이 지구에 도달하는 것은 지구의 어느 지역에나 마찬가지인데, 어느 지역은 온도가 올라가 더운 여름이고, 다른 지역은 온도가 떨어져 겨울이다. 그 이유는 태양 빛을 받는 지역이 빛을 수직에 가깝게 받는지, 아니면 비스듬히 받는지의 차이이다. 적도지방은 역률이 1에 가깝고 극지방은 0에 가깝다고 할 수 있다. 전기에 있어서도 마찬가지이다. 발전소에서 일정한 전기를 만들어 수용가에 공급한다 하더라도 계통의 역률이 나빠서 $\cos\theta = 1$에 전혀 미치지 못하면 그만큼 전기를 사용할 수 없기 때문에 엄청난 손해이다.

(1) 역률의 결정

이러한 역률을 결정하는 것은 전압과 전류의 위상차 θ에 기인한다. 직류는 위상차가 없기 때문에 역률이 별 문제가 없지만 (직류의 역률은 항상 1이다) 교류회로는 임피던스 $Z = R + jX$에 의해 전압과 전류의 위상차가 생긴다.

이 위상차 θ는 이미 임피던스 Z의 R과 X에 의해 결정된 값이다. $\theta = \tan^{-1}\dfrac{X}{R}$ 이므로, 이 θ는 곧바로 전압과 전류의 위상차가 되며, 더 나아가 유효전력과 무효전력과의 위상관계인 θ와 동일하다. 그림 7.11에 등장하는 θ는 모두 동일한 것으로, 그 모든 원인은 임피던스의 위상각 θ에 기인한다.

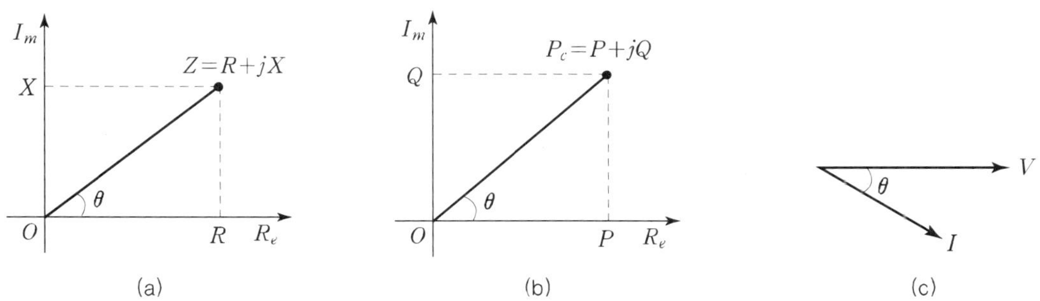

그림 7.11 위상각 θ 와 역률 $\cos\theta$

위상각 θ 와 역률 $\cos\theta$ 에 대하여 수식으로 정리해보자. 세 가지 측면에서 고찰된다. 하나는 임피던스 Z, 두 번째는 전압·전류관계, 세 번째는 전력에서이다.

① 부하의 임피던스 $Z = R + jX$로부터 $\theta = \tan^{-1}\dfrac{X}{R}$가 결정되고, $\cos\theta$가 역률이다.

② 전압·전류의 순시치가 $v = V_m \sin\omega t$, $i = I_m \sin(\omega t - \theta)$일 때, 그 위상차 θ로부터 역률 $\cos\theta$가 결정된다.

③ 전력의 복소수 평면상의 표현에서도 피상전력과 유효전력의 사이각인 θ가 구해진다.

$$\theta = \tan^{-1}\frac{X}{R} = \cos^{-1}\frac{P}{P_a} = \sin^{-1}\frac{Q}{P_a}$$

④ θ의 $\cos\theta$가 역률이다.

여기서 역률 $\cos\theta$ 는 θ 의 부호에 관계없이 항상(+)임을 알 수 있으며 $0 \le \cos\theta \le 1$의 범위를 갖는다. 또한 $\cos\theta$ 대신에 $\sin\theta$를 **무효율**이라고 정의하여 사용하기도 한다.

다음은 위상각 θ의 부호와 전압·전류 위상, 전력의 극성에 관해서 고찰한다. 교류회로에서 리액턴스 X, 전압과 전류의 위상 및 무효전력은 인덕터와 커패시터의 크기에 따라 (+)와 (−)가 될 수 있다. 리액턴스 $X > 0$인 경우에는 유도성 부하가 되어 전류가 전압보다 위상이 늦은 지상이 되고, 무효전력 $Q > 0$이 된다. 반면에 $X < 0$이 되어 용량성이면, 전압·전류관계는 진상이고, 무효전력 $Q < 0$이다.

이 관계를 그림 7.12와 7.13에 보였다. 각각의 경우 위상각 θ 와 $\cos\theta$가 동일함은 물론이다.

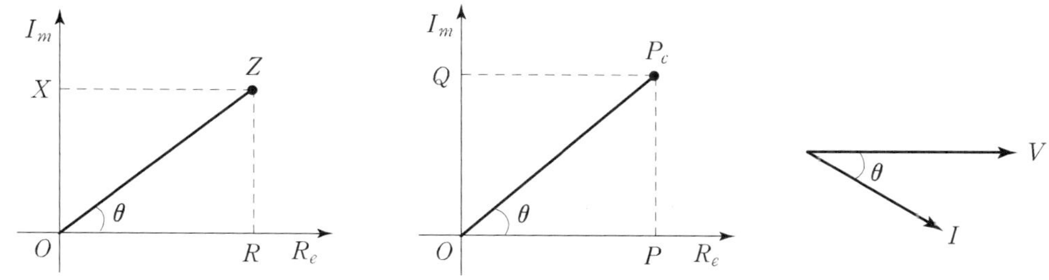

(a) $Z=R+jX$, $X>0$ 유도성 (b) $P_c=P+jQ$, $Q>0$ (c) 지상

그림 7.12 유도성 부하

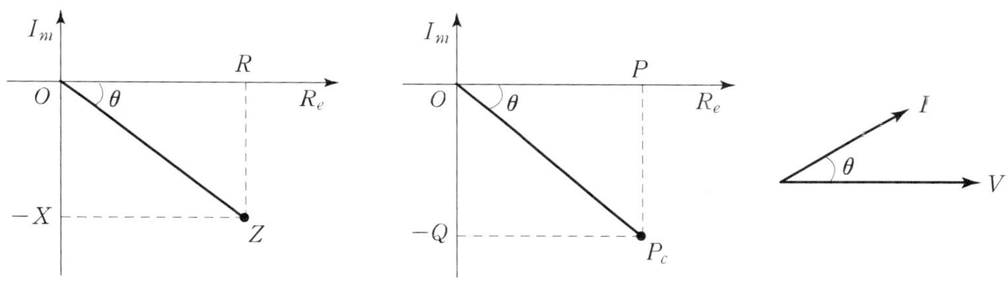

(a) $Z=R+jX$, 용량성 (b) $P_c=P-jQ$ (c) 진상

그림 7.13 용량성 부하

예제 7.4.1

다음 여러 가지 경우에 역률$\cos\theta$를 계산하고, 그 관계를 그림으로 나타내어라.

(1) $v=150\sin(20t+30°)$, $i=70\sin(20t-10°)$

(2) 유효전력 $P=200[\mathrm{W}]$, 무효전력 $Q=100[\mathrm{VAR}]$

(3) 복소전력 $P_c=40-j50$

(4) $Z=3+j4$

(5) $Y=5-j9$

(6) 피상전력 $P_a=140[\mathrm{VA}]$, 무효전력 $Q=60[\mathrm{VAR}]$

풀 이

이 문제들은 다양한 각도에서 역률을 접근하고 있다. 문제를 해결하는 핵심은 위상각 θ를 찾는 일이다. 주어진 수식만 가지고 찾기 힘들면 그림을 그려서 θ를 찾는다.

(1) 전압 v 와 전류 i 의 위상차 $\theta = 30-(-10) = 40°$이고 전류가 전압보다 늦은 지상이다. [그림 7.14에서 표시]

(2) P와 Q에 의해 [그림 7.15에서 표시]

$$\theta = \tan^{-1}\frac{Q}{P} = \tan^{-1}\frac{100}{200} = 26.57°$$
$$\cos\theta = \cos 26.57° = 0.89$$

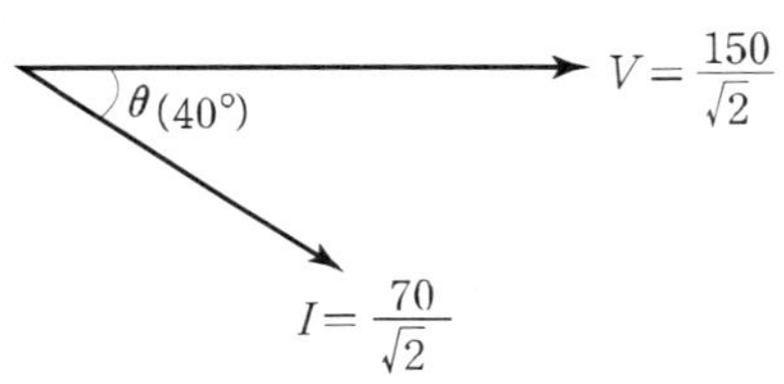

그림 7.14

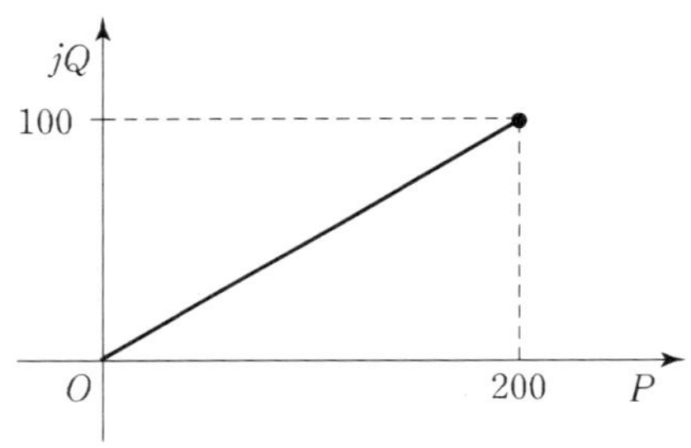

그림 7.15

(3) 복소전력 $P_c = 40-j50$로부터 [그림 7.16에서 표시]

$$P = 40[\text{W}]$$
$$Q = -50[\text{VAR}]$$
$$\cos\left(\tan^{-1}\frac{-50}{40}\right) = 0.62$$

(4) $Z = 3+j4,\quad \cos\theta = \cos\left(\tan^{-1}\frac{4}{3}\right) = 0.6$ [그림 7.17에서 표시]

(5) $Y = 5 - j\,9$에서

$$Z = \frac{1}{Y} = \frac{1}{5 - j\,9} = 0.047 + j\,0.085$$

$$\cos\theta = \cos\left(\tan^{-1}\frac{0.085}{0.047}\right) = 0.48$$

(6) $P_a = 140[\mathrm{VA}], Q = 60[\mathrm{VAR}]$ [그림 7.18에서 표시]

$$\sin\theta = \frac{Q}{P_{a=\frac{60}{140}}}$$

$$\theta = \sin^{-1}\frac{60}{140} = 25.38°$$

$$\cos\theta = \cos 25.38° = 0.9$$

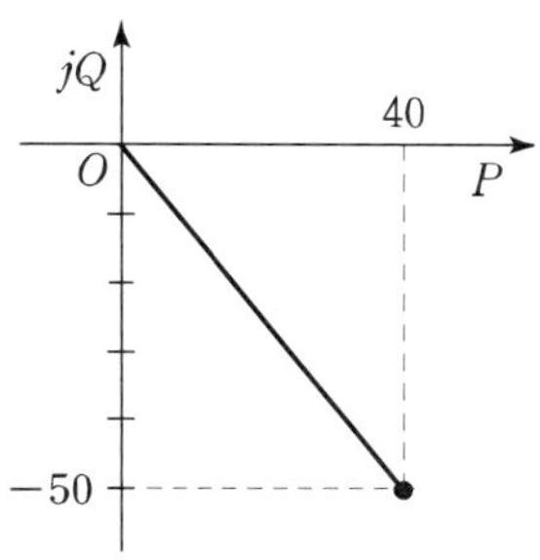

그림 7.16

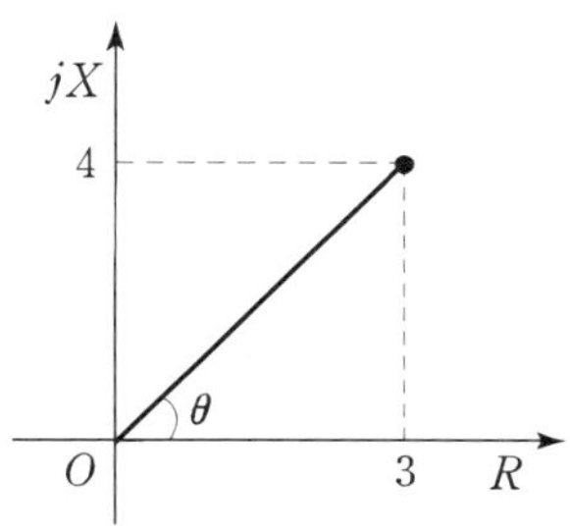

그림 7.17

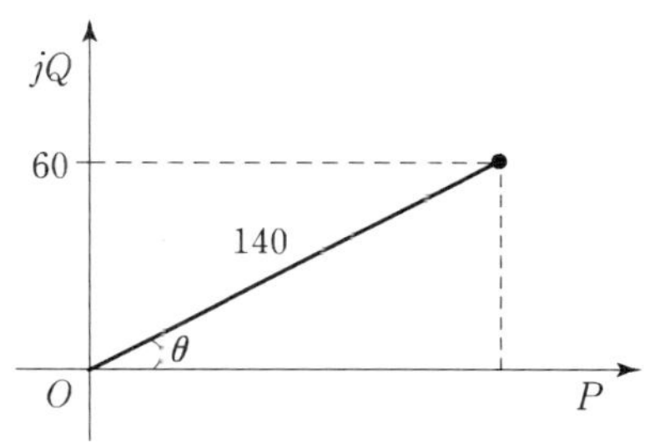

그림 7.18

예제 7.4.2

그림 7.19 회로에 전압 $v = \sin 400t$[V]가 인가되었다. 이 회로에 병렬로 회로를 연결하여 합성 역률이 1이 되도록 하고자 한다. 병렬로 연결할 회로를 설계하여라.

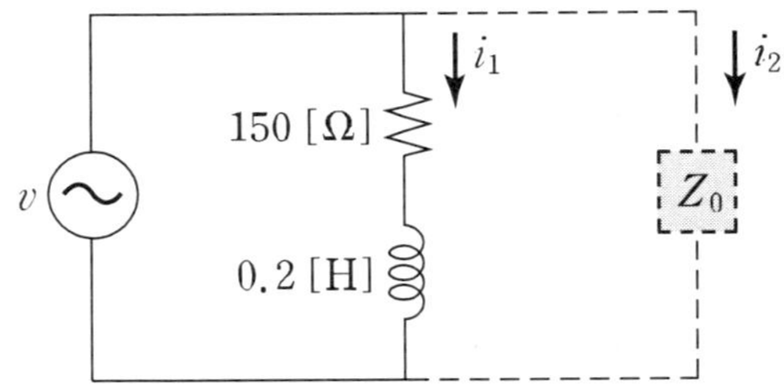

그림 7.19

풀이

RL 회로의 임피던스 $Z_1 = R + j\omega L = 150 + j400 \times 0.2 = 150 + j80$

- 전류 $$I_1 = \frac{V}{Z_1} = \frac{100}{150 + j80} = 0.588 \angle -28.07°$$
- 복소전력

$$P_{c1} = \dot{V}\dot{I_1}^* = \frac{100}{\sqrt{2}}\frac{0.588}{\sqrt{2}} \angle 28.07° = 29.4 \angle 28.07° = 25.94 + j13.83$$

전체의 복소전력의 무효전력분이 0이 되려면 Z_0의 무효전력이 -13.83[Var]이어야 한다. Z_0가 콘덴서로만 구성된 회로라면 병렬연결 회로의 복소전력 $P_{c2} = -j13.83$이다.

병렬연결 회로의 전류 $\dot{I_2}$의 $\dot{I_2}^*$에 대하여 다음 관계가 성립한다.

$$P_{c2} = \dot{V}\dot{I_2}^* = \frac{100}{\sqrt{2}}\dot{I_2}^* = -j13.83$$

$$\dot{I}_2^* = -j\frac{13.83\sqrt{2}}{100} = -j\,0.1956$$

$$\therefore \quad \dot{I}_2^* = j0.1956[\mathrm{A}], \quad I_2 = \sqrt{2}\,0.1956\angle 90°$$

$V=100$, $I_2=0.2766\angle 90°$의 관계로부터 Z_0를 계산한다.

$$Z_0 = \frac{V}{I_2} = \frac{100}{0.2766\angle 90°} = 361.5\angle -90° = -j361.5 = -j\frac{1}{\omega C}$$

$$\therefore \quad C = \frac{1}{361.5\times\omega} = \frac{1}{361.5\times 400} = 6.9[\mu\mathrm{F}]$$

예제 7.4.3

그림 7.20 회로에서 유효전력을 측정하였더니 72[W]이었다. $v=120\sin 800t$ [V], $R_1=400$ [Ω], $R_2=120$ [Ω], $L=0.3$[H], $C=50[\mu\mathrm{F}]$일 때

(1) 무효전력 Q를 구하여라.

(2) 회로 전체의 역률 (p,f)을 계산하여라.

(3) 복소전력 P_c를 구하고 P, Q, $\cos\theta$의 관계를 복소수 평면에 나타내어라.

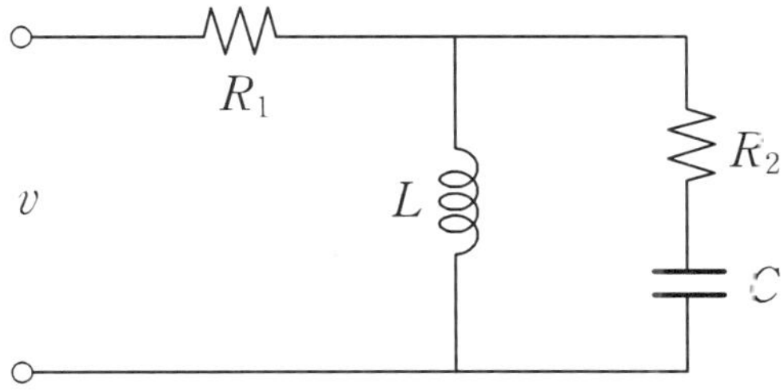

그림 7.20

풀 이

$\omega = 800$[rad/s]에 대한 전체 임피던스를 구한다.

$$(1)\ Z = R_1 + \left[j\omega L \parallel \left(R_2 + \frac{1}{j\omega C} \right) \right] = 400 + [j240 \parallel (120 - j25)]$$

$$= 400 + \frac{j240(120 - j25)}{120 - j25 + j240}$$

$$= 514 + j\,35.73 = R + jX$$

여기서 $R = 514$, $X = 35.73$이다.

문제의 조건에서 유효전력 $P = 72$[W]로서 $P = I^2R$에서

$$I = \sqrt{\frac{P}{R}} = \sqrt{\frac{72}{514}} = 0.374[\text{A}]$$

무효전력

$$Q = I^2X = 0.374^2 \times 35.73 = 5[\text{Var}]$$

(2) 역률 $\cos\theta$

$$\theta = \tan^{-1}\frac{Q}{P} = \tan^{-1}\frac{5}{72} = 3.97°$$

$$\cos\theta = \cos 8.88° = 0.99$$

(3) 복소전력 $P_c = P + jQ = 72 + j5$

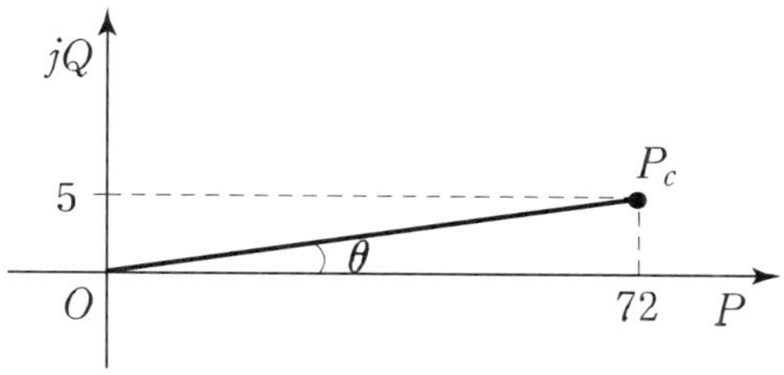

그림 7.21

(2) 역률 보상

교류회로의 역률 보상은 전력을 공급하는 전체 전력전송시스템에 있어서 대단히 중요한 과제이다. 전력계통은 전기를 사용하는 시간대에 따라 낮과 밤이 서로 다른 위상특성을 나타낸다. 낮 시간대는 대부분의 공장이나 사무실이 전기를 사용하는데, 대부분의 부하가 전동기를 포함한 유도성이기 때문에 역률은 1보다 작은 지상이 된다.

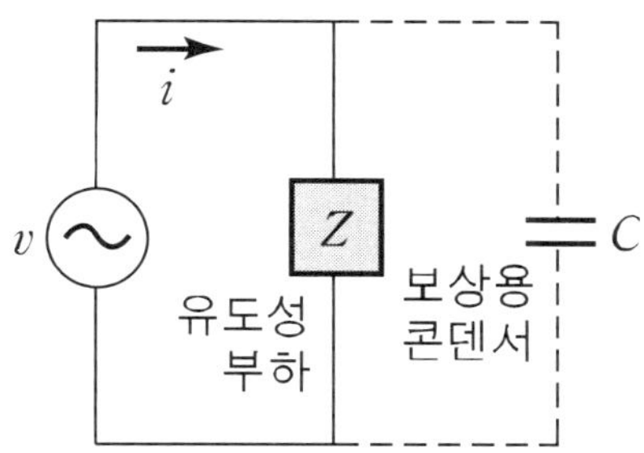

$Z = R + jX$, $X > 0$ 유도성

그림 7.22 역률 보상

반면에 심야에는 대부분의 부하가 죽은 상태가 되고 송전선의 정전용량(콘덴서)성분에 의해 용량성을 띄게 되어 역률은 진상이 된다. 역률 보상이란 낮 시간대에 유도성 부하로 인한 역률의 떨어짐을 막기 위해 계통에 병렬로 콘덴서를 투입하여 무효전력값을 줄여 역률을 1에 가깝도록 하려는 노력이다. 역률이 1에 가까울수록 생산된 전기를 거의 모두 부하의 일에 사용할 수 있으나, 1보다 작을 때는 그만큼 사용하는 전기량이 줄어들어 결국은 손해다. 따라서 역률 개선은 계통의 경제적 운용 면에서도 반드시 해야 하는 작업이다. 실제로 계통의 역률개선은 변전소의 콘덴서 값을 시간대별로 단계적 투입함에 의한다.

7-5 최대전력 전송

어떤 교류회로를 통해 부하에 전력을 공급하려 할 때, 그 회로는 내부 전원과 직렬임피던스로 등가시킬 수 있다. 직렬 임피던스가 0이면 부하에 최대전력을 공급하는데 지장이 없겠으나 직렬 임피던스가 없는 경우는 거의 없으므로, 이 경우 부하에 최대전력을 공급하는 문제가 대두된다. 예를 들어 앰프에서 스피커로 출력을 내보낼 때 최대 전력을 스피커로 출력시키는 것이 이에 해당된다.

(1) 최대전력 전송 조건

- **조건식 :** $Z_0 = Z_L^*$ (7.27)

$$Z_0 = R_0 + jX_0, \quad Z_L = R_0 - jX_0$$

그림 7.23에서 최대전력 전송이란 부하 Z_L의 유효전력이 최대가 되도록 함을 말한다. 부하 Z_L의 전력을 구하려면 먼저 Z_L의 전류 I를 계산한 다음, $Z_L = R_L + jX_L$의 R_L에 전류 I^2을 곱한 유효전력 $P_L = R_L I^2$이 최대가 되는 조건을 구한다.

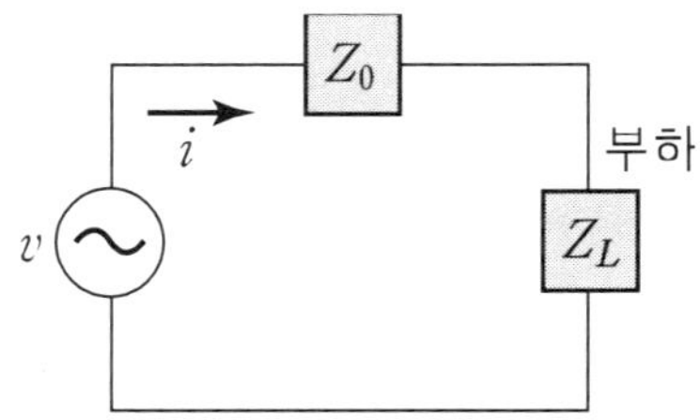

그림 7.23 최대전력 전송

예제 7.5.1

전원측 임피던스가 $Z_0 = 3 + j4\,[\Omega]$이다. 부하에 최대전력을 공급하고자 한다. 부하측 임피던스를 구하여라.

풀 이

식(7.27)에 의해 부하측 임피던스 $Z_L = 3 - j4\,[\Omega]$이다.

(2) 최대전력 전송시 전송효율

최대전력 전송시 전체 임피던스는 $Z = Z_0 + Z_L = R_0 + R_L\,(R_0 = R_L)$가 되어 전체 전력을 R_0와 R_L이 양분한다. 이때 부하에 걸리는 최대전력

$$P_{L\max} = I_L{}^2 R_L = \left(\frac{V}{R_0 + R_L}\right)^2 R_L = \left(\frac{V}{2R_L}\right)^2 R_L = \frac{V_2}{4R_L}$$

이며 공급전력이 $\frac{1}{2}$이 된다.

(3) 저항부하에서의 최대전력 전송조건

그림 7.24와 같이 전원의 직렬임피던스 $Z_0 = R_0 + jX_0$이고 부하가 저항 R_L인 경우, 부하 R_L에 최대전력을 전송하는 조건을 구한다.

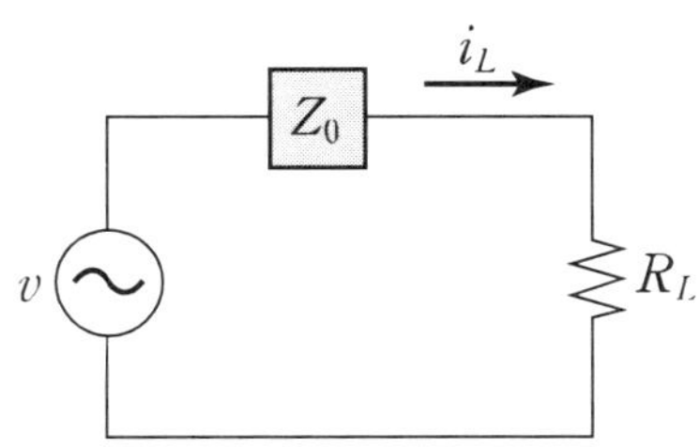

그림 7.24 최대전력 전송

$Z_0 = R_0 + jX_0$이므로 부하전류 I_L은 실효치 전압 V에 대하여

$$I_L = \frac{V}{Z_0 + R_L} = \frac{V}{(R_0 + R_L) + jX_0}$$

$$I_0 = |I_L| = \frac{V}{\sqrt{(R_0 + R_L)^2 + X_0^{\,2}}}$$

이다. 부하 R_L의 전력은 $R_L I_0^{\,2}$이므로

$$P_L = R_L I_0^{\,2} = \frac{R_L V^2}{(R_0 + R_L)^2 + X_0^{\,2}}$$

부하저항 R_L의 최대전력은 $\dfrac{dP_L}{dR_L} = 0$의 조건에서 구한다.

$$\frac{dP_L}{dR_L} = \frac{V^2(R_0^{\,2} - R_L^{\,2} + X_0^{\,2})}{\left[(R_0 + R_L)^2 + X_0^{\,2}\right]^2} = 0$$

$$R_0^{\,2} + X_0^{\,2} = R_L^{\,2}$$

$$R_L = \sqrt{R_0^{\,2} + X_0^{\,2}} = |Z_0| \tag{7.28}$$

즉 부하저항값이 직렬 임피던스의 절대값과 같을 때이다.

예제 7.5.2

다음의 물음에 답하여라.

(1) 직렬임피던스 $Z_0 = 3 + j4$인 회로에 부하 Z_L을 연결하여 부하에 최대전력을 전송하고자 한다. Z_L을 구하여라.

(2) 교류전원의 내부저항이 30 [Ω]인 전원에 부하저항을 연결하여 최대전력을 전

송하려 한다. 부하저항값은 얼마로 선택해야 하며, 전압 V에 대하여 최대전력 전송시 부하에 걸리는 전력은 얼마인가?

풀이

(1) 공식을 그대로 활용하면 된다. 저항은 그대로 두고 리액턴스의 부호만 바꾼다.

$$Z_L = 3 - j4$$

(2) 부하저항은 당연히 30 [Ω]이고,

최대전력은 $P_{L\max} = I_0^{\ 2} R_L = \left(\dfrac{V}{30+30}\right)^2 \times 30 = \dfrac{V^2}{120}$이다.

예제 7.5.3

그림 7.25 회로에서 부하가 인덕터 L이고, 부하에 최대전력을 전송시 R값을 산출하여라.

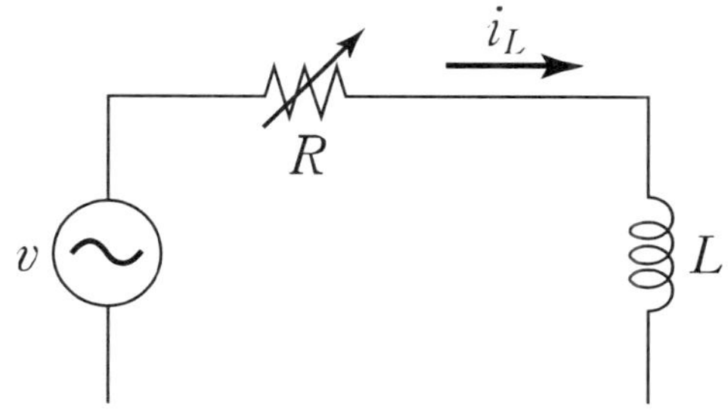

그림 7.25

풀이

전원 전압 $v = V_m \sin\omega t$에 대한 전체 임피던스

$Z = R + j\omega L = R + jX_L$

전류 $I = \frac{V}{Z} = \frac{V_m}{R + jX_L}$, 실효치 $I_0 = \frac{V_{\mathrm{rms}}}{\sqrt{R^2 + X_L^{\,2}}}$

저항 R의 전력 $P_R = I_0^{\,2} R = \frac{V_{\mathrm{rms}}^{\,2} \mathrm{R}}{R^2 + X_L^{\,2}}$

P_R이 최소가 되려면 $\frac{dP_R}{dR} = 0$이어야 한다.

$$\frac{dP_R}{dR} = \frac{V_{\mathrm{rms}}^{\,2}(\mathrm{R}^2 + \mathrm{X_L}^2) - 2\mathrm{R}^2 \mathrm{V_{rms}}^2}{(R^2 + X_L^{\,2})^2} = 0$$

$R^2 + X_L^{\,2} - 2R^2 = 0$

$R^2 = X_L^{\,2}$, 즉 $R = X_L$일 때 R에 최대전력이 전송된다.

(4) 변압기가 연결된 회로의 최대전력 전송 조건

부하에 최대전력을 전송해야 함은 물론이나, 실제에 있어서 부하의 임피던스나 전원측의 인피던스를 임의로 가변하여 최대전력 전송 조건을 맞출 수 있는 경우는 매우 드물다. 예를 들어 스피커에 전력을 보내는 오디오 앰프를 설계할 때, 스피커의 저항과 앰프의 내부 저항을 전송 조건에 맞추어 설계하기는 매우 힘들다. 이때 사용되는 것이 변압기이다. 전원의 내부 임피던스와 부하가 변압기를 통해 서로 연결되어 있는 회로에서 부하에 최대전력을 전송하는 조건을 구하는 것은 변압기의 특성을 회로해석에 포함시킴으로서 가능하다. 변압기는 등가회로로서 내부임피던스와 부하임피던스를 연결하고 부하 전류는 이 모든 임피던스와 공급전압의 관계에서 산출된다. 그림 9.26은 변압기가 연결된 회로를 보이고 있다.

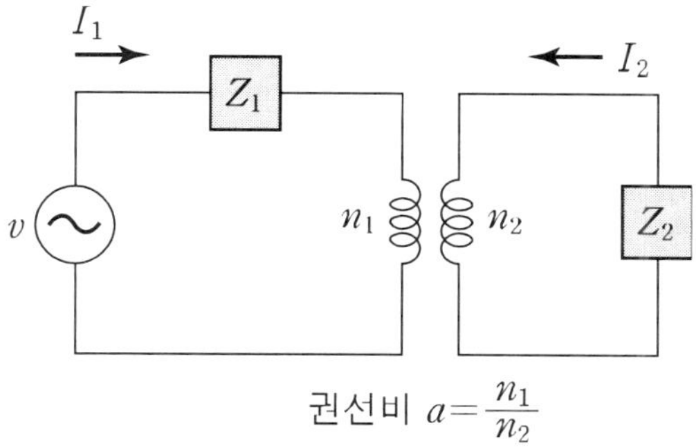

그림 7.26 변압기 결합회로

$$\bullet\ \textbf{전송조건 :}\quad a = \sqrt{\frac{|Z_1|}{|Z_2|}} \tag{7.29}$$

일반적으로 변압기는 1차 및 2차측 임피던스와 변압비 또는 권선비로 표현한다. 변압기 1차측 임피던스를 Z_1, 2차측 임피던스를 Z_2라 하고, 변압비를

$$a\left(a = \frac{V_1}{V_2} = \frac{n_1}{n_2}\right)$$

라고 할 때, 2차측 임피던스 Z_2는 1차측으로 환산되어 1차측에 모두 포함된다. 2차측에 있었던 임피던스 Z_2와 부하에는 변압비 a^2이 모두 곱해진다. 부하를 포함한 전체 임피던스

$$Z_t = Z_1 + a^2 Z_2 + a^2 Z_L = R_t + X_t \tag{1}$$

부하 전류는 전체 전류와 같으므로 부하전류

$$I_L = \frac{V_0}{Z_t} \tag{2}$$

임피던스 Z_t 가 복소수이므로 페이서 전류 I_L도 복소수이다. 부하의 임피던스를 $Z_2 = R_L + X_L$이라 할 때, 부하측의 유효전력

$$P_L = R_2 \; |I_L|^2 \tag{3}$$

앞의 경우와 마찬가지로 $dP_L / d(|a^2 Z_2|)$을 계산하여 조건을 구한다. 그 결과를 제시하면 다음과 같다.

$$|a^2 Z_2| = |Z_1| \tag{4}$$

이를 전압비 a로 나타낸다.

$$a = \sqrt{\frac{|Z_1|}{|Z_2|}} \tag{5}$$

- **전송 조건식의 의미 :** 이 수식은 매우 중요한 의미를 담고 있다. 전원측의 내부 임피던스나 부하의 임피던스가 고정되어 있고, 변할 수 없는 경우 변압기를 가지고 최대전력을 전송할 수 있는 방법을 보여준다. 변압기의 변압비를 조정함으로 이것이 가능하다.

연 습 문 제

1 어떤 회로의 전압과 전류 v, i는 다음과 같다.

$v = 50\sin 100t\,[\mathrm{V}]$, $i = 4\sin(100t - 60°)$

(1) 평균전력을 구하여라.

(2) 이 회로의 임피던스 $Z = R + jX$라고 할 때 임피던스 각 $\theta = \tan^{-1}\dfrac{X}{R}$를 구하여라.

(3) 순시전력의 각주파수는 얼마인가?

(4) 순시전력의 진폭을 구하여라.

2 그림 7.27 회로에 전압 $v = 40\sin 20t\,[\mathrm{V}]$를 인가하였다. 평균전력을 구하여라.

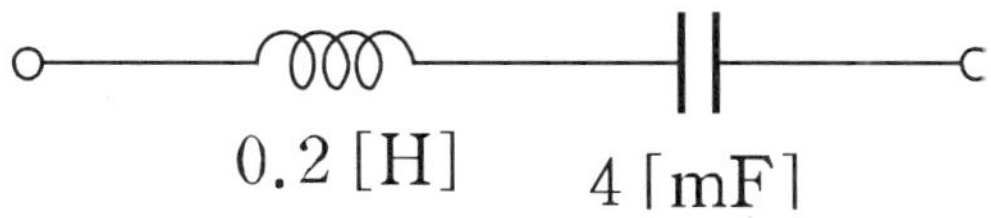

그림 7.27

3 어떤 회로의 임피던스 $Z = 3 + j4\,[\Omega]$이다. 전류 $i = 50\sqrt{2}\,sin40t[\mathrm{A}]$가 이 회로에 흐른다. 다음 물음에 답하여라.

(1) 유효전력 P를 구하여라.

(2) 무효전력 Q를 구하여라.

(3) 피상전력 P_a, 복소전력 P_c 및 역률을 산출하여라.

4 전압·전류의 복소수 표현이 $V=4+j$, $I=2+3j$이다.

(1) 복소전력 P_c를 구하여라.

(2) 피상전력 P_a와 역률을 계산하여라.

5 저항 $R=8\,[\Omega]$인 부하에 최대전력을 전송하고자 한다. 전원의 내부저항이 얼마이어야 하는가?

6 그림 7.28과 같은 회로에 부하임피던스 Z_L을 연결하여 부하에 최대전력을 전송하고자 한다. Z_L을 얼마로 하여야 하는가?

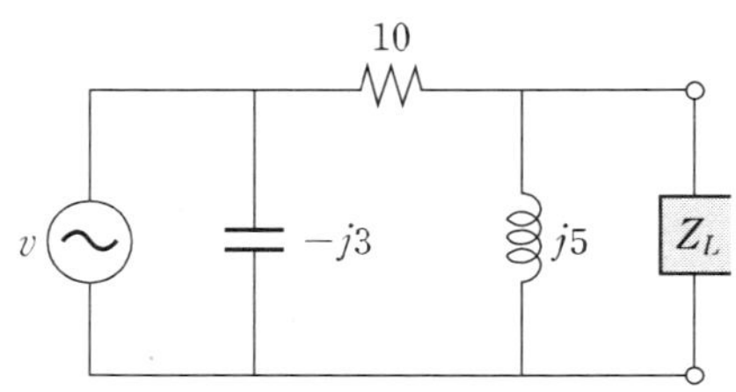

그림 7.28

7 전원측 저항이 $160\,[\Omega]$이고 부하측이 $10\,[\Omega]$인 회로가 있다. 중간에 변압기를 사용하여 부하에 최대전력을 전송하고자 한다. 변압기 권선비 $a=\dfrac{n_1}{n_2}$을 얼마로 정해야 하는가?

8 60[Hz], 120[V] 정격의 단상유도전동기가 있다. 이 전동기의 출력은 3[HP]이고, 효율은 90[%]이며 역률은 80[%]이다. 역률을 100[%]로 개선하기 위한 병렬 콘덴서의 용량은 약 몇[VA]인가?

제 8 장

다상교류

제8장 다상교류

8-1 다상교류

교류회로에서 주파수가 같고 위상이 다른 여러 개의 기전력이 동시에 존재하는 교류방식을 다상방식이라고 한다. n개의 기전력이 같고 위상차가 차례로 $2\pi/n\,[rad]$ 만큼 다른 교류를 대칭 n상 교류라 하고 그렇지 않을 경우를 비대칭 n상 교류라 한다. 대칭 n상 기전력을 발생하고 각 상의 임피던스가 같은 전원을 대칭 n상 전원 또는 대칭 전원이라 하고 그렇지 않은 전원을 비대칭 전원이라 한다. 또한 부하의 경우 각 상의 임피던스가 같은 부하를 평형 부하라 하고 그렇지 않은 부하를 불평형 부하라 한다. 대칭 n상 전원에 평형 n상을 접속하면 전류는 각 상 모두 같고 상차도 $2\pi/n\ [rad]$이 된다. 이와 같은 회로를 평형 n상 회로라 하고 그렇지 않은 회로를 불평형 회로라 한다. 다상방식 중에서도 특수한 경우를 제외하고 실제로 많이 사용하는 것은 3상방식이다.

지금까지 취급한 단상방식에 비하여 3상방식은 다음과 같은 이점을 갖는다.

① 평형 3상방식에서 순시전력의 총화는 일정하므로 3상 전동기는 일정한 회전력을 받게 되어 진동이 적다.

② 3상방식은 단상방식이나 기타의 다상방식에 비하여 전체적으로 경제적이고, 동작상 편리하며 효율이 좋다.

③ 3상전력은 적당한 변압기에 의하여 다른 다상전력 변환이 용이하다.

8-2 다상결선 방식

(1) 성형결선과 환상결선

그림 8.1에 표시한 바와 같이 각 상의 동일극성의 단자를 O점에 함께 묶어 결선한 방식을 성형결선(star connection)이라 하고 O점을 중성점(neutral point)이라 하며 각 상의 단자 전원을 전원으로 사용한다.

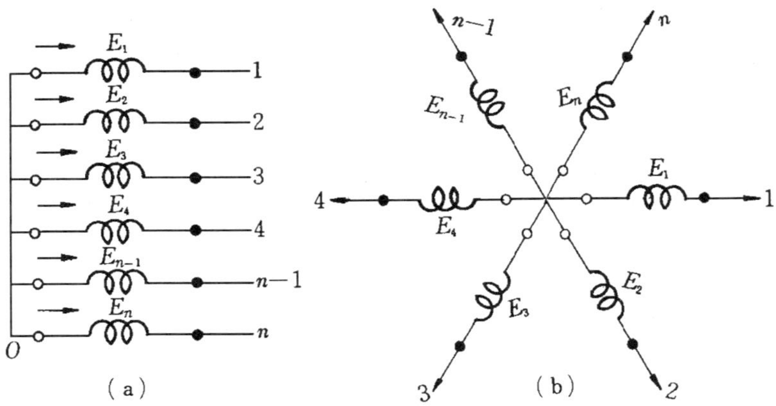

그림 8.1 성형 결선

그림 8.2와 같이 각 상의 극성이 다른 단자끼리 직렬 접속하여 환상 모양으로 접속한 방식을 환상결선(Ring Connection)이라 하며 각 상의 접속 단자를 전원 단자로 사용한다.

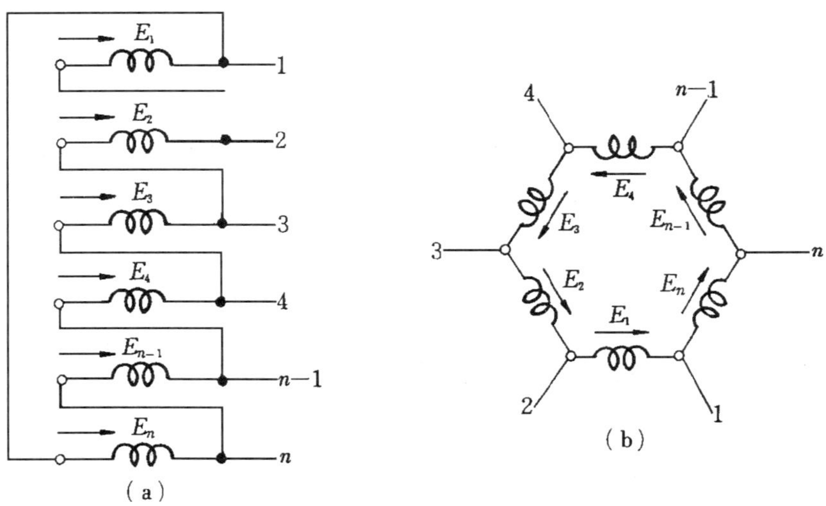

그림 8.2 환상결선

3상 결선을 많이 사용하므로 위의 결선을 그림 8.3과 같이 3상 결선으로 나타내면 성형결선은 Y형, 환상결선은 △형결선되므로 Y결선(Y connection), △결선 (delta connection)이라고 한다.

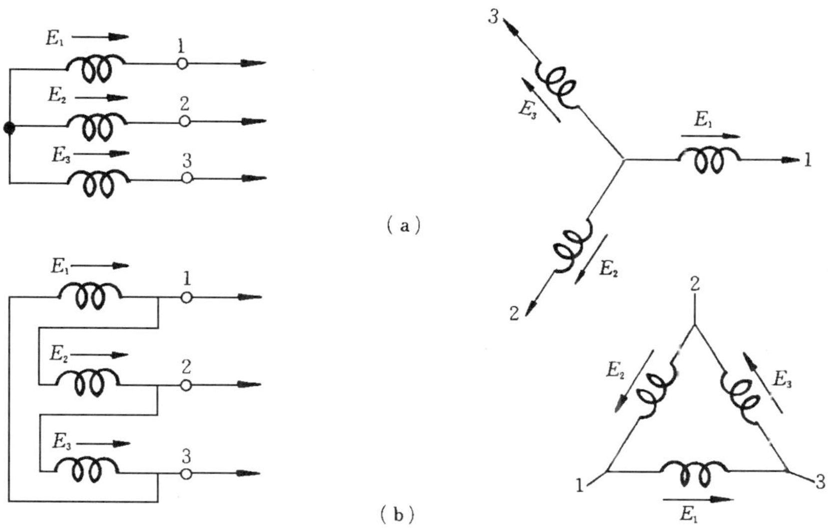

그림 8.3 3상 결선방식

다상 교류회로에서 부하의 접속방식도 기전력의 결선 방식과 같은 방법으로 결선하여 전원단자와 연결하여 사용한다. 이를 그림 8.4에 나타내었다.

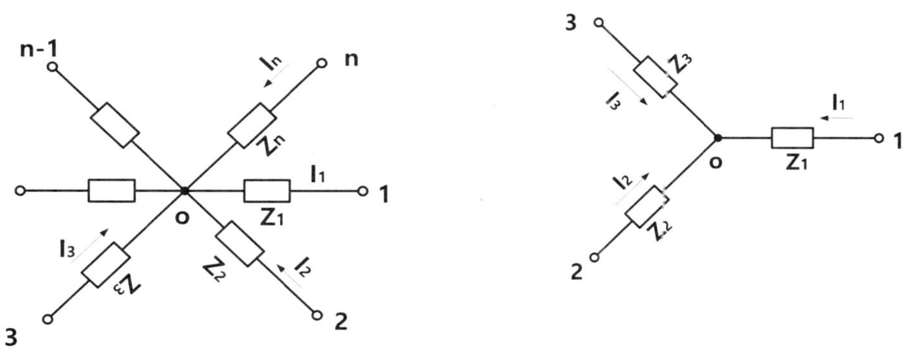

(a) 성상결선 및 Y결선

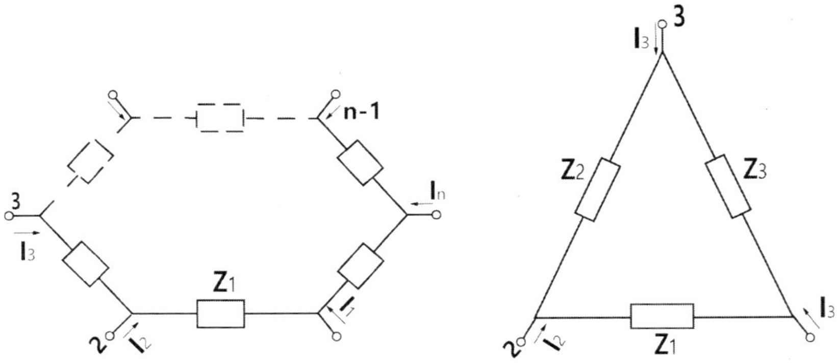

(b) 환상결선 및 델타 결선

8.4 부하 임피던스 결선

일반적으로 각 상의 기전력, 전압 및 전류를 상기전력, 상전압 및 상전류라 한다. 결선방식에 따라 성상결선인 경우 성상기전력, 성상전압 및 성상전류라 하며 환상결선일 경우 환상기전력, 환상전압 및 환상전류라 한다. 전원 단자에서 부하단자에 연결하는 선로에 흐르는 전류를 선전류라 하고 선로사이의 전압을 선간전압이라 한다. 성상결선일 경우 상전류는 선로전류가 되고 환상결선일 경우 상전압이 선간전압이 된다.

8-3 대칭다상 교류

(1) 대칭n상 교류의 기전력

대칭n상 교류에 있어서 각 상의 기전력의 순시치 $e_1, e_2, e_3, ..., e_n$ 은 모두 크기가 같고 순차적으로 $2\pi/n$ $[rad]$의 위상차를 이루고 있으므로 다음과 같이 표시할 수 있다.

$$e_1 = E_m \sin\omega t$$

$$e_2 = E_m \sin(\omega t - \frac{2\pi}{n})$$

$$e_3 = E_m \sin(\omega t - \frac{2\pi}{n} \bullet 2)$$

....

$$e_n = E_m \sin(\omega t - \frac{2\pi}{n} \cdot (n-1)) \quad (8.1)$$

이를 실효치의 페이져로 표시하면 다음과 같다.

$$E_1 = E(\text{기준})$$
$$E_2 = Ee^{-j\frac{2\pi}{n}} = E(\cos\frac{2\pi}{n} - j\sin\frac{2\pi}{n})$$
$$E_3 = Ee^{-j\frac{4\pi}{n}} = E(\cos\frac{4\pi}{n} - j\sin\frac{4\pi}{n})$$
$$\cdots$$
$$E_n = Ee^{-j\frac{2\pi}{n}(n-1)} = E(\cos\frac{(n-1)2\pi}{n} - j\sin\frac{(n-1)2\pi}{n}) \quad (8.2)$$

따라서

$E_1 + E_2 + \ldots + E_n = 0$ 의 관계가 성립한다.

일반적으로 대칭다상교류에서 각 상의 전압이나 전류의 총합은 항상 0이다. 식 (8.2)와 같이 각 상의 기전력이 $2\pi/n$ $[rad]$씩 뒤지는 상의 순서인 각상의 전압의 최대치가 되는 순서를 상순 또는 상회전이라 한다.

(2) 대칭n상 교류의 성상기전력과 전류

대칭 n상 교류의 성상기전력을 $E_1, E_2, E_3, \ldots, E_n$, 성상전류를 $I_1, I_2, I_3, \ldots, I_n$ 이라 하면 선전류 I_l은 상전류 I_p가 되므로

$$I_1 + I_2 + I_3 + \cdots + I_n = 0 \quad (8.3)$$

의 관계가 성립한다.

권선의 임피던스를 무시하고 선간전압을 $V_{12}, V_{23}, V_{34}, \cdots, V_n$ 라 하면

$$V_{12} = E_1 - E_2,\ V_{23} = E_2 - E_3,\ V_{34} = E_3 - E_4$$
$$,\ldots\ldots,\ V_{n1} = E_n - E_1 \quad (8.4)$$

이 성립되며 페이저도를 구하면 그림 8.5와 같다.

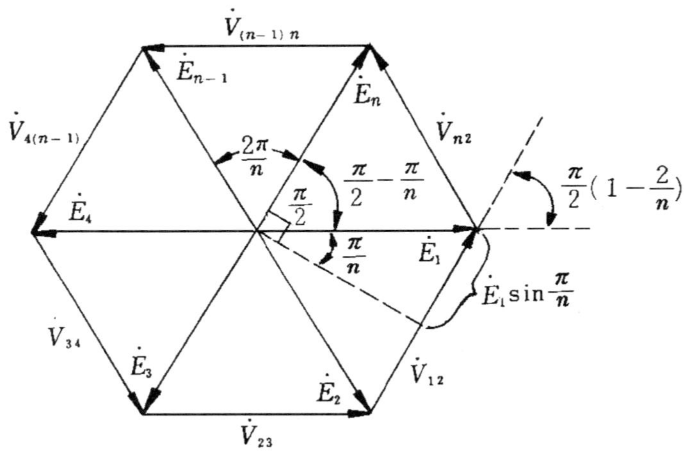

그림 8.5 대칭n상 교류의 성상기전력 페이저

선간전압 V_{12}와 상전압 E_1의 관계는 다음과 같다.

$$V_{12} = 2E_1 \sin\frac{\pi}{n} e^{j\frac{\pi}{2}(1-\frac{2}{n})}$$

$$V_{23} = 2E_2 \sin\frac{\pi}{n} e^{j\frac{\pi}{2}(1-\frac{2}{n})}$$

....

$$V_{n1} = 2E_n \sin\frac{\pi}{n} e^{j\frac{\pi}{2}(1-\frac{2}{n})}$$

선간전압 V_l과 상전압 V_p라 하면 일반적으로 다음과 같다.

$$V_l = 2\sin\frac{\pi}{n} V_p \ \angle\frac{\pi}{2}(1-\frac{2}{n}) \tag{8.5}$$

또한 다음과 같은 관계가 성립한다.

$$V_{12} + V_{23} + .. + V_{n1} = 0$$

(3) 대칭 n상 교류의 환상기전력과 환상전류

대칭 n상 교류의 환상기전력을 $E_{12}, E_{23}, E_{34}, \ldots, E_{n1}$, 환상전류를 $I_{12}, I_{23}, I_{34}, \ldots, I_{n1}$ 이라 하면 선간전압 E_l은 상전류 E_p와 같고 선전류를 $I_1, I_2, I_3, \ldots, I_n$ 이라 하면 $I_1 = I_{12} - I_{n1},\ I_2 = I_{23} - I_{12}, \ldots, I_n = I_{n1} I_{(n-1)n}$ 가 성립하므로이 관계를 페이저도를 이용하여 구하면 다음과 같다.

$$I_1 = 2I_{12}\sin\frac{\pi}{n}e^{j\frac{\pi}{2}(1-\frac{2}{n})}$$

$$I_2 = 2I_{23}\sin\frac{\pi}{n}e^{j\frac{\pi}{2}(1-\frac{2}{n})}$$

..

$$I_n = 2I_{n1}\sin\frac{\pi}{n}e^{j\frac{\pi}{2}(1-\frac{2}{n})} \tag{8.6}$$

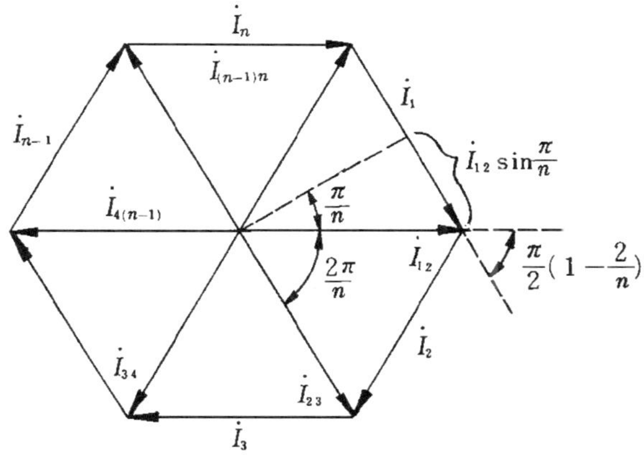

그림 8.6 환상기전력과 환상전류 페이저

선전류 I_l와 상전류 I_p는

$$I_l = 2I_p\sin\frac{\pi}{n} \tag{8.7}$$

이 되고 I_l은 I_p보다 $\frac{\pi}{2}(1-\frac{2}{n})\,[rad]$ 만큼 위상이 뒤진다. 크기와 위상의 관계는

각 상에서 동일하므로 선전류 I_l과 상전류II_p의 관계는 다음과 같다.

$$I_l = 2\sin\frac{\pi}{n} I_p \angle -\frac{\pi}{2}(1-\frac{2}{n}) \tag{8.8}$$

그리고 각 상전류 및 선전압의 총합은 0이다.

$$\begin{aligned} &I_{12} + I_{23} + .. + I_{(n-1)n} = 0 \\ &I_1 + I_2 + ... + I_n = 0 \end{aligned} \tag{8.9}$$

평형다상회로의 평형부하도 동일한 관계가 성립된다.

(4) 대칭 n상 교류의 전력

n상 기전력에 의하여 n상 평형부하에 걸리는 성상전압의 순시치를 $e_1, e_2, e_3, ..., e_n$, 부하에 흐르는 전류를 $I_1, I_2, I_3, .., I_n$ 이라 하면 n상 교류회로의 순시전력 p는 다음과 같다.

$$p = e_1 i_1 + e_2 i_2 + .. + e_n i_n = \sum_{k=1}^{n} e_k i_k \tag{8.10}$$

대칭 n상에 있어 각 상 전압과 전류의 위상차가 θ이면 위 식으로부터 대칭 n상 교류회로의 순시전력 p는 다음과 같이 표시할 수 있다.

$$\begin{aligned} p &= \sum_{k=1}^{n} e_k i_k = \sum_{k=1}^{n} E_m I_m \sin(\omega t - \frac{k-1}{n} 2\pi) \sin(\omega t - \frac{k-1}{n} 2\pi - \theta) \\ &= \sum_{k=1}^{n} EI\cos\theta - \cos(2\omega t - 2\frac{k-1}{n} 2\pi - \theta) \\ &= nEIcos\,\theta - EI\sum_{k=1}^{n} \cos(2\omega t - 2\frac{k-1}{n} 2\pi - \theta) \end{aligned} \tag{8.11}$$

위식의 2항은 0이 되고 기전력와 회로전류E, I는 각 상의 상전압 E_p, 상전류 I_p와 동일하므로 순시전력 p는 다음과 같다.

$$p = nE_pI_p\cos\theta[W] \quad (8.13)$$

n상 순시전력의 총합은 시간에 관계없이 일정하고 각 상의 평균전력의 합과 같다. 따라서 단상교류의 순시전력과 같은 진동은 하지 않는다. 이를 다상전력의 정상성이라 한다. 다상교류가 일정한 회전자계를 이루는 것과 전력이 일정하다는 것이 다상 교류의 2가지 큰 특징이다.

성상결선과 환상결선의 구별없이 다음과 같이 표시할 수 있다.

$$P = \frac{n}{2\sin\frac{\pi}{n}} E_l I_l \cos\theta\,[W] \text{ 이다.} \quad (8.14)$$

여기서, E_l, I_l 은 선간전압, 선전류이다.

예제 8.1 대칭 n=12상일 때 선전류와 환상전류사이의 위상차를 구하라.

대칭 n상에서 선전류는 환상 전류보다 $\frac{\pi}{2}(1-\frac{2}{n}) = \frac{5}{12}\pi$ 만큼 뒤진다.

8-4 대칭 3상 교류

(1) 대칭 3상 교류 기전력

기계적인 회전 에너지를 전기 에너지로 변환시키는 장치를 발전기라 하며 교류 발전기를 동기 발전기라한다. 발전기 내에서 전기자 코일은 고정된 자계 내에서 회전하는 전기자 원통위에 감겨져 있다.

발전기 내에서 전압을 발생시키는 유도코일(전기자)이 자계 내에서 회전하며 회전하는 부분을 회전자라 하고 고정된 부분을 고정자라 한다. 자계를 만드는 영구자석으로 구성된다.

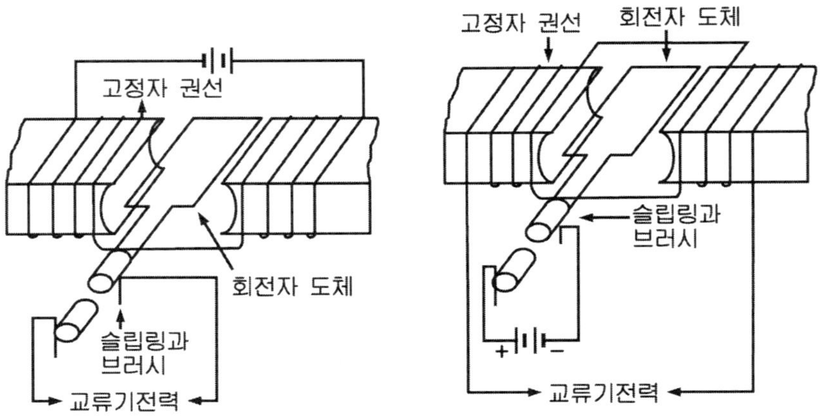

그림8.7 교류 발전기 구조

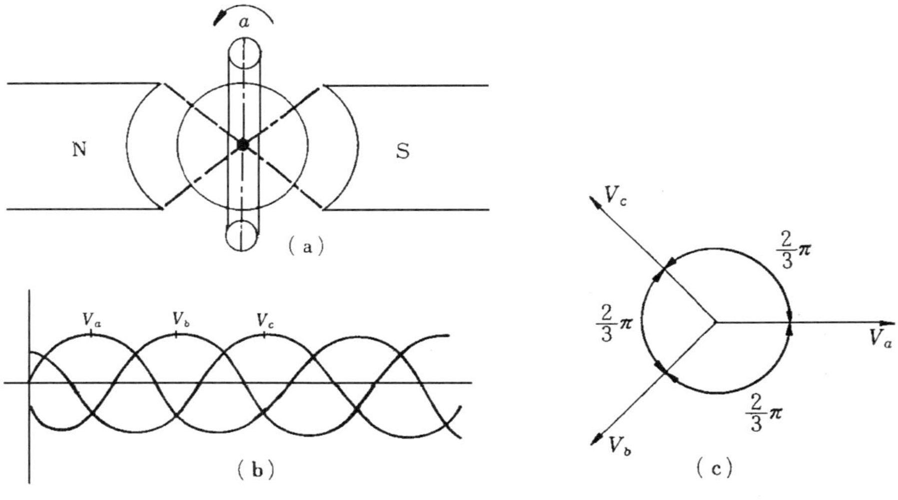

그림8.8 교류 발전기 원리도

그림8.8은 3상 교류 발전기의 원리를 표시하였다. 동일 구조를 갖는 3개의 권선코일 a, b, c를 공간적으로 $\frac{2}{3}\pi(\mathrm{rad})$의 간격을 두고 배치하여 이들을 자계내에서 반시계 방향으로 일정 속도로 회전시키면 각 코일은 $\frac{2}{3}\pi\,[rad]$ 만큼 위상차가 있는 3개의 단상전압 v_a, v_b, v_c 가 유기되며 이를 3상전압이라 한다. 이를 다음과

같이 표시할 수 있다.

$$v_a = \sqrt{2}\,V_a \sin\omega t$$
$$v_b = \sqrt{2}\,V_b \sin(\omega t - \frac{2}{3}\pi)$$
$$v_c = \sqrt{2}\,V_c \sin(\omega t - \frac{4}{3}\pi) \qquad (8.15)$$

여기서 V_a, V_b, V_c 는 실효값이며 복소전압 $\dot{V}_a$ 를 기준으로 한 각 상전압의 순시값 및 페이저를 그림 8.8 (b)(c)에 나타내었다. 전압의 크기가 같고 $\frac{2}{3}\pi$ 간큼씩 위상차가 있는 대칭 3상 교류의 순시 기전력의 합은

$$v_a + v_b + v_c = \sqrt{2}\,V_a \sin\omega t + \sqrt{2}\,V_b \sin(\omega t - \frac{2}{3}\pi) + \sqrt{2}\,V_c \sin(\omega t - \frac{4}{3}\pi) \quad = 0$$

이다. 그림 8.8 (c)에서 복소전압 $\dot{V}_a + \dot{V}_b + \dot{V}_c = 0$ 가 된다. 즉 대칭 3상 기전력의 순시값의 합 및 벡터의 합은 0이다. 대칭 3상 기전력 $\dot{V}_a, \dot{V}_b, \dot{V}_c$ 를 기호법으로 나타내면 $\dot{V}_a$ 를 기준으로 $V_a = V_b = V_c = V$ 라 할 때

$$\dot{V}_a = V\angle(0^\circ) = V\epsilon^{j0} = V(\cos 0^\circ + j\sin 0^\circ) = V$$
$$\dot{V}_b = V\angle(-\frac{2}{3}\pi) = V\epsilon^{-j\frac{2}{3}\pi} = V(\cos\frac{2}{3}\pi - j\sin\frac{2}{3}\pi)$$
$$= V(-\frac{1}{2} - j\frac{\sqrt{3}}{2})$$
$$V_c = V\angle(-\frac{4}{3}\pi) = V\epsilon^{-j\frac{4}{3}\pi} = V(\cos\frac{4}{3}\pi - j\sin\frac{4}{3}\pi)$$
$$= V(-\frac{1}{2} + j\frac{\sqrt{3}}{2}) \qquad (8.16)$$

로 된다.

3상 회로 해석을 위해 $\frac{2}{3}\pi$ 회전 연산자 a를 사용한다. 즉,

$$a = \epsilon^{-j\frac{2}{3}\pi} = \cos\frac{2}{3}\pi - j\sin\frac{2}{3}\pi = -\frac{1}{2} - j\frac{\sqrt{3}}{2}$$

$$a^2 = \epsilon^{-j\frac{4}{3}\pi} = \cos\frac{4}{3}\pi - j\sin\frac{4}{3}\pi = -\frac{1}{2} + j\frac{\sqrt{3}}{2} \tag{8.17}$$

식 (8.17)와 같은 페이저 연산자를 도입하면 식 (8.16)은

$$\dot{V}_a = V = a^3 V,\ \dot{V}_b = a^2 V,\ \dot{V}_c = a V \tag{10.18}$$

가 된다.

3상 교류는 위상이 앞서는 것부터 제1상, 제2상, 제3상 또는 a상, b상, c상이라 하여 상순서를 나타낸다. 이를 다음 그림에 표시하였다.

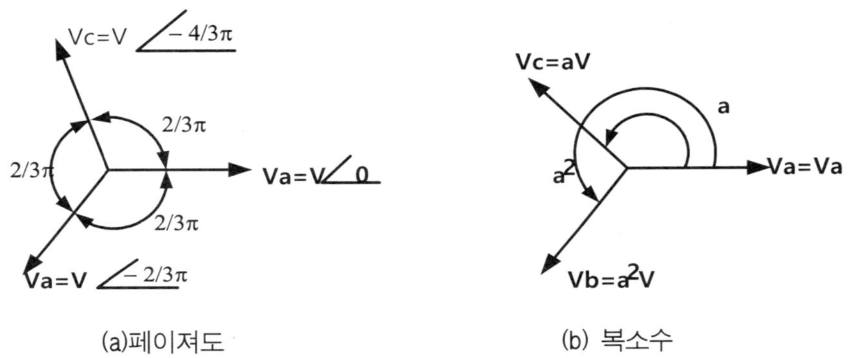

그림8.9 페이져 및 복소수 표시

(2) 대칭 3상 교류의 Y기전력과 △기전력 관계

△결선의 경우 각 상이 직접 선 사이에 접속되므로 Y기전력(상전압) $\dot{V}_a, \dot{V}_b, \dot{V}_c$ 가 선간전압 △기전력 $\dot{V}_{ab}, \dot{V}_{bc}, \dot{V}_{ca}$ 가 된다. 따라서 △결선의 선간전압 크기는 상전압과 같고($V_l = V_p$)위상은 동상이다. 이를 다음 그림에 표시하였다.

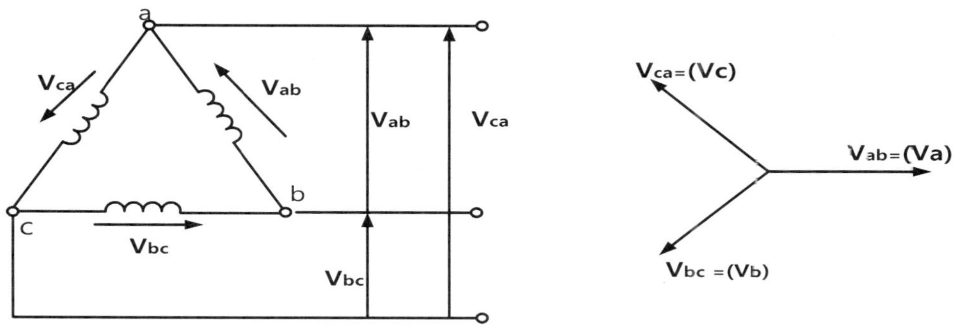

(a)

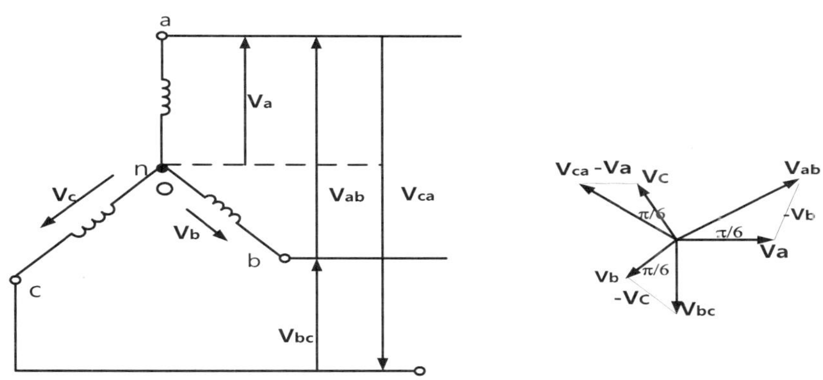

(b)

그림8.10 Y-△기전력 관계

Y결선의 경우는 그림과 같이 각 단자사이에 나타나는 선간전압 $\dot{V}_{ab}, \dot{V}_{bc}, \dot{V}_{ca}$ 는 각 상의 기전력 $\dot{V}_a, \dot{V}_b, \dot{V}_c$ 의 페이저 파가 되므로 다음의 관계가 성립한다.

공통 접속점 n을 중성점이라 하며 이 중성점에서 다른 도선을 빼는 경우 이 선을 중성선이라 한다.

$$\dot{V}_{ab} = \dot{V}_a - \dot{V}_b$$
$$\dot{V}_{bc} = \dot{V}_b - \dot{V}_c$$
$$\dot{V}_{ca} = \dot{V}_c - \dot{V}_a \tag{8.19}$$

식 (8.18)로부터

$$\dot{V}_{ab} = \dot{V}_a - a^2\dot{V}_a = \dot{V}_a(1-a^2)$$
$$\dot{V}_{bc} = \dot{V}_b - a^2\dot{V}_b = \dot{V}_b(1-a^2)$$
$$\dot{V}_{ca} = \dot{V}_c - a^2\dot{V}_c = \dot{V}_c(1-a^2) \tag{8.20}$$

이 된다. $1-a^2 = X$라 하면 $X = 1-(-\frac{1}{2}-j\frac{\sqrt{3}}{2}) = \frac{3}{2}+j\frac{\sqrt{3}}{2}$ 이므로

X의 크기 $|X| = \sqrt{(\frac{3}{2})^2+(\frac{\sqrt{3}}{2})^2} = \sqrt{3}$, X 의위상각

$\theta = \tan^{-1}\frac{\sqrt{3}}{3} = \tan^{-1}\frac{1}{\sqrt{3}} = \frac{\pi}{6}$

가 되므로

$$\dot{V}_{ab} = \sqrt{3}\,\dot{V}_a \angle(\frac{\pi}{6})$$
$$\dot{V}_{bc} = \sqrt{3}\,\dot{V}_b \angle(\frac{\pi}{6})$$
$$\dot{V}_{ca} = \sqrt{3}\,\dot{V}_c \angle(\frac{\pi}{6}) \tag{8.21}$$

이 된다.

즉, $V_l = \sqrt{3}\,V_p$ 이다. 대칭 3상 교류의 선간전압이 같으면 △기전력은 각 상마다 Y기전력(Y전압)의 $\sqrt{3}$ 배로 $\frac{\pi}{6}$ 위상이 앞선다. 이 관계에서 Y결선과 △결선은 등가적으로 환산할 수 있다.

(3) 대칭 3상 교류의 Y전류와 △전류의 관계

대칭 3상 교류의 Y결선에서 상전류와 선전류($I_l = I_p$)는 같다. 모두 Y전류로 볼

수 있으며 페이저도는 다음과 같다. Y전류 또는 선전류를 I_a, I_b, I_c 라 하고 △전류를 I_{ab}, I_{bc}, I_{ca} 라 하면 Y전류와 △전류는 다음과 같은 관계가 있다.

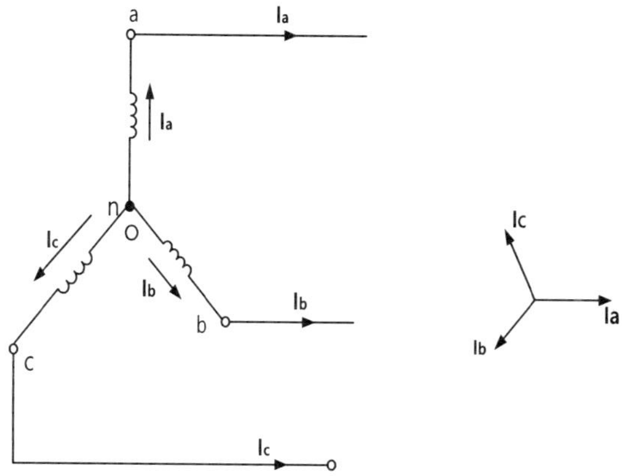

(a)

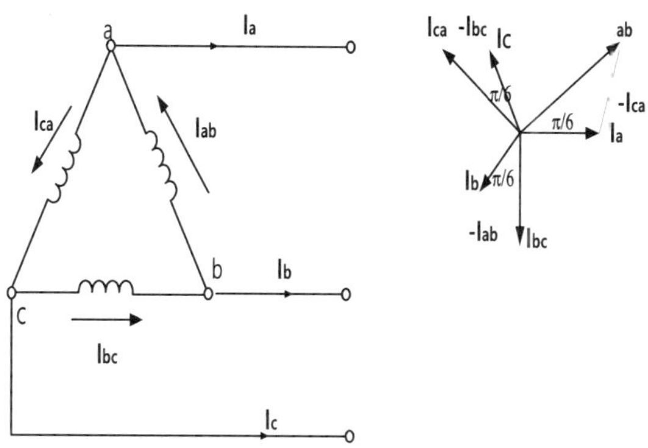

(b)

그림 8.11 Y-△결선 전류관계

$$
\begin{aligned}
I_a &= I_{ab} - I_{ca} = (1-a)I_{ab} \\
I_b &= I_{bc} - I_{ab} = (1-a)I_{bc} \\
I_c &= I_{ca} - I_{bc} = (1-a)I_{ca}
\end{aligned}
\qquad (8.22)
$$

이는 I_{ab}를 기준으로 나타낸 것이며

$1-a=1+\frac{1}{2}-j\frac{\sqrt{3}}{2}=\sqrt{3}\,e^{-j\frac{\pi}{6}}$ 을 위 식에 대입하면

$$I_a=\sqrt{3}\,I_{ab}e^{-j\frac{\pi}{6}}$$

$$I_b=\sqrt{3}\,I_{bc}e^{-j\frac{\pi}{6}} \tag{8.23}$$

$$I_c=\sqrt{3}\,I_{ca}e^{-j\frac{\pi}{6}}$$ 이다.

대칭 3상 교류에서 Y전류는 각 상마다 △전류의 $\sqrt{3}$배 위상이 $\frac{\pi}{6}$만큼 뒤진다.

예제 8.4.1

다음과 같은 3개의 전압 $\dot{V}_a, \dot{V}_b, \dot{V}_c$가 대칭 3상전압이 됨을 증명하여라.

$$\dot{V}_a=50\sqrt{3}+j50[V]$$

$$\dot{V}_b=-j100[V]$$

$$\dot{V}_c=-50\sqrt{3}+j50[V]$$

풀이

각 전압의 실효값 V_a, V_b, V_c 및 위상 $\theta_a,\theta_b,\theta_c$를 구하면

$$V_a=\sqrt{(50\sqrt{3})^2+50^2}=100[V]$$

$$V_b=100[V]$$

$$V_c=\sqrt{(50\sqrt{3})^2+50^2}=100[V]$$

$$\theta_a=\tan^{-1}\frac{50}{50\sqrt{3}}=\frac{\pi}{6}$$

$$\theta_b=\tan^{-1}(-\infty)=-\frac{\pi}{2}$$

$$\theta_c=\tan^{-1}\frac{50}{-50\sqrt{3}}=-\frac{7\pi}{6}$$

$$\therefore \ \theta_a - \theta_b = \theta_b - \theta_c = \frac{2}{3}\pi$$

따라서 각 상의 전압은 실효값이 같고, 위상이 각각 $\frac{2}{3}\pi$씩 다르므로 이 전압은 대칭 3상전압이다.

8-5 평형 3상 회로

3상전원에 3상부하를 접속하면 3상회로가 완성된다. 여기서는 3상기전력이 발생하는 전원에 3상 평형부하를 접속한 3상 평형회로에 대해 살펴본다. 3상회로도 단상회로와 같이 전압, 전류등을 구하기 위해 오옴의 법칙과 키르히호프 법칙을 이용한다.

(1) 평형 3상전원 및 전원의 등가 변환

그림과 같이 내부 임피던스가 Z인 Y결선의 평형 3상전원은 그림과 같이 △결선의 전원과 상호 등가 변환이 가능하다. Y전원과 △전원이 외부회로에 대해 등가가 되기 위해서는 각 선간전압이 같아야 한다.

$$V_{ab} = V_a - V_b$$
$$V_{bc} = V_b - V_c$$
$$V_{ca} = V_c - V_a$$

또는

$$ZI_{ab} = Z_Y(I_a - I_b)$$

$$ZI_{bc} = Z_Y(I_b - I_c)$$

$ZI_{ca} = Z_Y(I_c - I_a)$가 성립되어야 한다.

그림에서 V_{ab}, V_{bc}, V_{ca} 는 각각 V_a, V_b, V_c 보다 위상이 30^0 앞서고 크기는 $\sqrt{3}$ 배와 같다. Y결선의 전원을 △전원으로 변환하면

$$V_{ab} = V_a - V_b = \sqrt{3}\, V_a \angle 30^o$$

$$V_{bc} = V_b - V_c = \sqrt{3}\, V_b \angle 30^o$$

$$V_{ca} = V_c - V_a = \sqrt{3}\, V_c \angle 30^o$$

△결선을 Y전원으로 변환하면

$$V_a = \frac{V_{ab}}{\sqrt{3}} \angle -30^o$$

$$V_b = \frac{V_{bc}}{\sqrt{3}} \angle -30^o$$

$$V_c = \frac{V_{ca}}{\sqrt{3}} \angle -30^o$$

이고 내부 임피던스의 등가변환은 KCL에 의해

$I_a + I_b + I_c = 0$ 이므로

$Z(I_{ab} - I_{ca}) = Z_Y(I_a - I_b - I_c) = 3Z_Y I_a$ 이며

$I_a = I_{ab} - I_{ca}$ 이므로 내부 임피던스의 관계는

등가 Y 전원의 $Z_Y = \frac{1}{3}$(△전원의 Z)

등가 Δ 전원의 Z_Δ = 3(Y 전원의 Z_Y)의 관계가 성립한다.

(2) 평형 3상 부하의 등가 변환

모든 Y회로는 등가인 Δ회로로 변환할 수 있으며 3상 부하의 경우도 3상 전원과 마찬가지로 Δ회로, Y회로로 변환할 수 있다. 평형 3상 부하의 각 상 임피던스를 Δ결선 Δ_Z이라 하고 Y부하의 상 임피던스를 Z_Y라 하면 $Z_Y = \frac{1}{3} Z_\Delta$ 또는 $Z_\Delta = 3Z_Y$ 의 관계가 성립한다.

(3) Y결선의 전압과 전류(Y-Y 회로)

중성점 O를 사용하는 Y결선을 그림에 나타내었다.

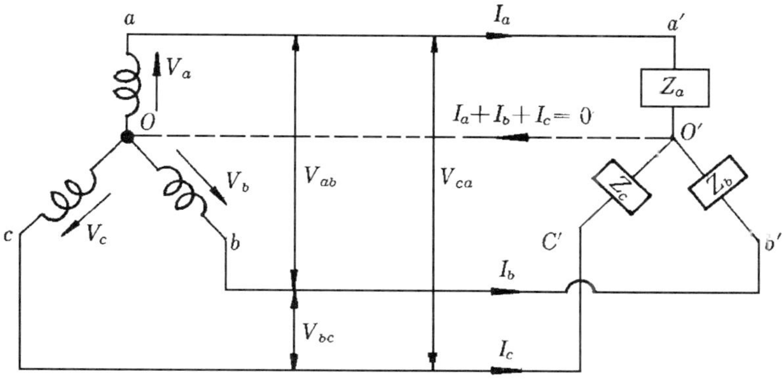

그림 8.12 평형 3상 Y결선

$a-O, b-O, c-O$ 사이의 전압 $\dot{V}_a, \dot{V}_b, \dot{V}_c$ 를 상전압, 3선의 선간전압 즉 $a-b, b-c, c-a$ 사이의 전압 $\dot{V}_{ab}, \dot{V}_{bc}, \dot{V}_{ca}$ 를 선간전압이라 하면 이들 사이에는 다음과 같은 관계가 있다.

$$\begin{aligned}\dot{V}_{ab} &= \dot{V}_a - \dot{V}_b\\ \dot{V}_{bc} &= \dot{V}_b - \dot{V}_c\\ \dot{V}_{ca} &= \dot{V}_c - \dot{V}_a \qquad (8.24)\end{aligned}$$

식(8.24)에서

$$\begin{aligned}\dot{V}_{ab} &= \dot{V}_a - a^2\dot{V}_a = \dot{V}_a(1-a^2)\\ \dot{V}_{bc} &= \dot{V}_b - a^2\dot{V}_b = \dot{V}_b(1-a^2)\\ \dot{V}_{ca} &= \dot{V}_c - a^2\dot{V}_c = \dot{V}_c(1-a^2) \qquad (8.25)\end{aligned}$$

이 된다. $1-a^2 = X$ 라 하면 $X = 1-(-\frac{1}{2}-j\frac{\sqrt{3}}{2}) = \frac{3}{2}+j\frac{\sqrt{3}}{2}$ 이므로

X의 크기는 $|X| = \sqrt{(\frac{3}{2})^2+(\frac{\sqrt{3}}{2})^2} = \sqrt{3},$ 이고 X 의 의상각

$$\theta = \tan^{-1}\frac{\sqrt{3}}{3} = \tan^{-1}\frac{1}{\sqrt{3}} = \frac{\pi}{6}$$

가 되므로

$$\dot{V}_{ab} = \sqrt{3}\,\dot{V}_a \angle\left(\frac{\pi}{6}\right)$$
$$\dot{V}_{bc} = \sqrt{3}\,\dot{V}_b \angle\left(\frac{\pi}{6}\right)$$
$$\dot{V}_{ca} = \sqrt{3}\,\dot{V}_c \angle\left(\frac{\pi}{6}\right) \quad (8.26)$$

이 된다.

선간전압을 $\dot{V}_l\,[V]$, 상전압을 $\dot{V}_p\,[V]$ 라 하면 $\dot{V}_{ab} = \dot{V}_{bc} = \dot{V}_{ca} = \dot{V}_l$, $\dot{V}_a = \dot{V}_b = \dot{V}_c = \dot{V}_p$ 이므로 다음과 같은 관계식이 성립된다.

$$\dot{V}_l = \sqrt{3}\,\dot{V}_p \angle\left(\frac{\pi}{6}\right) \quad (8.27)$$

선간전압이 상전압 보다 위상이 $30°$ 만큼 앞서고 크기는 $\sqrt{3}$ 배가 된다.

전원 및 부하의 각 상에 흐르는 전류를 상전류라고 하고 $a-a', b-b', c-c'$ 에 흐르는 전류를 선전류라 한다. Y결선시 선전류 $\dot{I}_l$ 은 상전류 $\dot{I}_p$와 같고 부하 각 상의 임피던스 $\dot{Z} = R + jX$ 라 하면 위상각 $\theta = \tan^{-1}\frac{X}{R}$ [rad] 이 되므로

$$\dot{I}_a = \frac{\dot{V}_a}{\dot{Z}} = \frac{V_a}{Z}\angle(-\theta)[A]$$
$$\dot{I}_b = \frac{\dot{V}_b}{\dot{Z}} = \frac{V_b}{Z}\angle\left(-\theta - \frac{2}{3}\pi\right)[A]$$
$$\dot{I}_c = \frac{\dot{V}_c}{\dot{Z}} = \frac{V_c}{Z}\angle\left(-\theta - \frac{4}{3}\pi\right)[A] \quad (8.28)$$

으로 나타낸다. 그러나 평형 대칭 부하의 각 상의 전압과 전류의 크기가 모두 같기 때문에 a, b, c 상 중 1상을 $0-0'$ 의 중성점으로 분리하면 등가회로는 그림 8.9와 같이 단상의 회로가 된다.

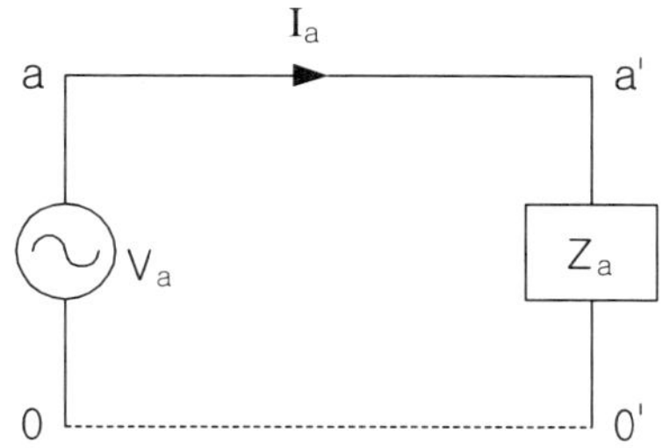

그림8.13 Y결선 등가회로

따라서, 선전류

$$\dot{I}_a = \frac{\dot{V}_a}{\dot{Z}} = \frac{상전압}{임피던스}[A] \tag{8.29}$$

이 되며 $\dot{I}_b$와 $\dot{I}_c$는 $\dot{I}_a$보다 위상각만 $(\frac{2}{3}\pi)$씩 늦어지고 이들 관계를 벡터 그림으로 표시하면 그림 8.14에 나타내었다.

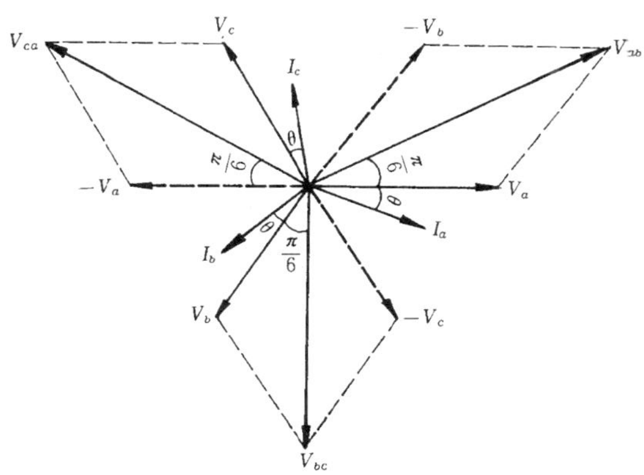

그림 8.14 Y결선 전류 페이저

예제 8.5.1

Y-Y형 평형 3상회로의 선로에 상전압 $\dot{V}_a$가 100[V], 부하임피던스 $\dot{Z} = 8 + j6\,[\Omega]$ 이라면 선전류 및 선간 전압의 크기를 구하여라.

풀이

선전류 $I_l = \dfrac{V_p}{Z} = \dfrac{100}{\sqrt{8^2 + 6^2}} = 10\,[A]$

선간전압 $V_l = \sqrt{3}\,V_p = \sqrt{3} \times 100 \fallingdotseq 173.2\,[V]$

예제 8.5.2

대칭 3상 Y결선에서 선간전압이 $100\sqrt{3}$ $[V]$ 이고 각 상의 임피던스가 $\dot{Z} = 30 + j40\,[\Omega]$ 의 평형부하일 때 각각의 선전류를 구하여라.

풀이

Y결선시 전류 $\dot{I}_a$는

$$\dot{I}_a = \frac{\dot{V}_a}{\dot{Z}} = \frac{\text{상전압}}{\text{임피던스}} = \frac{100}{\sqrt{30^2 + 40^2}\angle \tan^{-1}\frac{4}{3}}$$

$$= 2\angle(-53.1^\circ)\,[A]$$

$$\dot{I}_b = 2\angle(-53.1^\circ - 120^\circ) = 2\angle(-173.1^\circ)\,[A]$$

$$\dot{I}_c = 2\angle(-53.1^\circ - 240^\circ) = 2\angle(66.9^\circ)\,[A]$$

(4) Y-△ 결선의 전압과 전류

그림과 같은 Y-△ 회로의 경우에는 부하 △결선을 등가 Y결선으로 치환하면 Y-Y회로로 간단히 취급할 수 있고 Y기전력을 △기전력으로 치환하면 △-△회로로 취급할 수 있다. 여기서는 Y기전력 V_a, V_b, V_c 를 선간전압 △기전력 V_{ab}, V_{bc}, V_{ca} 로 치환하여 △-△회로로 전류관계를 살펴본다.

선간전압 $V_{ab} = V_a \angle \frac{\pi}{6}$ 을 기준 페이져로 하면

$$V_{ab} = \sqrt{3}\, V_a \angle \frac{\pi}{6} = \sqrt{3}\, V \angle \frac{\pi}{6}$$

$$\begin{aligned} V_{bc} &= \sqrt{3}\, V_b \angle \frac{\pi}{6} = \sqrt{3}\, V_a \angle -\frac{2\pi}{3} + \frac{\pi}{6} \\ &= \sqrt{3}\, V \angle -\frac{2\pi}{3} + \frac{\pi}{6} \end{aligned}$$

$$\begin{aligned} V_{ca} &= \sqrt{3}\, V_c \angle \frac{\pi}{6} = \sqrt{3}\, V_a \angle -\frac{4\pi}{3} + \frac{\pi}{6} \\ &= \sqrt{3}\, V \angle -\frac{4\pi}{3} + \frac{\pi}{6} \end{aligned}$$

이 때 Z에 흐르는 전류 △전류는

$I_{ab} = \frac{V_{ab}}{Z}, I_{bc} = \frac{V_{bc}}{Z}, I_{ca} = \frac{V_{ca}}{Z}$ 이다.

그러므로 선전류 I_a, I_b, I_c 는 다음과 같이 구할 수 있다.

$$I_a = \sqrt{3}\, I_{ab} \angle -\frac{\pi}{6} = \frac{\sqrt{3}}{Z} V_{ab} \angle -\frac{\pi}{6} = \frac{V_a}{\frac{Z}{3}}$$

$$I_b = \sqrt{3}\, I_{bc} \angle -\frac{\pi}{6} = \frac{\sqrt{3}}{Z} V_{bc} \angle -\frac{\pi}{6} = \frac{V_b}{\frac{Z}{3}}$$

$$I_c = \sqrt{3}\, I_{ca} \angle -\frac{\pi}{6} = \frac{\sqrt{3}}{Z} V_{ca} \angle -\frac{\pi}{6} = \frac{V_c}{\frac{Z}{3}}$$

이는 Y기전력 V_a, V_b, V_c 가 부하 $\frac{Z}{3}$ 의 Y결선에 가해지는 Y-Y회로와 같음을 알 수 있다. Y-△회로는 등가 Y-Y회로로 변환된다.

(5) △결선의 전압과 전류(△-△회로)

△결선에서 선간전압과 상전압은 같다. 즉 $E_{ab} = V_a, E_{bc} = V_b, E_{cc} = V_c$ 이므로 선간전압을 $V_l\,[V]$, 상전압을 $V_p\,[V]$ 로 하면

$$V_l = V_p \tag{8.30}$$

이 되지만 △결선시는 Y결선과는 반대로 선전류와 상전류가 같지 않다.

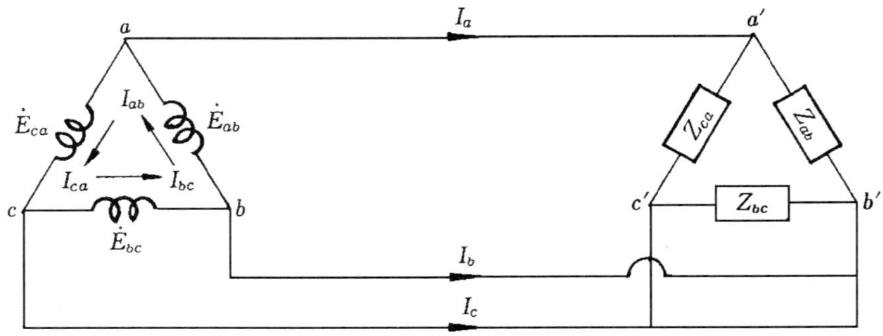

그림 8.15 △결선도

그림 8.15에서 부하 임피던스를 $\dot{Z}= R+jX\ [\Omega]$, 위상각 $\theta=\tan^{-1}\dfrac{X}{R}$ 라 하고, 상전류 $\dot{I}_{ab}, \dot{I}_{bc}, \dot{I}_{ca}$ 라 하면

$$\frac{\dot{V}_a}{\dot{Z}}=\frac{V_a}{Z}\angle(-\theta),\ \frac{\dot{V}_b}{\dot{Z}}=\frac{V_b}{Z}\angle\left(-\theta-\frac{2}{3}\pi\right),$$
$$\frac{\dot{V}_c}{\dot{Z}}=\frac{V_c}{Z}\angle\left(-\theta-\frac{4}{3}\pi\right) \tag{8.31}$$

이 되며, 선전류 $\dot{I}_a, \dot{I}_b, \dot{I}_c$ 는

$$\dot{I}_a=\dot{I}_{ab}-\dot{I}_{ca}=\dot{I}_{ab}(1-a)$$
$$\dot{I}_b=\dot{I}_{bc}-\dot{I}_{ab}=\dot{I}_{bc}(1-a)$$
$$\dot{I}_c=\dot{I}_{ca}-\dot{I}_{bc}=\dot{I}_{ca}(1-a) \tag{8.32}$$

이 된다. 여기서 $(1-a)$를 풀면 크기는 $\sqrt{3}$ 이 되고, 위상각 $\theta=-\frac{\pi}{6}$ 가 되므로

$$\dot{I}_a = \sqrt{3}\,\dot{I}_{ab} \angle \left(-\frac{\pi}{6}\right)$$

$$\dot{I}_b = \sqrt{3}\,\dot{I}_{bc} \angle \left(-\frac{\pi}{6}\right)$$

$$\dot{I}_c = \sqrt{3}\,\dot{I}_{ca} \angle \left(-\frac{\pi}{6}\right) \qquad (8.33)$$

된다. 따라서 선전류를 $\dot{I}_l\,[A]$, 상전류를 $\dot{I}_p\,[A]$ 라 하면
$\dot{I}_{ab} = \dot{I}_{bc} = \dot{I}_{ca} = \dot{I}_p$, $\dot{I}_a = \dot{I}_b = \dot{I}_c = \dot{I}_l$ 로 되므로

$$\dot{I}_l = \sqrt{3}\,\dot{I}_p \angle \left(-\frac{\pi}{6}\right) \qquad (8.34)$$

이 된다. 즉 선전류는 상전류보다 크기는 $\sqrt{3}$ 배 만큼 크고 위상각 θ는 $\frac{\pi}{6}$ 만큼 뒤진다. 이를 페이저도로 표시하면 그림 8.16과 같다.

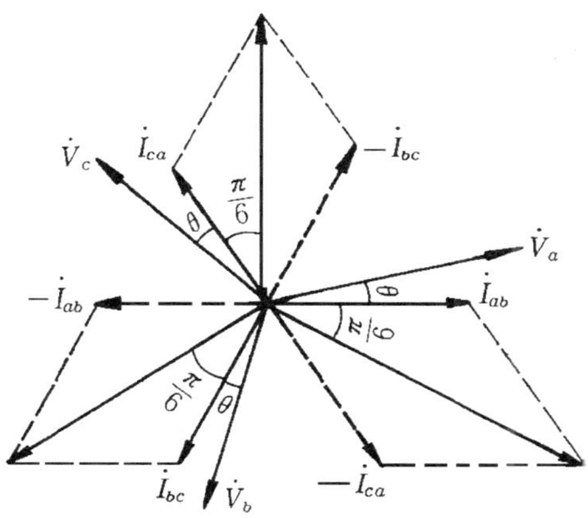

그림 8.16 △결선도

예제 8.5.3

△-△형 평형 3상회로의 선로에 30[A]의 전류가 흐르고 있다. 부하한 상의 임

피던스가 $3+j4[\Omega]$일 때 부하의 상전류, 상전압 및 선간전압의 크기를 구하여라.

풀 이

상전류 $I_p = \dfrac{I_l}{\sqrt{3}} = 10\sqrt{3} = 17.3[A]$

상전압 $V_p = ZI_p = \sqrt{3^2+4^2}\cdot 17.3 = 86.5[V]$

선간전압 $V_l = V_p = 86.5[V]$

8-6 결선 임피던스와 △결선 임피던스

(1) △ 임피던스를 Y 임피던스

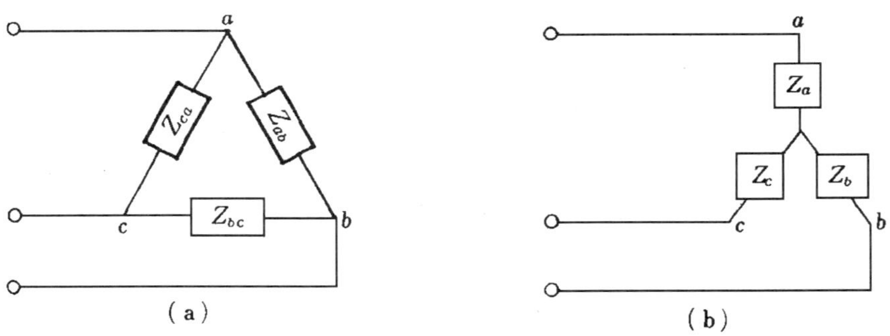

그림 8.17 △-Y 결선 비교

그림 8.17 (a)의 △결선과 그림(b)의 Y결선의 a,b,c 세 단자에 각각 전압을 가할 때 두 회로에 흐르는 전류가 같으면 두 회로는 등가 회로이다. 따라서 이때 그림 (a)와 (b)의 $a-b, b-c, c-a$ 세 단자에서 본 임피던스는 다음과 같다.

$$\dot{Z}_a+\dot{Z}_b=\frac{\dot{Z}_{ab}(\dot{Z}_{bc}+\dot{Z}_{ca})}{\dot{Z}_{ab}+\dot{Z}_{bc}+\dot{Z}_{ca}} \tag{8.35}$$

$$\dot{Z}_b+\dot{Z}_c=\frac{\dot{Z}_{bc}(\dot{Z}_{ca}+\dot{Z}_{ab})}{\dot{Z}_{ab}+\dot{Z}_{bc}+\dot{Z}_{ca}} \tag{8.36}$$

$$\dot{Z}_c+\dot{Z}_a=\frac{\dot{Z}_{ca}(\dot{Z}_{ab}+\dot{Z}_{bc})}{\dot{Z}_{ab}+\dot{Z}_{bc}+\dot{Z}_{ca}} \tag{8.37}$$

식 (8.35)+ 식 (8.36)+ 식 (8.37)을 하면

$$\dot{Z}_a+\dot{Z}_b+\dot{Z}_c=\frac{\dot{Z}_{ab}\dot{Z}_{bc}+\dot{Z}_{bc}\dot{Z}_{ca}+\dot{Z}_{ca}\dot{Z}_{ab}}{\dot{Z}_{ab}+\dot{Z}_{bc}+\dot{Z}_{ca}} \tag{8.38}$$

$$\dot{Z}_a=\frac{\dot{Z}_{ab}\cdot\dot{Z}_{ca}}{\dot{Z}_{ab}+\dot{Z}_{bc}+\dot{Z}_{ca}}$$

$$\dot{Z}_b=\frac{\dot{Z}_{bc}\cdot\dot{Z}_{ab}}{\dot{Z}_{ab}+\dot{Z}_{bc}+\dot{Z}_{ca}}$$

$$\dot{Z}_c=\frac{\dot{Z}_{ca}\cdot\dot{Z}_{bc}}{\dot{Z}_{ab}+\dot{Z}_{bc}+\dot{Z}_{ca}} \tag{8.39}$$

평형부하인 경우

$\dot{Z}_{ab}=\dot{Z}_{bc}=\dot{Z}_{ca}=\dot{Z}_\triangle$ 이므로 $\dot{Z}_y=\dot{Z}_a=\dot{Z}_b=\dot{Z}_c=\frac{\dot{Z}_\triangle}{3}$ 로 된다. 즉 평형부하인 경우 $\triangle$ 결선을 Y결선으로 변환하면 $\dot{Z}_y$를 $\dot{Z}_\triangle$ 의 $\frac{1}{3}$배로 하면 된다.

(2) Y결선 임피던스에서 $\triangle$결선 임피던스로 변환

식 (8.39)에서

$$\dot{Z}_a=\frac{\dot{Z}_{ab}}{\dfrac{\dot{Z}_{ab}}{\dot{Z}_{ca}}+\dfrac{\dot{Z}_{bc}}{\dot{Z}_{ca}}+1}$$

또, $\dfrac{\dot{Z}_b}{\dot{Z}_c}=\dfrac{\dot{Z}_{ab}}{\dot{Z}_{ca}}$, $\dfrac{\dot{Z}_b}{\dot{Z}_a}=\dfrac{\dot{Z}_{bc}}{\dot{Z}_{ca}}$ 로부터

$$\dot{Z}_a = \frac{\dot{Z}_{ab}}{\dfrac{\dot{Z}_{ab}}{\dot{Z}_{ca}} + \dfrac{\dot{Z}_{bc}}{\dot{Z}_{ca}} + 1} = \frac{\dot{Z}_{ab}(\dot{Z}_c \cdot \dot{Z}_a)}{\dot{Z}_a\dot{Z}_b + \dot{Z}_b\dot{Z}_c + \dot{Z}_c\dot{Z}_a}$$

$$\therefore \ \dot{Z}_{ab} = \frac{\dot{Z}_a\dot{Z}_b + \dot{Z}_b\dot{Z}_c + \dot{Z}_c\dot{Z}_a}{\dot{Z}_c}$$

같은 방법으로

$$\dot{Z}_{bc} = \frac{\dot{Z}_a\dot{Z}_b + \dot{Z}_b\dot{Z}_c + \dot{Z}_c\dot{Z}_a}{\dot{Z}_a}$$

$$\dot{Z}_{ca} = \frac{\dot{Z}_a\dot{Z}_b + \dot{Z}_b\dot{Z}_c + \dot{Z}_c\dot{Z}_a}{\dot{Z}_b}$$

이고 평형부하인 경우에는 $\dot{Z}_a = \dot{Z}_b = \dot{Z}_c = \dot{Z}_y$ 이므로 $\dot{Z}_\triangle = \dot{Z}_{ab} = \dot{Z}_{bc} = \dot{Z}_{ca} = 3\dot{Z}_y$ 이다. 즉 평형부하인 경우 Y결선을 △결선으로 변환하면 $\dot{Z}_\triangle$를 $\dot{Z}_y$의 3배로 변환하면 된다.

예제 8.6.1

Y-△회로에서 상전압 $\dot{V}_a$가 100[V], 임피던스 $\dot{Z} = 24 + j18\,[\Omega]$ 이라면 선전류, 부하의 상전류, 선간 전압의 크기를 구하여라.

풀 이

부하의 △회로를 Y회로로 변환하면, 각 상의 임피던스 $\dot{Z}_Y$는

$$\dot{Z}_Y = \frac{\dot{Z}}{3} = \frac{24 + j18}{3} = 8 + j6\,[\Omega]$$

이다.

$$\therefore \ \dot{Z}_Y = \sqrt{8^2 + 6^2} = 10\,[\Omega]$$

이 변환에 의해 Y-△회로는 Y-Y회로로 된다. 따라서 선전류, 부하의 상전류, 선간 전압, 상전압의 크기를 각각 I_l, I_p, V_l, V_p 라 하면

$$I_l = \frac{V_p}{Z_Y} = \frac{100}{10} = 10\,[A]$$

$$I_p = \frac{I_l}{\sqrt{3}} = \frac{10}{\sqrt{3}} = 5.77\,[A]$$

$$V_l = \sqrt{3}\,V_p = \sqrt{3} \times 100 = 173.2\,[V]$$

예제 8.6.2

△-Y회로에서 상전압 $\dot{V}_a$ 가 200[V], 임피던스 $\dot{Z} = 8 + j6\,[\Omega]$ 이라면 선전류, 전원의 상전류, 선간 전압의 크기를 구하여라.

풀 이

부하의 Y회로를 △회로로 변환하면, 각 상의 임피던스 $\dot{Z}_\triangle$ 는

$$\dot{Z}_\triangle = 3\dot{Z} = 3 \times 8 + j6 = 24 + j18\,[\Omega]$$

이다.

$$\therefore\ \dot{Z}_\triangle = \sqrt{24^2 + 18^2} = 30\,[\Omega]$$

이 변환에 의해 △-Y회로는 △-△회로로 된다. 따라서 선전류, 전원의 상전류, 선간 전압, 상전압의 크기를 각각 I_l, I_p, V_l, V_p 라 하면

$$I_p = \frac{V_p}{Z_\triangle} = \frac{200}{30} = 6.66\,[A]$$

$$I_l = \sqrt{3}\,I_p = 6.66 \times \sqrt{3} = 11.5\,[A]$$

$$V_l = V_p = 200\,[V]$$

8-7 불평형 3상 회로

전원 전압이 대칭이지만 부하가 불평형이면 부하전류는 비대칭이며 부하가 평형이라도 전원 전압이 비대칭이면 회로는 비대칭이다. 부하 나 전원 전압이 비대칭인 회로를 불평형회로라 하며 불평형 3상회로의 해석은 대칭좌표법이 있으나 간단한 경우에는 키르히호프의 법칙을 적용하여 계산할 수 있다.

(1) 불평형 Y결선 회로

그림 과 같이 $\dot{E}_a, \dot{E}_b, \dot{E}_c$ 의 평형 혹은 불평형 3상 전압을 갖는 전원에 $\dot{Z}_a, \dot{Z}_b, \dot{Z}_c$ 의 불평형 부하를 접속한 불평형 3상4선식 $Y-Y$ 회로의 경우에는 중성점 $O-O'$ 사이에 중성점 전위 $\dot{V}_n$ 가 존재한다. 중성선의 임피던스가 $\dot{Z}_n$ 각 상의 직렬 합성 임피던스를 $\dot{Z}_a = \dot{Z}_{ag} + \dot{Z}_{al} + \dot{Z}_a'$, $\dot{Z}_b = \dot{Z}_{bg} + \dot{Z}_{bl} + \dot{Z}_b'$, $\dot{Z}_c = \dot{Z}_{cg} + \dot{Z}_{cl} + \dot{Z}_c'$ 이라 하면 이들의 어드미턴스는 $\dot{Y}_a = \dfrac{1}{\dot{Z}_a}$, $\dot{Y}_b = \dfrac{1}{\dot{Z}_b}$, $\dot{Y}_c = \dfrac{1}{\dot{Z}_c}$, $\dot{Y}_n = \dfrac{1}{\dot{Z}_n}$ 이므로 다음 식이 성립한다.

$$\dot{I}_a = (\dot{E}_a - \dot{V}_n)\dot{Y}_a,\ \dot{I}_b = (\dot{E}_b - \dot{V}_n)\dot{Y}_b,\ \dot{I}_c = (\dot{E}_c - \dot{V}_n)\dot{Y}_c,\qquad \dot{I}_n = \dot{Y}_n \dot{V}_n \tag{8.40}$$

$$\dot{I}_a + \dot{I}_b + \dot{I}_c = \dot{I}_n \tag{8.41}$$

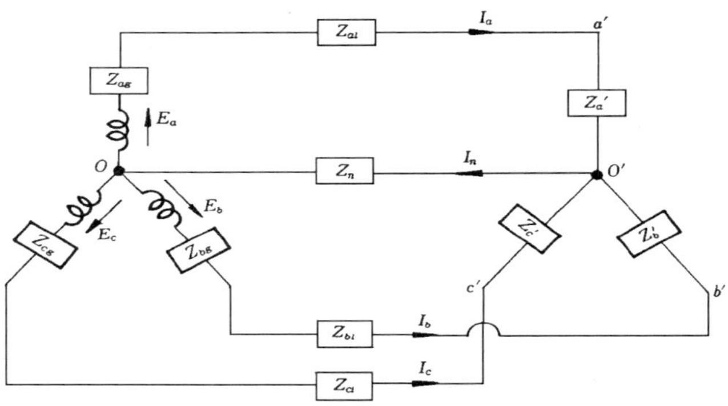

그림 8.18 불평형 Y결선

식 (8.40)을 식 (8.41)에 대입하여 V_n 을 구하면

$$(\dot{E}_a - \dot{V}_n)\dot{Y}_a + (\dot{E}_b - \dot{V}_n)\dot{Y}_b + (\dot{E}_c - \dot{V}_n)\dot{Y}_c = \dot{Y}_n \dot{V}_n$$

$$\therefore\quad \dot{V}_n = \frac{\dot{Y}_a\dot{E}_a + \dot{Y}_b\dot{E}_b + \dot{Y}_c\dot{E}_c}{\dot{Y}_a + \dot{Y}_b + \dot{Y}_c + \dot{Y}_n}\ [V] \tag{8.42}$$

이 결과를 식 (8.40)에 대입하면 I_a, I_b, I_c, I_n 을 구할 수 있다. 식 (8.42)은 밀만의

정리를 적용하여 구할 수 있다.

(2) 불평형 △결선 회로

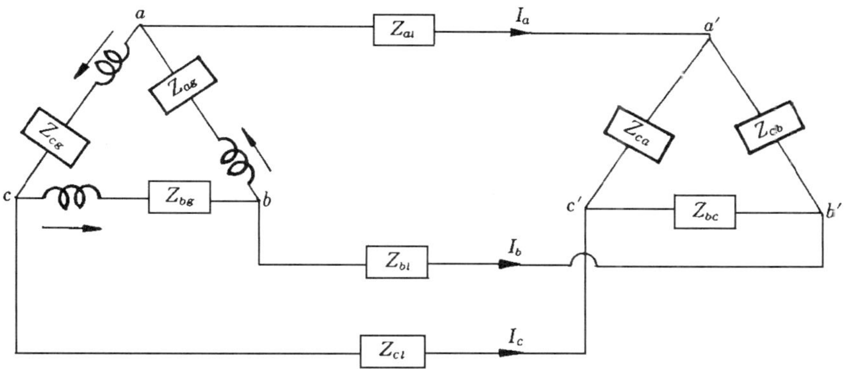

그림 8.19 불평형 △결선

그림8.19와 같은 회로에서 폐로 $aa'b'ba$, 폐로 $bb'c'cb$, 폐로 $cc'a'ac$에 흐르는 폐로전류를 각각 $\dot{I}_{ab}, \dot{I}_{bc}, \dot{I}_{ca}$라 하고 키르히호프의 법칙을 적용하여 폐로 방정식을 세우면 다음과 같다.

$$
\begin{aligned}
&Z_{11}I_{ab} + Z_{12}I_{bc} + Z_{13}I_{ca} = E_{ab} \\
&Z_{21}I_{ab} + Z_{22}I_{bc} + Z_{23}I_{ca} = E_{bc} \\
&Z_{311}I_{ab} + Z_{32}I_{bc} + Z_{33}I_{ca} = E_{ca}
\end{aligned}
\tag{8.43}
$$

여기서 $\dot{Z}_{11} = \dot{Z}_{ag} + \dot{Z}_{al} + \dot{Z}_{ab} + \dot{Z}_{bl}$

$\dot{Z}_{22} = \dot{Z}_{bg} + \dot{Z}_{bl} + \dot{Z}_{bc} + \dot{Z}_{cl}$

$\dot{Z}_{33} = \dot{Z}_{cg} + \dot{Z}_{cl} + \dot{Z}_{ca} + \dot{Z}_{al}$

$\dot{Z}_{12} = \dot{Z}_{21} = -\dot{Z}_{bl},\ \dot{Z}_{23} = \dot{Z}_{32} = -\dot{Z}_{cl},\ \dot{Z}_{31} = \dot{Z}_{13} = -\dot{Z}_{al}$

식 (8.43)에서 $\dot{I}_{ab}, \dot{I}_{bc}, \dot{I}_{ca}$를 구하면 $\dot{I}_a, \dot{I}_b, \dot{I}_c$는 다음의 관계에서 구할 수 있다.

$$\dot{I}_a = \dot{I}_{ab} - \dot{I}_{bc},\ \dot{I}_b = \dot{I}_{bc} - \dot{I}_{ab},\ \dot{I}_c = \dot{I}_{ca} - \dot{I}_{bc} \quad (8.44)$$

8-8 3상 전력

3상 회로의 전력계산은 Y결선, △결선 또는 평형과 불평형에 관계없이 각 상 전력의 합을 구하면 된다. 즉, 평균전력의 합이 유효전력이 되며 무효전력의 합이 무효전력이 된다. 특히 평형 3상 회로에서는 한 상에 대한 유효전력 P_1 및 무효전력 P_{r1} 의 3배가 3상 전체의 평균전력 P 및 무효전력 P_r 가 된다.

즉, 단상인 경우는

$$P_1 = V_p I_p \cos\theta = I_p{}^2 R\,[W]$$
$$P_{r1} = V_p I_p \sin\theta = I_p{}^2 X\,[Var] \quad (8.45)$$

3상인 경우는

$$P = 3P_1 = 3V_p I_p \cos\theta = I_p{}^2 R\,[W]$$
$$P = 3P_r = 3V_p I_p \sin\theta = I_p{}^2 X\,[Var] \quad (8.46)$$

여기서 V_p, I_p, R, X 는 각각 한 상의 전압, 전류, 저항 및 리액턴스이며 θ는 상 전압과 상전류의 위상차로 상 임피던스 $\dot{Z}$의 위상각과 같다. 그리고 식 (8.46)를 선간전압 $V_l\,[V]$, 선전류 $I_l\,[A]$ 로 표시하면

Y결선에는

$$V_l = \sqrt{3}\,V_p,\ I_l = I_p \quad (8.47)$$

△결선에서는

$$V_l = V_p,\ I_l = \sqrt{3}\,I_p \quad (8.49)$$

이고 식 (8.48)을 식 (8.49)에 대입하면 유효전력 P, 무효전력 P_r 및 피상전력 P_a는

$$P = \sqrt{3}\, V_l I_l \cos\theta = \sqrt{3} \times (\text{선간전압}) \times (\text{선전류}) \times (\text{역률})\,[W]$$

$$P_r = \sqrt{3}\, V_l I_l \sin\theta = \sqrt{3} \times (\text{선간전압}) \times (\text{선전류}) \times (\text{무효율})\,[Var]$$

$$P_a = \sqrt{3}\, V_l I_l\,[VA]$$

따라서

$$\text{피상전력} = \sqrt{(\text{유효전력})^2 \times (\text{무효전력})^2} \qquad (8.50)$$

예제 8.8.1

평형 Y부하에 $100\sqrt{3}$ [V] 의 전압을 인가하고, 각 상의 임피던스 $Z = 3 + j4$ [Ω] 인 경우 유효전력 P를 구하여라.

풀 이

$$P = \sqrt{3}\, VI\cos\theta = 3I^2R$$

따라서 $I = \dfrac{V_p}{Z} = \dfrac{100}{\sqrt{3^2 + 4^2}} = 20\,[A]$

$$P = 3I^2R = 3 \times 20^2 \times 3 = 3600\,[W]$$

8-9 V 결선

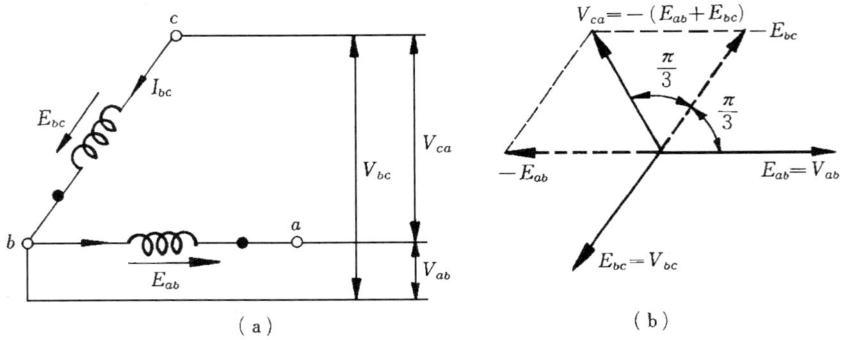

그림 8.20 3상 V 결선

(1) V결선의 전압과 전류

대칭 △결선의 3상 회로에서 한 상의 전압 또는 임피던스가 없는 경우를 V결선이라 한다. 그림 8.20(a)와 같이 ac상 간의 1상의 코일을 제거하면 나머지 두 상(단상 변압기 2대)의 상전압 E_{ab}, E_{bc} 에 의하여 abc상간에 나타나는 선간전압 V_{ab}, V_{bc}, V_{ca} 는 그림 (b)와 같이 된다.

$$\dot{V}_{ab}=\dot{E}_{ab}, \dot{V}_{bc}=\dot{E}_{bc}, \dot{V}_{ca}=-(\dot{E}_{ab}+\dot{E}_{bc}) \quad \therefore \dot{V}_{ab}+V_{bc}+V_{ca}=0$$

따라서 △결선의 경우와 같은 결과가 된다. 그림 8.21(a)와 같은 V결선에서 각 상의 전압은 대칭 3상 전압으로 작용하므로 전원의 임피던스를 무시하면 부하 $\dot{Z}=R+jX, \theta=\tan^{-1}\dfrac{X}{R}$ 에 흐르는 △전류 $\dot{I}_{ab}, \dot{I}_{bc}, \dot{I}_{ca}$ 와 선전류

$\dot{I}_{ab}, \dot{I}_{bc}, \dot{I}_{ca}$ 는 모두 대칭 3상 전류가 된다.

즉 그림 (a)에서

$$\dot{I}_a=\dot{I}_{ab}-\dot{I}_{ca},\ \dot{I}_b=\dot{I}_{bc}-\dot{I}_{ab},\ \dot{I}_c=\dot{I}_{ca}-\dot{I}_{bc}$$

또 이들을 전원측의 전류와 비교하면

$$\dot{I}_{ab} = \dot{I}_a,\ \dot{I}_{bc} = -\dot{I}_c$$

의 관계가 있고 이들의 관계를 벡터 그림으로 나타내면 그림 (b)와 같다.

그림 8.21 (b)에서 다음을 알 수 있다.

$$\dot{I}_{ab}\text{가 } \dot{V}_{ab}\text{보다 늦은각} : \theta_{ab} = (\frac{\pi}{6}+\theta)$$

$$\dot{I}_{bc}\text{가 } \dot{V}_{bc}\text{보다 앞선각} : \theta_{bc} = (\frac{\pi}{6}-\theta) \quad (8.51)$$

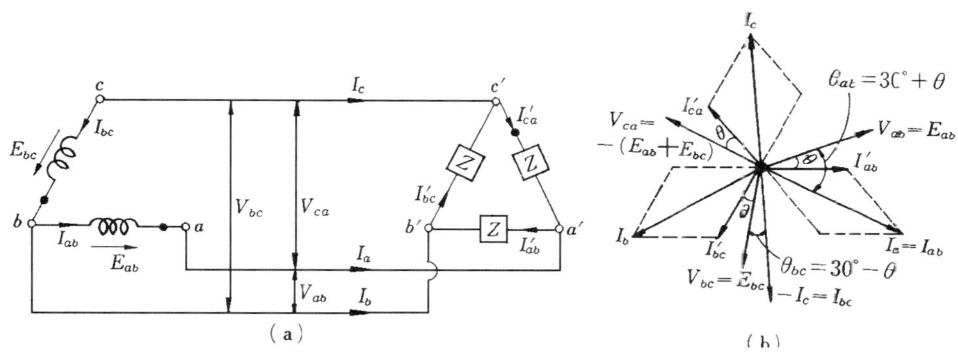

그림 8.21 3상 V 결선과 전류 페이저

(2) V결선의 출력

식 (8.41)의 관계에서 전원의 출력 P는 다음과 같다.

$$\begin{aligned} P &= \dot{V}_{ab}\dot{I}_{ab}\cos\theta_{ab} + \dot{V}_{bc}\dot{I}_{bc}\cos\theta_{bc} \\ &= \dot{V}_{ab}\dot{I}_{ab}\cos(\frac{\pi}{6}+\theta) + \dot{V}_{bc}\dot{I}_{bc}\cos(\frac{\pi}{6}-\theta) \end{aligned} \quad (8.52)$$

여기서 $\dot{V}_{ab} = \dot{V}_{bc} = \dot{V},\ \dot{I}_{ab} = \dot{I}_{bc} = \dot{I}$ 라 하면

$$P = \sqrt{3}\, VI\cos\theta\,[W] \tag{8.53}$$

이 된다. V결선 변압기의 이용률 및 출력비를 알아본다. 단상 변압기 1대의 용량을 $VI[VA]$라 하면 단상 변압기 단독으로 부하에 응할 때 2대의 용량 $2EI[VA]$이다. 그런데 용량이 같은 2대의 변압기를 1조로 하여 V결선으로 한 2대의 용량은 식 (8.53)에서 $\sqrt{3}\,VI[VA]$이고, 또 3대를 △결선으로 한 용량은 $3EI[VA]$이다. 따라서 V결선 변압기의 이용률 및 △결선에 대한 출력비는 다음과 같다.

$$\text{이용률} = \frac{\text{2대의 }V\text{결선출력}}{\text{2대의단독출력의합}} = \frac{\sqrt{3EI}\,cos\theta}{2EI\cos\theta} = \frac{\sqrt{3}}{2} = 0.866$$

$$\text{출력비} = \frac{V\text{결선출력}}{\triangle\text{결선출력}} = \frac{\sqrt{3EI}\,cos\theta}{3EI\cos\theta} = \frac{\sqrt{3}}{3} = 0.577$$

예제 8.9.1

용량이 $30[KVA]$ 되는 2대의 단상 변압기를 V결선하여 역률 0.8, 전력 $20[KW]$의 평형 3상 부하에 전력을 공급할 때, 각 변압기의 분담 전력은 얼마인가?

풀 이

1대의 변압기가 부담하는 피상전력은

$$EI = \frac{P}{\sqrt{3}\,cos\theta} = \frac{20\times10^3}{\sqrt{3}\times0.8} = 14.4\ [\text{KVA}]$$

따라서 $P_1 = EI\cos(\frac{\pi}{6}+\theta)$

$$= EI(\cos\frac{\pi}{6}cos\theta - \sin\frac{\pi}{6}sin\theta)$$

$$= 14.4(\frac{\sqrt{3}}{2}\times0.8 - \frac{1}{2}\times0.6)$$

$$= 5.63\ [\text{KW}]$$

$$P_2 = EI\cos(\frac{\pi}{6}-\theta)$$

$$= EI(\cos\frac{\pi}{6}cos\theta + \sin\frac{\pi}{6}sin\theta)$$

$$= 14.4(\frac{\sqrt{3}}{2}\times 0.8 + \frac{1}{2}\times 0.6)$$

$$= 14.28 \text{ [KW]}$$

8-10 회전자계

(1) 회전자계와 상회전

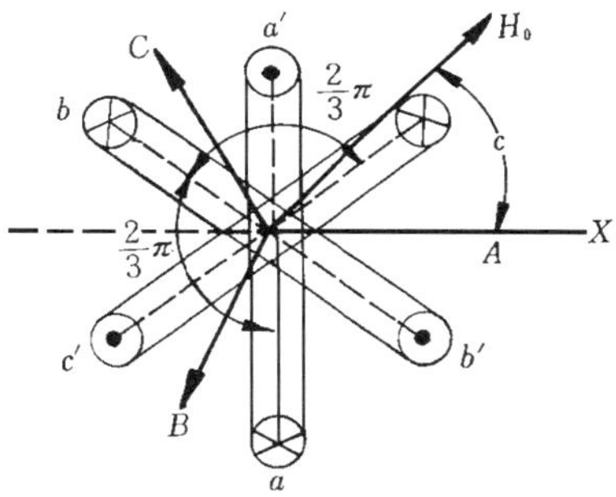

그림 8.22 3상 교류 회전자계

그림 8.22과 같이 3개의 코일 a,b,c를 공간적으로 서로 $\frac{2}{3}\pi$의 각을 이루게 배치하고 이 코일 a,b,c에 다음과 같은 전류를 흘리면

$$i_a = I_m\sin\omega t \quad [A]$$

$$i_b = I_m\sin(\omega t - \frac{2}{3}\pi) \quad [A]$$

$$i_c = I_m\sin(\omega t - \frac{4}{3}\pi) \quad [A] \qquad (8.54)$$

이 전류에 의해 생기는 자계는 다음과 같다.

$$h_a = H_m \sin\omega t \quad [A/m]$$

$$h_b = H_m \sin(\omega t - \frac{2}{3}\pi) \ [A/m]$$

$$h_c = H_m \sin(\omega t - \frac{4}{3}\pi) \ [A/m] \qquad (8.55)$$

코일의 중심에 생기는 합성 자계의 세기는 각 코일에 의한 자계의 공간적 벡터합이다. 따라서, 합성 자계의 x성분을 h_x, y성분을 h_y라 하면

$$\begin{aligned} h_x &= h_{ax} + h_{bx} + h_{cx} \\ &= h_a \cos 0^\circ + h_b \cos(-\frac{2\pi}{3}) + h_c \cos(-\frac{4\pi}{3}) \\ &= H_m \sin\omega t + H_m \sin(\omega t - \frac{2\pi}{3})\cos(-\frac{2\pi}{3}) + H_m \sin(\omega t - \frac{4\pi}{3})\cos(-\frac{4\pi}{3}) \\ &= H_m \ \{\sin\omega t - \frac{1}{2} sin(\omega t - \frac{2\pi}{3}) - \frac{1}{2} sin(\omega t - \frac{4\pi}{3})\} \\ &= H_m \ \{\sin\omega t + \frac{1}{2} sin\omega t\} \ = \frac{3}{2} H_m \sin\omega t \, [A/m] \end{aligned} \qquad (8.56)$$

$$\begin{aligned} h_y &= h_{ay} + h_{by} + h_{cy} \\ &= h_b \cos(-\frac{2\pi}{3}) + h_c \cos(-\frac{4\pi}{3}) \\ &= H_m \sin(\omega t - \frac{2\pi}{3})\cos(-\frac{2\pi}{3}) + H_m \sin(\omega t - \frac{4\pi}{3})\cos(-\frac{4\pi}{3}) \\ &= H_m \ \{-\frac{\sqrt{3}}{2} sin(\omega t - \frac{2\pi}{3}) - \frac{\sqrt{3}}{3} sin(\omega t + \frac{4\pi}{3})\} \\ &= \frac{3}{2} H_m \cos\omega t \ [\mathrm{A/m}] \end{aligned} \qquad (8.57)$$

따라서, 합성자계의 크기 H는

$$\begin{aligned} H_0 &= h_x + jh_y = \sqrt{{h_x}^2 + {h_y}^2} \\ &= \sqrt{(\frac{3}{2} H_m \sin\omega t)^2 + (\frac{3}{2} H_m \cos\omega t)^2} \\ &= \frac{3}{2} H_m \ [A/m] \ \text{(일정자계)} \end{aligned} \qquad (8.58)$$

합성자계 H의 위상각, 즉 H_0와 x축 사이의 각 θ는

$$\theta = \tan^{-1}\left(\frac{h_y}{h_x}\right) = \tan^{-1}(\cot\omega t) = \frac{\pi}{2} - \omega t \tag{8.59}$$

따라서, 합성자계의 크기 H_0는 시간에 관하여 항상 일정하고 방향은 시계 방향으로 ω의 각속도로 회전한다. 이와같은 회전자계를 원형회전자계(Circular Revolving Field)라 한다. 특히 $\omega t = \frac{\pi}{2}$, 즉 코일 aa'의 축 방향이 된다.

(2) 2상 교류에 의한 회전자계

그림 8.23과 같이 2개의 코일 a, b를 서로 직교하게 배치하고 크기가 같고 위상이 $\frac{\pi}{2}$만큼 다른 전류

$$i_a = I_m \sin\omega t$$

$$i_b = I_m \sin\left(\omega t - \frac{\pi}{2}\right)$$

를 흘리면 코일 내에 각각 다음과 같은 자계가 생긴다.

$$h_a = H_m \sin\omega t$$

$$\begin{aligned} h_b &= H_m \sin\left(\omega t - \frac{\pi}{2}\right) \\ &= -H_m \cos\omega t \end{aligned} \tag{8.60}$$

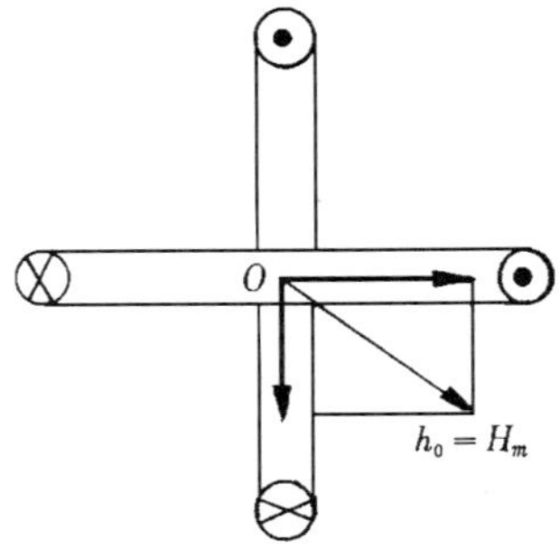

그림 8.23 2상 교류 회전자계

합성자계의 크기 H_0는 다음과 같이 시간에 관하여 일정한 크기가 된다.

$$\begin{aligned} H_0 &= \sqrt{{h_a}^2 + {h_b}^2} \\ &= \sqrt{(H_m \sin\omega t)^2 + (-H_m \cos\omega t)^2} = H_m \ [A/m] \end{aligned} \tag{8.61}$$

합성자계 H_0의 위상각인 H_0와 x축 사이의 각은

$$\theta = \tan^{-1}\frac{h_b}{h_a} = \tan^{-1}(-\cot\omega t) = \left(\frac{\pi}{2} - \omega t\right) \tag{8.62}$$

그러므로, 합성 자계의 크기는 시간에 일정한 H_m이 되고 방향은 시계방향으로 각속도 ω로 회전하는 것은 3상 교류의 경우와 같다. 만일 2개의 교류의 크기가 다르거나 상차가 $\frac{\pi}{2}$가 아닐 경우 또는 코일이 $\frac{\pi}{2}$의 각도로 배치되어 있지 않을 때는 합성자계는 시계 방향으로 1사이클에 1회전하지만 각 순간의 크기와 각속도는 일정하지 못하며 그림 8.24와 같은 타원형을 그리게 된다. 이러한 자계를 타원 회전자계(Ellipcal Revolving Field)라 한다. 단상 유도전동기의 기동시의 자계, 또는 유도형 기기의 자계는 타원 회전자계이다.

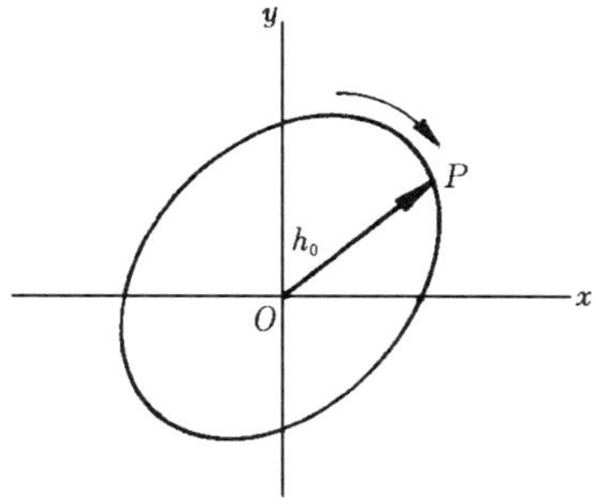

그림 8.24 회전자계

8-11 대칭좌표법

(1) 대칭좌표법

불평형 3상 회로의 계산은 평형회로와는 달리 대개 그 계산이 복잡하기 때문에 그 해석이 용이하지 않다. 이런 경우 비대칭성의 불평형 전압이나 전류를 대칭성의 3성분으로 분해하여 해석하는 대칭좌표법을 이용한다.

그림8.25과 같이 상순이 a,b,c 인 평형 3상 전압($\dot{V}_{a1}, \dot{V}_{b1}, \dot{V}_{c1}$) 과 상순이 이와 반대인 평형 3상 전압($\dot{V}_{a2}, \dot{V}_{b2}, \dot{V}_{c2}$) 및 방향과 크기가 같은 3상 전압

($\dot{V}_{a0}, \dot{V}_{b0}, \dot{V}_{c0}$) 를 a,b,c 상 마다 각각 합하면 불평형 3상 전압($\dot{V}_{a}, \dot{V}_{b}, \dot{V}_{c}$) 얻어진다. 이것을 반대로 생각하면 불평형 전압을 3조의 성분으로 분해할 수 있다. 이제 불평형 3상 전압($\dot{V}_{a}, \dot{V}_{b}, \dot{V}_{c}$) 로 부터 기준이 되는 $\dot{V}_{a0}, \dot{V}_{a1}, \dot{V}_{a2}$ 를 구한다.

수식으로 표시하면 다음과 같다.

$$\begin{aligned} \dot{V}_{a} &= \dot{V}_{a0} + \dot{V}_{a1} + \dot{V}_{a2} \\ \dot{V}_{b} &= \dot{V}_{b0} + \dot{V}_{b1} + \dot{V}_{b2} \\ \dot{V}_{c} &= \dot{V}_{c0} + \dot{V}_{c1} + \dot{V}_{c2} \end{aligned} \tag{8.63}$$

식 (8.15)에서

$$\dot{V}_a = \dot{V}_{a0} + \dot{V}_{a1} + \dot{V}_{a2}$$
$$\dot{V}_b = \dot{V}_{a0} + a^2\dot{V}_{a1} + a\dot{V}_{a2}$$
$$\dot{V}_c = \dot{V}_{a0} + a\dot{V}_{a1} + a^2\dot{V}_{a2} \quad (8.64)$$

로 된다. 이 식으로 부터 $\dot{V}_{a0}, \dot{V}_{a1}, \dot{V}_{a2}$ 를 구할 수 있다

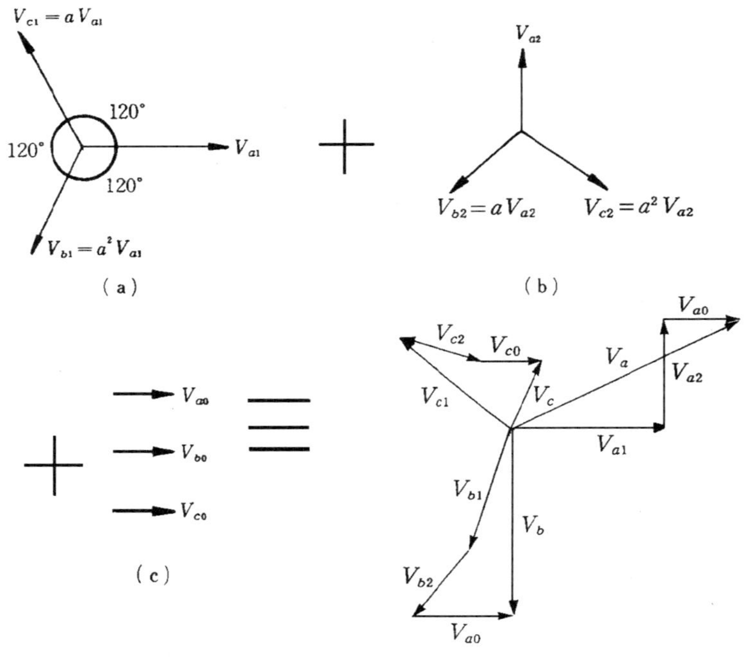

그림 8.25 대칭좌표법

식 (8.54)의 3식을 합하면 제 2,3열은 0이 되므로

$$\dot{V}_{a0} = \frac{1}{3}(\dot{V}_a + \dot{V}_b + \dot{V}_c) \quad (8.65)$$

다음에 식 (8.54)의 제 2식에 a를 곱하고, 제 3식에 a^2을 곱한 다음 합하면 제 1, 3열은 0이 되므로

$$\dot{V}_a + a\dot{V}_b + a^2\dot{V}_c = 3\dot{V}_a$$

즉, $$\dot{V}_{a1} = \frac{1}{3}(\dot{V}_a + a\dot{V}_b + a^2\dot{V}_c) \quad (8.66)$$

또한 식 (8.54)의 제 2식에 a^2를 곱하고, 제 3식에 a를 곱한 다음 더하면

$$\dot{V}_{a2} = \frac{1}{3}(\dot{V}_a + a^2\dot{V}_b + a\dot{V}_c) \quad (8.67)$$

이 된다. 따라서 V_{a0}, V_{a1} 및 V_{a2}는 다음과 같다.

$$\dot{V}_{a0} = \frac{1}{3}(\dot{V}_a + \dot{V}_b + \dot{V}_c)$$
$$\dot{V}_{a1} = \frac{1}{3}(\dot{V}_a + a\dot{V}_b + a^2\dot{V}_c)$$
$$\dot{V}_{a2} = \frac{1}{3}(\dot{V}_a + a^2\dot{V}_b + a\dot{V}_c) \quad (8.68)$$

여기서 3상에 공통 성분인 $\dot{V}_{a0}(=\dot{V}_{b0}=\dot{V}_{c0})$를 영상분, $\dot{V}_{a1}, \dot{V}_{b1}, \dot{V}_{c1}$은 불평형 전압과 상순이 같으므로 정상분이라 하고 $\dot{V}_{a2}, \dot{V}_{b2}, \dot{V}_{c2}$는 원래의 전압과 상순이 반대이므로 역상분이라 하며, 영상분, 정상분, 역상분을 총칭하여 대칭분이라 한다. 평형전압인 경우에는

$$\dot{V}_{a0} = 0,\ \dot{V}_{a1} = \dot{V}_a,\ \dot{V}_{a2} = 0 \quad (8.69)$$

임을 알 수 있다. 즉 평형 전압인 경우에는 정상분만 존재한다. 이상 전류 임피던스에 관해서도 마찬가지다.

$$\dot{I}_a = \dot{I}_{a0} + \dot{I}_{a1} + \dot{I}_{a2}$$
$$\dot{I}_b = \dot{I}_{b0} + \dot{I}_{b1} + \dot{I}_{b2}$$
$$\dot{I}_c = \dot{I}_{c0} + \dot{I}_{c1} + \dot{I}_{c2} \quad (8.70)$$

또는

$$\dot{I}_a = \dot{I}_{a0} + \dot{I}_{a1} + \dot{I}_{a2}$$
$$\dot{I}_b = \dot{I}_{a0} + a^2\dot{I}_{a1} + a\dot{I}_{a2}$$
$$\dot{I}_c = \dot{I}_{a0} + a\dot{I}_{a1} + a^2\dot{I}_{a2} \tag{8.71}$$

따라서

$$\dot{I}_{a0} = \frac{1}{3}(\dot{I}_a + \dot{I}_b + \dot{I}_c)$$
$$\dot{I}_{a1} = \frac{1}{3}(\dot{I}_a + a\dot{I}_b + a^2\dot{I}_c)$$
$$\dot{I}_{a2} = \frac{1}{3}(\dot{I}_a + a^2\dot{I}_b + a\dot{I}_c) \tag{8.72}$$

가 된다. 그런데 전압과 전류가 비대칭 3상일 때는 일반적으로 영상분과 역상분이 나타나므로 역상분과 정상분의 비를 불평형의 정도로 판정할 수 있다.

따라서,

$$\text{불평형률} = \frac{\text{역상분}}{\text{정상분}} \times 100 \ \ [\%] \tag{8.73}$$

이 된다.

예제 8.11.1

$\dot{I}_a = 3 + j4[A], \dot{I}_b = j5[A], \dot{I}_c = 9[A]$ 일 때 영상분 $\dot{I}_{a0}$ 를 구하여라.

풀 이

$$\dot{I}_{a0} = \frac{1}{3}(\dot{I}_a + \dot{I}_b + \dot{I}_c)$$
$$= \frac{1}{3}(3 + j4 + j5 + 9) = \frac{1}{3}(12 + j9) = 4 + j3\,[A]$$

(2) 대칭 3상 교류 발전기의 기본식

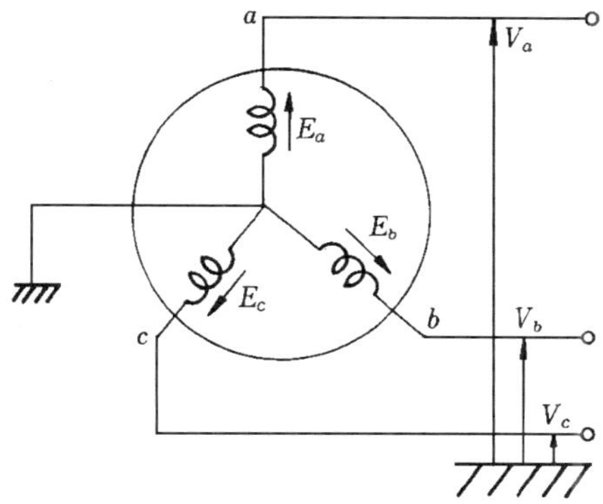

그림 8.26 교류발전기

그림 8.26와 같은 3상 교류 발전기에 각 상의 기전력을 $\dot{E}_a, \dot{E}_b, \dot{E}_c$, 선로에 $\dot{I}_a, \dot{I}_b, \dot{I}_c$ 의 불평형 전류가 흐르고 있을 때, 각 상의 단자전압이 $\dot{V}_a, \dot{V}_b, \dot{V}_c$ 로 되었다고 한다. 이때의 대칭분은 다음과 같이 된다.

$$\begin{bmatrix} \dot{E}_0 \\ \dot{E}_1 \\ \dot{E}_2 \end{bmatrix} = \begin{bmatrix} 1 & 1 & 1 \\ 1 & a & a^2 \\ 1 & a^2 & a \end{bmatrix} \begin{bmatrix} \dot{E}_a \\ \dot{E}_b \\ \dot{E}_c \end{bmatrix}$$

$$\begin{bmatrix} \dot{V}_0 \\ \dot{V}_1 \\ \dot{V}_2 \end{bmatrix} = \begin{bmatrix} 1 & 1 & 1 \\ 1 & a & a^2 \\ 1 & a^2 & a \end{bmatrix} \begin{bmatrix} \dot{V}_a \\ \dot{V}_b \\ \dot{V}_c \end{bmatrix}$$

$$\begin{bmatrix} \dot{I}_0 \\ \dot{I}_1 \\ \dot{I}_2 \end{bmatrix} = \begin{bmatrix} 1 & 1 & 1 \\ 1 & a & a^2 \\ 1 & a^2 & a \end{bmatrix} \begin{bmatrix} \dot{I}_a \\ \dot{I}_b \\ \dot{I}_c \end{bmatrix}$$

또한 각 대칭분에 대한 영상, 정상, 역상 임피던스를 $\dot{Z}_0, \dot{Z}_1, \dot{Z}_2$ 라 하면 다음과 같다.

$$\dot{V}_0 = \dot{E}_0 - \dot{Z}_0 \dot{I}_0$$
$$\dot{V}_1 = \dot{E}_1 - \dot{Z}_1 \dot{I}_1$$
$$\dot{V}_2 = \dot{E}_2 - \dot{Z}_2 \dot{I}_2 \qquad (8.73)$$

식 (8.73)에서 대칭 3상 전압 $\dot{E}_a, \dot{E}_b = a^2\dot{E}_a, \dot{E}_c = a\dot{E}_c$ 인 대칭 3상 발전기라면 a 상을 기준으로 한 대칭분은 다음과 같다.

$$\dot{E}_0 = \frac{1}{3}(\dot{E}_a + \dot{E}_b + \dot{E}_c) = \frac{1}{3}(\dot{E}_a + a^2\dot{E}_b + a\dot{E}_c) = 0$$
$$\dot{E}_1 = \frac{1}{3}(\dot{E}_a + a\dot{E}_b + a^2\dot{E}_c) = \frac{1}{3}(\dot{E}_a + a^3\dot{E}_b + a^3\dot{E}_c) = \dot{E}_a$$
$$\dot{E}_2 = \frac{1}{3}(\dot{E}_a + a^2\dot{E}_b + a\dot{E}_c) = \frac{1}{3}(\dot{E}_a + a^4\dot{E}_b + a^2\dot{E}_c) = 0$$
$$= \frac{1}{3}\dot{E}_a(1 + a + a^2) = 0$$

가 되므로 3상 교류 발전기의 기본식은

$$\dot{V}_0 = -\dot{Z}_0 \dot{I}_0$$
$$\dot{V}_1 = \dot{E}_a - \dot{Z}_1 \dot{I}_1$$
$$V_2 = -Z_2 I_2 \qquad (8.74)$$

이 된다.

8-12 3상 회로의 고장계산

(1) 1상 지락

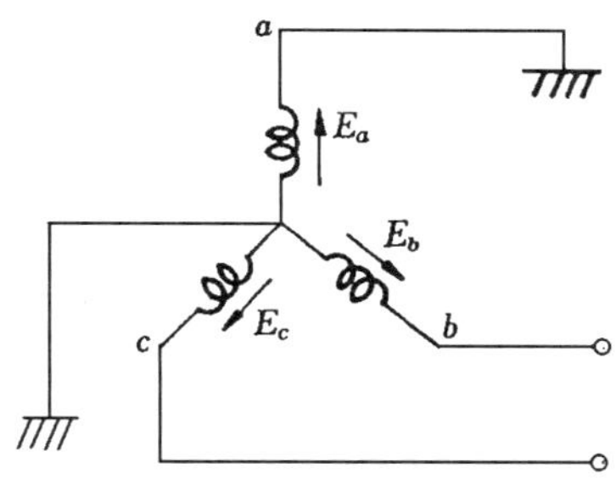

그림 8.27 1상 지락도

그림 8.27와 같이 중성점이 접지된 Y결선 발전기의 한 단자 a가 접지되고 다른 두 단자는 개방된 경우, 접지전류 $\dot{I}_a$를 구해보면 부하조건은

$$\dot{I}_b = \dot{I}_c = 0$$
$$\dot{V}_a = 0 \tag{8.75}$$

이 되고, 식 (8.75)을 식 (8.71)에 대입하면

$$\dot{I}_0 = \frac{1}{3}(\dot{I}_a + \dot{I}_b + \dot{I}_c) = \frac{1}{3}\dot{I}_a$$
$$\dot{I}_1 = \frac{1}{3}(\dot{I}_a + a\dot{I}_b + a^2\dot{I}_c) = \frac{1}{3}\dot{I}_a$$
$$\dot{I}_2 = \frac{1}{3}(\dot{I}_a + a^2\dot{I}_b + a\dot{I}_c) = \frac{1}{3}\dot{I}_a \tag{8.76}$$

이 되므로

$$\therefore\ \dot{I}_0 = \dot{I}_1 = \dot{I}_2 \tag{8.78}$$

이 된다. 식 (8.75)에 $\dot{V}_a = 0$ 의 조건을 대입하면

$$-\dot{Z}_0\dot{I}_0 + (\dot{E}_a - \dot{Z}_1\dot{I}_1) - \dot{Z}_2\dot{I}_2 = 0 \tag{8.79}$$

식 (8.78)을 식 (8.79)에 대입하면

$$\dot{E}_a = (\dot{Z}_0 + \dot{Z}_1 + \dot{Z}_2)\dot{I}_0$$

따라서 $\dot{I}_0 = \dfrac{1}{3}\dot{I}_a$ 가 되므로

$$\therefore\ \dot{I}_a = 3\dot{I}_0 = \frac{3\dot{E}_a}{\dot{Z}_0 + \dot{Z}_1 + \dot{Z}_2} \tag{8.80}$$

가 된다.

(2) 2상 접지

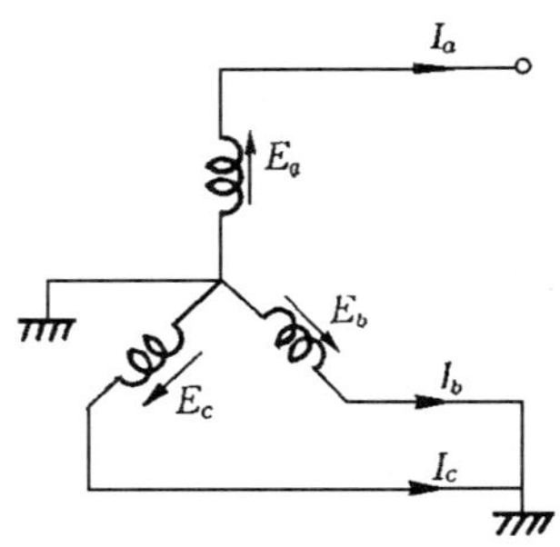

그림 8.28 2상접지

그림 8.28과 같이 3상 발전기의 3단자 b, c가 접지되고 단자 a가 개방된 경우, a상의 단자전압 $\dot{V}_a$는 다음과 같이 구할 수 있다.

부하조건은

$$\dot{V}_b = \dot{V}_c = 0$$

$$\dot{I}_a = 0 \tag{8.81}$$

식 (8.81)을 대칭분으로 표시하면

$$\dot{V}_0 = \dot{V}_1 = \dot{V}_2 \tag{8.82}$$

식 (8.82)을 발전기 기본식에 대입하면

$$-\dot{Z}_0\dot{I}_0 = \dot{E}_a - \dot{Z}_1\dot{I}_1 = -\dot{Z}_2\dot{I}_2$$

$$\dot{I}_0 = \frac{\dot{Z}_1\dot{I}_1 - \dot{E}_a}{\dot{Z}_0}$$

$$\dot{I}_2 = \frac{\dot{Z}_1\dot{I}_1 - \dot{E}_a}{\dot{Z}_2} \tag{8.83}$$

식 (8.83)를 $\dot{I}_a = \dot{I}_0 + \dot{I}_1 + \dot{I}_2 = 0$ 에 대입하면

$$\dot{I}_1 = \frac{(\dot{Z}_0 + \dot{Z}_2)\dot{E}_a}{\dot{Z}_0\dot{Z}_1 + \dot{Z}_1\dot{Z}_2 + \dot{Z}_2\dot{Z}_0}$$

$$\dot{I}_0 = \frac{-\dot{Z}_2\dot{E}_a}{\dot{Z}_0\dot{Z}_1 + \dot{Z}_1\dot{Z}_2 + \dot{Z}_2\dot{Z}_0}$$

$$\dot{I}_2 = \frac{-\dot{Z}_2\dot{E}_a}{\dot{Z}_0\dot{Z}_1 + \dot{Z}_1\dot{Z}_2 + \dot{Z}_2\dot{Z}_0} \tag{8.84}$$

$$\dot{V}_0 = \dot{V}_1 = \dot{V}_2 = -\dot{Z}_0\dot{I}_0 = \frac{\dot{Z}_0\dot{Z}_2\dot{E}_a}{\dot{Z}_1(\dot{Z}_0 + \dot{Z}_2) + \dot{Z}_0\dot{Z}_2}$$

$$\therefore\ \dot{V}_a = \dot{V}_0 + \dot{V}_1 + \dot{V}_2 = \frac{3\dot{Z}_0\dot{Z}_2\dot{E}_a}{\dot{Z}_1\dot{Z}_0 + \dot{Z}_1\dot{Z}_2 + \dot{Z}_0\dot{Z}_2} \tag{8.85}$$

전류 $\dot{I}_b, \dot{I}_c$ 을 구하면 식 80.84)을 식 (8.70)에 대입하면

$$\dot{I}_b = \frac{(a^2-a)\dot{Z}_0 + (a^2-1)\dot{Z}_2}{\dot{Z}_0\dot{Z}_1 + \dot{Z}_1\dot{Z}_2 + \dot{Z}_2\dot{Z}_0} \cdot \dot{E}_a \tag{8.86}$$

$$I_c = \frac{(a-a^2)Z_0 + (a-1)Z_2}{Z_0Z_1 + Z_1Z_2 + Z_2Z_0} \cdot E_a \tag{8.87}$$

(3) 2상 단락

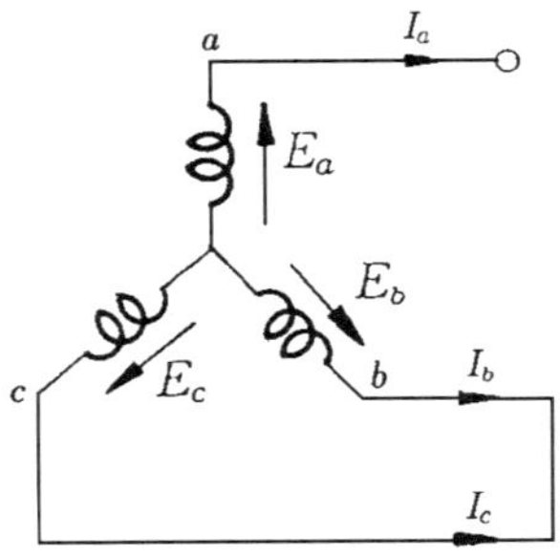

그림 8.29 2상 단락

그림 8.29와 같이 b,c상이 단락되면 부하조건은

$$\dot{V}_b = \dot{V}_c,\ \dot{I}_a = 0,\ \dot{I}_b = -\dot{I}_c \tag{8.88}$$

식 (8.88)을 대칭분으로 표시하면

$$\dot{V}_0 + a^2\dot{V}_1 + a\dot{V}_2 = \dot{V}_0 + a\dot{V}_1 + a^2\dot{V}_2$$
$$\therefore\ \dot{V}_1 = \dot{V}_2 \tag{8.89}$$

$\dot{I}_a = 0,\ \dot{I}_b = -\dot{I}_c$ 로부터

$$\dot{I}_0 = \frac{1}{3}(\dot{I}_a + \dot{I}_b + \dot{I}_c) = 0$$

$$\dot{I}_0 + a^2\dot{I}_1 + a\dot{I}_2 = -(\dot{I}_0 + a\dot{I}_1 + a^2\dot{I}_1)$$

$$\therefore \dot{I}_1 = -\dot{I}_2 \tag{8.90}$$

8-13 대칭분에 대한 전력표시

Y결선이 3상 부하에 $\dot{V}_a, \dot{V}_b, \dot{V}_c$ 를 각 상의 전압, $\dot{I}_a, \dot{I}_b, \dot{I}_c$ 를 중성점으로 유입하는 선전류라 할 때, 부하에서 복소전력은 각 상의 전력의 총합과 같으므로

$$\dot{P}_a = \dot{P} + j\dot{P}_r = \overline{\dot{V}_a}\dot{I}_a + \overline{\dot{V}_b}\dot{I}_b + \overline{\dot{V}_c}\dot{I}_c \tag{8.91}$$

식 (8.91)을 대칭분으로 표시하면

$$\begin{aligned}\dot{P}_a &= (\overline{\dot{V}_0} + \overline{\dot{V}_1} + \overline{\dot{V}_2})\dot{I}_a + (\overline{\dot{V}_0} + \overline{a^2}\,\overline{\dot{V}_1} + \bar{a}\,\overline{\dot{V}_2})\dot{I}_b + (\overline{\dot{V}_0} + \bar{a}\,\overline{\dot{V}_1} + \overline{a^2}\,\overline{\dot{V}_2})\dot{I}_c \\ &= \overline{V_0}(I_a + I_b + I_c) + \overline{V_1}(I_a + aI_b + a^2I_c) + \overline{V_2}(I_a + a^2I_b + aI_c)\end{aligned} \tag{8.92}$$

여기서$a^{-1} = a^2, a^{-2} = a$ 이다

따라서 식 (8.92)에 (8.72)의 관계를 대입하면

$$\dot{P}_a = 3\overline{\dot{V}_0}\dot{I}_0 + 3\overline{\dot{V}_1}\dot{I}_1 + 3\overline{\dot{V}_2}\dot{I}_2 \tag{8.93}$$

즉, 각 대칭분의 전압과 전류 사이의 전력 합의 3배가 복소전력이 된다. 그리고 서로 다른 대칭분의 전압과 전류 사이에는 전력이 생기지 않고 서로 같은 대칭분의 전압과 전류에 의해서만 전력이 발생하고 이것을 중첩하면 복소전력이 된다.

연 습 문 제

1 대칭 5상 기전력의 선간전압과 상전압의 위상차는 얼마인가?

2 각 상의 임피던스가 $\dot{Z}=6+j8$ 인 평형 Y부하에 선간전압 220[V]인 대칭 3상 전압이 가해졌을 때 선전류는 약 몇 [A]인가?

3 9[Ω]과 3[Ω]의 저항 3개를 그림과 같이 연결하였을 때 A,B사이의 합성 저항 [Ω]은?

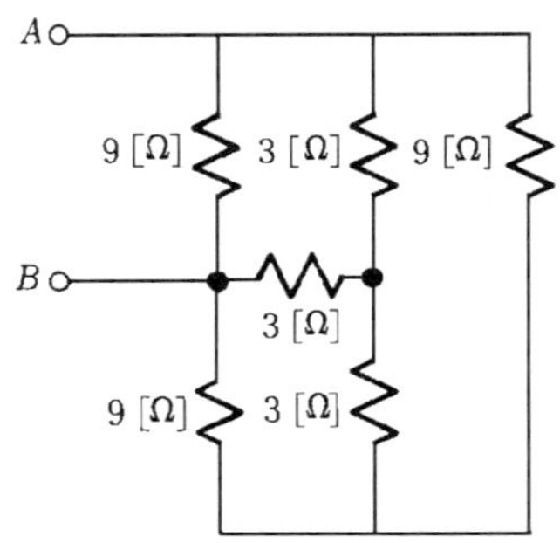

4 다음과 같은 대칭 3상 회로가 있다. $\dot{I}_a$의 크기 및 $\dot{I}_c$의 위상각은?
(단, $\dot{E}_a - 120\angle 0°$, $\dot{Z}_l = 4 + j6$ [Ω], $\dot{Z} = 20 + j12$ [Ω] 이다.)

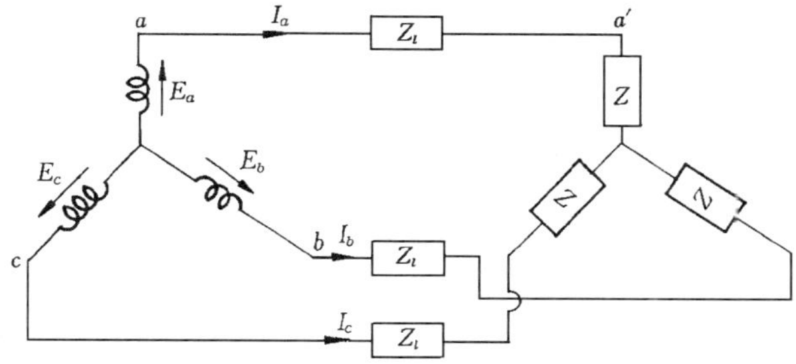

5 다음 회로에 전압 200[V]의 3상 회로에 평형부하를 접속하면 선전류 $\dot{I}[A]$는? (단, $r = 9\,[\Omega]$, $\dfrac{1}{\omega C} = 4\,[\Omega]$이다.)

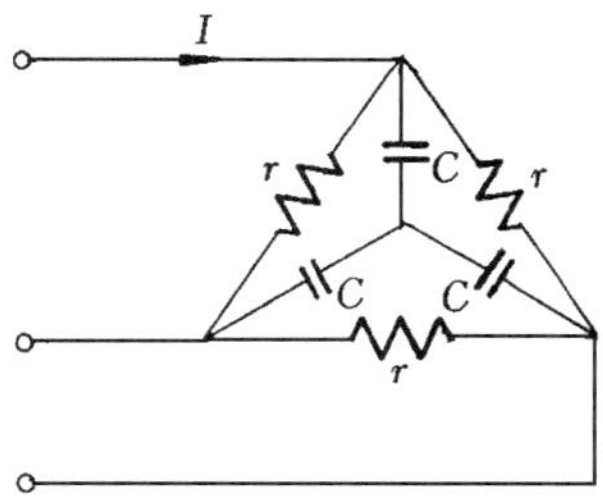

6 $r[\Omega]$ 인 6개의 저항을 다음 그림과 같이 접속하고 평형 3상 전압 $\dot{V}$를 가했을 때 $\dot{I}$ 는 몇 $[A]$ 인가? (단, $r=3[\Omega]$, $\dot{V}=60[V]$)

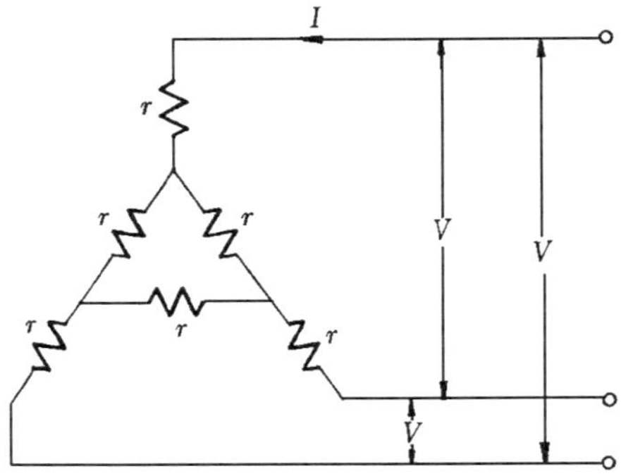

7 $10[KV]$, $3[A]$ 의 3상 교류 발전기는 Y결선이다. 이것을 $\triangle$ 결선으로 변경하면 그 정격 전압 및 전류는 얼마인가?

8 다음 회로에서와 같이 평형 Y부하에 평형 3상 전압이 인가되어 있다. 부하가 취하는 전 3상전력 $[W]$은?

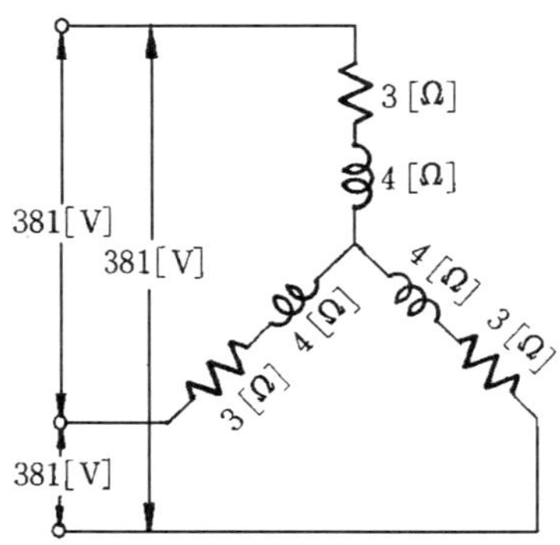

9 $\dot{Z}=5\sqrt{3}+j5[\Omega]$인 3개의 임피던스를 Y결선하여 250[V]의 대칭 3상 전원에 연결하였다. 소비전력[W]은?

10 3상 회로에서 각 상의 전류는 다음과 같다.

$\dot{I}_a=400-j650$

$\dot{I}_b=-230-j700$

$\dot{I}_c=-150-j600$

전류의 영상분 $\dot{I}_o$는 얼마인가? (단 b상을 기준으로 한다.)

11 3상 회로의 선간전압이 각각 $80, 50, 50$ 일 때 전압의 불평형률 [%] 은?

12 어느 3상 회로의 선간전압을 측정하니 $\dot{V}_a=120[V]$, $\dot{V}_b=-60-j80[V]$, $\dot{V}_c=-60+j180[V]$ 이었다. 불평형률[%]은?

13 대칭 3상 전압 $\dot{V}_a, \dot{V}_b, \dot{V}_c$ 를 a상 기준으로 한 대칭분은?

14 그림 과 같이 순저항으로 된 회로에 대칭 3상 전압을 가할 때, 각 선에 흐르는 전류가 같으려면 R의 값은 얼마인가?

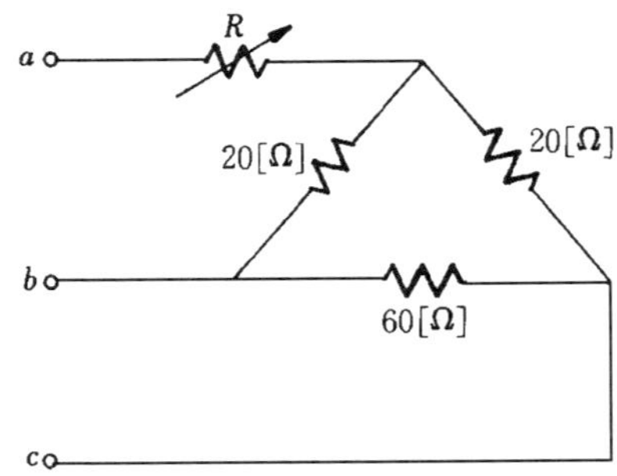

제 9 장

2단자망, 4단자망 회로망

제9장 2단자망, 4단자망 회로망

2개의 단자를 가지는 임의의 회로망을 2단자회로망(two terminal network), 1 단자쌍회로망 또는 간단히 2단자망이라 한다. 회로망은 회로망 내부에 기전력을 가지는 능동회로망(active network)과 내부에 기전력이 존재하지 않는 수동회로망(passive network) 등으로 나눌수 있다.

일반적으로 2단자회로망의 2단자에는 전압원이 인가되기 때문에 2단자로부터 회로망 쪽을 바라본 임피던스를 구동점임피던스(driving point impedance)라 한다. 2단자회로망에 있어서 고찰의 대상이 되는 것은 주로 주파수함수로서의 구동점 임피던스 또는 구동점 어드미턴스이다.

이 장에서는 수동선형 2단자회로망에 대한 임피던스 및 어드미턴스의 주파수 특성에 대해 알아보기로 한다.

9-1 2단자회로망의 임피던스

그림 9.1과 같은 2단자회로망의 단자 a, b에 전압 $\dot{V}$을 가하면 Kirchhoff의 법칙에 의해

$$\begin{pmatrix} \dot{Z}_{11} & \dot{Z}_{12} & \cdots & \dot{Z}_{1n} \\ \dot{Z}_{21} & \dot{Z}_{22} & \cdots & \dot{Z}_{2n} \\ & \vdots & & \\ \dot{Z}_{n1} & \dot{Z}_{n2} & \cdots & \dot{Z}_{nn} \end{pmatrix} \begin{pmatrix} \dot{I}_1 \\ \dot{I}_2 \\ \vdots \\ \dot{I}_n \end{pmatrix} = \begin{pmatrix} \dot{V} \\ 0 \\ \vdots \\ 0 \end{pmatrix} \tag{9.1}$$

의 관계가 성립되며 이로부터

$$\dot{I}_1 = \frac{\Delta_{11}}{\Delta}\dot{V} \tag{9.2}$$

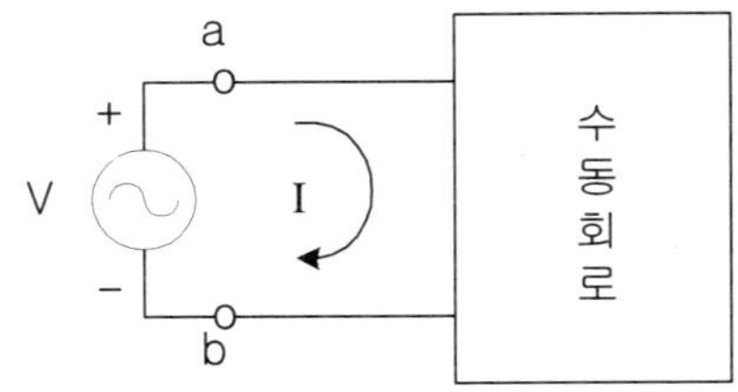

그림 9.1

여기서

$$\Delta = \begin{pmatrix} \dot{Z}_{11} & \dot{Z}_{12} & \cdots & \dot{Z}_{1n} \\ \dot{Z}_{21} & \dot{Z}_{22} & \cdots & \dot{Z}_{2n} \\ & \vdots & & \\ \dot{Z}_{n1} & \dot{Z}_{n2} & \cdots & \dot{Z}_{nn} \end{pmatrix} \tag{9.3}$$

이며, Δ_{11} 은 Δ의 Z11에 대한 여인수(cofactor)이다. 즉 Δ_{jk}는 제 j행과 제 k 열을 제거한 나머지 소행렬식(minor)에 (.1)j+k를 곱한 것과 같다. 따라서

$$\Delta_{11} = \begin{pmatrix} \dot{Z}_{22} & \dot{Z}_{23} & \cdots & \dot{Z}_{2n} \\ \dot{Z}_{32} & \dot{Z}_{33} & \cdots & \dot{Z}_{3n} \\ & \vdots & & \\ \dot{Z}_{n2} & \dot{Z}_{n3} & \cdots & \dot{Z}_{nn} \end{pmatrix} \tag{9.4}$$

가 된다.

따라서 그림 9.1의 단자 a, b에서 본 구동점 임피던스 $\dot{Z}$는

$$\dot{Z} = \frac{\dot{V}}{\dot{I}} = \frac{\Delta}{\Delta_{11}} \tag{9.5}$$

가 된다.

Δ의 요소 $\dot{Z}$JK 는 회로망 내의 각 지로의 임피던스의 합이므로, 일반적으로

$$\dot{Z}_{jk} = j\omega L_{jk} + R_{jk} + \frac{1}{j\omega C_{JK}}$$

$$= \frac{1}{j\omega}\left\{(j\omega)^2 L_{jk} + (j\omega)R_{jk} + \frac{1}{C_{jk}}\right\} \tag{9.6}$$

과 같이 표시할 수 있다.

회로망에 있어서 미분방정식의 해는

$$f(t) = Ke^{st} \tag{9.7}$$

와 같이 주어지며, 여기서 s는 시간과 무관한 주파수이며, 이를 복소주파수 라 하고 다음과 같이 표시한다.

$$s = \delta + j\omega \tag{9.8}$$

여기서 ω는 s의 허수부로써 각주파수를 나타낸다.

우선 지금까지 다룬 함수를 복소 시간함수로 나타내면 직류함수는

$$v(t) = Ve^{(0)t} = V \tag{9.9}$$

로서 s = 0에 해당하는 복소주파수를 갖는다. 만약 s = jω로 δ = 0인 경우는 Im(Kejωt) = Ksinωt이므로 정현파를 표시한다.

따라서 식 (9.6)에 $\delta = 0$인 복소주파수 $s = j\,\omega$를 대입하면

$$\dot{Z}_{jk} = \frac{1}{s}\left(L_{jk}s^2 + R_{jk}s + \frac{1}{C_{jk}}\right) \tag{9.10}$$

그런데 Δ는 n행, n열의 행렬식이므로 s에 관해 n차가 되어

$$\Delta = \frac{1}{s^n}\left(a_0 + a_1 s + \ldots + a_{2n}s^{2n}\right) \tag{9.11}$$

가 된다. 또한, $\Delta 11$은 (n-1)행 (n-1)열의 행렬식이므로 s의 (n-1)차 되어

$$\Delta_{11} = \frac{1}{s^{n-1}}(b_1 + b_2 s + ... + b_{2n-1} s^{2n-1}) \tag{9.12}$$

이다. 식 (9.11), (9.12)에서

$$\dot{Z}(s) = \frac{(a_0 + a_1 s + ... + a_{2n} s^{2n})}{(b_1 s + b_2 s^2 + ... + b_{2n-1} s^{2n-1})} \tag{9.13}$$

와 같이 되며, 이 식을 임피던스 함수라 한다.

식 (9.6)의 L_{jk}, R_{jk}, C_{jk} 는 실수이므로 윗식의 $a_0, a_1, \cdots, a_n,\ b_1, b_2, \cdots, b_n$ 은 모두 실수이다.

식 (9.13)에서 $s = j\omega$ 를 대입하여 정리하면

$$\dot{Z}(j\omega) = \frac{A_0(\omega) + jA_1(\omega)}{B_0(\omega) + jB_1(\omega)} = R(\omega) + jX(\omega) \tag{9.14}$$

가 된다. 여기서 $R(\omega)$ 를 실효저항, $X(\omega)$ 를 실효 리액턴스라 하면 R은 부(-)의 값을 가지는 경우는 없다. 이와 같은 성질을 가진 $\dot{Z}$(s)는 정(+)의 실수함수이다.

이상으로 임피던스 함수 $\dot{Z}$(s)가 가지고 있는 성질을 요약하면 다음과 같다.

① 분모, 분자의 계수는 모두 (+)의 실수이다.
② $\dot{Z}$(s)의 실수부는 0 또는 (+)이다.
③ $\dot{Z}$(s)는 유리분수식으로 s가 실수이면 $\dot{Z}$(s)는 실수가 된다.
④ $\dot{Z}$(s)의 분자의 최고 차수와 분모의 최고 차수의 차는 0 또는 1이다.
⑤ $\dot{Z}$(s)=0 이 되는 s의 값을 0점(zero)이라 하고, $\dot{Z}$(s)=∞ 가 되는 s의 값을 극점이라 하며, 이들은 복소수로서 실수부가 정(+)이 되는 일이 없다.

그림 9.2와 같은 s평면상에서의 영점과 극점의 제한조건은 다음과 같다.

① 영점과 극점은 실수가 아니면 공액복소수이다.
② 모든 영점과 극점은 s평면상의 좌반부 및 허축상에 존재한다.
③ $\dot{Z}(s)$의 극점은 회로가 개방상태 임을 뜻하며, $\dot{Z}(s)$의 영점은 회로의 단락상태임을 뜻한다.

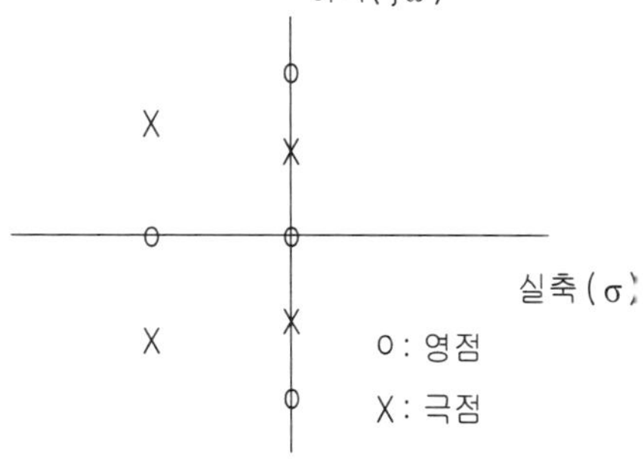

그림 9.2

예제 9.1.1

임피던스 함수 $\dot{Z}(s) = \dfrac{s+10}{s^2+5s+5}[\Omega]$ 인 2단자회로망에 직류전압 20[V]를 인가할 때, 이 회로에 흐르는 전류를 구하여라.

풀 이

직류전원이므로 $\omega=0$ 이므로, $s=j\omega=0$ 에서

$$\dot{Z}(s) = \frac{s+10}{s^2+5s+5}\Big|_{s=0} = \frac{10}{5} = 2[\Omega]$$

$$\therefore \quad I = \frac{V}{Z} = \frac{20}{2} = 10[V]$$

예제 9.1.2

어떤 2단자회로망의 임피던스가 $\dot{Z}(s) = \dfrac{s+2}{s^2+2s+2}$ 일 때, 영점과 극을 구하여라.

풀 이

영점은 $\dot{Z}(s) = 0$ 일 때의 근이므로

$s + 2 = 0 \qquad \therefore \quad s = -2$

극점은 $\dot{Z}(s) = \infty$ 일 때의 근이므로

$s^2 + 2s + 2 = 0 \qquad \therefore \quad s = -1 \pm j$

9-2 리액턴스 2단자회로망의 주파수 특성

저항을 포함하지 않고 자기 인덕턴스와 커패시턴스 만의 리액턴스로 구성된 2단자 회로망을 리액턴스 2단자 회로망이라 한다.

(1) L만의 회로

자기 인덕턴스 L만의 회로에서 임피던스는

$$\dot{Z}(j\omega) = jX = j\omega L, \quad Z(s) = sL \tag{9.15}$$

$$X = \omega L, \frac{dX}{d\omega} = L > 0 \tag{9.16}$$

이므로, 주파수특성은 그림 9.3과 같이 ω의 증가에 따라 직선적으로 증가한다. 그리고, $\dot{Z}(s) = sL$ 에서 영점은 s = 0, 극은 s =∞ 이다.

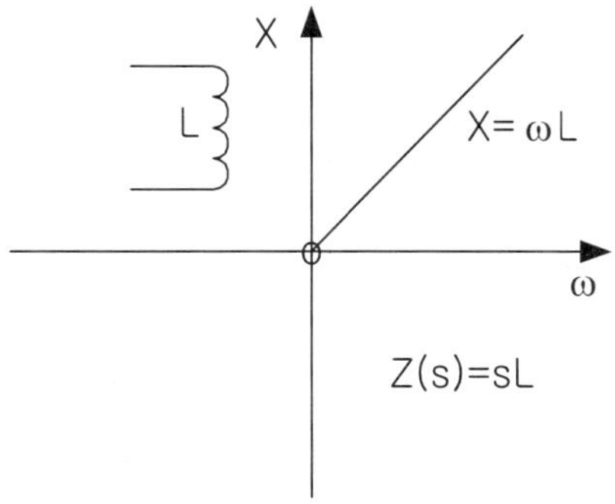

그림 9.3

(2) C만의 회로

커패시턴스 C만의 회로에서 임피던스는

$$\dot{Z}(j\omega) = \frac{1}{j\omega C} = -j\frac{1}{j\omega C} = jX \tag{9.17}$$

$$X = -\frac{1}{\omega C}, \qquad \frac{dX}{d\omega} = \frac{1}{\omega^2 C} > 0 \tag{9.18}$$

이므로 주파수특성은 그림 9.4와 같이 ω의 증가에 따라 단조 증가한다.

그리고 $\dot{Z}(s) = \frac{1}{sC}$ 에서 영점은 s = ∞, 극은 s = 0 이다.

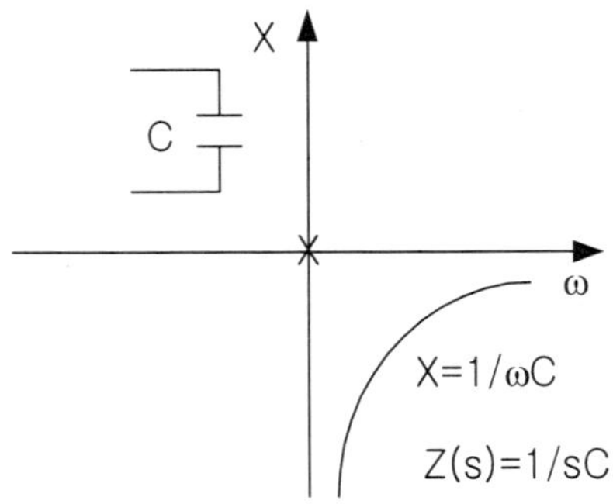

그림 9.4

(3) L-C 직렬회로

이 경우의 임피던스는

$$\dot{Z}(j\omega) = j\omega L + \frac{1}{j\omega C} = j(\omega L - \frac{1}{\omega C}) = jL\frac{\omega^2 - \omega_0^2}{\omega} \tag{9.19}$$

단, $\omega_0 = \dfrac{1}{\sqrt{LC}}$

윗 식으로부터

$$X = L\frac{\omega^2 - \omega_0^2}{\omega}, \qquad \frac{dX}{d\omega} = L\frac{\omega^2 + \omega_0^2}{\omega^2} > 0 \tag{9.20}$$

이므로, 주파수특성은 그림 9.5와 같다.

그리고

$$Z(s) = sL + \frac{1}{sC} = \frac{s^2LC + 1}{sC} \tag{9.21}$$

에서 영점은 $s = \pm j\dfrac{1}{\sqrt{LC}} = \pm j\omega_0,$ 극은 $s = 0$ 이다.

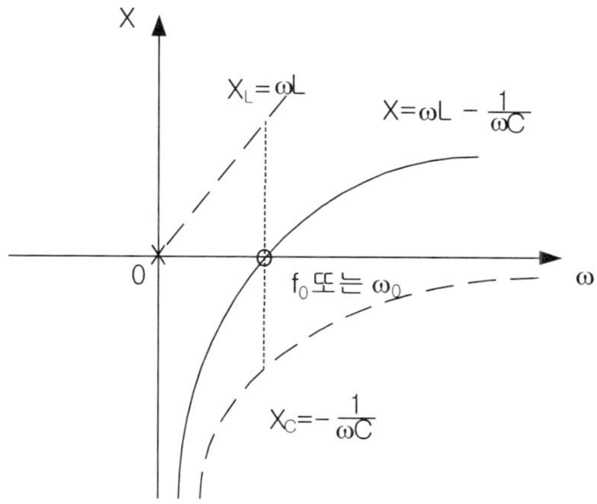

그림 9.5

(4) L-C 병렬회로

이 경우의 어드미턴스는

$$\dot{Y} = j\omega C + \frac{1}{j\omega L} = sC + \frac{1}{sL} = \frac{s^2LC+1}{sL} \tag{9.22}$$

로 표시되고, 임피던스는

$$\dot{Z}(s) = \frac{1}{\dot{Y}(s)} = \frac{sL}{s^2LC+1} = \frac{1}{C} \cdot \frac{s}{s^2 + \frac{1}{LC}} = \frac{1}{C} \cdot \frac{s}{s^2 + \omega_0^2} \tag{9.23}$$

단, $\omega_0^2 = \frac{1}{LC}$

$$X = -\frac{1}{C} \cdot \frac{\omega}{\omega^2 - \omega_0^2} \tag{9.24}$$

$$\frac{dX}{d\omega} = \frac{1}{C} \cdot \frac{\omega^2 + \omega_0^2}{(\omega^2 - \omega_0^2)^2} > 0 \tag{9.25}$$

따라서 $\dot{Z}(s)$의 영점은 $s=0, \infty$ 이고 극은 $s=\pm j\omega_0$ 이며, 리액턴스 X의 주파수 특성은 그림 9.6과 같다.

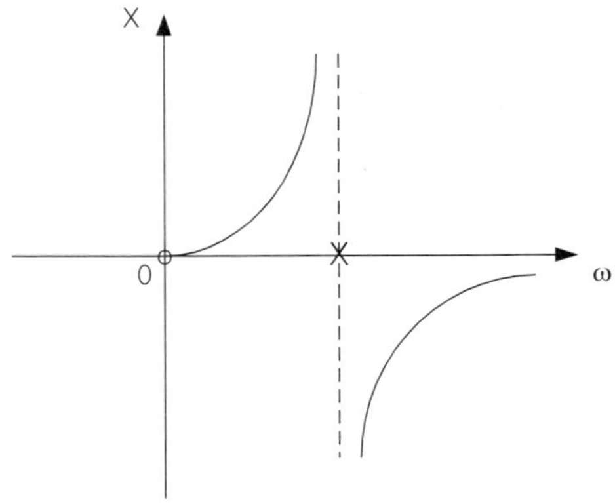

그림 9.6

(5) L_1, L_2, C의 직·병렬회로

이 경우의 임피던스는

$$\dot{Z}(j\omega) = j\omega L_1 + \frac{j\omega L_2}{1-\omega^2 L_2 C} = j(\omega L_1 + \frac{\omega L_2}{1-\omega^2 L_2 C}) \tag{9.26}$$

$$\dot{Z}(s) = SL_1 + \frac{sL_2}{s^2 L_2 C+1} = \frac{s^3 L_1 L_2 C + s(L_1 + L_2)}{s^2 L_2 C + 1} \tag{9.27}$$

그리고

$$X = \omega L_1 + \frac{\omega L_2}{1-\omega^2 L_2 C} = \omega L_1 - \frac{1}{C} \cdot \frac{\omega}{\omega^2 - \frac{1}{L_2 C}}$$

$$= \omega L_1 - \frac{1}{C} \cdot \frac{\omega}{\omega^2 - \omega_1^2} \tag{9.28}$$

단, $\omega_1^2 = \frac{1}{L_2 C}, \omega_2^2 = \frac{L_1 + L_2}{L_1 L_2 C} = \frac{1}{L_2 C}(1 + \frac{L_2}{L_1}) > \omega_1^2$

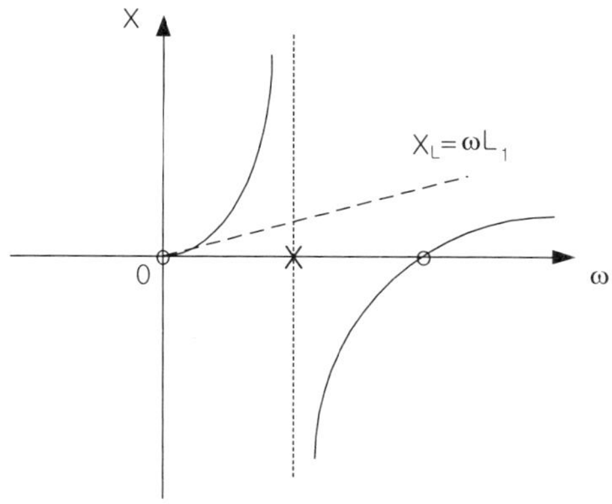

그림 9.7

$$\frac{dX}{d\omega}=L_1+\frac{1}{C}\cdot\frac{\omega^2-\omega_1^2}{(\omega^2-\omega_1^2)^2}>0 \qquad (9.29)$$

따라서 $\dot{Z}$(s)의 영점은 s = 0, $\pm j\omega_2$이고, 극은 s = $\pm j\omega_1$, ∞이며, 리액턴스 X의 주파수특성은 그림 9.6과 같다.

여기서 영점을 공진점(resonant point)이라 하며, 공진점의 주파수를 공진주파수라 하고, 극을 반공진점(anti-resonant point)이라 하며, 반공진점의 주파수를 반공진 주파수라 한다.

이상의 여러 가지 리액턴스 곡선으로부터 다음과 같은 사실을 알 수 있다.

① 곡선의 기울기는 어디서나 정(+)이다. 즉 항상 증가함수이다.
② 주파수가 증가함에 따라 공진점과 반공진점이 교대로 나타난다.
③ ω = 0, ω = ∞ 에서 영점 또는 극점이 나타난다.

9-3 리액턴스 함수

리액턴스 2단자회로망의 구동점임피던스를 ω의 함수로 표현하면 회로해석이 매우 편리해진다. 여기서 리액턴스 2단자회로망의 구동점 임피던스를 ω의 함수로 나타내 보자.

지금 두 단자간의 임피던스 $\dot{Z}$는 식 (9.2)에서 $\dot{Z}=\dfrac{\Delta}{\Delta_{11}}$ 이므로 리액턴스 회로망에서 임피던스 행렬의 임의의 요소 $\dot{Z}_{jk}$ 는

$$\dot{Z}_{jk}=j\omega L_{jk}+\frac{1}{j\omega C_{jk}}=\frac{L_{jk}}{s}(s^2+\omega_{jk}^2) \tag{9.30}$$

$$\text{단, } L_{jk}\neq 0, \omega_{jk}^2=\frac{1}{L_{jk}C_{jk}}$$

이것을 식 (9.3)의 Δ에 대입하면,

$$\Delta=(\frac{1}{s})^n\begin{pmatrix}(s^2+\omega_{11}^2)L_{11} & (s^2+\omega_{12}^2)L_{12} & \cdots & (s^2+\omega_{1n}^2)L_{1n}\\ (s^2+\omega_{21}^2)L_{21} & (s^2+\omega_{22}^2)L_{22} & \cdots & (s^2+\omega_{2n}^2)L_{2n}\\ \vdots & \vdots & & \vdots\\ (s^2+\omega_{n1}^2)L_{n1} & (s^2+\omega_{n2}^2)L_{n2} & \cdots & (s^2+\omega_{nn}^2)L_{nn}\end{pmatrix} \tag{9.31}$$

가 되고, 행렬식은 s^2에 관한 n차식이 된다.

지금 Δ = 0가 되는 s의 값을 $-\omega_1^2, -\omega_3^2, \cdots, -\omega_{2n-1}^2$ 이라 하면

$$\Delta=(\frac{1}{s})^n A(s^2+\omega_1^2)(s^2+\omega_3^2)\cdots\cdots(s^2+\omega_{2n-1}^2) \tag{9.32}$$

여기서 A는 s^2의 계수이므로

$$A=\begin{pmatrix}L_{11} & L_{12} & \cdots & L_{1n}\\ L_{21} & L_{22} & \cdots & L_{2n}\\ & \vdots & & L_{n1}\\ L_{n2} & \cdots & L_{nn} & \geq 0\end{pmatrix} \tag{9.33}$$

가 된다.

같은 방법으로 Δ_{11} =0가 되는 s의 값을 $-\omega_2^2, -\omega_4^2, \ldots\ldots, -\omega_{2n-2}^2$ 이라 하면

$$\Delta_{11} = (\frac{1}{s})^{n-1} B(s^2+\omega_2^2)(s^2+\omega_4^2) \cdots\cdots (s^2+\omega_{2n-2}^2) \tag{9-34}$$

가 되고,

$$B = \begin{pmatrix} L_{22}\, L_{23} \cdots & L_{2n} \\ L_{32}\, L_{33} \cdots & L_{3n} \\ \vdots & L_{n2} \\ L_{n3} \cdots L_{nn} \geq 0 \end{pmatrix} \tag{9.35}$$

이다. 이상의 결과에 의해

$$\dot{Z}(s) = \frac{\Delta}{\Delta_{11}} = \frac{H(s^2+\omega_1^2)(s^2+\omega_3^2)\cdots\cdots(s^2+\omega_{2n-1}^2)}{s(s^2+\omega_2^2)(s^2+\omega_4^2)\cdots\cdots(s^2+\omega_{2n-2}^2)} \tag{9.36}$$

단, $H = \frac{A}{B} > 0$

의 형으로 표시되고, 이와 같이 2단자 임피던스를 ω의 함수형으로 나타낸 것을 리액턴스함수(reactance function)라 한다.

여기서 $\omega^2 = \omega_1^2, \omega^2 = \omega_3^2, \omega^2 = \omega_5^2, \ldots, \omega^2 = \omega_{2n-1}^2$ 일 때 Δ=0로 되어 구동점 임피던스$\dot{Z}$는 0이다. 이때의 $\omega_1, \omega_3, \omega_{2n-1}$ 는 공진 주파수이다.

또한 $\omega^2 = 0, \omega^2 = \omega_2^2, \omega^2 = \omega_4^2, \ldots, \omega^2 = \omega_{2n-2}^2$ 일 때 Δ_{11} = 0으로 되어 구동점 임피던스$\dot{Z}$는 무한대가 된다. 이때의 $\omega_0, \omega_2, \omega_4, \omega_{2n-2}$ 는 반공진 주파수이다.

그리고 이들 두 주파수를 총괄하여 임계주파수(critical frequency)라 한다.

리액턴스 2단자 회로망에서의 구동점 임피던스 $\dot{Z}$(s)는 다음의 성질을 갖는다.

① $\dot{Z}$(s)는 s의 정(+)의 실계수 유리함수이다.(H: 정의 실수).

② $\dot{Z}$(s)의 극과 영점은 중복근이 아닌 단일근이며, 항상 허축상에 교대로 존재하여야 한다.

③ $\frac{d\dot{Z}(s)}{ds}$ 는 $\frac{dX(\omega)}{ds} > 0$ 이므로 항상 실수이다.

위의 3가지 성질은 $\dot{Z}(s)$가 리액턴스 2단자회로망의 구동점 임피던스가 되기 위한 필요충분조건이며, 이것을 포스터의 리액턴스정리(Foster's reactance theorem)라 한다.

예제 9.3.1

그림 9.8과 같은 R-L-C직렬회로의 구동점 임피던스 $\dot{Z}(s)$를 구하여라.

풀이

구동점 임피던스 $\dot{Z}(s)$는

$$\dot{Z}(s) = R + sL + \frac{1}{sC} = \frac{s^2LC + sRC + 1}{sC} = L\frac{s^2 + \frac{R}{L}s + \frac{1}{LC}}{s}$$

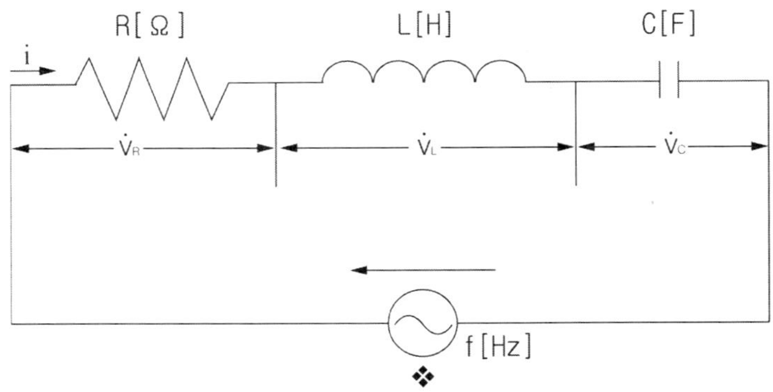

그림 9.8

예제 9.3.1

그림 9.9와 같은 2단자회로에서 입력 임피던스 $\dot{Z}(s)$를 구하여라.

풀이

입력 임피던스 $\dot{Z}(s)$는

$$\dot{Z}(S)=\frac{sL_1\cdot\frac{1}{sC_1}}{sL_1+\frac{1}{sC_1}}+\frac{sL_2\cdot\frac{1}{sC_2}}{sL_2+\frac{1}{sC_2}}=\frac{1}{s+\frac{1}{s}}+\frac{\frac{2}{0.5}}{2s+\frac{1}{0.5s}}=\frac{3s}{s^2+1}$$

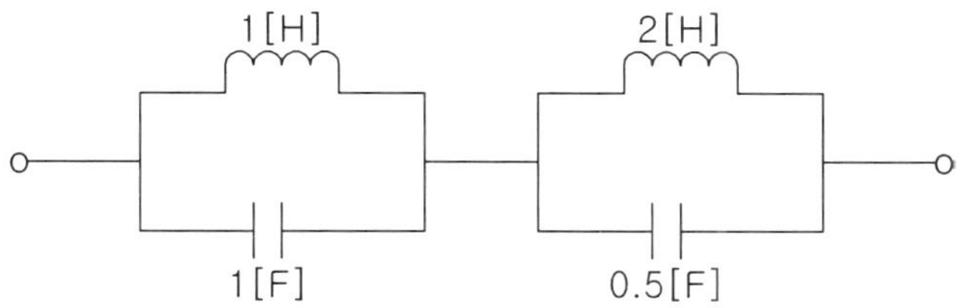

그림 9.9

9-4 리액턴스 2단자회로망의 합성

앞 절에서는 리액턴스 2단자회로가 주어졌을 때 리액턴스 함수의 주파수특성을 구하였으나, 이 절에서는 반대로 주파수특성이 주어졌을 때 이 함수와 등가인 리액턴스 2단자 회로망을 구성하는 방법을 알아보기로 한다.

(1) 병렬공진회로의 직렬접속

주어진 주파수특성을 가지는 리액턴스가 2단자 회로망을 구성하는 경우의 구동점 임피던스 $\dot{Z}(s)$는

$$\dot{Z}(s)=\frac{H(s^2+\omega_1^2)(s^2+\omega_3^2)\cdots(s^2+\omega_{2n-1}^2)}{s(s^2+\omega_2^2)(s^2+\omega_4^2)\cdots(s^2+\omega_{2n-2}^2)} \tag{9.37}$$

위의 식을 부분분수로 분해하면

$$\dot{Z}(s)=s\left(\frac{H_0}{s^2}+\frac{H_2}{s^2+\omega_2^2}+\cdots+\frac{H_K}{s^2+\omega_k^2}+\cdots+\frac{H_{2n-2}}{s^2+\omega_{2n-2}^2}+H_\infty\right) \tag{9.38}$$

가 된다. 일반항 H_K를 구하기 위해 양변에 $(s^2+\omega_k^2)$을 곱하고 s^2 대신에 $-\omega_k^2$을 대입하면

$$H_K=(s^2+\omega_k^2)\frac{\dot{Z}(s)}{s}\mid_{s^2=-\omega_k^2} \tag{9.39}$$

단, $K=0,2,4,\cdots,(2n-2),\omega_0=0$

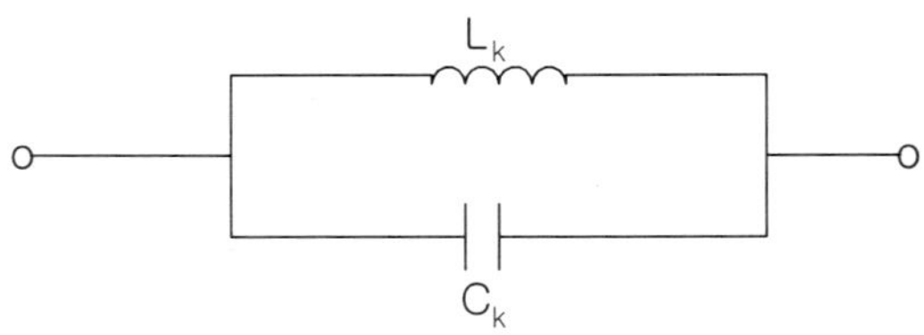

그림 9.10

또한, 그림 9.10의 L_K와 C_K 의 병렬회로에서

$$\dot{Z}_K=\frac{L_Ks}{1+L_KC_Ks^2}=\frac{\frac{s}{C_K}}{s^2+\frac{1}{L_KC_K}} \tag{9.40}$$

이 된다. 식 (9.38)의 부분분수 중 제 K항을 $sH_K/s^2+\omega_K^2=\dot{Z}_K$ 라 하면

$$H_K=\frac{1}{C_K},\qquad \omega_K^2=\frac{1}{L_KC_K},\qquad L_K=\frac{1}{C_K\omega_K^2} \tag{9.41}$$

따라서 식(9.38)로 주어진 $\dot{Z}(s)$는 그림 9.11과 같이 표시함으로써 병렬공진회로의 직렬접속을 나타낼 수 있다. 이 회로를 Foster형 제1회로라고도 한다.

또한 제1항 H_0/s 는 커패시턴스로, 마지막 항인 sH_∞는 인덕턴스로 실현된다.

$$C_K=\mid\frac{1}{s^2+\omega_K^2}\cdot\frac{\dot{Z}}{\dot{Z}(s)}\mid_{s^2=-\omega_k^2}\ ,\quad L_K=\frac{1}{C_K\omega_K^2},L_\infty=H \tag{9.42}$$

로서 각 소자가 정해진다.

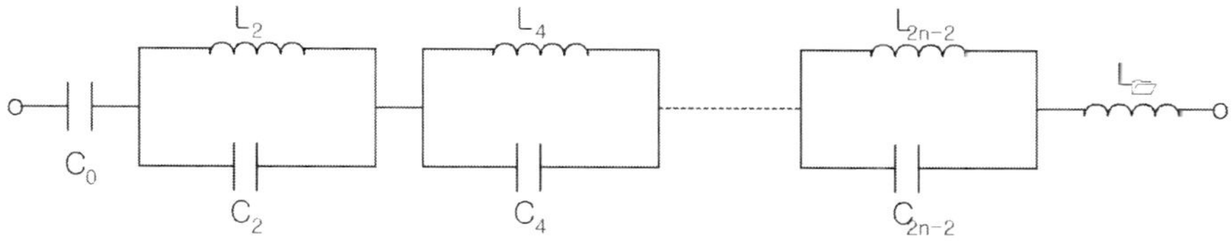

그림 9.11 $L_K - C_K$ 병렬회로

(2) 직렬 공진회로의 병렬접속

직렬 공진회로를 병렬접속시킨 회로의 구동점 어드미턴스 $\dot{Y}(s)$는

$$\dot{Y}(s) = \frac{1}{\dot{Z}(s)} = \frac{s(s^2+\omega_2^2)(s^2+\omega_4^2)\cdots(s^2+\omega_{2n-2}^2)}{H(s^2+\omega_1^2)(s^2+\omega_3^2)\cdots(s^2+\omega_{2n-1}^2)} \tag{9.43}$$

이 식을 부분분수로 나타내면

$$\dot{Y}(s) = s\left(\frac{F_1}{s^2+\omega_1^2} + \frac{F_3}{s^2+\omega_3^2} + \frac{F_K}{s^2+\omega_K^2} + \cdots + \frac{F_{2n-1}}{s^2+\omega_{2n-1}^2}\right) \tag{9.44}$$

가 된다. 일반항 F_K를 구하기 위해 양변에 $(s^2+\omega_k^2)$을 곱하고 s^2 대신에 $-\omega_k^2$을 대입하면 우변은 sF_K만 남는다.

$$F_K = (s^2+\omega_K^2) \cdot \frac{\dot{Y}(s)}{s} \Big|_{s^2=-\omega_k^2} \tag{9.45}$$

그림 9.12와 같은 직렬회로에서 어드미턴스는

$$\dot{Y}_K = \frac{sC_K}{1+s^2L_KC_K} = \frac{s \cdot \frac{1}{L_K}}{s^2 + \frac{1}{L_KC_K}} \tag{9.46}$$

이므로, 식 (9.44)의 부분분수 중 제K항은 $sF_K/s^2+\omega_K^2=\dot{Y}_K$ 라 하면 다음과 같이 된다.

$$F_K=\frac{1}{L_K},L_K=\frac{1}{F_K},\omega_K^2=\frac{1}{L_KC_K},C_K=\frac{1}{L_K\omega_K^2} \tag{9.47}$$

그러므로 식 (9.44)는 그림 9.13과 같은 직렬 공진회로를 병렬로 연결한 회로가 되며 이를 Foster형 제2회로라고도 한다. 따라서

$$L_K=\frac{1}{F_K}=\frac{1}{s^2+\omega_k^2}\bullet\frac{s}{\dot{Y}(s)}\mid_{s^2=-\omega_k^2}\quad , \; C_K=\frac{1}{L_K\omega_K^2} \tag{9.48}$$

로서 각 소자가 정해진다.

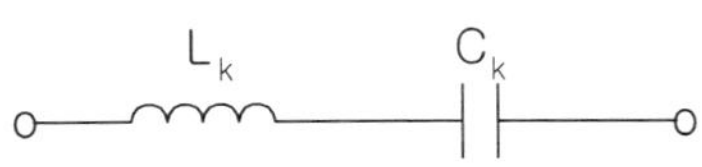

그림 9.12

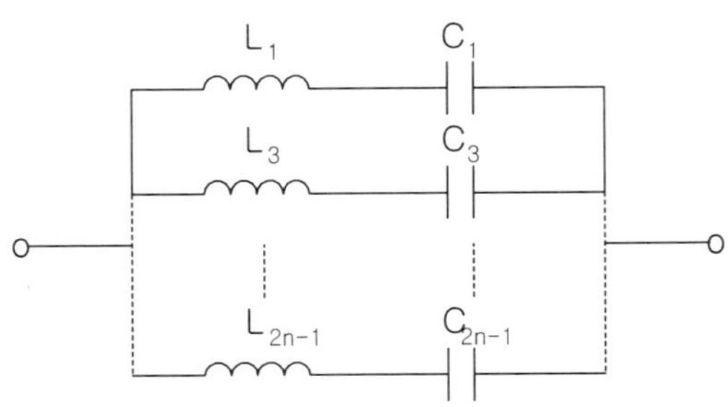

그림 9.13

(3) 사다리꼴 회로

그림 9.14와 같은 사다리꼴 회로에서의 임피던스는 식 (9.49)와 같이 연분수 형태로 나타난다. 즉

$$\dot{Z}(s) = \dot{Z}_1 + \cfrac{1}{\dot{Y}_2 + \cfrac{1}{\dot{Z}_3 + \cfrac{1}{\dot{Y}_4 + \cfrac{\cdot}{\cdot \; + \cfrac{1}{\dot{Y}_n}}}}} \tag{9.49}$$

이와 같은 사다리꼴 회로의 해석은 각 지로의 주어진 임피던스와 어드미턴스의 값을 식 (9.49)에 대입하여 해석할 수 있으나, 이 회로의 구성은 임피던스 함수 $\dot{Z}(s)$를 연분수로 만들어야 한다. 이 과정은 우선 나누고, 역수를 취해서 나누고, 또 그 역수로 나누고 하는 과정을 되풀이하여 전개가 끝날 때까지 계속하면 된다.

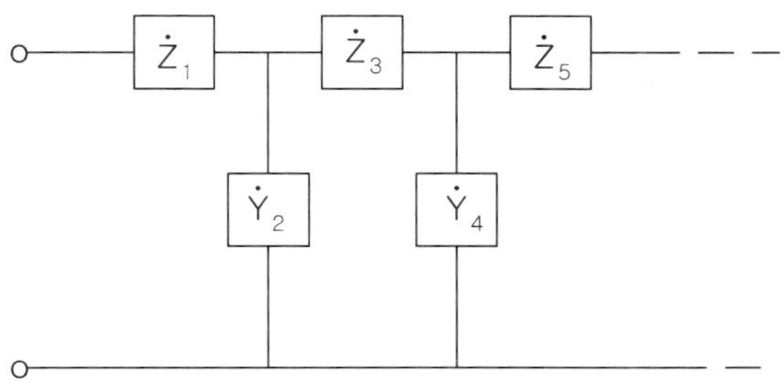

그림 9.14 사다리꼴 회로

예제 9.4.1

임피던스가 $\dot{Z}(s)=\frac{3s+4}{s}$ 로 표시되는 2단자회로를 그려라.

풀 이

$$\dot{Z}(s)=\frac{3s+4}{s}=3+\frac{4}{s}=3+\frac{1}{\frac{1}{4}s}$$

$$=3+\frac{1}{j\omega\frac{1}{4}}=R+\frac{1}{j\omega C}$$

의 형태이므로 R=3[Ω], C=$\frac{1}{4}$[F]인 그림 9.9와 같은 R-L직렬회로이다.

그림 9.15

예제 9.4.2

구동점 임피던스가 (s)=$\frac{s(s+6)}{s+3}$ 와 같이 표시되는 2단자회로망을 그려라.

풀 이

$$\dot{Z}(s)=\frac{s^2+6s}{s+3}=s+\frac{3s}{s+3}=s+\frac{1}{\frac{1}{3}+\frac{1}{s}}$$

$$=j\omega L_1+\frac{1}{\frac{1}{R}+\frac{1}{j\omega L_2}}$$

의 형태이므로 L1=1[H], R=3[Ω], L2=1[H]인 그림 9.10과 같은 직 병렬회로이다.

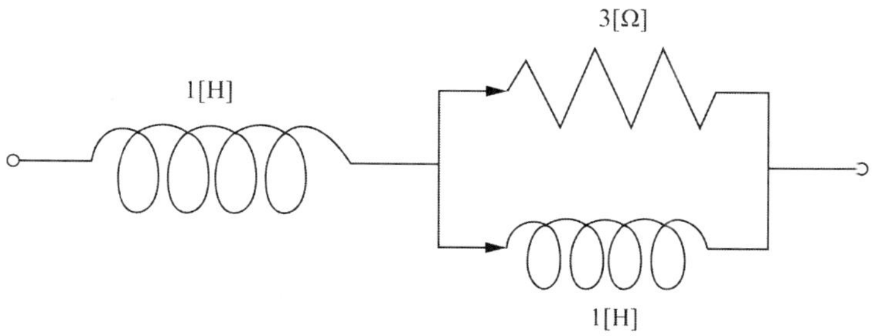

그림 9.16

예제 9.4.3

다음과 같은 임피던스 함수를 가지는 사다리꼴 2단자 회로망의 임피던스를 연분수로 전개하라.

$$\dot{Z}(s)=\frac{s^3+s^2+2s+1}{s^2+s+1}$$

풀 이

$$(s^3+s^2+2s+1)\div(s^2+s+1)=s\cdots s+1$$

$$(s^2+s+1)\div(s+1)=s\cdots\cdots 1$$

이상의 계산에 의하여 연분수는 다음과 같다.

$$\dot{Z}(s)=s+\cfrac{1}{s+\cfrac{1}{s+1}}$$

9-5 역회로

두 개의 2단자회로망에서 입력 임피던스가 각각 $\dot{Z}_1, \dot{Z}_2$ 일 때

$$\dot{Z}_1\dot{Z}_2=K^2 \tag{9.50}$$

의 관계와 같이 두 회로의 임피던스의 곱이 주파수에 관계없이 일정할 때 두 회로는 K에 관하여 역회로라 한다. 예를 들면

$$\dot{Z}_1 = j\omega L \quad , \quad \dot{Z}_2 = \frac{1}{j\omega C}$$

이라 하면

$$\dot{Z}_1 \cdot \dot{Z}_2 = \frac{L}{C} = K^2$$

이 되므로, L과 C는 K= $\sqrt{L/C}$ 에 관해서 역회로 관계가 있다.

또한 $\dot{Z}_1$ 이 $\dot{Z}_{11}$ 과 $\dot{Z}_{12}$ 의 직렬회로라고 하면 이것의 역회로는

$$\dot{Y}_2 = \frac{1}{\dot{Z}_2} = \frac{\dot{Z}_{11} + \dot{Z}_{12}}{K^2} = \frac{\dot{Z}_{11}}{K^2} + \frac{\dot{Z}_{12}}{K^2} = \dot{Y}_{21} + \dot{Y}_{22} \tag{9.51}$$

이 되고, $\dot{Z}_{11}, \dot{Z}_{12}$ 의 각각 역회로를 병렬로 접속한 것이 된다. 따라서 직렬 또는 병렬로 접속된 2단자회로의 역회로는 직렬접속을 병렬접속으로 병렬접속을 직렬접속으로 하고, L소자는 C소자로, C소자는 L소자로 바꾸어 놓으면 된다. 즉, 쌍대회로에 의해 역회로가 만들어진다.

예제 9.5.1

그림 9.17과 같은 회로의 역회로를 그려라. 단 K=100이다.

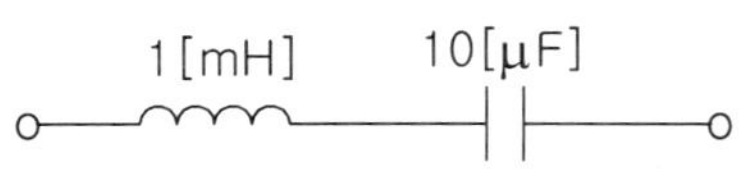

그림 9.17

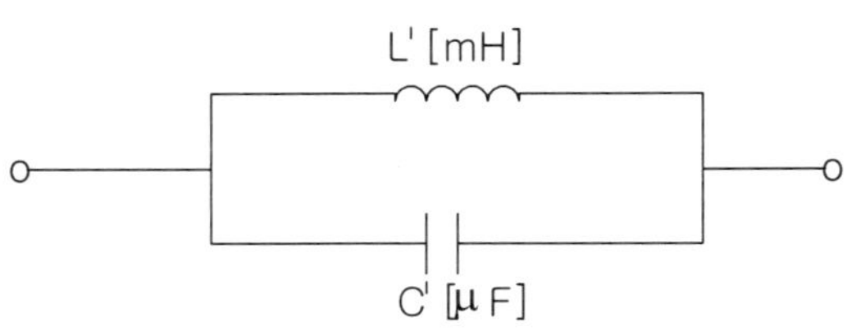

그림 9.18

풀 이

LC 직렬회로의 역회로는 L'C'의 병렬회로이므로

$$K^2 = \frac{L}{C'} = \frac{L'}{C} = 100^2 = 10^4$$

$$L' = CK^2 = 10 \times 10^{-6} \times 10^4 = 100[mH]$$

$$C' = \frac{L}{K^2} = \frac{10^{-3}}{10^4} = 10^{-7} = 0.1[uF]$$

따라서 구하고자 하는 역회로는 그림 9.18이다.

9-6 정저항회로

2단자망 임피던스의 허수부가 어떤 주파수에 대해서도 항상 0이 되고 실수부도 주파수에 관계없이 일정한 실효저항을 가지는 회로를 정저항회로라 한다.

일반적으로 구동점임피던스 $\dot{Z}(s)$ 는

$$\dot{Z}(s) = \frac{a_0 + a_1 s + a_2 s^2 + \cdots\cdots + a_{2n} s^{2n}}{b_1 s + b_2 s^2 + \cdots\cdots\ b_{2n-1} s^{2n-1}}$$

이다. 여기서 $\dot{Z}(s)$ 를 일정한 저항값 R이 되게 하려면

$$R(b_1 s + b_2 s^2 + \cdots + b_{2n-1} s^{2n-1}) = a_0 + a_1 s + a_2 s^2 + \cdots + a_{2n-1} s^{2n-1} + a_{2n} s^{2n}$$

에서, s의 값을 어떤 것으로 대입하여도 이 식이 성립하기 위해서 좌우 양변의 s가 동차항을 가져야 하므로

$$Rb_1 = a_1 \ ,\ Rb_2 = a_2 \ ,\ \cdots \ ,\ Rb_{2n-1} = a_{2n-1}$$

$$a_0 = 0 \ ,\quad a_{2n} = 0$$

가 된다. 따라서

$$R=\frac{a_1}{b_1}=\frac{a_2}{b_2}=\cdots\cdots=\frac{a_{2n-1}}{b_{2n-1}} \quad , \quad a_0=0, a_{2n}=0$$

이 되며, 따라서

$$Z(j\omega) = \frac{a_1}{b_1} \tag{9.52}$$

가 되어 주파수에 무관하게 된다. 이상에서 알 수 있는 바와 같이 구동점임피던스의 허수부가 주파수에 관계없이 0이 되면, 실수부도 또한 주파수에 관계없이 일정하게 된다. 이와 같은 회로를 정저항회로라 하며 그림 9.19(a)의 회로에서 임피던스 Z_1, Z_2 가 서로 역회로이고 , $Z_1 \cdot Z_2 = R^2$ 의 관계가 성립될 때 $Z=R$ 로 되어 정저항으로 된다. 그림(b), (c)도 같은 조건이 성립한다. 그림 9.19(a)의 회로로 증명하면

$$\begin{aligned} Z &= \frac{(R+Z_1)(R+Z_2)}{(R+Z_1)+(R+Z_2)} = \frac{R^2+RZ_1+RZ_2+Z_1Z_2}{2R+Z_1+Z_2} \\ &= R\left(\frac{R+Z_1+Z_2+\frac{Z_1Z_2}{R}}{2R+RZ_2+Z_1Z_2}\right) \end{aligned} \tag{9.53}$$

여기서,

$Z=R$ 인 정저항이 되기 위해서는 식 (9.53)의 괄호 안의 항이 1이면 되므로

$$\frac{R+Z_1+Z_2+\frac{Z_1Z_2}{R}}{2R+Z_1+Z_2}=1$$

$$R+Z_1+Z_2+\frac{Z_1Z_2}{R}=2R+Z_1+Z_2$$

$$\therefore \quad Z_1 \cdot Z_2 = R^2 \tag{9.54}$$

이 되며 역회로의 $Z_1 \cdot Z_2$ 의 관계를 함께 표시하면

$$Z_1 \cdot Z_2 = K^2 = \frac{L}{C} = R^2 \tag{9.55}$$

이 성립하므로

$$R = \sqrt{\frac{L}{C}} \tag{9.56}$$

이 된다.

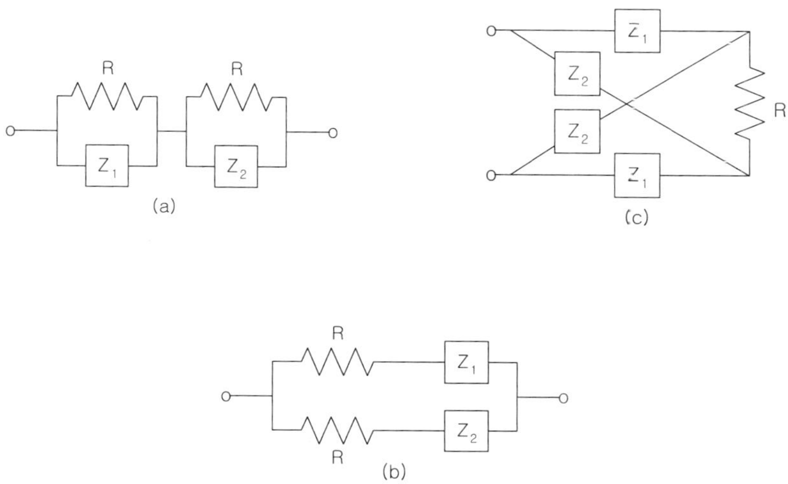

그림 9.19

일반적으로 전송계에서 송신계가 있으면 수신계가 반드시 뒤따르듯이 많은 회로망은 입력단자가 있으면 반드시 출력단자가 필요하게 된다. 회로망을 어떤 목적에 부합되게 사용하고자 할 때, 예를 들면 전원 변압기의 입출력 단자, 전송선로의 입출력 단자, 증폭기의 입출력 단자 등과 같이 2개의 단자쌍을 취급하는 회로를 4단자망이라 한다.

4단자망을 선형회로와 비선형회로, 수동회로와 능동회로, 쌍방향성 회로와 단방향성 회로 등으로 분류되나, 이 장에서는 4단자망의 각종 파라미터의 정의와 이들의 상호관계를 알아보고 여파기 등에 관하여 설명한다.

9-7 4단자망의 정의

그림 9.20은 4단자망을 나타내며 4단자망에서 능동소자를 포함하고 있는 것을 능동 4단자망이라 하고 수동소자 만으로 구성되어 있는 것을 수동 4단자망이라 한다.

그리고 이 장에서는 수동 4단자망에 대해서만 취급하기로 한다.

2단자망에서는 전압과 전류의 두 개의 변수로 회로를 해석할 수 있으나, 4단자망에서는 두 쌍의 단자전압과 전류인 $\dot{V}_1$, $\dot{V}_2$, $\dot{I}_1$, $\dot{I}_2$ 의 4개의 변수를 사용하여 회로를 해석해야 한다.

즉, 4개의 변수 중 2개의 변수를 독립변수로 잡고 나머지 2개의 변수를 종속변수로 잡은 연립1차식은 조합하는 방법에 따라 $_4C_2 = 6$ 에 의해 임피던스 파라미터, 어드미턴스 파라미터 등의 6종류의 관계식이 성립한다.

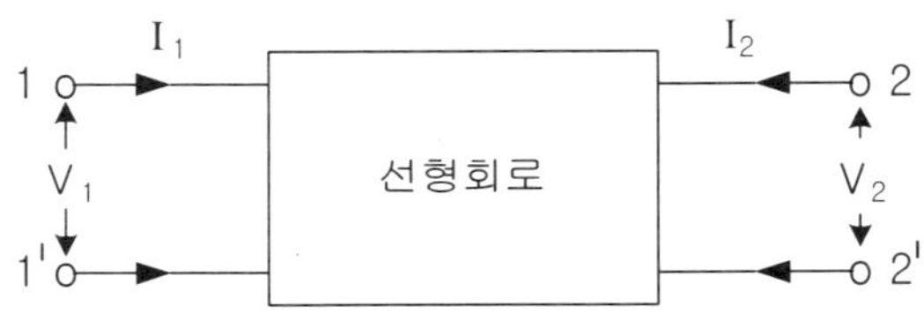

그림 9.20

9-8 임피던스 파라미터 (Z Parameter)

그림 (9.20)과 같은 4 단자망에서 입력단자 $1-1'$에 입력전압 V_1, 입력전류 I_1 이고, 출력단자 $2-2'$에 출력전압 V_2, 출력전류 I_2라 하고 그림과 같은 방향으로 가정하여 키르히호프의 법칙에 의하여 다음과 같이 표시할 수 있다.

$$\begin{aligned} V_1 &= Z_{11}I_1 + Z_{12}I_2 \\ V_2 &= Z_{21}I_1 + Z_{22}I_2 \end{aligned} \tag{9.57}$$

또는 행렬식으로 표현하면

$$\begin{bmatrix} V_1 \\ V_2 \end{bmatrix} = \begin{bmatrix} Z_{11} \; Z_{12} \\ Z_{21} \; Z_{22} \end{bmatrix} \begin{bmatrix} I_1 \\ I_2 \end{bmatrix} \tag{9.58}$$

이다.

식 (9.58)의 행렬을 임피던스 행렬 또는 Z행렬이라 한다.

여기서 $Z_{11}, Z_{12}, Z_{21}, Z_{22}$는 비례계수로서 모두 임피던스 성질을 가지므로 이것을 4단자망의 임피던스 파라미터라 한다. 즉, 식 (9.57)은 임피던스 정수를 사용한 임피던스 파라미터의 기초방정식이 된다. 임피던스 파라미터는 4단자망의 4개의 변수 V_1, I_1, V_2, I_2중 단자 전압 V_1, V_2을 변수로 표기하기 위한 계수이다.

식 (9.57)의 임피던스 파라미터 값은 I_1또는 I_2를 개방 $(I_1 = 0, I_2 = 0)$함으로써 구할 수 있다.

① 단자 $2-2'$를 개방하면 $I_2 = 0$이므로

$Z_{11} = \dfrac{V_1}{I_1} \mid I_2 = 0$: 단자 $1-1'$에서의 개방 구동점 임피던스 $\left(= \dfrac{Y_{22}}{|Y|}\right)$

$Z_{21} = \dfrac{V_2}{I_1} \mid I_2 = 0$: 개방 순방향 전달 임피던스 $\left(= \dfrac{-Y_{12}}{|Y|}\right)$

② 단자 $1-1'$를 개방하면 $I_1 = 0$이므로

$Z_{12} = \dfrac{V_1}{I_2} \mid I_1 = 0$: 개방 역방향 전달 임피던스 $\left(= \dfrac{Y_{21}}{|Y|}\right)$

$Z_{22} = \dfrac{V_2}{I_2} \mid I_1 = 0$: 단자 $2-2'$에서의 개방 구동점 임피던스 $\left(= \dfrac{Y_{11}}{|Y|}\right)$

(9.59)

단 $|Y| = Y_1 Y_{22} - Y_{12} Y_{21}$ 가 된다.

$Z_{12} = Z_{21}$ 의 극성을 결정하는 방법을 그림 9.20 의 단자전압과 전류의 극성의 경우라면 양(+)의 값을 갖는다.

예제 9.8.1

그림 9.21와 같은 T형 회로망의 임피던스 파라미터값을 구하라.

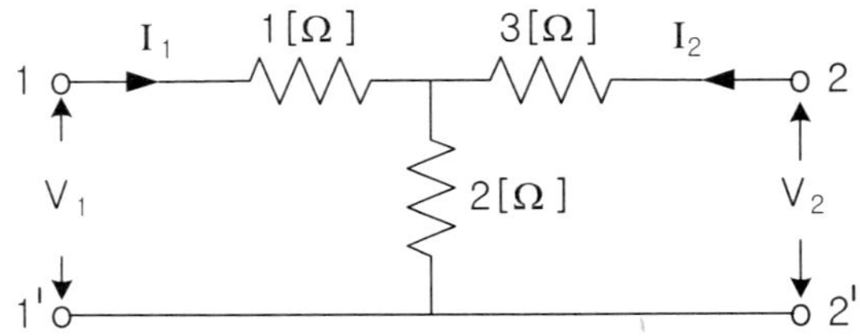

그림 9.21

풀 이

① 단자 $2-2'$를 개방하면 $I_2=0$이므로

$$Z_{11}=\frac{V_1}{I_1}\Big|_{I_2=0}=\frac{(1+2)I_1}{I_1}=3[\Omega]$$

$$Z_{21}=\frac{V_2}{I_1}\Big|_{I_2=0}=\frac{2I_1}{I_1}=2[\Omega]$$

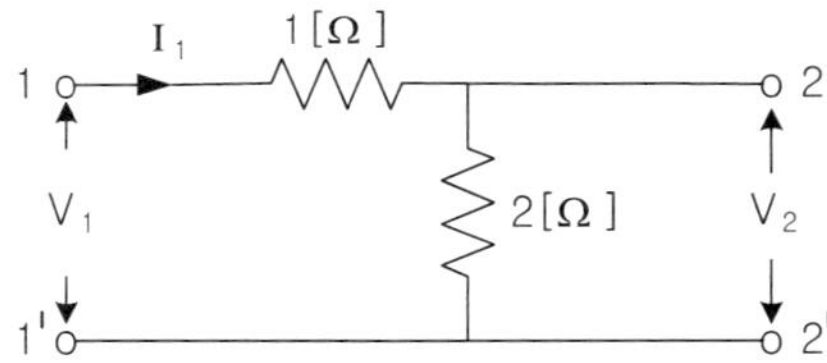

② 단자 $1-1'$를 개방하면 $I_1=0$이므로

$$Z_{12}=\frac{V_1}{I_2}\Big|_{I_1=0}=\frac{2I_2}{I_2}=2[\Omega]$$

$$Z_{22}=\frac{V_2}{I_2}\Big|_{I_1=0}=\frac{5I_2}{I_2}=5[\Omega]$$

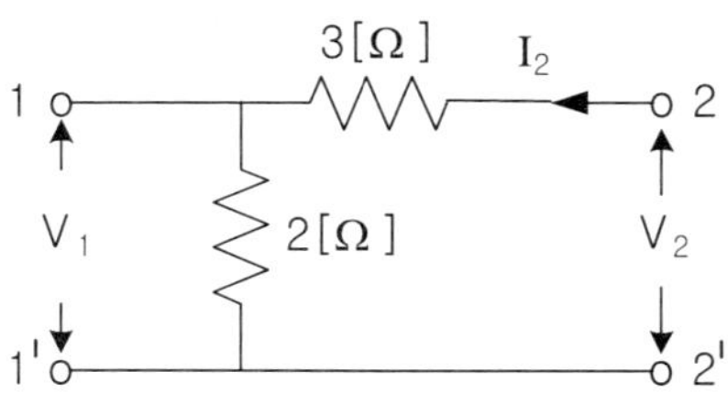

간단한 풀이

폐로 I_1, I_2에 대한 키르히호프의 전압 방정식을 세우면

$$\begin{aligned} (1+2)I_1 + 2I_2 &= V_1 \qquad & Z_{11}I_1 + Z_{12}I_2 &= V_1 \\ 2I_1 + (2+3)I_2 &= V_2 \qquad & Z_{21}I_1 + Z_{12}I_2 &= V_2 \end{aligned}$$

가 되므로

$$Z_{11} = 3(\Omega), \quad Z_{12} = Z_{21} = 2 = (\Omega), \quad Z_{22} = 5(\Omega)$$

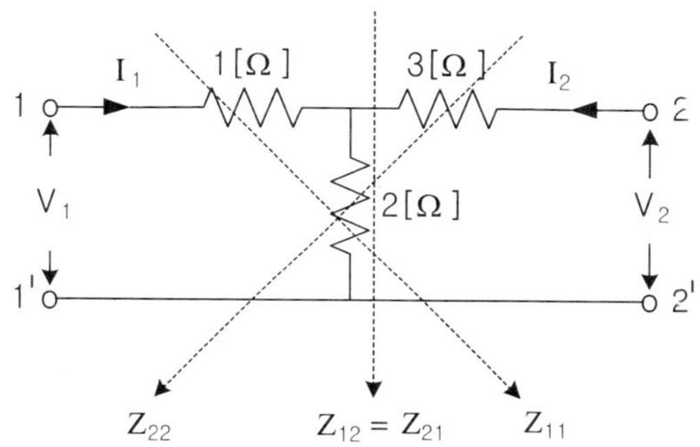

예제 9.8.2

그림 9.22의 회로망에서 개방 구동점 임피던스 파라미터가 $z_{11} = j100[\Omega]$이다. 가해진 전원의 주파수 ω의 값을 구하라.

단, L=1[H], C=2/15[mF].

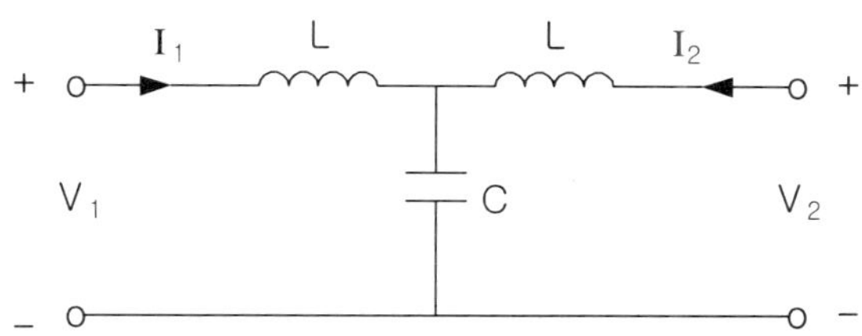

그림 9.22

풀이

그림 9.22에서 회로방정식은

$$V_1 = j\left(\omega L - \frac{1}{\omega C}\right)I_1 - j\frac{1}{\omega C}I_2 [V]$$

이고, 구동점 임피던스 파라미터 z11은

$$z_{11} = \frac{V_1}{I_1} \mid I_{2=0} = j\left(\omega L - \frac{1}{\omega C}\right) = j100 [\Omega]$$

$$\omega L - \frac{1}{\omega C} = 100, \omega^2 - 100\omega - 7500 = 0, \omega = 150 \quad \text{[rad/sec]}$$

9-9 어드미턴스 파라미터 (Y Prameter)

그림 9.20과 같은 4단자망에서 두 쌍이 단자 $1-1'$ 와 $2-2'$ 에 각각 전압 V_1, V_2 가 가해졌을 때, 폐로 전류 I_1, I_2 를 그림과 같은 방향으로 가정하면 I_1, I_2 는 키르히호프의 법칙에 의해 다음 식으로 표시할 수 있다.

$$\begin{aligned} I_1 &= Y_{11}V_1 + Y_{12}V_2 \\ I_2 &= Y_{21}V_1 + Y_{22}V_2 \end{aligned} \tag{9.60}$$

여기서 비례계수 $Y_{!!}, Y_{12}, Y_{21}, Y_{22}$ 는 모두 어드미턴스의 성질을 가지므로 4단자망의 어드미턴스 파라미터라 한다. 어드미턴스 파라미터는 4단자망의 4개 변수 V_1, I_1, V_2, I_2 중 전류 I_1, I_2 를 변수로 표시하기 위한 계수이다. 식 (9.60)의 어드미턴스 파라미터는 V_1 또는 V_2 를 단락$(V_1 = 0,\ V_2 = 0)$ 함으로 구할 수 있다.

① 단자 $2-2'$ 를 개방하면 $V_2 = 0$ 이므로

$Y_{11} = \frac{I_1}{V_1} \mid_{V_2=0}$: 단자 $1-1'$ 에서의 개방 구동점 임피던스 $\left(= \frac{Z_{22}}{|Z|}\right)$

$Y_{21} = \frac{I_2}{V_1} \mid_{V_2=0}$: 개방 순방향 전달 임피던스 $\left(= \frac{-Z_{12}}{|Z|}\right)$

② 단자 $1-1'$ 를 개방하면 $V_1=0$ 이므로

$$Y_{12}=\frac{I_1}{V_2}\,\Big|_{V_1=0} \; : \text{개방 역방향 전달 임피던스}\left(=\frac{Z_{21}}{|Z|}\right)$$

$$Y_{22}=\frac{I_2}{V_2}\,\Big|_{V_1=0} \; : \text{단자 } 2-2' \text{ 에서의 개방 구동점 임피던스}\left(=\frac{Z_{11}}{|Z|}\right)$$

(9.61)

단 $|Z|=Z_1Z_{22}-Z_{12}Z_{22}$

알반적으로 선형회로망에서는 $Y_{12}=Y_{21}$ 이 되고 대칭 회로망의 경우는 $Y_{11}=Y_{22}$ 가 된다.

$Y_{12}=Y_{21}$ 의 극성을 결정하는 방법은 임피던스 파라미터의 경우와 반대가 되므로 그림 9.20 의 경우는 음(-)의 값을 갖는다.

예제 9.9.1

그림 9.23와 같은 π형 회로망의 어드미턴스 파라미터값을 구하여라.

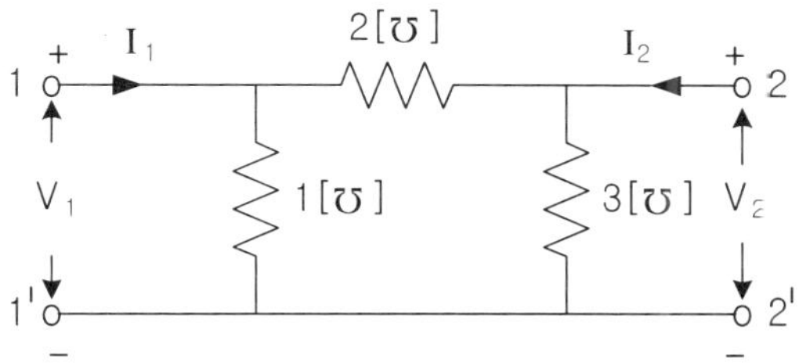

그림 9.23

풀이

① 단자 $2-2'$ 를 단락하면 $V_2=0$ 이므로

$$Y_{11}=\frac{I_1}{V_1}\Big|_{V_2=0}=\frac{(1+2)\,V_1}{V_1}=3[℧]$$

$$Y_{21}=\frac{I_2}{V_1}\Big|_{V_2=0}=\frac{2\,V_1}{V_1}=-2[℧]$$

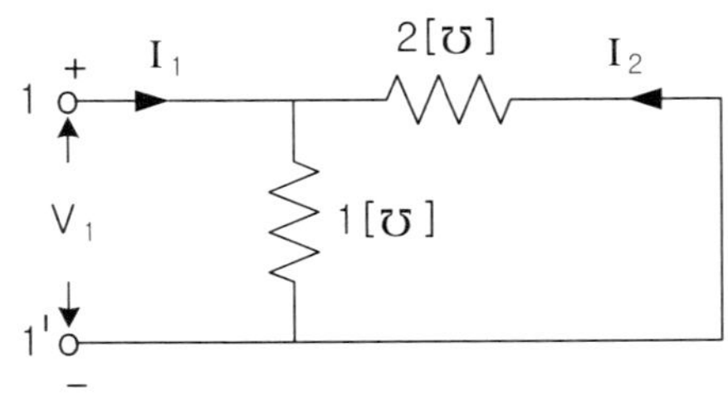

② 단자 $1-1'$ 를 단락하면 $V_1=0$ 이므로

$$Y_{12}=\frac{-I_1}{V_2}|_{V_1=0}=\frac{2V_2}{V_2}=-2[℧]$$

$$Y_{22}=\frac{I_2}{V_2}|_{V_1=0}=\frac{5V_2}{V_2}=5[℧]$$

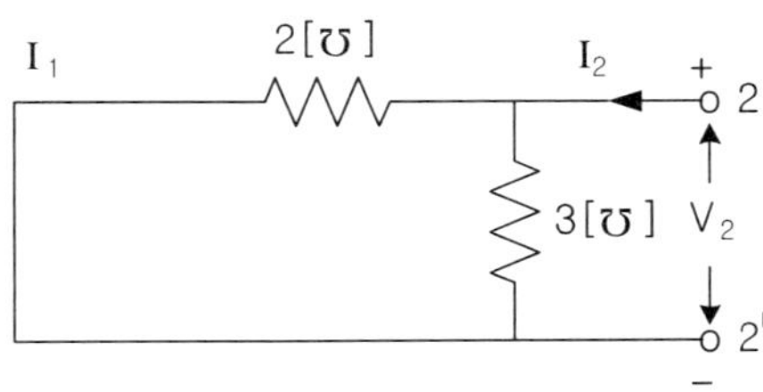

간단한 풀이

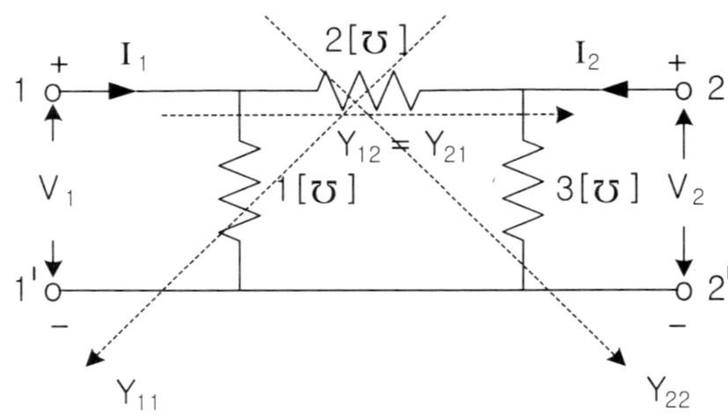

$Y_{11}=3(℧)$

$Y_{12}=Y_{21}=-2(℧)$

$Y_{22}=5(℧)$

9-10 하이브리드 파라미터 (H Parameter)

4 단자망의 4개의 변수 V_1, I_1, V_2, I_2 중 한쪽의 단자전압과 다른 쪽의 단자전류를 나머지 두 변수로 표시하기 위한 계수를 하이브리드 파라미터
(Hybrid parameter)라 한다. 식 (9.60)로부터 V_1, I_2 또는 V_2, I_1 의 선형 결합으로 표시한다.

$$\begin{aligned} V_1 &= H_{11} I_1 + H_{12} V_2 \\ I_2 &= H_{21} I_1 + H_{22} V_2 \end{aligned} \tag{9.62}$$

여기서 $H_{11}, H_{12}, H_{21}, H_{22}$를 하이브리드 파라미터 또는 H파라미터라 한다.

하이브리드 파라미터의 물리적 의미로 Y파라미터나 Z파라미터와 같이 한쪽단자를 단락 또는 개방하여 생각하면

① 단자 $2-2'$ 를 단락하면 $V_2 = 0$ 이므로

$$H_{11} = \frac{V_1}{I_1}\Big|_{V_2=0} \quad : \text{단락 임피던스} \left(= \frac{1}{Y_{11}}\right)$$

$$H_{21} = \frac{I_2}{I_1}\Big|_{V_2=0} \quad : \text{단락 순방향 전류 이득}$$

② 단자 $1-1'$ 를 개방하면 $I_1 = 0$ 이므로

$$H_{12} = \frac{V_1}{V_2}\Big|_{I_1=0} \quad : \text{개방 역방향 전압 이득}$$

$$H_{22} = \frac{I_2}{V_2}\Big|_{I_1=0} \quad : \text{개방 출력 어드미턴스} \left(= \frac{1}{Z_{22}}\right) \tag{9.63}$$

의 의미를 가진다. 하이브리드 파라미터는 트랜지스터와 같은 능동 4단자망을 취급하는데 유용하다.

9-11 4단자망의 직렬 및 병렬접속

(1) 직렬접속

그림 9.24와 같이 4단자망을 접속하는 방법을 직렬접속 방법이라고 한다. 그림

9.24에서

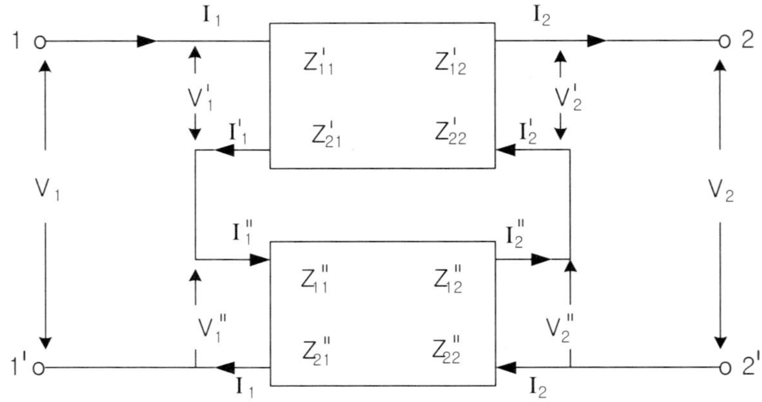

그림 9.24

$$\begin{aligned} V_1 &= V_1' + V_1'' \qquad & I_1 &= I_1' = I_1'' \\ V_2 &= V_2' + V_2'' \qquad & I_2 &= I_2' = I_2'' \end{aligned} \tag{9.64}$$

이므로 이를 행렬로 표시하면

$$\begin{aligned} \begin{bmatrix} V_1 \\ V_2 \end{bmatrix} &= \begin{bmatrix} V_1' \\ V_2' \end{bmatrix} + \begin{bmatrix} V_1'' \\ V_2'' \end{bmatrix} \\ &= \begin{bmatrix} Z_{11}' & Z_{12}' \\ Z_{21}' & Z_{22}' \end{bmatrix} \begin{bmatrix} I_1' \\ I_2' \end{bmatrix} + \begin{bmatrix} Z_{11}'' & Z_{12}'' \\ Z_{21}'' & Z_{22}'' \end{bmatrix} \begin{bmatrix} I_1'' \\ I_2'' \end{bmatrix} \end{aligned}$$

그런데 $\begin{bmatrix} I_1' \\ I_2' \end{bmatrix} = \begin{bmatrix} I_1'' \\ I_2'' \end{bmatrix} = \begin{bmatrix} I_1 \\ I_2 \end{bmatrix}$이므로

$$\begin{aligned} \begin{bmatrix} V_1 \\ V_2 \end{bmatrix} &= \begin{bmatrix} Z_{11}' + Z_{11}'' & Z_{12}' + Z_{12}'' \\ Z_{21}' + Z_{21}'' & Z_{22}' + Z_{22}'' \end{bmatrix} \begin{bmatrix} I_1 \\ I_2 \end{bmatrix} \\ &= \begin{bmatrix} Z_{11} & Z_{12} \\ Z_{21} & Z_{22} \end{bmatrix} \begin{bmatrix} I_1 \\ I_2 \end{bmatrix} \end{aligned} \tag{9.65}$$

로 합선 임피던스 파라미터는 각각의 임피던스 파라미터의 합이 된다. 즉, 직렬 접속된 4단자망은 임피던스 파라미터를 이용하여 해석하면 편리하다는 것을

알 수 있다.

(2) 병렬 접속

그림 9.25과 같은 4단자망의 접속방법을 병렬접속이라 한다. 그림 9.25에서

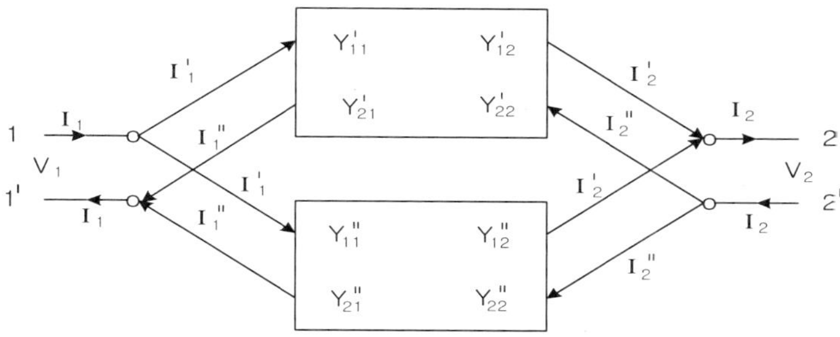

그림 9.25

$$V_1 = V_1' = V_1'', \qquad V_2 = V_2' = V_2''$$
$$I_1 = I_1' = I_1'', \qquad I_2 = I_2' = I_2'' \tag{9.66}$$

이므로 이를 직렬접속과 마찬가지로 행렬로써 정리하면

$$\begin{bmatrix} I_1 \\ I_2 \end{bmatrix} = \begin{bmatrix} Y_{11}' + Y_{11}'' & Y_{12}' + Y_{12}'' \\ Y_{21}' + Y_{21}'' & Y_{22}' + Y_{22}'' \end{bmatrix} \begin{bmatrix} V_1 \\ V_2 \end{bmatrix}$$
$$= \begin{bmatrix} Y_{11} & Y_{12} \\ Y_{21} & Y_{22} \end{bmatrix} \begin{bmatrix} V_1 \\ V_2 \end{bmatrix} \tag{9.67}$$

가 되어 병렬접속의 경우 합성 어드미턴스 파라미터는 각각의 어드미턴스 파라미터의 합이 된다는 것을 알수 있다. 즉, 병렬접속된 회로망의 해석은 어드미턴스 파라미터에 의하여 하는 것이 편리하다.

9-12 4단자 정수

입력 측의 전압 V_1 및 전류 I_1을 출력 측의 전압 V_2 및 전류 I_2의 함수로 표시한다. 특히 전력회로의 경우에는 전력이 왼쪽에서 오른쪽으로 이동시키는 것과 같으므로 그림 9.25과 같이 출력 측의 전류 I_2가 단자 $2-2'$에서 단자 2로 흘러 나가고, 단자 $2'$에 흘러 들어오는 전류의 방향을 양으로 택한다. 그렇게 되면 지금까지 기술한 여러 가지 파라미터로 표시한 경우의 전류의 방향과 반대가 된 것을 주의하여야 한다. 지금 전류의 방향을 고려하여 식 (9.58)를 변형하면

$$\begin{bmatrix} V_1 \\ V_2 \end{bmatrix} = \begin{bmatrix} Z_{11} & Z_{12} \\ Z_{21} & Z_{22} \end{bmatrix} \begin{bmatrix} I_1 \\ I_2 \end{bmatrix} \tag{9.68}$$

$$\begin{aligned} V_1 &= \frac{Z_{11}}{Z_{21}} V_2 + \frac{Z_{11}Z_{22} - Z_{12}Z_{21}}{Z_{21}} I_2 \\ I_1 &= \frac{1}{Z_{21}} V_2 + \frac{Z_{22}}{Z_{21}} I_2 \end{aligned} \tag{9.69}$$

이 된다.

여기에서

$$A = \frac{Z_{11}}{Z_{21}}, \quad B = \frac{Z_{11}Z_{22} - Z_{12}Z_{21}}{Z_{21}}, \quad C = \frac{1}{Z_{21}}, \quad D = \frac{Z_{22}}{Z_{21}}$$

라 놓으면

$$\left.\begin{aligned} V_1 &= AV_2 + BI_2 \\ I_1 &= CV_2 + DI_2 \end{aligned}\right\} \tag{9.70}$$

또는

$$\begin{bmatrix} V_1 \\ I_1 \end{bmatrix} = \begin{bmatrix} A & B \\ C & D \end{bmatrix} \begin{bmatrix} V_2 \\ I_2 \end{bmatrix} \tag{9.71}$$

가 된다.

이 A, B, C, D를 4단자 정수 또는 전송 파라미터라 한다.
또 이 행렬을 종속행렬 또는 전송행렬이라 한다.
식 (9.70)은 4단자 정수를 사용한 4단자망의 기초 방정식이며, 4단자망을 취급하는 경우에 가장 많이 사용되고 있다. 4단자 정수 사이에는

$$\triangle = \begin{vmatrix} A & B \\ C & D \end{vmatrix} = AD - BC = \frac{Z_{11}Z_{22} - Z_{11}Z_{22} + Z_{12}Z_{21}}{Z_{21}^2} = \frac{Z_{12}}{Z_{21}}$$

의 관계가 있으며, 가역 4단자망 회로에서는 $Z_{12} = Z_{21}$이므로 식 (9.71)이 성립한다.

$$AD\text{-}BC = 1 \tag{9.71}$$

임의의 회로망에 대한 4단자 정수를 구할 경우에는 식 (9.71)을 이용하면 다음에 많이 응용된다.

또한 4단자 회로가 대칭이면 $Z_{11} = Z_{22}$ $(Y_{11} = Y_{22})$이므로
A=D가 된다. 식 (9.70)에서

① 단자 $2-2'$를 개방하면 $I_2 = 0$이므로

$A = \frac{V_1}{V_2}|_{I_2=0}$: 출력개방 전압이득

$C = \frac{I_2}{V_2}|_{I_2=0}$: 출력개방 전달 어드미턴스

② 단자 $1-1'$를 단락하면 $V_2 = 0$이므로

$B = \frac{V_2}{I_2}|_{V_2=0}$: 출력단락 전달 임피던스

$D = \frac{I_1}{I_2}|_{V_2=0}$: 출력단락 전류이득 (9.72)

의 관계가 된다.

A, B, C, D파라미터를 임피던스, 어드미턴스, H-파라미터와의 상관 관계를 정리하면

$$
\begin{aligned}
A &= \frac{Z_{11}}{Z_{21}} = -\frac{Y_{22}}{Y_{21}} = \frac{-|H|}{H_{21}} \\
B &= \frac{-|Z|}{Z_{21}} = \frac{1}{Y_{21}} = -\frac{H_{11}}{H_{21}} \\
C &= \frac{1}{Z_{21}} = \frac{-|Y|}{Y_{21}} = \frac{-H_{22}}{H_{21}} \\
D &= \frac{-Z_{22}}{Z_{21}} = \frac{Y_{11}}{Y_{21}} = -\frac{1}{H_{21}}
\end{aligned}
\tag{9.73}
$$

이 된다.

예제 9.12.1

그림 9.26의 이상변압기 회로에서 전송 파라미터를 구하라.

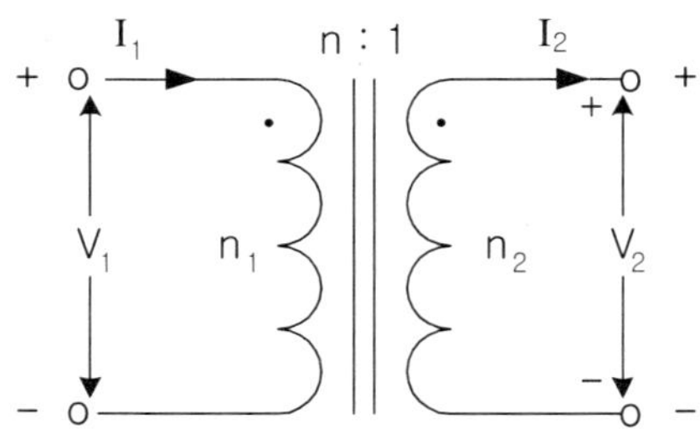

그림 9.26

풀이

그림 9.26의 4단자 회로망은 이상변압기로 다음의 조건식을 적용하면

$$\frac{V_1}{V_2} = \frac{n_1}{n_2} = n, \ \frac{I_1}{I_2} = \frac{n_2}{n_1} = \frac{1}{n}$$

이므로 전송 파라미터의 기본식은

$$V_1 = nV_2 + 0I_2, I_1 = 0V_2 + \frac{1}{n}I_2$$

이므로 전송 파라미터는 다음과 같이 구해진다.

$$A = n, B = 0, C = 0, D = \frac{1}{n}$$

예제 9.12.2

그림 9.27의 4단자 회로망에서 단락 역방향 전달 임피던스 파라미터와 단락 역방향 전류이득 및 개방 역방향 전달 어드미턴스가 각각 10[℧],6[℧] 및 2[℧]이 되도록 저항 R1, R2 및 R3의 값을 구하라.

풀 이

그림 9.27의 회로망에서 V2=0으로 할 때의 등가회로는 그림 9.28(a)와 같고,

$$V_1 = R_2 I_2, \quad I_2 = \frac{R_1}{R_1 + R_2} I_1$$

이 식을 어드미턴스를 구하는 식에 적용하여 주어진 조건을 대응시키면

$$B = \frac{V_1}{I_2} \mid V_{2=0} = R_2 = 10, \; R_2 = 10[\Omega],$$

$$D = \frac{I_1}{I_2} \mid V_{2=0} = \frac{R_1 + R_2}{R_1} = 6, \quad R_1 = 2[\Omega]$$

그림 9.27의 회로에서 I_2 =0으로 할 때의 등가회로는 그림 9.28(b)와 같이 되고 저항 R3에 흐르는 전류는 V2/R3이므로

$$\frac{V_2}{R_3} = \frac{R_1}{R_1 + R_2 + R_3} I_1$$

이고, 식 (9.73)에 적용하고 주어진 조건과 구해진 저항 R1=2[Ω], R2=10[Ω]의 값을 대입하면 다음과 같이 저항 R3의 값을 구할 수 있다.

$$C = \frac{I_1}{V_2} \mid I_{2=0} = \frac{R_1 + R_2 + R_2}{R_1 R_3}, \quad \frac{2 + 10 + R_3}{2R_3} = 2;$$

$$12 + R_3 = 4R_3, \quad R_3 = 4[\Omega]$$

9-13 4단자 정수의 종속 접속

2개의 4단자회로 N_1과 N_2를 그림 9.29과 같이 접속하는 방식을 종속접속이라 한다.

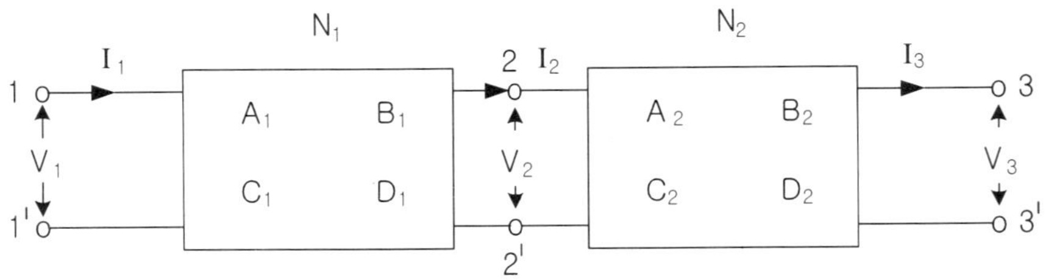

그림 9.29

4단자 회로 N_1에 대하여는

$$\begin{bmatrix} V_1 \\ I_1 \end{bmatrix} = \begin{bmatrix} A_1 & B_1 \\ C_1 & D_1 \end{bmatrix} \begin{bmatrix} V_2 \\ I_2 \end{bmatrix} \tag{9.74}$$

회로 N_2에 대하여는

$$\begin{bmatrix} V_2 \\ I_2 \end{bmatrix} = \begin{bmatrix} A_2 & B_2 \\ C_2 & D_2 \end{bmatrix} \begin{bmatrix} V_3 \\ I_3 \end{bmatrix} \tag{9.75}$$

식 (9.75)을 식 (9.74)에 대입하면

$$\begin{aligned} \begin{bmatrix} V_1 \\ I_1 \end{bmatrix} &= \begin{bmatrix} A_1 & B_1 \\ C_1 & D_1 \end{bmatrix} \begin{bmatrix} A_2 & B_2 \\ C_2 & D_2 \end{bmatrix} \begin{bmatrix} V_3 \\ I_3 \end{bmatrix} \\ &= \begin{bmatrix} A_1A_2 + B_1C_2 & A_1B_2 + B_1D_2 \\ C_1A_2 + D_1C_2 & C_1B_2 + D_1D_2 \end{bmatrix} \begin{bmatrix} V_3 \\ I_3 \end{bmatrix} \end{aligned} \tag{9.76}$$

이다.

위 식을 합성 4단자 회로의 방정식

$$\begin{bmatrix} V_1 \\ I_1 \end{bmatrix} = \begin{bmatrix} A\ B \\ C\ D \end{bmatrix} \begin{bmatrix} V_3 \\ I_3 \end{bmatrix} \tag{9.77}$$

와 비교하면 합성된 4단자 회로의 4단자 정수는

$$\begin{aligned} A &= A_1A_2 + B_1C_2, \quad & B &= A_1B_2 + B_1D_2 \\ C &= A_2C_1 + C_2D_1, \quad & D &= B_2C_1 + D_1D_2 \end{aligned}$$

이다. 그리고 $AD - BC = (A_1D_1 - B_1C_1)(A_2D_2 - B_2C_2) = 1$이 된다.

예제 9.13.1

그림 9.30과 같은 4단자 회로의 4단자 정수 A, B, C, D를 구하여라.

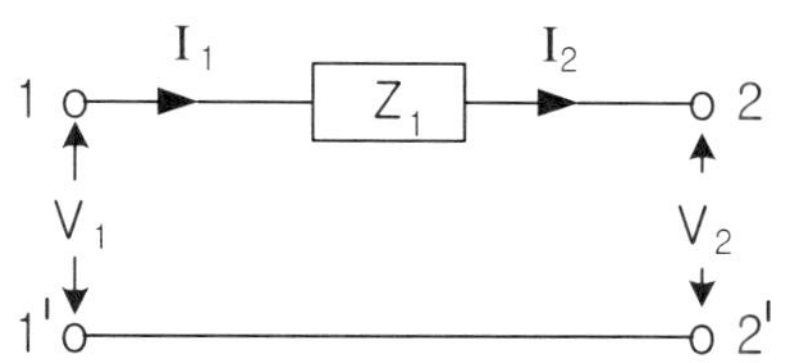

그림 9.30

풀이

식 (9.72)에서

$$A = \frac{V_1}{V_2}\Big|_{I_2=0} = 1$$

$$B = \frac{V_1}{I_2}\Big|_{V_2=0} = Z$$

$$C = \frac{I_1}{V_2}\Big|_{I_2=0} = 0$$

$$D = \frac{I_1}{I_2}|_{V_2=0} = 1$$

그러므로

$$\begin{bmatrix} A & B \\ C & D \end{bmatrix} = \begin{bmatrix} 1 & Z \\ 0 & 1 \end{bmatrix}$$

예제 9.13.2

그림 9.31와 같은 회로의 4단자 정수 A, B, C, D를 구하여라.

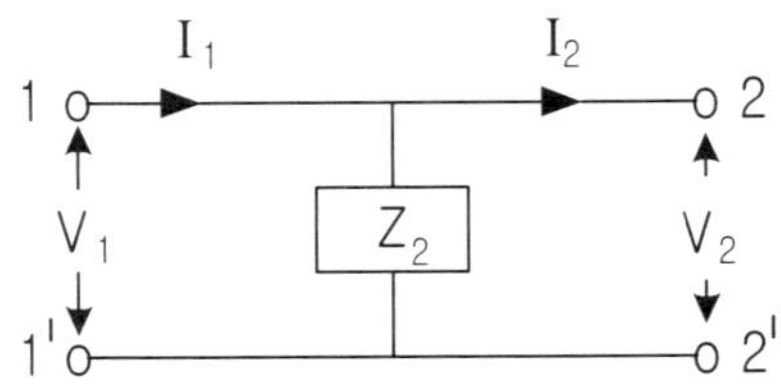

그림 9.31

풀 이

$$A = \frac{V_1}{V_2}|_{I_2=0} = 1 \quad , \qquad B = \frac{V_1}{I_2}|_{V_2=0} = 0$$

$$C = \frac{I_1}{V_2}|_{I_2=0} = \frac{1}{Z} \quad , \qquad D = \frac{I_1}{I_2}|_{V_2=0} = 1$$

$$\begin{bmatrix} A & B \\ C & D \end{bmatrix} = \begin{bmatrix} 1 & 0 \\ \frac{1}{Z} & 1 \end{bmatrix}$$

예제 9.13.3

그림 9.32과 같은 회로의 4단자 정수 A, B, C, D를 구하여라.

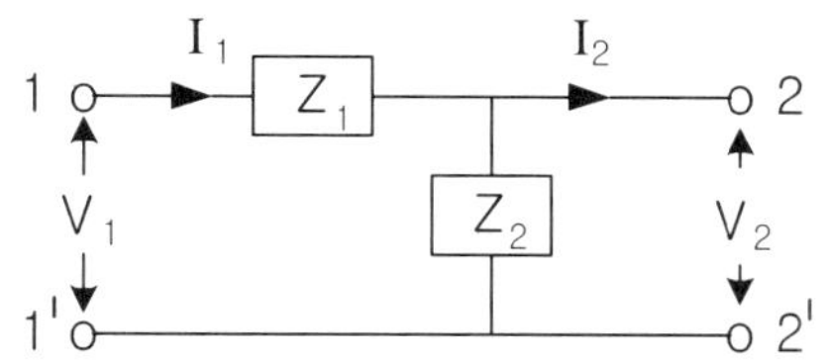

그림 9.32

풀이

종속접속법에 의하여 계산하면

$$\begin{bmatrix} A & B \\ C & D \end{bmatrix} = \begin{bmatrix} 1 & Z_1 \\ 0 & 1 \end{bmatrix} \begin{bmatrix} 1 & 0 \\ \dfrac{1}{Z_2} & 1 \end{bmatrix} = \begin{bmatrix} 1+\dfrac{Z_1}{Z_2} & Z_1 \\ \dfrac{1}{Z_2} & 1 \end{bmatrix}$$

또한 기본적인 4단자망의 4단자 정수를 표 9.1에 표시하였다.

표 9.1

4단자 정수 / 회로의 종류	A	B	C	D
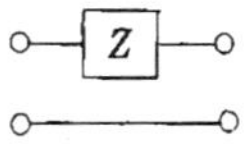	1	Z	0	1
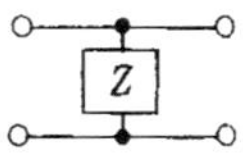	1	0	$\frac{1}{Z}$	1
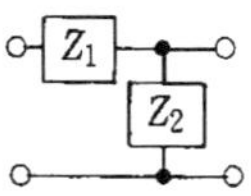	$1+\frac{Z_1}{Z_2}$	Z_1	$\frac{1}{Z_2}$	1
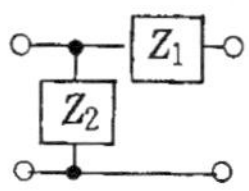	1	Z_1	$\frac{1}{Z_2}$	$1+\frac{Z_1}{Z_2}$
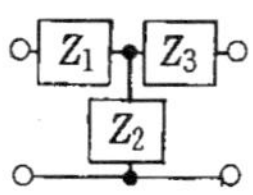	$1+\frac{Z_1}{Z_2}$	$\frac{Z_1Z_2+Z_2Z_3+Z_3Z_1}{Z_2}$	$\frac{1}{Z_2}$	$1+\frac{Z_3}{Z_2}$
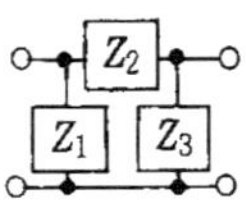	$1+\frac{Z_2}{Z_3}$	Z_2	$\frac{Z_1+Z_2+Z_3}{Z_1 Z_3}$	$1+\frac{Z_2}{Z_1}$

9-14 영상 파라미터

(1) 영상 파라미터의 정의

그림 9.33와 같이 4단자 회로의 입력단자 $1-1'$에 임피던스 Z_{01}을 접속하고, 출력단자 $2-2'$에 임피던스 Z_{02}를 연결한 경우에, 입력단자 $1-1'$에서 우측으로 본 임피던스나 좌측에서 본 임피던스가 Z_{01}이 되고, 또한 출력단자 $2-2'$에서 우측 및 좌측에서 본 임피던스가 Z_{02}가 된다고 하면, 이들 영상 임피던스(image impedance)라 하며, 이러한 상태를 입력 및 출력단자 모두 임피던스 정합(impedance matching)된 상태라고 한다.

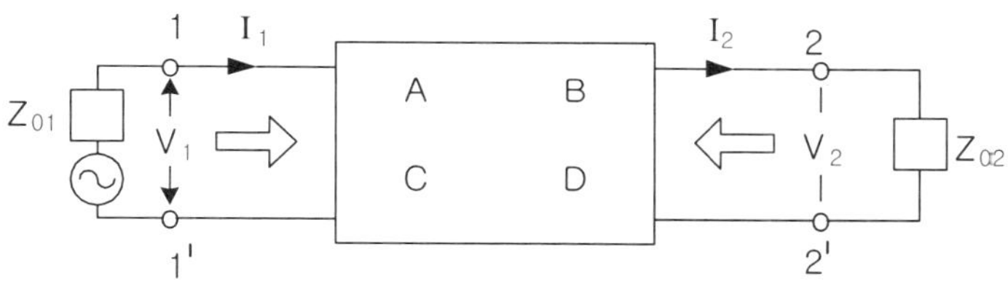

그림 9.33

(2) 영상 임피던스와 4단자 정수와의 관계

4단자 회로의 기초방정식

$$\left.\begin{aligned} V_1 &= AV_2 + BI_2 \\ I_1 &= CV_2 + DI_2 \end{aligned}\right\} \tag{9.78}$$

에서 영상 임피던스와 전송 파라미터와의 관계를 보던 그림 9.33에서 I_1의 방향을 기본으로 하면 $V_1 = Z_{01}I_1$, $V_2 = Z_{02}I_2$가 되므로

$$Z_{01} = \frac{V_1}{I_1} = \frac{AV_2 + BI_2}{CV_2 + DI_2} = \frac{AZ_{02}I_2 + BI_2}{CZ_{02}I_2 + DI_2} = \frac{AZ_{02} + B}{CZ_{02} + D} \tag{9.79}$$

또한 단자 $2-2'$ 에서 I_2의 방향을 기본으로 하면

$V_2 = -Z_{02}I_2$, $V_1 = -Z_{01}I_1$ 이므로

$$Z_{02} = \frac{-V_2}{I_2} = \frac{DV_1 - BI_1}{-CV_1 + AI_1} = \frac{DZ_{01} + B}{CZ_{01} + A} \tag{9.80}$$

식 (9.79) 및 식 (9.80)에서

$$\left.\begin{array}{l} CZ_{01}Z_{02} + DZ_{01} - AZ_{02} - B = 0 \\ CZ_{01}Z_{02} - DZ_{01} + AZ_{02} - B = 0 \end{array}\right\} \tag{9.81}$$

이므로 두 식을 서로 더하면

$$Z_{01} \cdot Z_{02} = \frac{B}{C} \tag{9.82}$$

두 식을 서로 빼면

$$\frac{Z_{01}}{Z_{02}} = \frac{A}{D} \tag{9.83}$$

식 (9.82), (9.83)로부터

$$Z_{01} = \sqrt{\frac{AB}{CD}} = \sqrt{\frac{Z_{11}}{Y_{11}}}, \quad Z_{02} = \sqrt{\frac{BD}{AC}} = \sqrt{\frac{Z_{22}}{Y_{22}}} \tag{9.84}$$

이 된다. 만일 대칭 4단자망이면 A=D가 되어야 하므로

$$Z_{01} = Z_{02} = Z_0 = \sqrt{\frac{B}{C}} \tag{9.85}$$

가 되며, 여기서 Z_0를 흔히 특성 임피던스라고도 한다.

다음은 영상 임피던스를 간단히 구하는 방법을 보인다.

4단자망(또는 선로)의 출력단자 $2-2'$(수전단)를 단락하고 입력단자 $1-1'$(송전단)에서 본 임피던스를 Z_{1s}라 하면, 식 (9.79)에서 $V_2=0$로 하여

$$Z_{1s}=\frac{V-1}{I_1}|_{V_2=0}=\frac{AV_2+BI_2}{CV_2+DI_2}|_{V_2=0}=\frac{B}{D} \tag{9.86}$$

을 얻는다. 또한 출력단자 $2-2'$를 개방하고, 입력단자 $1-1'$에서 본 임피던스 Z_{10}라고 하면 식 (9.79)에서 $I_2=0$로 하여

$$Z_{10}=\frac{V_1}{I_1}|_{I_2=0}=\frac{A}{C} \tag{9.87}$$

이 된다. 역으로, 입력단자 $1-1'$를 단락($V_1=0$), 개방 ($I_1=0$)하였을 때의 출력단자 $2-2'$에서 본 임피던스를 Z_{2s}, Z_{20} 라고 하면, 식 (9.80)로부터

$$Z_{2s}=-\frac{V_2}{I_2}|_{V_1=0}=-\frac{DV_1-BI_1}{-CV_!+AI_1}|_{V_1=0}=\frac{B}{A} \tag{9.88}$$

$$Z_{20}=-\frac{V_2}{I_2}|_{I_!=0}=\frac{D}{C} \tag{9.89}$$

로 되며, 따라서

$$\left.\begin{aligned}Z_{01}&=\sqrt{Z_{1s}\cdot Z_{10}}\\ Z_{02}&=\sqrt{Z_{2s}\cdot Z_{20}}\end{aligned}\right\} \tag{9.90}$$

로 된다. 결국 영상 임피던스는 입력 및 출력단자를 단락 또는 개방하였을 때, 상대단자에서 본 임피던스의 기하 평균으로 주어짐을 알 수 있다.

(3) 전달정수

그림 9.30의 단자 $2-2'$에 영상 임피던스 Z_{02}를 접속했을 때 V_1, V_2 및 I_1, I_2의

비를 각각

$$\frac{V_1}{V_2} = e^{\theta 1}, \qquad \frac{I_1}{I_2} = e^{\theta 2} \tag{9.91}$$

라 놓으면 식 (9.78)으로부터

$$\begin{aligned} e^{\theta 1} &= \frac{AV_2 + BI_2}{V_2} = A + \frac{B}{Z_{02}} \\ &= A + \frac{B}{\sqrt{\frac{BD}{AC}}} = \sqrt{\frac{A}{D}}\,(\sqrt{AD} + \sqrt{BC}) \end{aligned} \tag{9.92}$$

$$e^{\theta 2} = \frac{CV_2 + DI_2}{I_2} = CZ_{02} + D = \sqrt{\frac{D}{A}}\,(\sqrt{AD} + \sqrt{BC}) \tag{9.93}$$

지금 θ_1 및 θ_2의 산술평균을 구하면

$$\begin{aligned} \theta &= \frac{\theta_1 + \theta_2}{2} \\ e^{\theta} &= e^{\frac{\theta_1 + \theta_2}{2}} = \sqrt{e^{\theta} \cdot e^{\theta}} = \sqrt{\frac{V_1 I_1}{V_2 I_2}} = \sqrt{AD} + \sqrt{BC} \end{aligned} \tag{9.94}$$

가 되므로 θ는 식 (9.94)의 양변에 ln을 취하면

$$\theta = \ln(\sqrt{AD} + \sqrt{BC}) \tag{9.95}$$

이 된다. 이 θ는 전달정수(transfer constant) 또는 영상 전파정수(image propagation constant)라 한다. 또한 θ는 일반적으로 복소수이므로

$$\theta = \alpha + j\beta \tag{9.96}$$

라 하면 식 (9.94)에서

$$\alpha = \frac{1}{2} ln\left(\frac{V_1 I_1}{V_2 I_2}\right) \quad [\text{neper}]$$

$$\beta = \frac{1}{2} Arg\left(\frac{V_1 I_1}{V_2 I_2}\right) \quad [\text{rad}] \qquad (9.97)$$

이다. 이 α를 감쇠정수(attenuation)라 부르며, 단위는 네퍼(neper)또는 데시벨(decibel)이며, β는 위상정수(phase constant)라고 하며, 단위는 라디안(radian)또는 도(degree)를 사용한다. 데시벨의 경우에는

$$\alpha = 10\log_{10}\left(\frac{V_1 I_1}{V_2 I_2}\right) = 20\log_{10}\sqrt{\frac{V_1 I_1}{V_2 I_2}} \ [dB] \qquad (9.98)$$

이다. 또한 $e^{-\theta} = \sqrt{AD} - \sqrt{BC}$ 이므로 식 (9.94)와 식 (9.99)로부터

$$\cosh\theta = \frac{1}{2}(e^{\theta} + e^{-\theta}) = \sqrt{AD}$$

$$\sinh\theta = \frac{1}{2}(e^{\theta} - e^{-\theta}) = \sqrt{BC} \qquad (9.100)$$

$$\tanh\theta = \sqrt{\frac{BC}{AD}}$$

이다. 또 식 (9.84)로부터

$$\sqrt{\frac{Z_{01}}{Z_{02}}} = \sqrt{\frac{A}{D}}, \qquad \sqrt{Z_{01} \cdot Z_{02}} = \sqrt{\frac{B}{C}} \qquad (9.101)$$

이므로 4단자 정수 A, B, C, D는

$$\left.\begin{aligned} A &= \sqrt{\frac{Z_{01}}{Z_{02}}} cosh\theta, \qquad B = \sqrt{Z_{01} \cdot Z_{02}}\, sinh\theta \\ C &= \frac{1}{\sqrt{Z_{01} Z_{02}}} sinh\theta, \qquad D = \sqrt{\frac{Z_{02}}{Z_{01}}} cosh\theta \end{aligned}\right\} \qquad (9.102)$$

이 된다. 그러므로 4단자정수 A, B, C, D가 주어지면 식 (9.84) 및 식 (9.94)로

부터 영상 임피던스 Z_{01}, Z_{02} 및 전달정수 θ가 정해지고, 반대로 Z_{01}, Z_{02}, θ가 주어지면 식 (9.102)으로부터 A, B, C, D가 결정된다. 따라서 Z_{01}, Z_{02}, θ가 주어지면 4단자 회로의 특성을 구할 수 있으면 이들을 영상 파라미터(image parameter)라 한다. 식 (9.78)에 식 (9.102)을 대입하면

$$\left.\begin{aligned} V_1 &= \sqrt{\frac{Z_{01}}{Z_{02}}}\,(V_2\cos h\theta + I_2 Z_{02}\sin h\theta) \\ I_1 &= \sqrt{\frac{Z_{02}}{Z_{01}}}\left(\frac{V_2}{Z_{02}}\sin h\theta + I_2\cos h\theta\right) \end{aligned}\right\} \tag{9.103}$$

이면 대칭 4단자 회로의 경우에는 $Z_{01} = Z_{02} = Z_0$ 이므로

$$\left.\begin{aligned} V_1 &= (V_2\cos h\theta + I_2 Z_{02}\sin h\theta) \\ I_1 &= \frac{V_2}{Z_0}\sin h\theta + I_2\cos h\theta \end{aligned}\right\} \tag{9.104}$$

이다.

예제 9.14.1

그림 9.34의 회로망에서 $\omega = 10^4[rad/\sec]$, L=10[mH], C=1[μF] 일 때 영상 임피던스를 구하라.

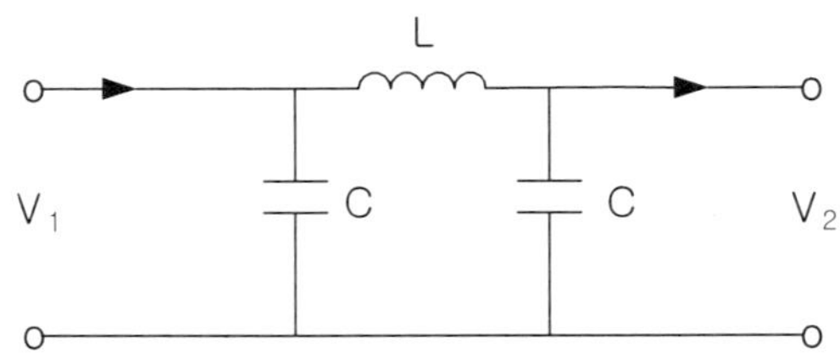

그림 9.34

풀 이

주어진 회로망에서

$$Z_1 = j\omega L = j10^4 \times 10^{-2} = j\,100\,[\Omega],\ Y_2 = Y_3 = j\omega C = j\,0.01\,[℧]$$

이며, 대칭 회로망이므로 A=D이고, 종속접속방법을 적용하면 전송 파라미터 행렬은 다음과 같이 구해진다.

$$\begin{bmatrix} A\ B \\ C\ D \end{bmatrix} = \begin{bmatrix} 1 & 0 \\ j\,0.01 & 1 \end{bmatrix}\begin{bmatrix} 1 & j100 \\ 0 & 1 \end{bmatrix}\begin{bmatrix} 1 & 0 \\ j\,0.01 & 1 \end{bmatrix} = \begin{bmatrix} 0 & j\,100 \\ j\,0.02 & 0 \end{bmatrix}$$

대칭 회로망일 때이므로

$$Z_0 = Z_{01} = Z_{02} = \sqrt{\frac{B}{C}} = \sqrt{\frac{j\,100}{j\,0.01}} = 100\,[\Omega]$$

(4) 영상 파라미터의 종속접속

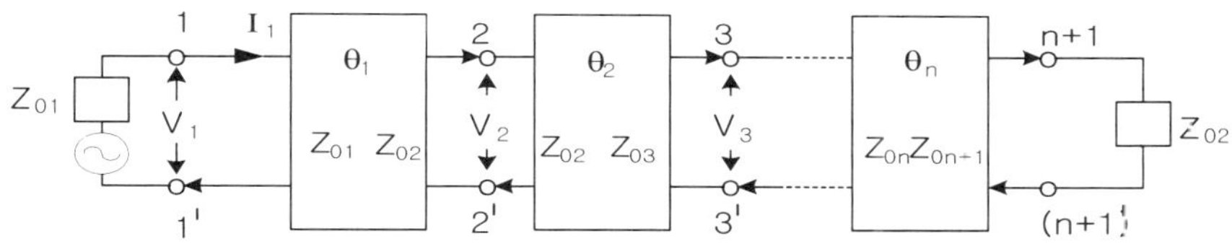

그림 9.35

그림 9.35과 같이 영상 파라미터가 Z_{01}, Z_{02} , θ_1 ; Z_{02}, Z_{03}, θ_2 . Z_{03}, Z_{04}, θ_3 ;…; $Z_{0n}, Z_{0n+1}, \theta_n$ 인 n개의 4단자망을 종속접속하고 처음과 나중에 각각 Z_{01}, Z_{0n+1} 인 임피던스를 접속했을 경우 전체의 영상 파라미터는

$$\left.\begin{aligned} \frac{V_1}{V_2} &= \sqrt{\frac{Z_{01}}{Z_{02}}}\,e^{\theta_1},\ \frac{V_2}{V_3} = \sqrt{\frac{Z_{02}}{Z_{03}}}\,e^{\theta_2},\cdots,\ \frac{V_n}{V_{n+1}} = \sqrt{\frac{Z_{0n}}{Z_{on-1}}}\,e\theta_n \\ \frac{I_1}{I_2} &= \sqrt{\frac{Z_{02}}{Z_{01}}}\,e^{\theta_1},\ \frac{I_2}{I_3} = \sqrt{\frac{Z_{03}}{Z_{02}}}\,e^{\theta_2},\cdots,\ \frac{I_n}{I_{n+1}} = \sqrt{\frac{Z_{on+1}}{Z_{0n}}}\,e\theta_n \end{aligned}\right\} \quad (9.105)$$

이 되므로

$$\left.\begin{aligned} \frac{V_1}{V_{n+1}} &= \sqrt{\frac{Z_{01}}{Z_{0n+1}}}\, e^{(\theta_1+\theta_2+\cdots+\theta_n)} \\ \frac{I_1}{I_{n+1}} &= \sqrt{\frac{Z_{0n+1}}{Z_{01}}}\, e^{(\theta_1+\theta_2+\cdots+\theta_n)} \end{aligned}\right\} \tag{9.106}$$

이 된다. 즉 합성 4단자망의 영상 임피던스는 Z_{01}, Z_{0n+1} 과 같고 전달정수 θ 는 n개의 전달정수의 합인 $\theta = \theta_1 + \theta_2 + \cdots + \theta_n$ 이 된다는 것을 알 수 있다.

예제 9.14.2

그림 9.36과 같은 π 형 회로망의 영상 파라미터를 구하여라.

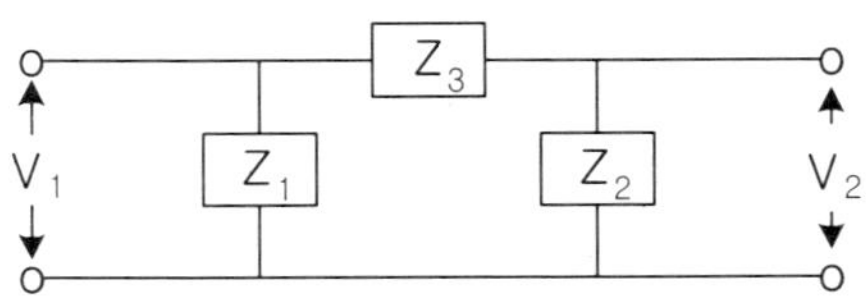

그림 9.36

풀 이

이 회로망의 전송 파라미터는

$$\begin{bmatrix} A\,B \\ C\,D \end{bmatrix} = \begin{bmatrix} 1 & 0 \\ \frac{1}{Z_1} & 1 \end{bmatrix} \begin{bmatrix} 1 & Z_3 \\ 0 & 1 \end{bmatrix} \begin{bmatrix} 1 & 0 \\ \frac{1}{Z_2} & 1 \end{bmatrix} = \begin{bmatrix} Z_2+Z_3 & Z_3 \\ \frac{Z_1+Z_2+Z_3}{Z_1} Z_2 & \frac{Z_1+Z_3}{Z_1} \end{bmatrix}$$

이므로 식 (9.84)와 식 (9.100)로부터

$$Z_{01} = \sqrt{\frac{AB}{CD}} = Z_1 \sqrt{\frac{Z_3(Z_2+Z_3)}{(Z_1+Z_3)(Z_1+Z_2+Z_3)}}$$

$$Z_{02} = \sqrt{\frac{BD}{AC}} = Z_2 \sqrt{\frac{Z_3(Z_1+Z_2)}{(Z_2+Z_3)(Z_1+Z_2+Z_3)}}$$

$$\theta = \tan h^{-1} \sqrt{\frac{BC}{AD}} = \tan h^{-1} \sqrt{\frac{Z_3(Z_1+Z_2+Z_3)}{(Z_1+Z_3)(Z_2+Z_3)}}$$

9-15 여파기 (filter)

(1) 여파기의 특성 및 종류

저항 검쇠기는 그림 9.37의 (a)와 같이 넓은 주파수에 걸쳐서 균일한 감쇠를 하는 4단자망을 나타내며, 그림 (b)에서와 같이, 어떤 주파수 $f_c[HZ]$ 이상의 주파수 대역에서는 전송전력에 큰 감쇠를 주어서 통과를 방지하고, $f_c[HZ]$ 이하의 주파수 대역에서는 감쇠량 α 는 0으로서 자유로 전송전력을 통과시키는 특성을 나타내고 있다. 이와 같은 주파수 선택성을 가지는 4단자망을 여파기(filter)라 한다. 여파기에서 전송전력이 자유로 통과할 수 있는 주파수 대역을 감쇠역(attenuation)이라고 한다. 통과역과 감쇠역의 한계주파수를 차단주파수(cut-off frequency)라고 한다.

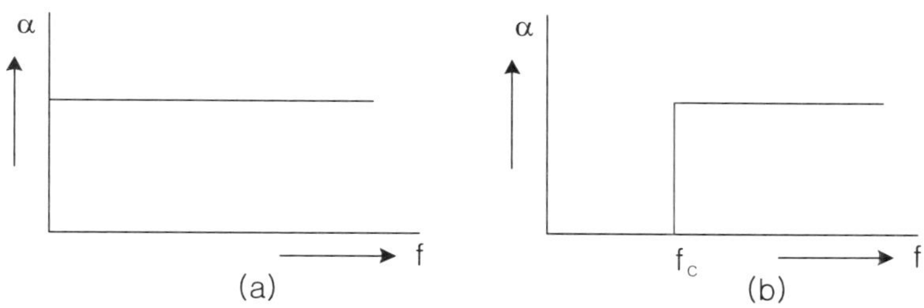

그림 9.37

그림 9.38는 여파기를 주파수 특성에 따라 분류한 것을 나타낸 것이다. 그림 (a)와 같이 f_c 보다도 낮은 주파수 대역이 통과역이고, f_c 보다 높은 주파수대역이 감쇠역인 여파기를 저역여파기(low pass filter)라고 하고, 그림 (b)와 같이 저역여파기와 역특성을 가지는 여파기를 고역여파기(high pass filter)라고 한다. 그림 (c)와 같이 2개의 차단주파수 f_{c1}, f_{c2} 사이의 주파수 대역을 통과역이고, 다른 주파수 대역은 감쇠역으로 된 여파기를 대역여파기(band pass filter)라고 하며, 그림 (d)와 같이 대역여파기의 역특성을 가지는 여파기는 대역 소거여파기(band rejection filter)라고 한다.

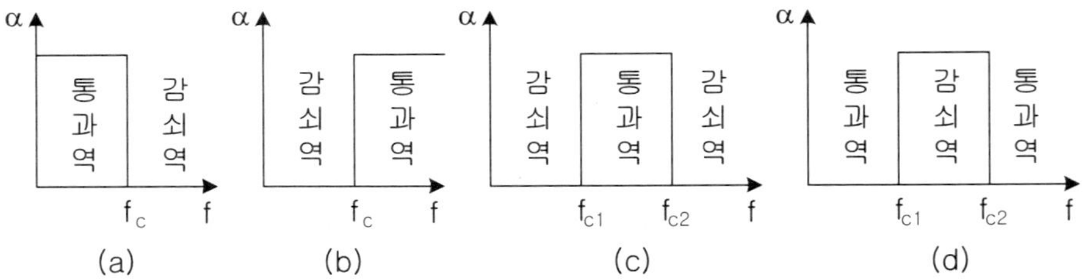

그림 9.38

(2) 정 K형 여파기

그림 9.39과 같은 여파기의 기본회로를 생각한다.

Z_1, Z_2 역회로, 즉

$$Z_1 Z_2 = K^2 \tag{9.107}$$

의 관계가 있을 때, 이것을 정 K형 여파기(constant K type filler)라 하며, 여파기에서는 K를 공칭 임피던스(nominal impedance)라 한다.

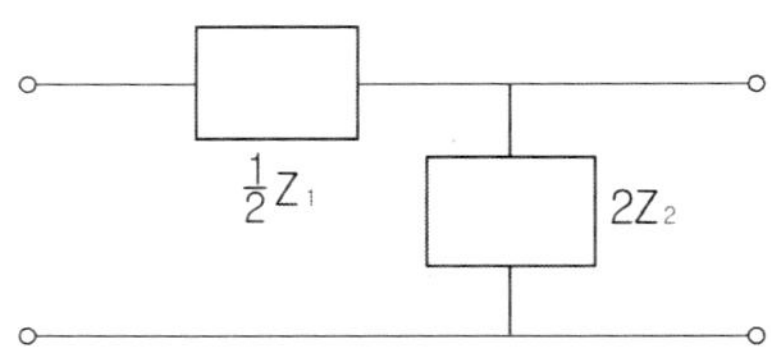

그림 9.39

(3) 저역여파기

그림 9.39에서 Z_1 을 인덕턴스 L이라고 하면 $Z_1 = j\omega L$, Z_2 는 역회로이므로

$$Z_2 = \frac{1}{j\omega c}, \quad \frac{L}{C} = K^2 \tag{9.108}$$

으로 놓을 수 있으므로 그림 9.40과 같은 정 K형 여파기를 생각할 수 있다.

$$\frac{X_1(\omega)}{2K} = \frac{\omega L}{2K} \tag{9.109}$$

에서 ω가 0에서 ∞까지 변화할 때 식 (9.109)은 항상 양이므로 $0 \leqq \frac{\omega L}{2K} < 1$을 만족시키는 주파수 대역이 통과역이다. 차단 주파수 f_1은

$$\frac{\omega_1 L}{2K} = \frac{2\pi f_1 L}{2K} = 1$$

$$\text{즉,} \quad f_1 = \frac{K}{\pi L}, \quad \omega_1 = \frac{2K}{L} \tag{9.110}$$

이다.

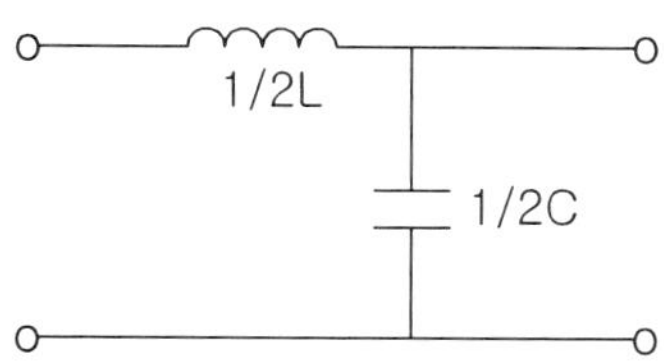

그림 9.40

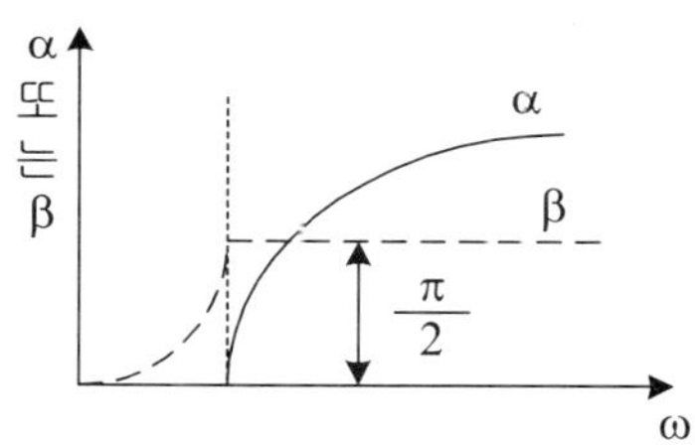

그림 9.41

① $0 \leqq \omega \leqq \omega_1$ 일 때

$$\alpha = 0, \quad \beta = \sin^{-1}\frac{\omega L}{2K} = \sin^{-1}\frac{\omega}{\omega_1}$$

② $\omega \geqq \omega_1$ 일 때

$$\alpha = \cosh^{-1}\frac{\omega L}{2K} = \cosh^{-1}\frac{\omega}{\omega_1}, \quad \beta = \frac{\pi}{2}$$

이때의 α와 β의 주파수 특성은 그림 9.41와 같다. 이와 같이 어떤 주파수

이하를 통과시키는 여파기를 저역여파기라 하며, 차단 주파수 f_1 과 공칭임피던스 K가 주어지면, L, C는 식 (9.108) 및 식 (9.110)로 부터

$$L = \frac{K}{\pi f_1}, \quad C = \frac{1}{\pi f_1 K} \tag{9.111}$$

(4) 고역 여파기

그림 9.42과 같이 $Z_1 = \frac{1}{j\omega c}$, $Z_2 = j\omega L$ 이라고 하면, 정 K형 여파기가 되고, 공칭 임피던스는

$$K^2 = \frac{L}{C}$$

$$\frac{X_1(\omega)}{2K} = \frac{-1}{2K\omega C} \tag{9.113}$$

ω 가 0에서 ∞ 까지 변할 때, 식 (9.113)는 $-\infty$ 에서 0까지 변화한다. 여기서 차단 주파수는 $X_1(\omega)/2K = -1$ 에 의하여 정해지므로

$$\omega_1 = \frac{1}{2KC} \text{ 또는 } f_1 = \frac{1}{4\pi KC} \tag{9.114}$$

이다.

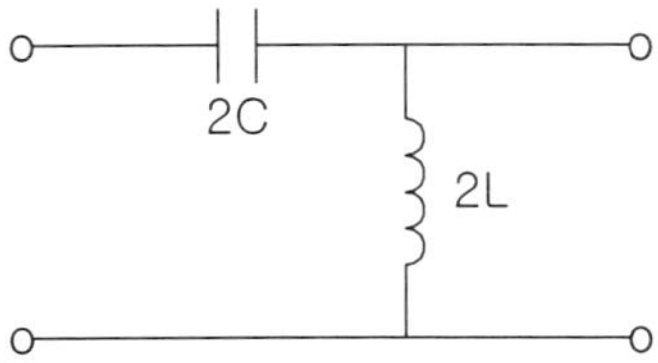

그림 9.42

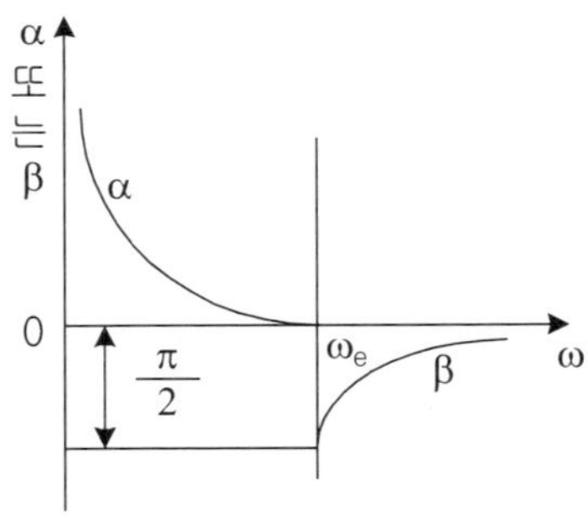

그림 9.43

① $0 \leqq \omega \leqq \omega_1$ 일 때 $\dfrac{X_1(\omega)}{2K} \leqq -1$ 이므로

$$\alpha = \cosh^{-1}\frac{1}{2K\omega C} = \cosh^{-1}\frac{\omega_1}{\omega}, \quad \beta = -\frac{\pi}{2} \tag{9.115}$$

② $\omega \geqq \omega_1$ 일 때 $0 \geqq \dfrac{X_1(\omega)}{2K} \geqq -1$ 이므로

$$\alpha = 0, \quad \beta = -\sin^{-1}\left(\frac{\omega_1}{\omega}\right) \tag{9.116}$$

이때의 α와 β의 주파수 특성은 그림 9.43와 같다. 이와 같이 어떤 주파수 이상을 통과시키는 여파기를 고역 여파기라 하며, 차단 주파수 f_1과 공칭 임피던스 K가 주어지면 식(9.112), (9.113) 및 (9.114)로부터

$$C = \frac{1}{4\pi f_1 K}, \quad L = \frac{K}{4\pi f_1} \tag{9.117}$$

이다.

(5) 대역 여파기

그림 9.44와 같이 Z_1, Z_2를

$$Z_1 = j\omega L_1 + \frac{1}{j\omega C_1}, \quad Z_2 = \frac{1}{j\omega C_2 + \dfrac{1}{j\omega L_2}} \tag{9.118}$$

이라 하고 공칭 임피던스가

$$\frac{L_1}{C_2} = \frac{L_2}{C_1} = K^2 \tag{9.119}$$

이면 Z_1, Z_2는 역회로가 된다.

$$\frac{X_1(\omega)}{2K} = \frac{L_1}{2K} \cdot \frac{\omega_1 - \omega_0}{\omega} = \frac{L_1\omega_0}{2K}\left(\frac{\omega_1}{\omega_0} - \frac{\omega_0}{\omega_1}\right) \tag{9.120}$$

단, $\omega_0 = \dfrac{1}{\sqrt{L_1 C_1}} = \dfrac{1}{\sqrt{L_2 C_2}}$

이며, $\dfrac{X_1(\omega)}{2K} = \pm 1$ 일 때의 주파수를 $f_1 = \dfrac{\omega_1}{2\pi}$, $f_2 = \dfrac{\omega_2}{2\pi}$

$$\frac{X_1(\omega)}{2K} \cdot \frac{\omega_1^2 - \omega_0^2}{\omega_1} = -1, \quad \frac{L_1}{2K} = \frac{1}{\omega_2 - \omega_1} \tag{9.121}$$

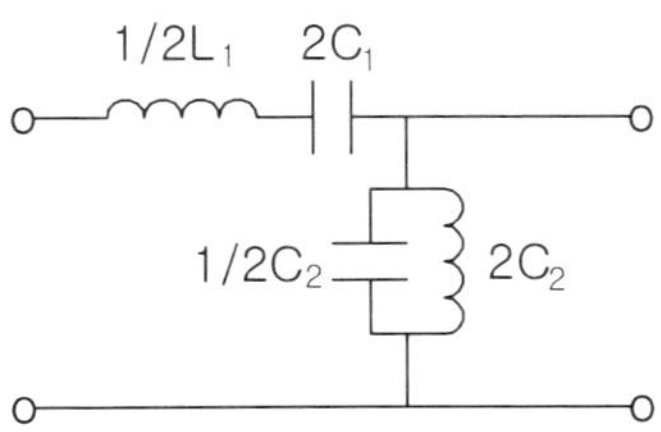

그림 9.44

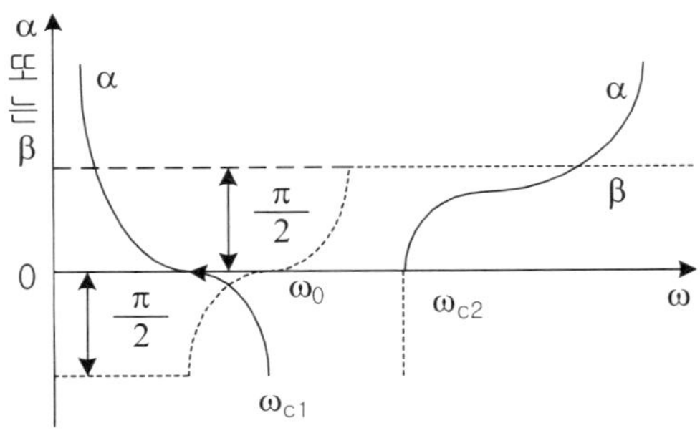

그림 9.45

식 (9.121)에서

$$\omega_1 \omega_2 = \omega_0^2, \quad \frac{L_1}{2K} = \frac{1}{\omega_2 - \omega_1} \tag{9.122}$$

이다.

식 (9.121)를 식 (9.120)에 대입하면

$$\frac{X_1(\omega)}{2K} = \frac{\omega_0}{\omega_2 - \omega_1}\left(\frac{\omega}{\omega_0} - \frac{\omega_0}{\omega}\right) \tag{9.123}$$

① $0 \leqq \omega \leqq \omega_1$ 일 때, $\dfrac{X_1(\omega)}{2K} \leqq -1$ 이므로

$$\alpha = \cosh^{-1}\frac{\omega_0}{\omega_2-\omega_1}\left(\frac{\omega_0}{\omega}-\frac{\omega}{\omega_0}\right),\quad \beta = -\frac{\pi}{2} \tag{9.124}$$

② $\omega_1 < = \omega \leqq \omega_2$ 일 때 $-1 \leqq \dfrac{X_1(\omega)}{2K} \leqq -1$ 이므로

$$\beta = \sinh^{-1}\frac{\omega_0}{\omega_2-\omega_1}\left(\frac{\omega}{\omega_0}-\frac{\omega_0}{\omega}\right) \tag{9.125}$$

③ $\omega \geqq \omega_2$ 일 때, $\dfrac{X_1(\omega)}{2K} \geqq -1$ 이므로

$$\alpha = \cosh^{-1}\frac{\omega_0}{\omega_2-\omega_1}\left(\frac{\omega}{\omega_0}-\frac{\omega_0}{\omega}\right),\quad \beta = \frac{\pi}{2} \tag{9.126}$$

이때의 α 와 β 의 주파수 특성은 그림 9.45과 같다. 이와 같이, 두 주파수 사이의 주파수를 통과시키는 여파기를 대역 여파기라 하며 K, ω_0 및 $\omega_2-\omega_1$ 이 주어지면 L_1, L_2, C_1 및 C_2 는 다음 식으로 구해진다.

$$\left.\begin{aligned} L_1 &= \frac{2K}{\omega_2-\omega_1}, \quad L_2 = \frac{K(\omega_2-\omega_1)}{2\omega_0^2} \\ C_1 &= \frac{\omega_2-\omega_1}{2K\omega_0}, \quad C_2 = \frac{2}{K(\omega_2-\omega_1)} \end{aligned}\right\} \tag{9.127}$$

연 습 문 제

1 2단자 임피던스 함수 $Z(s) = \frac{(s+1)(s+2)}{(s+3)(s+4)}$ 일 때 영점(zero)과 극점(pole)을 표시하면?

2 임피던스 $Z(s)$ 가 $Z(s) = \frac{s+30}{s^2+2RLs+1}$ 로 주어지는 단자 회로에 직류 전류원 30[A]를 가할 때, 이 회로의 단자 전압 [V]은? (단, $s = j\omega$ 이다.)

3 그림 9.46과 같은 회로가 정저항 회로가 되기 위한 L의 값은 몇 [H]인가? (단, $R = 10\,[\Omega]$, $C = 100\,[\mu F]$)

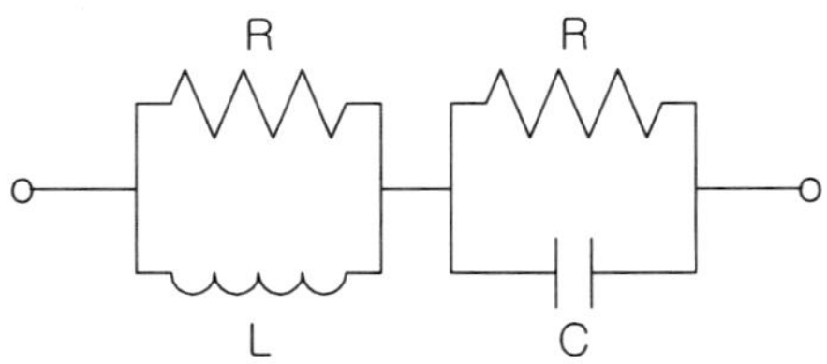

그림 9. 46

4 그림 9.47과 같은 회로가 정저항 회로가 되기 위해서는 ωL 의 값은 몇$[\Omega]$ 이어야 하는가?

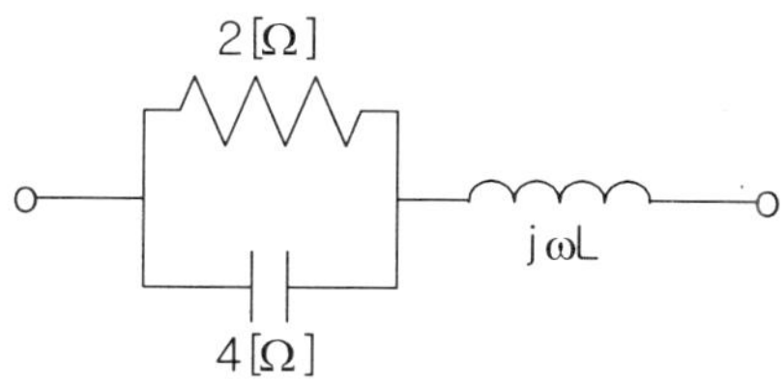

그림 9.47

5 그림 9.48(a),(b) 회로가 역회로의 관계가 있으려면 L의 값은 몇 $[mH]$ 인가?

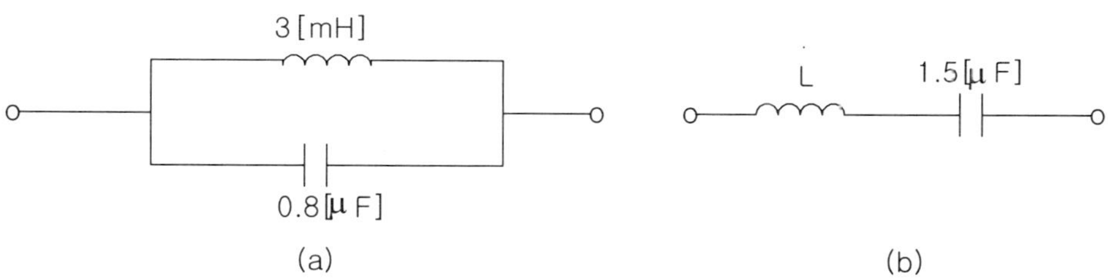

그림 9.48

6 그림 9.49에서 $\dot{Z}(s)$ 를 구하면?

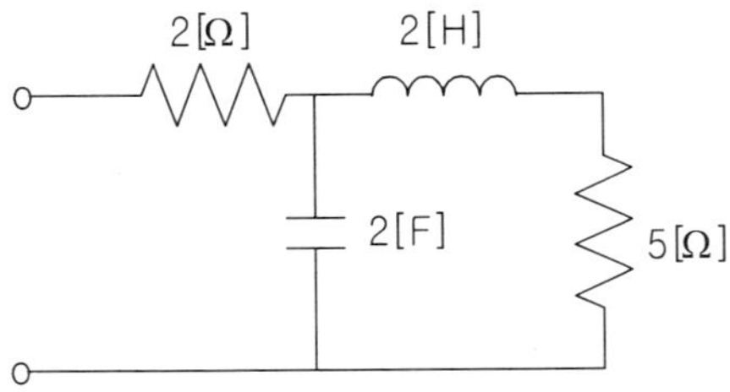

그림 9.49

7 임피던스 함수가 $Z(s) = \dfrac{6s^2+1}{s(s^2+1)}$ 으로 표시되는 2단자 회로망은 어떻게 되는가?

8 $Z(s) = \dfrac{s}{s^2+3}$ 로 주어졌을 때, 2단자 회로는?

9 그림 9.50과 같은 회로의 임피던스 파라미터를 구하여라.

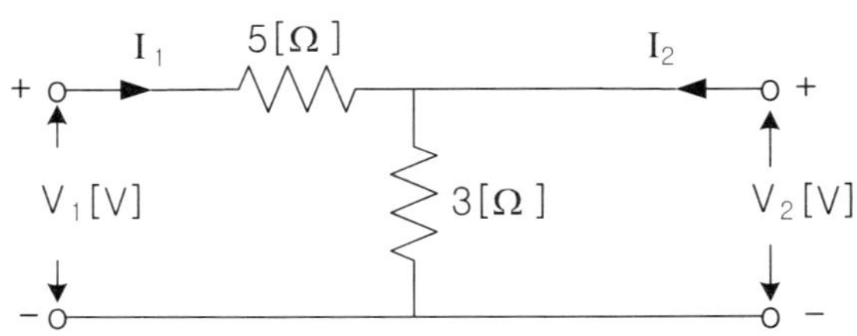

그림 9.50

10 그림 9.51과 같은 4단자망을 어드미턴스 파라미터로 나타내어라.

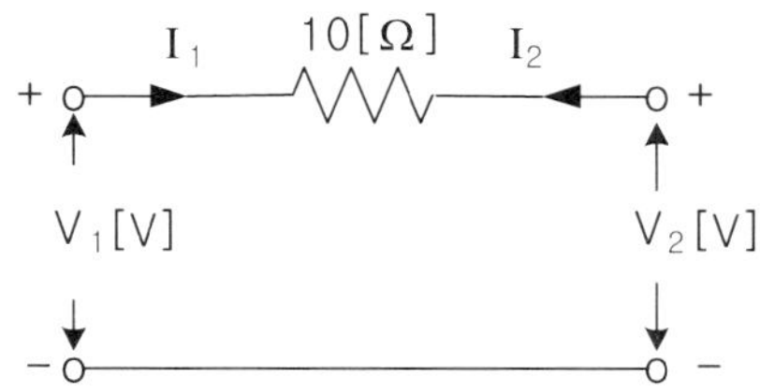

그림 9.51

11 그림 9.53와 같은 회로의 임피던스 행렬에서 임피던스 파라미터는 ?

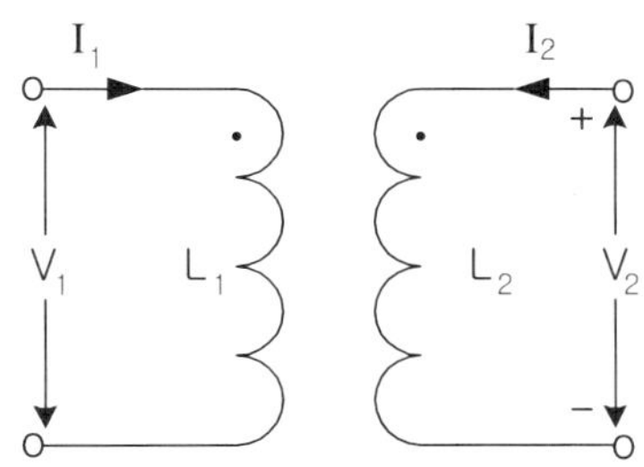

그림 9.53

12 그림 9.54과 같은 L형 회로의 4단자 정수를 구하여라.

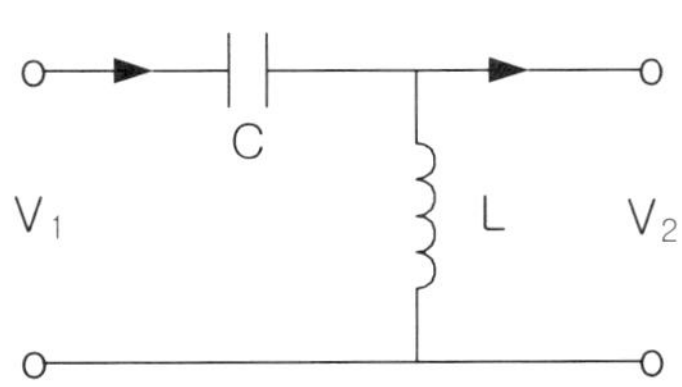

그림 9.54

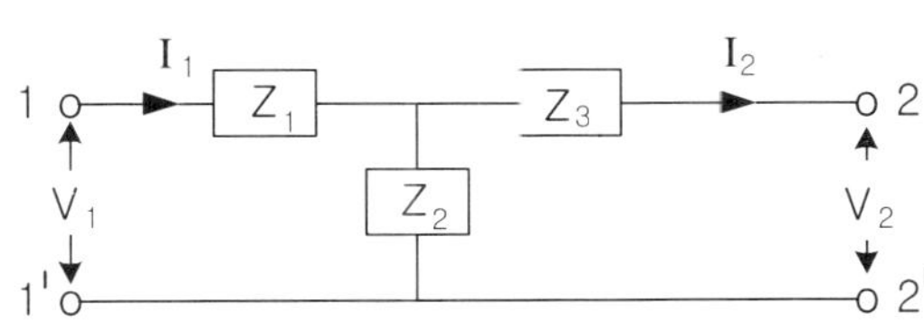

그림 9.55

13 그림 9.55과 같은 T형 회로의 A, B, C, D파라미터를 구하여라.

14 그림 9.56의 4단자 회로망에서 $\frac{n_1}{n_2} = a$ 일 때, 4단자 정수 파라미터 행렬은 ?

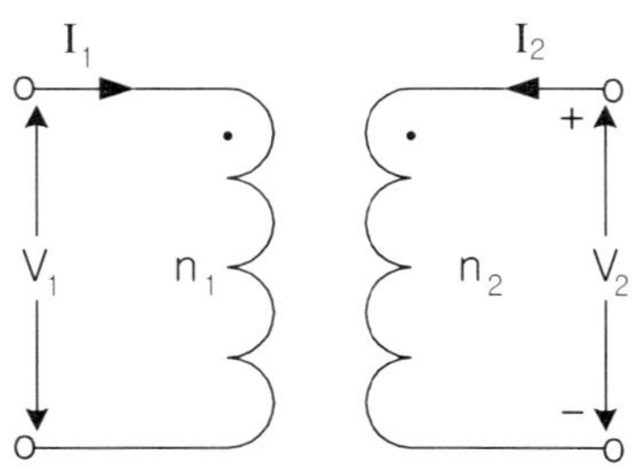

그림 9.56

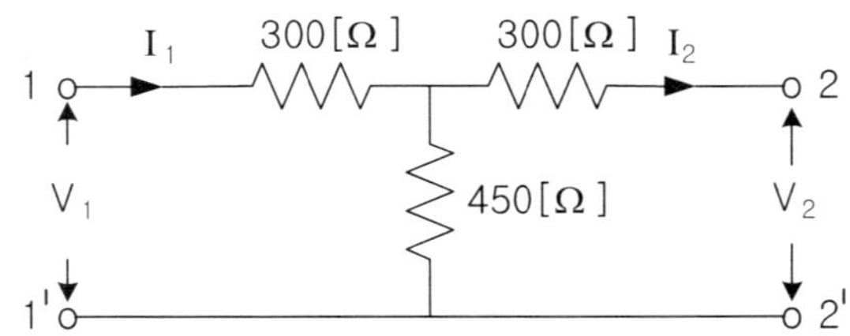

그림 9.57

15 그림 9.57과 같은 회로의 4단자 정수 A, B, C, D를 구하면 ?

16 L형 4단자 회로망에서 4단자 정수가 $B = \frac{5}{3}$, $C = 1$ 이고 영상 임피던스 $Z_{01} = \frac{20}{3}\Omega$ 일 때 영상 임피던스 $Z_{02}\,[\Omega]$ 의 값은 ?

17 그림 9.58와 같은 회로의 영상 임피던스 Z_{01}, Z_{02} 는 ?

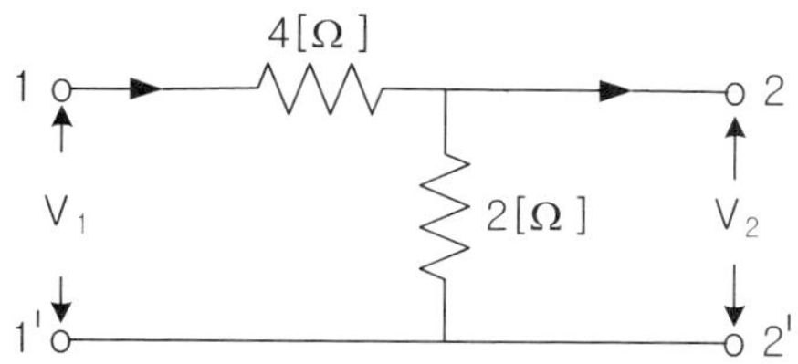

그림 9.58

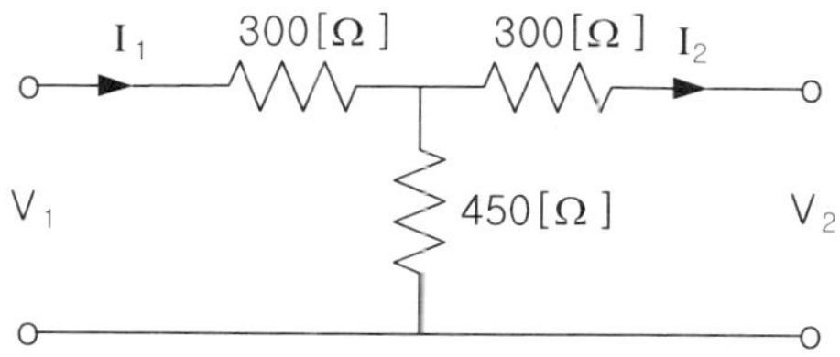

그림 9.59

18 그림 9.59와 같은 T형 4단자망의 전달함수 θ 는 ?

19 그림 9.60과 같은 정 K형 고역 여파기에서 공칭 임피던스가 600$[\Omega]$ 이고, 차단 주파수가 $40[KHZ]$ 일 때, $L[mH]$, $C[\mu F]$ 는 ?

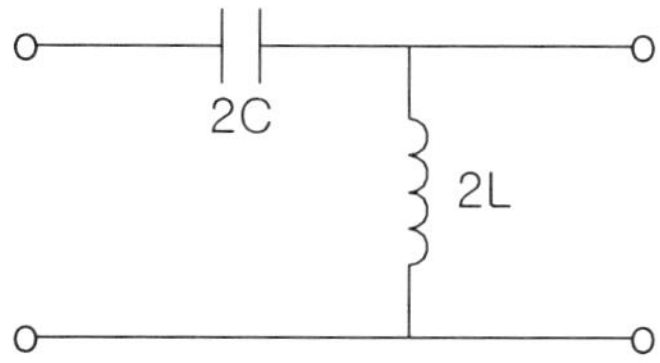

그림 9.60

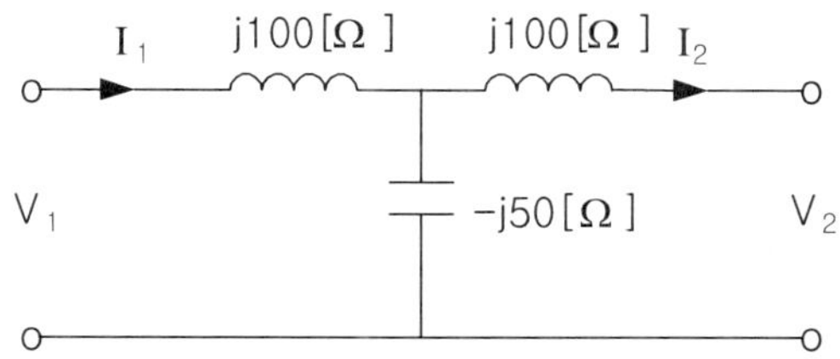

그림 9.61

20 그림 9.61과 같은 회로망의 영상 임피던스는 ?

제 10 장
분포정수회로

제10장 분포정수회로

10-1 분포정수회로의 정의

지금까지 취급한 회로망은 회로정수로서 저항(R), 인덕턴스(L), 정전용량(C), 누설 콘덕턴스(G)가 한 점에 집중해 있는 것으로 고려하여 회로망을 해석하였다. 이와 같이 회로 파라미터는 소자에만 집중되어 있다고 생각하는 회로를 집중정수회로라 한다. 이에 대하여 회로정수가 선로의 길이에 따라 균일하게 분포되어 있는 회로를 분포정수회로라 한다. 통신선로나 장거리 송전단 등이 그 일례이다. 집중정수회로로 취급하느냐, 분포정수회로로 취급하느냐는 전원의 파장 λ와 밀접한 관계가 있다.

즉, 선로의 길이 l이 50Km인 60[Hz] 송전단은 집중정수회로를 사용할 수 있으나 선로의 길이가 50Km인 100[Hz]의 통신선로는 분포정수회로로 취급한다.

10-2 분포정수회로의 기초방정식

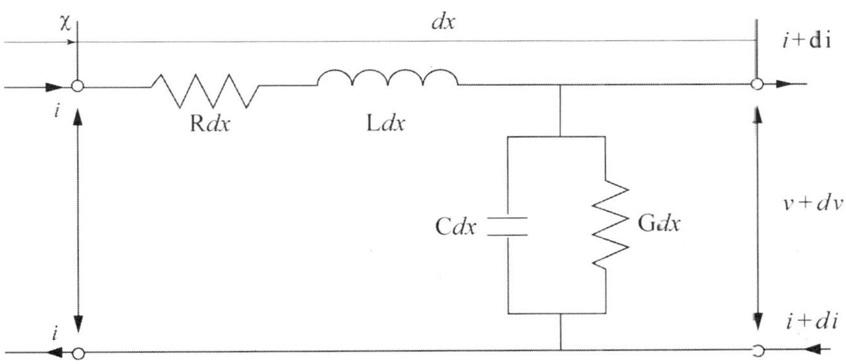

그림 10.1

그림 10.1에 나타난 왕복선로에서, 길이에 따라 균일하게 회로정수가 분포되어

있는 것으로 한다. 단위 길이에 대한 선로의 저항, 자기 인덕턴스, 커패시턴스, 누설 콘덕턴스를 각각 $R[\Omega/m]$, $L[H/m]$, $C[F/m]$, $G[\mho/m]$ 로 한다.

정현파 기전력이 작용할 때, 정상상태에서 전류가 흐르는 경우를 생각한다.

선로에 분포되어 있는 임피던스 및 선간 어드미턴스는 단위 길이당

$$Z = (R + j\omega L)\ [\Omega/m] \tag{10.1}$$

$$Y = G + j\omega C\ [\mho/m] \tag{10.2}$$

가 된다. 송전단을 기점으로 하여, 이 기점에서 x 만큼 떨어진 점 A_1 에 대한 전압, 전류의 크기를 실효값으로 나타내어 V, I 로 한다. 기점에서 $x + dx$ 인 거리에 있는 점 A_2 에 대한 전압, 전류는 dx 의 구간에 존재하는 직렬 임피던스 Zdx 및 병렬 어드미턴스 Ydx 에 의해서 양쪽이 다같이 감소하는 것이 분명하다. 그러므로

$$-dV = IZdx = I(R + j\omega L)\,dx \tag{10.3}$$

$$-dV = VYdx = V(G + j\omega C)\,dx \tag{10.4}$$

의 관계를 얻는다. 여기에서

$$\frac{dV}{dx} = -ZI \tag{10.5}$$

$$\frac{dI}{dx} = -YV \tag{10.6}$$

의 독립변수 x에 관한 연립 선형 미분 방정식이 된다.

식(10.5), (10.6)을 다시 x에 대해서 미분하면

$$d^2V = -Z\frac{dI}{dx} = ZYV = mV^2 \tag{10.7}$$

$$d^2 I = -Y\frac{dV}{dx} = ZYI = mI\ (m^2 = Z \cdot Y) \tag{10.8}$$

의 같은 형의 미분 방정식이 얻어지면 위 두 식을 파동 방정식 또는 전신 방정식이라 한다. 식(10.7)의 해로서

$$V = Ae^{mx} \tag{10.9}$$

를 가정하고 식 (10.9)를 x에 관해서 두 번 미분하면

$$\frac{d^2 V}{dx^2} = Am^2 e^{mx} = m^2 V$$

로 식 (10.7)과 같으므로 식(10.9)는 식 (10.7) 미분 방정식의 해가 될 수 있고, 또한

$$m = \pm \sqrt{ZY} = \pm r \quad (r = \sqrt{ZY}) \tag{10.10}$$

이므로 식 (10.7)의 일반해는 다음과 같이 된다.

$$V = Ae^{-rx} + Be^{rx} \tag{10.11}$$

여기서, A, B는 적분정수로서 경계조선에 의하여 결정되면 제 1항은 진행파를, 제 2항은 반사파를 의미한다고도 볼 수 있다. 식 (10.7)의 일반해도 같은방법으로

$$I = (e^{-rx} + De^{rx}) \tag{10.12}$$

로 볼 수 있으며 적분정수 C, D와 A, B사이의 관계를 보기 위하여 식 (10.11)을 x에 대하여 미분하면

$$\frac{dV}{dx} = -rAe^{-rx} + rBe^{rx} \tag{10.13}$$

이고 식 (10.5)에서

$$I = -\frac{1}{Z}\frac{dV}{dx} = -\frac{\sqrt{ZY}}{Z}(-Ae^{-rx} + Be^{rx}) \quad (10.14)$$

$$= \sqrt{\frac{Y}{Z}}(Ae^{-rx} - Be^{rx})$$

$$= \frac{1}{Z_0}(Ae^{-rx} - Be^{rx})$$

단, $Z_0 = \sqrt{\frac{Z}{Y}} = \sqrt{\frac{R+j\omega L}{G+j\omega c}}$

가 되고 식 (10.12)와 식 (10.14)를 비교하면

$$C = A\sqrt{\frac{Z}{Y}}, \quad D = -B\sqrt{\frac{Y}{Z}} \quad (10.15)$$

로 된다. 바꾸어 말하면 경계조건에서 A와 B가 결정되면 전류분포가 얻어지면 자연히 전류분포가 얻어진다.

역으로 C, D가 결정되면 전류분포가 얻어지므로 전압분포가 결정된다. 다음에 식 (10.11), 식 (10.12)의 지수함수를 사용한 해를 쌍곡선 함수를 이용하여 바꾸어 써 보면

$$e^{r} = \cos hr + \sin hr, \quad e^{-r} = \cos hr - \sin hr$$

를 식 (10.11), (10.14)에 대입하면

$$V = A(\cos hrx - \sin hrx) + B(\cos hrx + \sin hrx) \quad (10.16)$$

$$= (A+B)\cos hrx + (B-A)\sin hrx$$

$$I = -\frac{1}{Z_0}(Be^{rx} - Ae^{-rx}) \quad (10.17)$$

$$= -\frac{1}{Z_0}\{(BA)\cos hrx + (A+B)\sin hrx\}$$

여기서 $A+B = A'$, $B-A = B'$ 로 놓으면

$$V = A'\cosh rx + B'\sinh rx \tag{10.18}$$

$$I = -\frac{1}{Z_0}(B'\cosh rx + A'\sinh rx) \tag{10.19}$$

이 되고 이를 행렬로 표시하면

$$\begin{bmatrix} V \\ I \end{bmatrix} = \begin{bmatrix} \cosh rx & \sinh rx \\ -\dfrac{\sinh rx}{Z_0} & \dfrac{-\cosh rx}{Z_0} \end{bmatrix} \begin{bmatrix} A' \\ B' \end{bmatrix} \tag{10.20}$$

이 된다. 일반적으로 식 (10.11), (10.14)와 같이 지수함수를 사용한 일반해는 전압, 전류가 선로를 따라 x 방향으로 전파하는 현상, 즉 진행파뿐인 경우의 형상을 취급하는 데 편리하며, 식 (10.20)과 같이 쌍곡선 함수를 사용한 일반해는 송전단, 또는 수전단에 있어서 경계조건을 고려한 즉 진행파와 반사파를 모두 고려하는 경우에 편리하다.

10-3 특성 임피던스와 전파정수

식 (10.11), (10.14)에서 제 1항은 Ae^{-rx}, 제 2항은 Be^{rx} 를 포함하는데 $x \to \infty$ 일 때 제 1항은 0이 되고 제 2항은 ∞ 로 된다. 송전단의 경우 ∞ 점에서 전압과 전류가 ∞ 가 되는 것은 물리적으로 무의미하므로 이때는 $B = 0$ 라고 한다.

따라서 식 (10.11), (10.14)은

$$\left.\begin{aligned} V &= Ae^{-rx} \\ I &= A\sqrt{\frac{Y}{Z}}e^{-rx} = \frac{A}{Z_0}e^{-ex} \end{aligned}\right\} \tag{10.21}$$

로 되며, 이때 전압과 전류의 비를 구하면

$$\frac{V}{I} = \sqrt{\frac{Z}{Y}} = Z_0 \tag{10.22}$$

와 같이 전원에서부터의 거리 x에 관계가 없이 선로상의 임의점에서 전압과 전류의 비는 항상 일정하게 된다.

이 Z_0를 선로의 파동 임피던스 또는 특성 임피던스(characteristic impedance)라 한다.

$r = \sqrt{YZ}$ 를 전파정수(propagation constsnt)라 하며 $r = \alpha + j\beta$ 라고 하면

$$r = \sqrt{YZ} = \alpha + j\beta = \sqrt{(G + j\omega C)(R + j\omega L)} \tag{10.23}$$

양변을 제곱하면

$$(\alpha + j\beta)^2 = \alpha^2 - \beta^2 + j2\alpha\beta$$

$$= (RG - \omega^2 LC) + j\omega(GL + RC)$$

$$\therefore\ \alpha^2 - \beta^2 = RG - \omega^2 LC \tag{10.24}$$

$$2\alpha\beta = \omega + (GL + RC) \tag{10.25}$$

식 (10.23)과 식 (10.24)에서

$$\alpha = \sqrt{\frac{1}{2}\left\{\sqrt{(R^2 + \omega^2 L^2)(G^2 + \omega^2 C^2)} + (RG + \omega^2 LC)\right\}}$$

$$\beta = \sqrt{\frac{1}{2}\left\{\sqrt{(R^2 + \omega^2 L^2)(G^2 + \omega^2 C^2)} - (RG + \omega^2 LC)\right\}} \tag{10.26}$$

여기에서 α를 감쇠정수(attenuation constant), β를 위상정수(phase constant)라고 한다.

10-4 무한장선로

무한장 선로에서는 식(10.11)은 식 (10.21)과 같이 된다. 왜냐하면 제 2항은 x의 증가에 따라 무한대로 접근하는데 이것을 물리적인 의미나 에너지 관점에서 볼

때 불가능한 일이기 때문이다. 그러므로 무한장 선로에서는

$$V = Ae^{-rx}$$

$$I = \frac{A}{Z_0}e^{-rx} = A\sqrt{\frac{Y}{Z}}\,e^{-rx}$$

이다. 지금 $x=0$, 즉 송전단에서의 전압을 V_s 라 하면 $A_1 = V_s$ 이다.

그러므로

$$V = V_s e^{-rx} = V_s e^{-(\alpha + j\beta)x}$$

$$I = \frac{V_s}{Z_0}e^{-rx} = \frac{V_s}{Z_0}e^{-(\alpha + j\beta)x} = I_s e^{-(\alpha + j\beta)x} \tag{10.27}$$

이 식은 송전단에서 거리가 x인 임의의 점의 전압 V 및 전류 I는 어느 것이나 송전단의 전압 V_s 및 전류 I_s 의 $e^{-\alpha x}$ 배인 지수함수적으로 감소하는 것을 나타내고, 또한 위상이 βx 만큼 늦어짐을 표시하고 있다. 그러므로 α는 감쇠정수라고 하면 단위는 [neper/m]이고, β는 위상정수라 하면 단위는 [rad/m]이다. 식 (10.27)의 절대치를 종축에, 횡축에 거리 x를 취하여 표시하면 그림 10.2는 전압, 전류의 거리에 의한 감쇠(실효값) 및 그림 10.3은 전압, 전류의 거리에 의한 감쇠(순시값)을 표시한다.

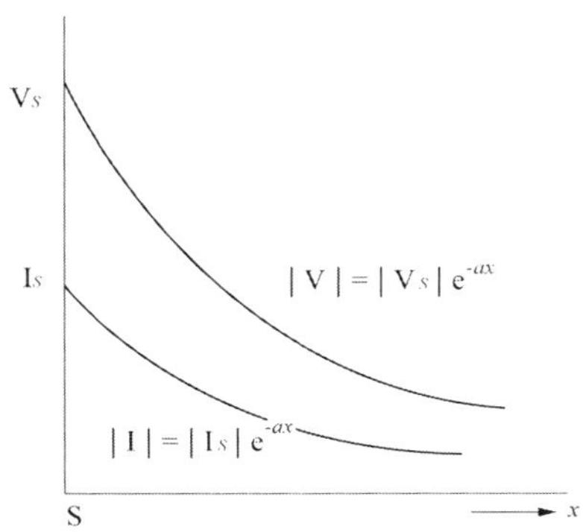

그림 10.2

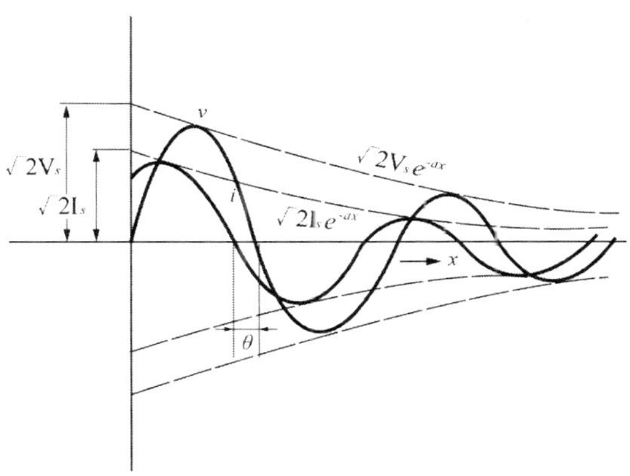

그림 10. 3

다음에 식 (10.27)의 전압 V, 전류 I가 정현파 교류일 때의 전압 및 전류의 순시치 v, i 의 x 에 대한 변화에 대하여 생각하면, 각속도를 ω, $Z_0 = Z_0 L - \theta$ 라고 하면 v,i 의 최대치는 $\sqrt{2}\ V_S$, $\sqrt{2}\ I_s$ 이므로 v,i 는 다음식과 같다.

$$
\begin{aligned}
v &= \sqrt{2}\, V_s e^{-\alpha x} \sin(wt - \beta x) \\
i &= \frac{\sqrt{2}}{Z_0} V_s e^{-\alpha x} \sin(wt - \beta x + \theta) \\
&= \sqrt{2}\, I_s e^{-\alpha x} \sin(wt - \beta x + \theta)
\end{aligned}
\tag{10.28}
$$

이 식을 보면 전압과 전류는 시간의 함수인 동시에 선로상의 위치 x의 함수이다. 전압의 진폭은 송전단에서 멀어질수록 $e^{-\alpha x}$ 에 의하여 지수 함수적으로 감소되며, 이것은 파의 진행에 따라 선로 손실로 인한 에너지 흡수가 일어나기 때문이다. 또 전압의 위상은 송전단에서 멀어질수록 $-\beta x$ 에 의하여 유일하게 늦어지며, 이것은 파가 거리 x를 진행하는 데 시간이 걸리기 때문이다.

10-5 무손실 선로

파의 진행속도를 알기 위하여 먼저 이상적인 무손실 선로의 경우를 생각하면, 무손실 선로에서는 저항 R과 콘덕턴스 G는 0이다. 이때의 전파정수 γ와 특성 임피던스 Z_0 는 $R = 0, G = 0$ 의 조건으로부터

$$
Z_0 = \sqrt{\frac{Z}{Y}} = \sqrt{\frac{R + j\omega L}{G + j\omega c}} = \sqrt{\frac{L}{C}} \tag{10.29}
$$

$$
r = \alpha + j\beta = \sqrt{Y \cdot Z} = \sqrt{(G + j\omega C)(R + j\omega L)} = j\omega\sqrt{LC} \tag{10.30}
$$

그러므로 감쇠정수 및 위상정수는 $\alpha = 0$, $\beta = \omega\sqrt{LC}$ 가 된다.

10-6 무왜형 선로

선로에 있어서 R, L, C, G사이에

$$\frac{R}{L} = \frac{G}{C} \quad \therefore RC = GL \tag{10.31}$$

의 관계가 있으면 특성 임피던스 및 전파정수는

$$Z_0 = \sqrt{\frac{Z}{Y}} = \sqrt{\frac{R + j\omega L}{G + j\omega C}} = \sqrt{\frac{R + j\omega L}{\frac{R \cdot C}{L} + j\omega C}} = \sqrt{\frac{L}{C}} \tag{10.32}$$

$$\begin{aligned} r &= \sqrt{Y \cdot Z} = \sqrt{(R + j\omega L)(G + j\omega C)} = \sqrt{RG} + j\omega\sqrt{LC} \\ &= \alpha + j\beta \end{aligned} \tag{10.33}$$

가 된다. 이 경우 특성 임피던스 Z_0 및 감쇠정수 α는 주파수에 관계없이 일정하고, 위상정수 β는 주파수에 비례한다. 그러나 임의의 파형의 파가 전파할 때 수전단의 파형은 송전단의 파형과는 다르다. 이와 같은 파의 일그러짐은 전파 왜형이라 한다. 전파 왜형 원인은 주파수에 의해 감쇠정수가 다르게 되는 감쇠 왜형과 위상정수가 다르게 되는 위상 왜형이 있다.

만약 식 (10.31)의 조건을 만족하고 있으면 전파 왜형은 없게 되드로, 이것을 무왜형 조건이라 한다. 대개의 경우 R/L > G/L로 되어, 식 (10.31)의 조건은 일반적으로 만족하지 않는다.

10-7 선로에서의 반사와 정재파비

(1) 반사

무한히 긴 선로나 가장 유효하게 전송할 수 있는 조건에 맞는 값의 임피던스(정합 임피던스)로 종단된 선로에서는 전압이나 전류가 전원 쪽으로 되돌아오는 일이 없으나 그 밖의 임피던스로 종단된 경우에는 전압과 전류의 일부 또는 전부가 전원 쪽으로 되돌아온다. 이와 같은 형상을 반사라고 한다.

(2) 입사파와 반사파

분포정수회로를 무한장 선로로 생각하나, 무한히 긴 선로는 실제로는 존재하지 않으며, 선로는 반드시 유한하고 부하측은 임의의 임피던스로 종단되어 있다. 그림 10.4(a)와 같이 부하 임피던스 Z_L 이 선로의 특성 임피던스 Z_0 와 같을 때에는 부하 단에서 임피던스 정합이 되므로 반사는 일어나지 않는다. 그러나 그림 (b)와 같이 $Z_L \neq Z_0$ 의 경우에는 반사가 일어나 전압, 전류의 일부 또는 전부가 부하단으로 부터 전원 쪽으로 반사되어 온다.

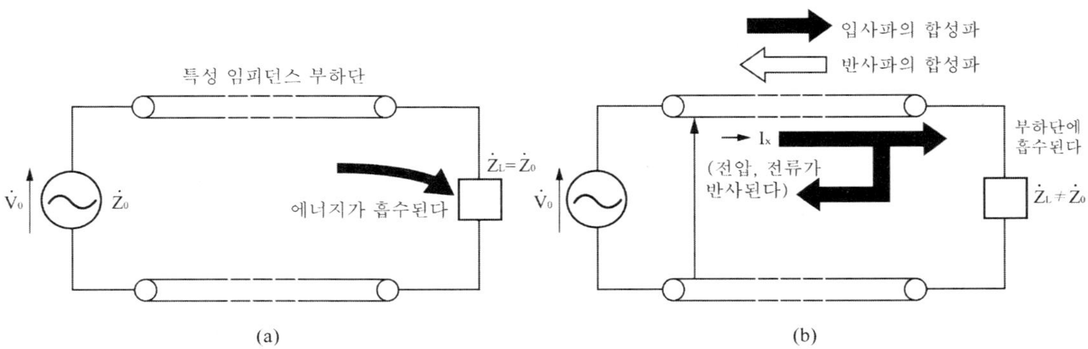

그림 10.4

따라서, 반사가 있는 선로의 전압, 전류는 부하로 향하는 성분, 즉 입사파와 부하로부터 전원으로 향하는 성분 즉, 반사파의 합성파로서 분포하게 된다.

반사파는 부하에 가까워짐에 따라 작아지고 위상은 뒤지며, 전원에 가까워질수록 커지고, 위상은 앞서 있다. 입사파는 전원에 가까워질수록 작아지고, 위상은 뒤지며, 부하에 가까워질수록 커지고, 위상은 앞서 있다.

(3) 반사 계수

부하단에서 전압이나 전류가 반사하는 비율을 나타낸 것을 반사계수(reflection coefficient)라고 한다.

이제 부하단의 입사전류를 I_{10}, 반사전류를 I_{r0} 라고 하면 전류의 반사계수 ρ_i 는 선로의 특성 임피던스 Z_0 와 부하 임피던스 Z_L 로부터

$$\rho_v = \frac{\text{반사전류}}{\text{입사전류}} = \frac{I_{r0}}{I_{10}} = \frac{Z_0 - Z_L}{Z_0 - Z_L} \tag{10.34}$$

로 구할 수 있다. 또 전압의 반사계 ρ_v 는 ρ_i 의 부호를 반대로 한 값으로 된다.

$$\rho_v = -\rho_i = \frac{Z_L - Z_0}{Z_0 + Z_L} \tag{10.35}$$

(4) 정재파비

부하 임피던스가 임의의 값일 경우라도 정재파를 구할 수 있다.

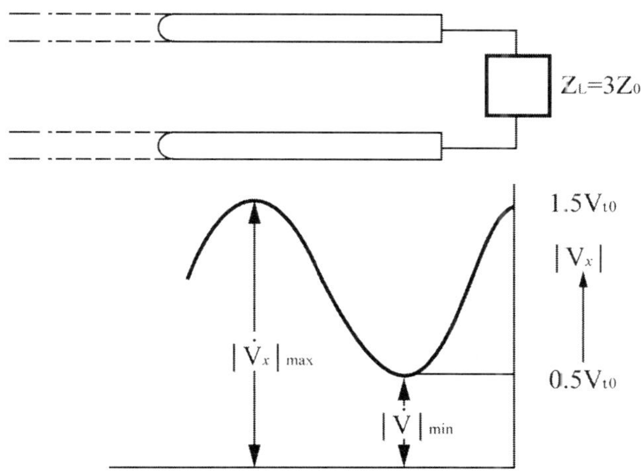

그림 10.5

그림 10.5은 $Z_L = 3Z_0$ 의 경우의 전압 정재파이다.

여기서 정재파의 최대값과 최소값의 비를 정재파비(standing wave ratio, SWR)라고 한다. 정재파비 S는 전압 정재파비, 전류 정재파가 모두 같고

$$S = \frac{|V|_{\max}}{|V|_{\min}} = \frac{|I|_{\max}}{|I|_{\min}} \geqq 1 \tag{10.36}$$

과 같이 1보다는 큰 값으로 된다. 또, 반사계수로 나타내면

$$S = \frac{1+|\rho_i|}{1-|\rho_i|} = \frac{1+\rho_i}{1-\rho_i} \tag{10.37}$$

로 된다. 분포정수회로인 선로에서는 정재파나 정재파비를 측정함으로써 선로의 반사계수나 임피던스를 구할 수 있다.

연 습 문 제

1 분포정수회로에서 선로의 특성 임피던스를 Z_0, 전파정수를 γ라 할 때, 선로의 직렬 임피던스 Z는?

2 무손실 선로에 있어서 감쇠정수를 α, 위상정수를 β라 하면, α와 β의 값을 구하여라.

3 선로정수가 $R = 0.09\,[\Omega/km]$, $L = 0.66\,[mH/km]$
$C = 0.0044\,[\mu F/km]$, $G = 0$ 일 때 주파수 $f = 100\,[Hz]$ 에 있어서 특성 임피던스 $Z_0\,[\Omega]$ 을 구하면?

4 전송 선로에서 무손실일 때, $L = 96\,[mH]$, $C = 0.6\,[\mu F]$ 이던 특성 임피던스 $[\Omega]$는 ?

5 선로의 분포정수 R, L, C, G 사이에 $\frac{R}{L} = \frac{G}{C}$의 관계가 있으며 전파정수 γ는 ?

6 위상정수가 $\frac{\pi}{8}[rad/m]$ 인 선로의 $1[MHz]$ 에 대한 전파속도 $[m/s]$ 는 ?

7 전송 선로의 특성 임피던스가 $50[\Omega]$ 이고 부하 저항이 $150[\Omega]$ 이면 부하에서의 반사계수는 ?

8 $Z_L = 3Z_0$ 인 선로의 반사계수 ρ 및 전압 정재파비 S를 구하면 ?
단, Z_L :부하 임피던스 , Z_0 :선로의 특성 임피던스이다.

9 $1[km]$ 당 저항 $20[\Omega]$, 인덕턴스 $25[mH]$, 선간 콘덕턴스 $0.1[\mu V]$, 정전용량 $0.005[\mu F]$ 인 선로를 부왜형 선로가 되게 하려면 $1[km]$ 당 직렬로 연결할 장하 코일의 용량 L' 및 그 결과 위상 속도는 얼마인가 ?

제 11 장
과도 현상

제11장 과도 현상

11-1 정상상태와 과도상태

지금까지 다룬 회로는 회로에 흐르는 전류, 전압이 시간에 대하여 항상 같은 상태를 반복하며 일정한 시간에 일정한 전류을 소비하는 것으로 이와 같은 상태를 정상상태라 한다.

그러나 수동소자인 R, L, C 중 L, C는 정상상태에서 다른 정상상태로 바뀔때 에너지를 유입 또는 유출하므로 회로소자나 전원의 상태를 순간적으로 변화하는 경우에는 각 부의 전압, 전류 등의 에너지가 순간적으로 정상상태에 도달하지 못하고 정상상태에 이를 때까지 약간의 시간을 요한다.

이와 같이 정상상태로 변화할 때까지의 상태를 과도상태라 하고, 이러한 현상을 과도현상이라 한다. 따라서 전기회로를 해석할 때는 키르히호프의 전류법칙 및 전압법칙에 의해 순시 전류, 전압에 대한 미분방정식을 세워서 주어진 초기 상태를 고려하여 그 일반해를 구하면, 일반해 $i(t)$는 정상해$i_s(t)$와 과도해 $i_t(t)$와의 합으로 주어진다.

11-2 직류회로

(1) R·L 직렬회로

그림 11.1에 나타낸 바와 같이 저항 R과 자기인덕턴스 L에 직렬 연결된 회로에 $t=0$ 순간에 스위치 S을 ON하여 직류전압 V를 인가할 때 흐르는 전류$i(t)$는 시간 경과에 따라 어떤 값을 갖게 되는지 알아보자.

i) S : ON일 때

키르히호프의 전압법칙에 의하여 방정식을 세우면

$$Ri(t)+L\frac{di(t)}{dt}=V \tag{11.1}$$

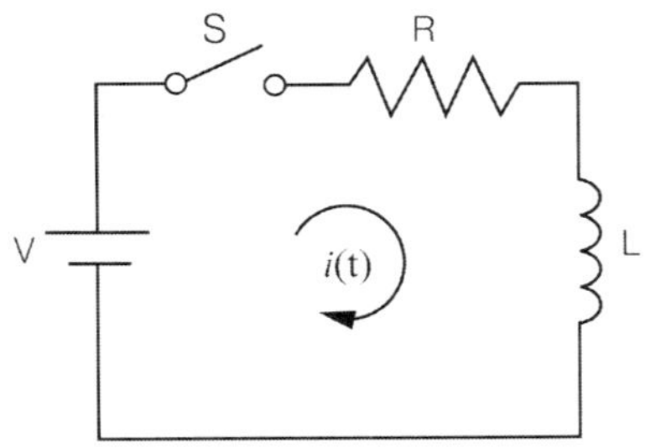

그림 11.1

다음 초기값 $i(0_+)$를 설정한다. 초기값 설정은 스위치 동작상태 바로 직전상태이므로 초기값 설정을 할 경우 스위치 S는 OFF 상태이므로 초기값 전류는 $t=0$가 될 때 $i(0_+)=0$가 된다. 식 (11.1)의 방정식의 해를 구하는 방법은 여러 가지가 있지만 적분인자법으로 해를 구한다.

$$i(t)=e^{-pt}\left[\int Qe^{pt}dt+K\right] \tag{11.2}$$

식 (11.1)을 적분인자법으로 구하기 위하여 양변을 L로 나누면

$$\frac{di(t)}{dt}+\frac{R}{L}i(t)=\frac{V}{L} \tag{11.3}$$

여기서, $P=\frac{R}{L}$ (인자항), $Q=\frac{V}{L}$ (상수항)이 된다.

따라서

$$\begin{aligned} i(t)&=e^{-\frac{R}{L}t}\left[\int \frac{V}{L}e^{\frac{R}{L}t}dt+K\right] \\ &=\frac{V}{L}e^{-\frac{R}{L}t}\cdot\frac{L}{R}e^{\frac{R}{L}t}+Ke^{-\frac{R}{L}t} \\ &=\frac{V}{R}+Ke^{-\frac{R}{L}t} \end{aligned} \tag{11.4}$$

가 된다. 적분상수 K는 초기조건에 의해 결정된다. 이 회로의 초기조건은

$$t=0 \text{일 때 } i(0_+)=0 \tag{11.5}$$

이므로

$$0=\frac{V}{R}+Ke^{-0} \qquad \therefore \quad K=-\frac{V}{R} \tag{11.6}$$

로 되어 식 (11.6)을 식 (11.4)에 대입하면

$$\begin{aligned} i(t) &= \frac{V}{R}-Ke^{-\frac{R}{L}t} \\ &= \frac{V}{R}(1-e^{-\frac{R}{L}t}) \end{aligned} \tag{11.7}$$

이 구해진다.

그러므로 일반해 $i(t)=i_s(t)+i_t(t)$이므로 정상전류 $i_s(t)=\dfrac{V}{R}$,

과도전류 $i_t(t)=\dfrac{V}{R}e^{-\frac{R}{L}t}$ 가 된다.

식 (11.7)의 전류가 시간 t와 함께 변화하는 상태를 그림 11.2에 나타내었다. 그림에서와 같이 $i(t)$가 최종값(정상값)의 $I=\dfrac{V}{R}$에 도달할 때까지는 $t=\infty$인 시간이 필요하게 된다. 일반적으로 $\dfrac{L}{R}$이 극히 작을 때는 전류는 짧은 시간내에 최종값에 접근한다.

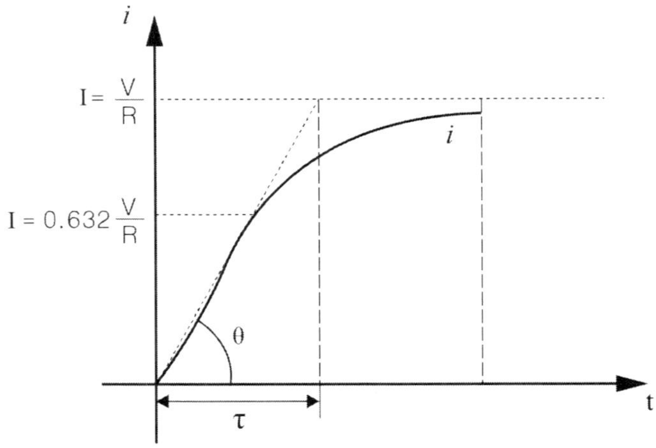

그림 11.2

그러므로 그림 11.2에서 $t=0$ 에서의 $i(t)$ 의 곡선의 접선을 그어서 접선이 정상 전류I와 만나는 시간의 길이를 τ 라 하며 접선을 구하기 위해 식 (11.7)을 미분하여 $t=0$ 을 대입하면,

$$\frac{di(t)}{dt} \mid_{t=0} = \frac{V}{L}e^{-\frac{R}{L}t} = \frac{V}{L} = \tan\theta \tag{11.8}$$

또 그림 11.2에서 알 수 있는 바와 같이 $\tan\theta = \dfrac{\frac{V}{R}}{\tau}$ 이므로

$$\tau = \frac{L}{R} \tag{11.9}$$

가 되며 이 τ 를 회로의 시정수라 한다.

ii) S : OFF 할 때

그림 11.1에서 스위치 S를 OFF하면 전압방정식은

$$Ri(t) + L\frac{di(t)}{dt} = 0 \tag{11.10}$$

초기값 설정은 스위치 동작상태의 바로 전의 상태이므로 여기서는 스위치가 ON 상태에서 옴의 법칙을 이용하여 초기값을 설정하면 되므로

$$t=0 \text{ 일 때 } \quad i(0_+) = \frac{V}{R} \tag{11.11}$$

이 된다. 따라서 일반해 $i(t)$는 식 (11.2)을 이용하여 구하면

$$\begin{aligned} i(t) &= e^{-\frac{R}{L}t}\left[\int Qe^{\frac{R}{L}t}dt + K\right] \\ &= Ke^{-\frac{R}{L}t} \end{aligned} \tag{11.12}$$

식 (11.12)에 초기값을 대입하면

$$\frac{V}{R} = Ke^{-0} \qquad \therefore \quad K = \frac{V}{R} \tag{11.13}$$

따라서

$$i(t) = \frac{V}{R}e^{-\frac{R}{L}t} \tag{11.14}$$

로 구해진다. 그러므로 S를 OFF 시키는 경우에는 정상항 $i_s(t)=0$가 되고 과도항은 $i_t = \frac{V}{R}e^{-\frac{R}{L}t}$ 만 존재한다. i), ii)에서 보는 바와 같이 회로방정식과 초기값을 설정하면 즉시 일반해 $i(t)$를 구할 수 있다.

예를 들면 i)과 같이 전압 방정식에 기전력 V가 존재하고 초기값 전류 $i(0_+)$가 0이면 정상해와 과도해가 존재한다.

ii)에서는 전압 방정식에 기전력 V가 없고 초기값 전류 $i(0_+)$가 존재하면 과도해만 존재한다.

위의 내용을 잘 활용하면 병렬회로 때도 바로 일반해를 구할 수 있다.

i), ii) 경우의 전류 변화를 그림 11.3에 나타내었다.

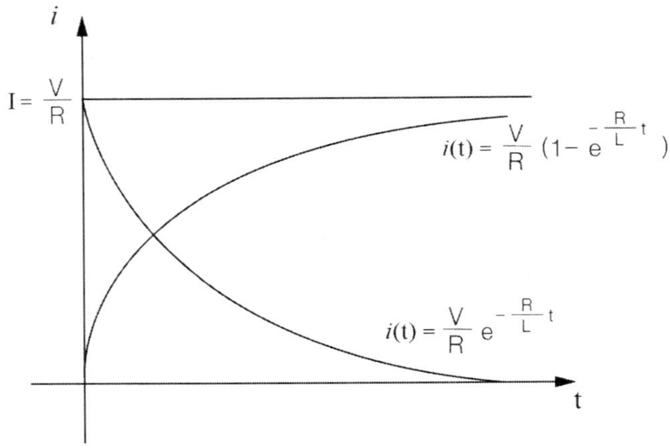

그림 11.3

예제 11.2.1

그림 11.1의 회로에서 스위치를 닫은 후 인덕터의 전압과 회로에 흐르는 전류를 구하여라.

단, V=50[V], $R=2[k\Omega]$, L=4[H], $i(0_+)=0$

풀 이

회로의 시정수는 $\tau=\dfrac{L}{R}=\dfrac{4}{2\times10^3}=2[mesc]$

이므로 전류와 전압은 식 (11.7)로부터

$$i(t)=\frac{50}{2\times10^3}(1-e\frac{-2000}{4}t)=25(1-e^{-500t})[mA]$$

$$v_L(t)=L\frac{di}{dt}=4\times25\times10^3\times500e^{-500t}=\quad 50e^{-500t}[V]$$

예제 11.2.2

시정수 τ 을 갖는 R-L 직렬회로에 직류 전압을 가할 때

$t=3\tau$ 되는 시간의 회로에 흐르는 전류는 최종값의 몇 (%)가 되는가?

풀이

직류 전압을 가하는 경우는 S : ON 하는 경우이므로

$i(t)=\frac{V}{R}(1-e^{-\frac{R}{L}t})$ 가 된다.

따라서 $i_{3\tau}=\frac{V}{R}(1-e^{-\frac{1}{\tau}\cdot 3\tau})$

$=\frac{V}{R}(1-e^{-3})=I(1-0.049)$

$\fallingdotseq 0.95I$

즉 95%가 된다.

예제 11.2.3

그림 11.4와 같은 회로에 정상상태일 때 $t=0$에서 스위치 S를 열 때 흐르는 전류 $i(t)$를 구하여라.

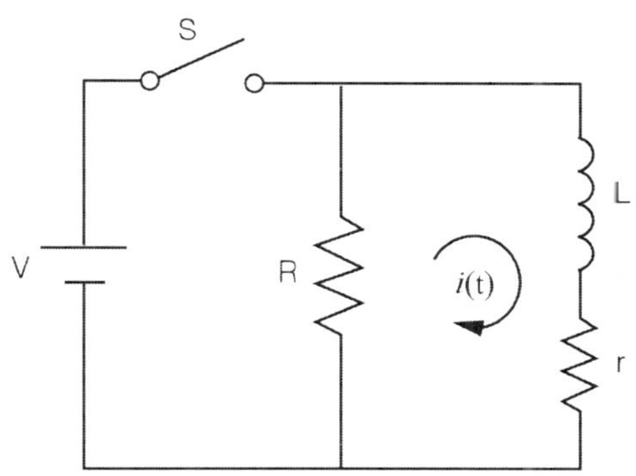

그림 11.4

풀이

스위치 S를 OFF하면, 전압 방정식은 $Ri(t)+ri(t)+L\frac{di(t)}{dt}=0$ 초기값 전류 $i(0_+)$는 스위치 S를 ON했을 경우에 구하므로 $t=0$일 때

$i(0_+) = \frac{V}{r}$ 가 된다.

따라서 R·L 직렬회로를 설명하는 ii)에 해당하므로 과도항만 존재한다.

그러므로 $i(t) = \frac{V}{r}e^{-\frac{R+r}{L}t}$ 가 된다. 여기서 $\frac{V}{r}$ 는 초기값이 되며

시정수 τ은 회로 방정식에서 구하므로 $\frac{L}{R+r}$ 이 된다.

(2) R-C 직렬회로

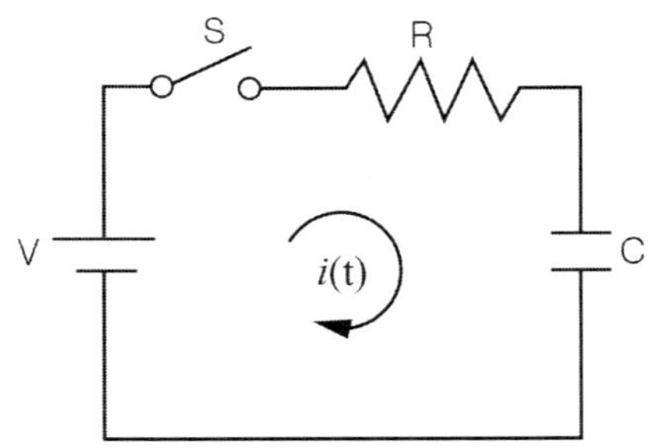

그림 11.5

그림 11.5와 같은 R-C 직렬회로에 직류전압 V를 $t=0$ 시간에 가할 때의 유입하는 전류를 고찰하여 보자.

i) S를 ON할 때

키르히호프의 전압 법칙에 의하여 방정식을 세우면

$$Ri(t) + \frac{1}{C}\int i(t)dt = V \tag{11.15}$$

또는 전류와 전하 사이에는 $i = \frac{dq(t)}{dt}$ 의 관계가 있으므로

이것을 사용하면,

$$R\frac{dq(t)}{dt}+\frac{1}{C}q(t)=V \tag{11.16}$$

초기값 설정은 스위치 오프하는 경우에 구하면 되므로

$$t=0\text{일 때}\quad q(0_+)=0 \tag{11.17}$$

이 된다.

따라서 식 (11.2)의 적분인자 공식에 대입하기 위하여 양변을 R로 나누면

$$\frac{dq(t)}{dt}+\frac{1}{RC}q(t)=\frac{V}{R} \tag{11.18}$$

여기서, $P=\frac{1}{RC}$, $Q=\frac{V}{R}$ 이다

$$\begin{aligned} q(t) &= e^{-\frac{1}{RC}t}\left[\int\frac{V}{R}e^{\frac{1}{RC}t}+K\right] \\ &= \frac{V}{R}\cdot e^{-\frac{1}{RC}t}\cdot RCe^{\frac{1}{RC}t}+Ke^{-\frac{1}{RC}t} \\ &= CV+Ke^{-\frac{1}{RC}t} \end{aligned} \tag{11.19}$$

식 (11.19)에 초기값을 대입하면

$$0=CV+K \qquad \therefore \quad K=-CV \tag{11.20}$$

그러므로

$$q(t)=CV(1-e^{\frac{1}{RC}t}) \tag{11.21}$$

로 되어 이 식의 일반해 $q(t)$는 정상해 $q_s(t)$와 과도해 $q_t(t)$의 합으로 나타낸다.

그러므로 $q_s(t)=CV$가 되고 $q_t(t)=CVe^{-\frac{1}{RC}t}$ 가 된다. 그리고 전류$i(t)=\frac{dq(t)}{dt}$ 이므로

$$i(t) = \frac{d}{dt}[CV(1-e^{-\frac{1}{RC}t})$$

$$=- CV\cdot(-\frac{1}{RC})e^{-\frac{1}{RC}t} = \frac{V}{R}e^{-\frac{1}{RC}t} \qquad (11.22)$$

가 된다.

그림 11.6의 (a)에서 $q(t)$의 곡선에 $t=0$에서 그린 접선이 횡축과 교차하는 시간 τ가 시정수 이므로

$$\tan\theta = (\frac{dq(t)}{dt})\mid_{t=0} = \frac{V}{R} = \frac{CV}{\tau}$$

$$\therefore \quad \tau = RC$$

또는 그림 11.6의 (b)에서 전류$i(t)$의 곡선에 $t=0$에서 접선을 그으면 횡축과 교차하는 시각이 마찬가지로 시정수 τ가 되므로

$$\tan\theta = (\frac{dq(t)}{dt})\mid_{t=0} =- \frac{I}{RC} = \frac{-I}{\tau}$$

$$\therefore \quad \tau = RC \qquad (11.23)$$

가 된다.

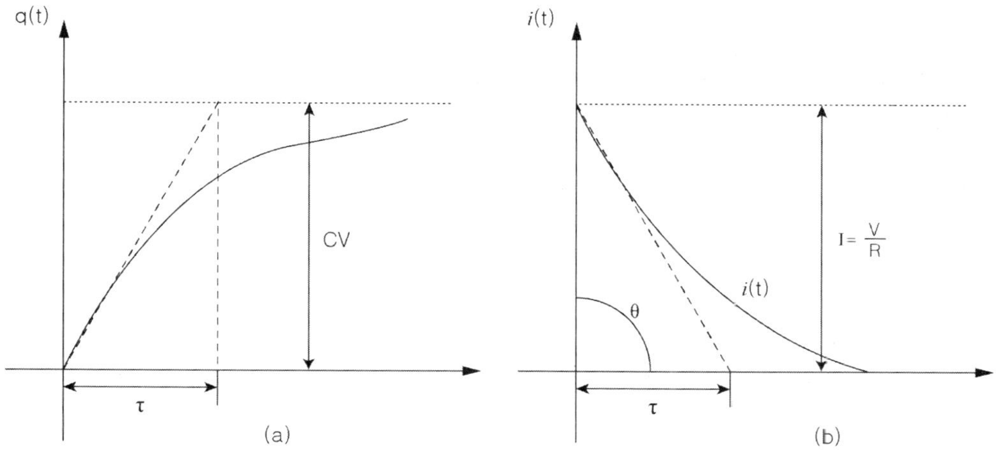

그림 11.6

예제 11.2.4

그림 11.7의 회로에서 $t=0$일 때 스위치 S를 1로 하여 커패시터에서의 전하가 정상 상태에 도달한 후 스위치 K를 2로 하면 커패시터에서의 전하는 저항 R를 통하여 방전한다.

다음을 구하라. 단, 전하는 $q(t)=Qe^{-1}(C)$ 이다.

(a) 전하 Q[C] (b) 커패시터에서의 충전전압 $V_c(t)$

(c) 커패시터에 축적되는 에너지 $V_c[J]$ (d) 전류의 크기와 방향

(e) 저항 R에서의 소비 에너지 W_R과 커패시터에서의 축적 에너지 V_c가 같음을 증명하라

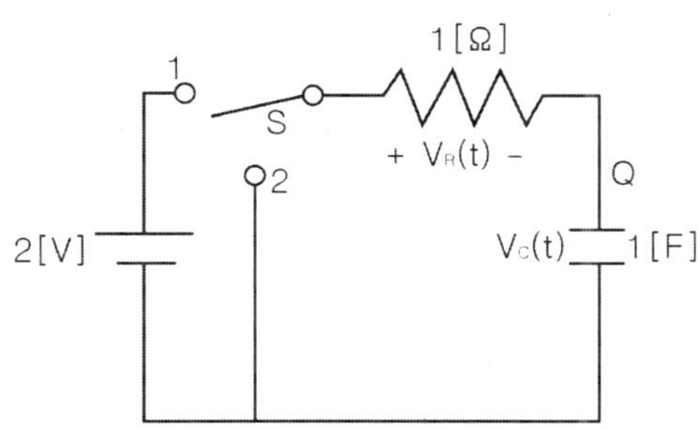

그림 11.7

풀 이

정상상태일 때 커패시터 내에서 전하 $q(t)$의 변화가 없고, 전류는 흐르지 않는다.

$$i(t)=\frac{dq(t)}{dt}=0,\quad v_R(t)=Ri(t)=0,\quad V=v_R(t)+v_c(t)=v_c(t)=2[V]$$

(a) $Q=Cv_c(t)=1\times 2=2[C]$

(b) $v_c(t)=V=2[V]$

(c) $W_c=\frac{1}{2}\times C[v_c(t)]^2=\frac{1}{2}\times 1\times 2=2[J]$

(d) 스위치 K를 2로 할 때 저항 R에 방전되는 전류는 충전시의 반대로 흐른다. 즉,

$$i(t)=\frac{dq(t)}{dt}=\frac{d}{dt}(Qe^{-t})[A]$$

(e) 저항 R에서 소비되는 에너지 W_R는

$$W_R=\int_0^{\infty}R[i(t)]^2dt=R\int_0^{\infty}(-Qe^{-t})^2dt=\frac{1}{2}Q^2R=\frac{1}{2}\times 2^2\times 1=2[J]$$

따라서 (c)번에서 구해진 에너지 W_c와 W_R의 값은 같다.

(3) R·L·C 직렬회로

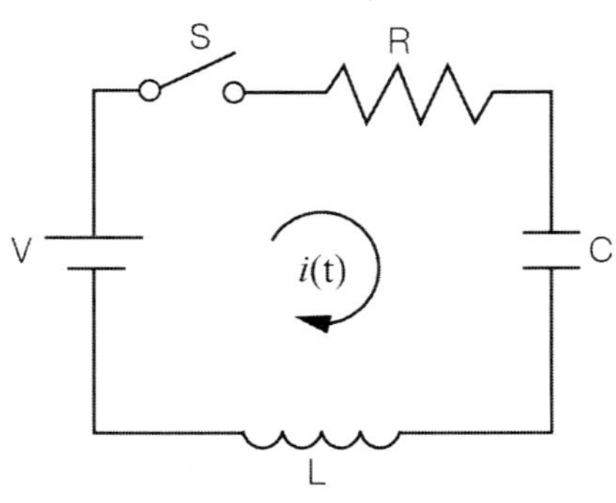

그림 11.8

정상상태에 있는 그림 11.8과 같은 R·L·C직렬회로에 $t=0$에서 전원 전압 V를

가하는 경우 다음 식이 성립한다.

$$Ri(t)+L\frac{di(t)}{dt}+\frac{1}{C}\int i(t)dt=V \tag{11.24}$$

그런데 $i(t)=\frac{dq(t)}{dt}$ 이므로 t에 관한 미분방정식으로 바꾸면 다음과 된다.

$$L\frac{d^2q(t)}{dt^2}+R\frac{dq(t)}{dt}+\frac{1}{C}q(t)=V \tag{11.25}$$

이 식의 해 $q(t)$는 정상해 $q_s(t)$와 과도해 $q_t(t)$의 합으로 되는 것은 앞에서 설명한 바와 같다.

정상해 $q_s(t)$는 $t=0$에서 C양단의 전압은 V[V]로 충전되므로 $q_s(t)=CV$가 된다. 또한 과도해 $q_t(t)$를 구하기 위하여 식 (11.25)의 우변을 0으로 하는 특성방정식을 세우면,

$$Lx^2+Rx+\frac{1}{C}=0 \tag{11.26}$$

이고 2차 방정식의 근을 구하면

$$\therefore \quad x=-\frac{R}{2L}\pm\sqrt{(\frac{R}{2L})^2-\frac{1}{LC}} \tag{11.27}$$

또는 $x_1=-\frac{R}{2L}+\frac{1}{2L}\sqrt{R^2-\frac{4L}{C}}=-\alpha+\beta$

$x_2=-\frac{R}{2L}-\frac{1}{2L}\sqrt{R^2-\frac{4L}{C}}=-\alpha-\beta$

여기서, $\alpha=\frac{R}{2L}$, $\beta=\frac{1}{2L}\sqrt{R^2-\frac{4L}{C}}$

가 되며 2개의 근 x_1, x_2는 R, L, C의 값에 따라 다음 3가지의 다른 현상이 나타난다.

ⅰ) $R^2-\frac{4L}{C}>0$일 때 즉, $R^2>\frac{4L}{C}$ 혹은 $R>2\sqrt{\frac{L}{C}}$인 경우 : 비진동적

ii) $R^2-\frac{4L}{C}=0$일 때 즉, $R^2=\frac{4L}{C}$ 혹은 $R=2\sqrt{\frac{L}{C}}$인 경우 : 임계적

iii) $R^2-\frac{4L}{C}<0$일 때 즉, $R^2<\frac{4L}{C}$ 혹은 $R<2\sqrt{\frac{L}{C}}$인 경우 : 진동적

i), ii) 및 iii)의 특성을 그래프로 표시하면 그림 11.9와 같으며 (a)는 비진동적이며, (b)는 임계적이며. (c)는 진동적이다.

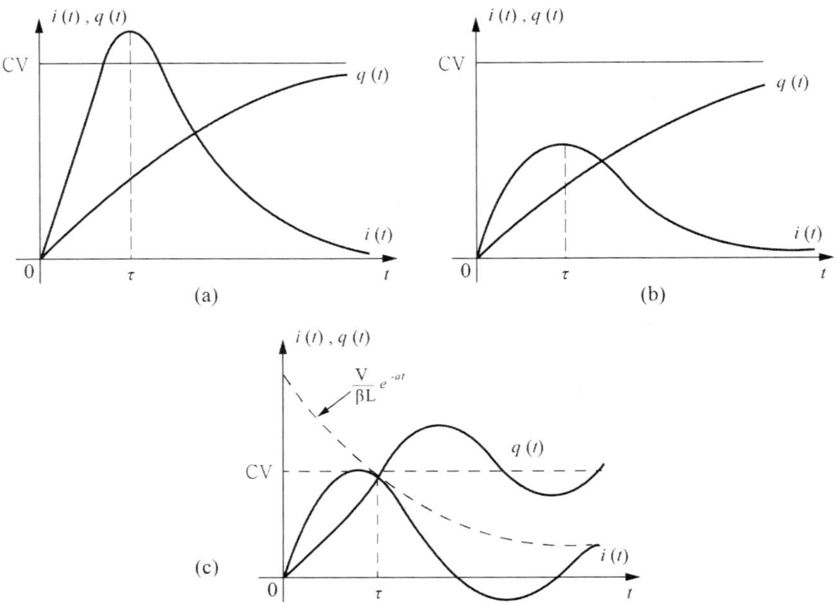

그림 11.9

예제 11.2.5

그림 11.8의 회로에서 $t=0$일 때 스위치 S를 닫았다. 회로소자 의값이 다음과 같을 때 회로에 흐르는 전류 $i(t)$를 구하라.

단 초기조건은 $i(0)=0$이다.

(a) $V = 2[V]$, $R = 5[\Omega]$, $L = 1[H]$, $C = \frac{1}{6}[F]$

(b) $V = 4[V]$, $R = 8[\Omega]$, $L = 2[H]$, $C = \frac{1}{8}[F]$

(c) $V = 1[V]$, $R = 4[\Omega]$, $L = 1[H]$, $C = \frac{1}{5}[F]$

풀이

(a) 회로방정식은 주어진 회로소자의 값들을 식 (11.24)에 적용하면

$$\frac{di(t)}{dt}+5i(t)+6\int i(t)dt=2$$

이고, 이 식을 t 에 대해서 미분하면

$$\frac{di^2(t)}{dt^2}+5\frac{di(t)}{dt}+6i(t)=0$$

특성방정식과 근은

$$s^2+s+6=0, \quad s_1=-2, \quad s_2=-3$$

이므로 해는

$$i(t)=k_1e^{-2t}+k_2e^{-3t}[A]$$

이고, 초기조건은 $i(0)=0$, $\frac{di}{dt}(0)=\frac{V}{L}=2$ 이므로

$$k_1+k_2=0, \quad 2=-2k_1-3k_2, \quad k_1=2, \quad k_2=-2$$

를 얻는다. 따라서 구하고자 하는 회로망의 전류응답은

$$i(t)=2e^{-2t}-2e^{-3t} \quad [A]$$

이다.

(b) 회로방정식은

$$2\frac{di(t)}{dt}+8i(t)+8\int i(t)dt=4, \qquad \frac{di(t)}{dt}+4i(t)+4\int i(t)dt=2$$

이 식을 t에 대해서 미분하면

$$\frac{di^2(t)}{dt^2}+4\frac{di(t)}{dt}+4i(t)=0$$

특성방정식과 근은

$$s^2+4s+4=(s+2)^2=0, \quad s_1=s_2=-2$$

이므로 해는

$$i(t)=(k_1+k_2t)e^{-2t} \quad [A]$$

초기조건은 $i(0)=0$, $\frac{di}{dt}(0)=\frac{V}{L}=2$ 이므로 적분상수는

다음과 같이 구해진다.

$$i(0) = 0 = (k_1 + k_2 \times 0)e^0, \quad k_1 = 0$$

$$\frac{di(t)}{dt} = (k_2 - 2k_1 - 2k_2 t)e^{-2t}, \quad 2 = (k_2 - 2k_1 - 2k_2 \times 0)e^0, \; k_2 = 2$$

구하고자 하는 전류응답은

$$i(t) = 2te^{-2t} \quad [A]$$

이다.

(c) 회로방정식은

$$\frac{di(t)}{dt} + 4i(t) + 5\int i(t)dt = 1$$

이 식을 t에 대해서 미분하면

$$\frac{di^2(t)}{dt^2} + 4\frac{di(t)}{dt} + 5i(t) = 0$$

특성방정식과 근은

$$s^2 + 4s + 5 = (s + 2 - j)(s + 2 + j) = 0, \quad s_1 = -2 + j, \quad s_2 = -2 - j$$

이므로 해는 다음과 같이 표시된다.

$$i(t) = e^{-2t}(k_1 e^{jt} + k_2 e^{-jt}) = e^{-2t}(K_1 \cos t + K_2 \sin t) \quad [A]$$

여기서 $K_1 = k_1 + k_2$, $K_2 = j(k_1 - k_2)$ 이다. 초기조건은

$i(0) = 0$, $\frac{di}{dt}(0) = 1$ 이므로 상수 K_1, K_2 는

$$0 = e^2(K_1 \cos 0 + K_2 \sin 0), \quad K_1 = 0$$

$$\frac{di(t)}{dt} = [(K_2 - 2k_1)\cos t - (K_1 + 2k_2)\sin t]e^{-2t}$$

$$1 = [(K_2 - 2K_1)\cos 0 - (K_1 + 2K_2)\sin 0]e^0, \quad K_2 = 1$$

이므로 구하고자 하는 전류응답은

$$i(t) = e^{-2t}\sin t \quad [A]$$

이다.

11-3 교류회로

(1) R·L 직렬회로

그림 11.10과 같이 R·L 직렬회로에 시간 $t=0$에서 정현파 전압 $v(t)=V_m\sin(wt+\theta)$ [V]를 가할 때, 회로에 흐르는 전류를 구하여 보자.

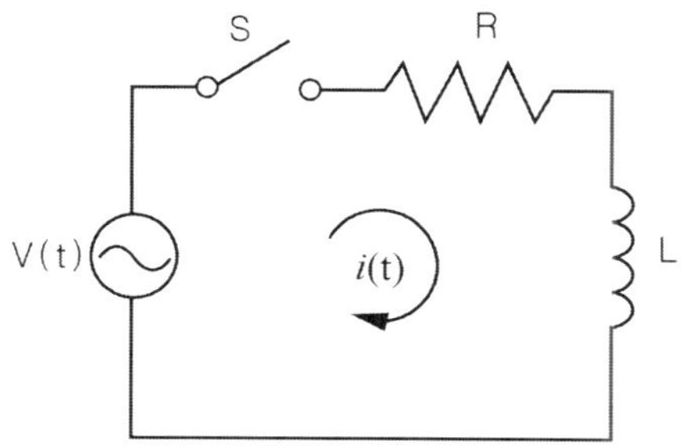

그림 11.10

식 (11.1)과 같이 전압 방정식을 세우면,

$$Ri(t)+L\frac{di(t)}{dt}=V_m\sin(wt+\theta) \tag{11.28}$$

이 미분 방정식의 일반해는 식 (11.28)의 우변을 0으로 할 때 과도항 $i_t(t)$와 정상상태에서 정상항 $t_s(t)$의 합이므로

$$i(t)=i_s(t)+i_t(t) \tag{11.29}$$

로 된다.

여기서, 과도항 $i_t(t)$는 식 (11.12)와 같이

$$i(t)=Ke^{-\frac{R}{L}t} \tag{11.30}$$

또 정상항 i_s는

$$I_m = \frac{V_m}{Z} = \frac{V_m}{\sqrt{R^2 + (\omega L)^2}}, \qquad \Phi = \tan^{-1}\frac{\omega L}{R}$$

이라고 하면

$$i_s(t) = I_m \sin(\omega t + \theta - \Phi) \tag{11.31}$$

가 되고 식 (11.29)에서

$$i(t) = I_m \sin(\omega t + \theta - \Phi) + K e^{-\frac{R}{L}t} \tag{11.32}$$

적분정수 K에 대한 초기조건은 $t=0$일 때 $i(t)=0$이므로

$$\therefore \quad K = -I_m \sin(\theta - \Phi) \tag{11.33}$$

그러므로 식 (11.33)를 식 (11.32)에 대입하면

$$i(t) = I_m \sin(\omega t + \theta - \Phi) - I_m \sin(\theta - \Phi) e^{-\frac{R}{L}t} \tag{11.34}$$

이 된다. 이 전류 $i(t)$는 정상전류 $I_m \sin(\omega t + \theta - \Phi)$ 에 시정수 $\tau = \frac{L}{R}$ 에서 $t=0$ 순간에 $-I_m \sin(\theta - \Phi)$의 값을 갖는 시간과 함께 지수함수적으로 감쇠하는 과도항과 중복되어 있다. 여기서 만일 $\theta = \Phi = \tan^{-1}\frac{\omega L}{R}$ 이면 과도항이 0이 되므로 과도상태는 없어지고 $t=0$ 에서 정상상태가 된다.

식 (11.34)를 그림으로 표시하면 그림 13.10과 같이 되며 흔히 과도항 $i_t(t)$를 직류성분, 정상항$i_s(t)$를 교류성분이라 말한다.

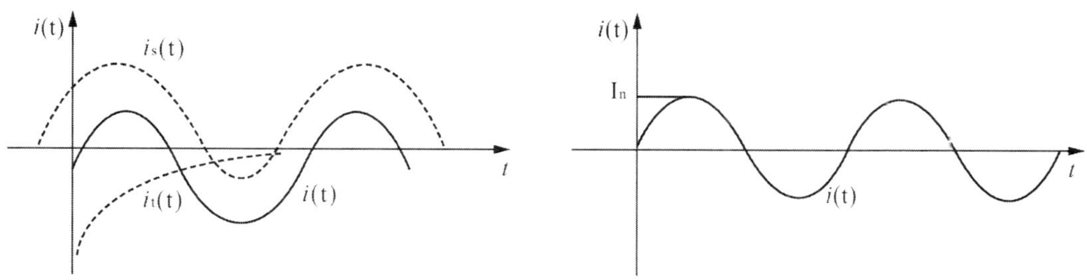

(a) $0 < \theta - \psi < \frac{\pi}{2}$ (b) $\theta - \psi = 0$

그림 11.11

(2) R·C 교류회로

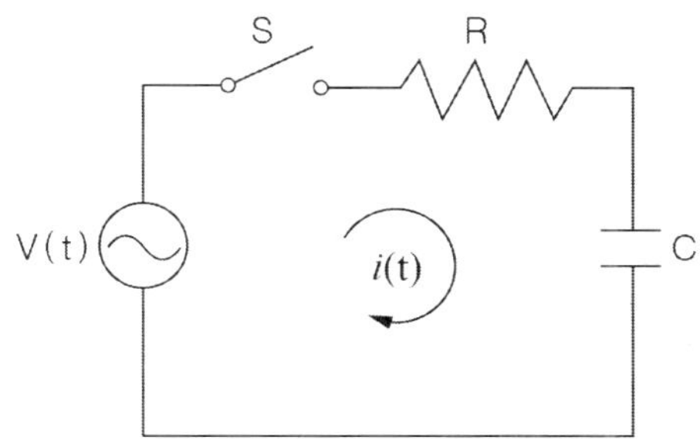

그림 11.12

그림 11.12와 같이 R·C 직렬회로에 $t=0$에서 교류전압 $v(t)=v_m\sin(\omega t+\Phi)$를 가하는 경우 전압 방정식을 세우면

$$Ri(t)+\frac{1}{C}\int i(t)dt = V_m\sin(\omega t+\theta) \tag{11.35}$$

또는,

$$\frac{dq(t)}{dt}+\frac{1}{RC}qt=\frac{V_m}{R}sin(\omega t+\theta)$$

위의 식의 우변을 0으로 할 때의 해, 즉 과도항 $q_t(t)$는

$$q_t(t) = Ke^{-\frac{1}{RC}t} \tag{11.36}$$

다음에 정상항 $q_s(t)$는

$$q_s = -\frac{-V_m}{\omega\sqrt{R^2+(\frac{1}{\omega C})^2}} cos(\omega t+\theta+\Phi) \tag{11.37}$$

그러므로

$$q(t) = q_s(t) + q_t(t) = -\frac{-V_m}{\omega\sqrt{R^2+(\frac{1}{\omega C})^2}} cos(\omega t+\theta+\Phi) + Ke^{-\frac{1}{RC}t} \tag{11.38}$$

적분정수 K는 초기조건이 $t=0$일 때 $q(t)=0$이므로

$$0 = -\frac{-V_m}{\omega\sqrt{R^2+(\frac{1}{\omega C})^2}} cos(\theta+\Phi) + K$$

$$\therefore \quad K = \frac{V_m}{\omega\sqrt{R^2+(\frac{1}{\omega C})^2}} cos(\theta+\Phi) = \frac{I_m}{\omega} cos(\theta+\Phi) \tag{11.39}$$

단, $I_m = \frac{V_m}{Z} = \frac{V_m}{\sqrt{R^2+(\frac{1}{\omega C})^2}}$

그러므로 식 (11.39)을 식 (11.38)에 대입하면

$$q(t) = -\frac{I_m}{\omega} cos(\omega t+\theta+\Phi) + \frac{I_m}{\omega} e^{-\frac{1}{RC}t} \cos(\theta+\Phi) \tag{11.40}$$

따라서 전류 i(t) 는

$$i(t) = \frac{dq(t)}{dt} = I_m \sin(\omega t + \theta + \Phi) - \frac{I_m}{\omega CR} e^{-\frac{1}{RC}t} \cos(\theta + \Phi) \tag{11.41}$$

이 관계를 그래프로 표시하면 그림 1113과 같이 되고 $\cos(\theta+\Phi)=0$ 일 때 과도현상은 발생하지 않으므로 $\theta = \frac{\pi}{2} - \Phi = \frac{\pi}{2} - \tan^{-1}\frac{1}{\omega CR}$ 에서 과도현상은 발생하지 않는다.

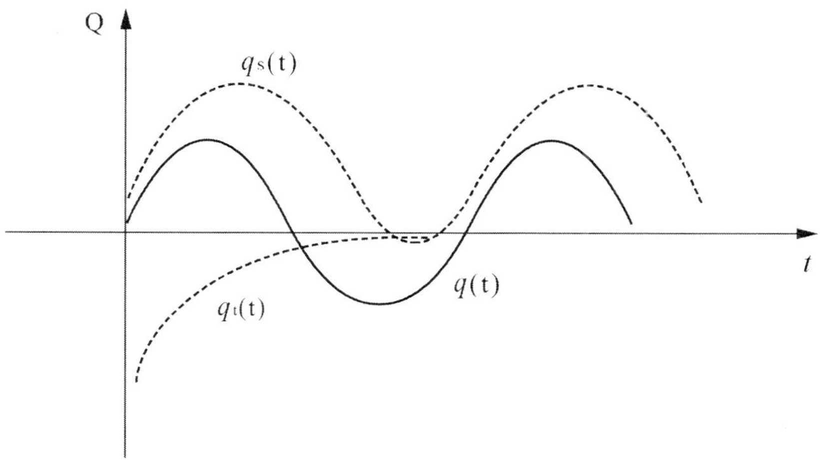

그림 11.13

연 습 문 제

1 그림 11.14와 같은 회로에서 정상 전류값 $i_s(t)[A]$ 는? 단, $t=0$ 에서 스위치 S를 닫았다.

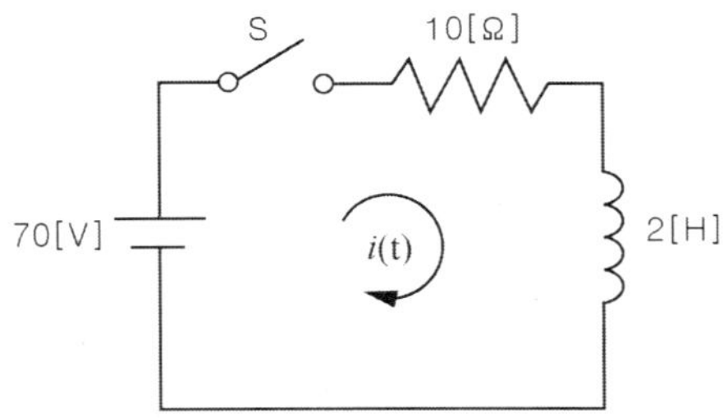

그림 11.14

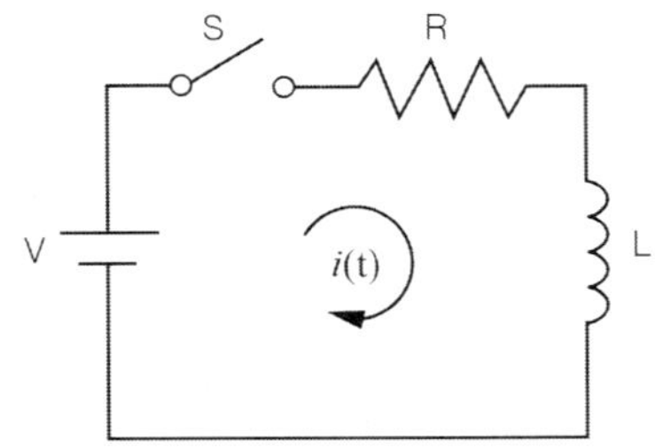

그림 11.15

2 그림 11.15와 같은 회로에서 스위치 S를 닫았을 때 시정수의 값[s]은? 단, L=10 [mH], R=10 [Ω] 이다.

3 그림 11.16의 회로에서 S를 닫은 후 $t=2$[s]일 때 회로에 흐르는 전류[A]는?

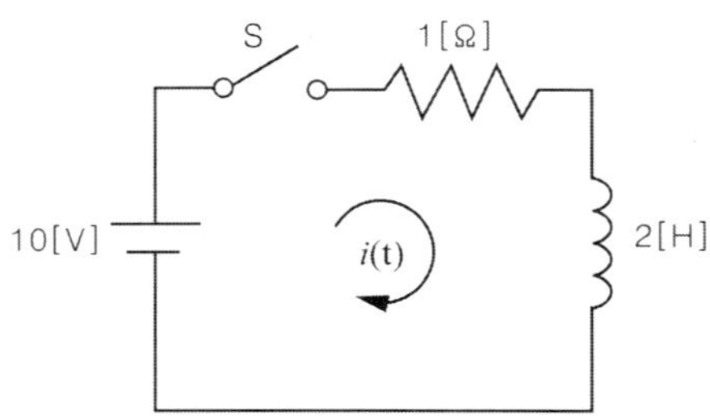

그림 11.16

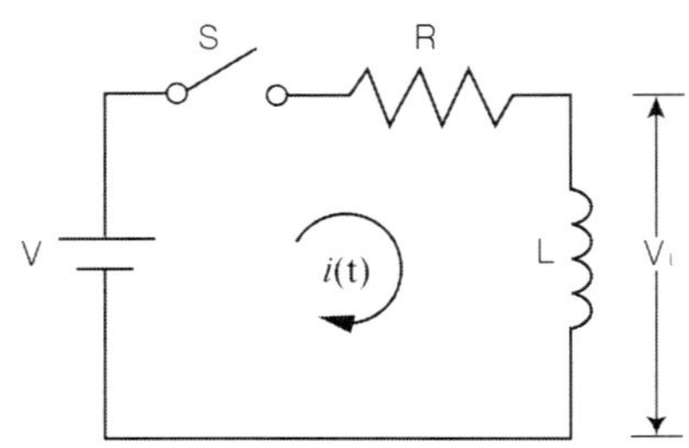

그림 11.17

4 그림 11.17 회로에서 스위치 S를 $t=0$ 에서 닫을 때

$(V_L)_{t=0}=50[V]$, $\left(\frac{di(t)}{dt}\right)_{t=0}=100[A/s]$ 라면 L의 값 [H]은?

5 그림 11.18 회로는 스위치 1의 위치에서 정상 상태에 있었다. $t=0$ 에서 순간적으로 스위치를 2로 할 때 자연 응답 i(t)는?

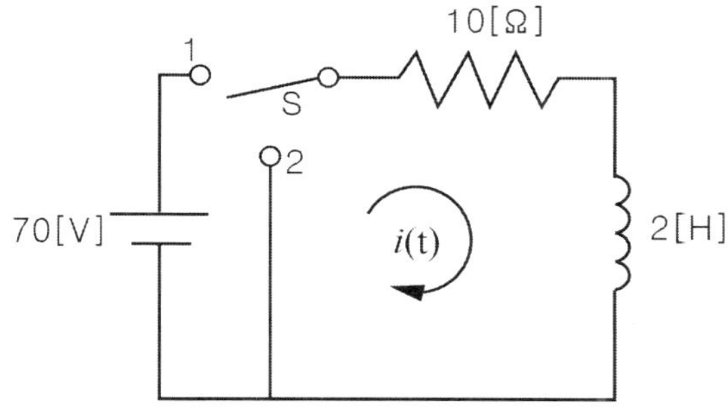

그림 11.18

6 그림 11.19의 회로에서 릴레이의 동작 전류는 10[mA], 코일의 저항은 1200[Ω], 인덕턴스 L[H] 이다. S가 닫히고 0.015[s] 이내로 이 릴레이가 작동하려면 L[H]의 값은 얼마인가?

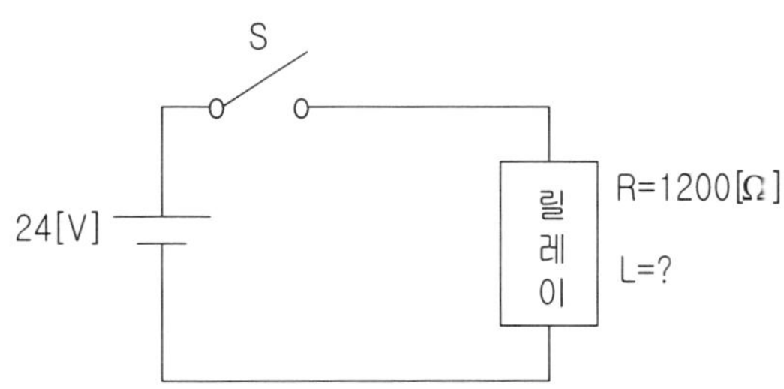

그림 11.19

7 그림 11.20의 회로가 정상 상태로 있을 때 S를 닫은 후 인덕턴스 L의 전위차 $v(t)$는 몇 [V]인가?

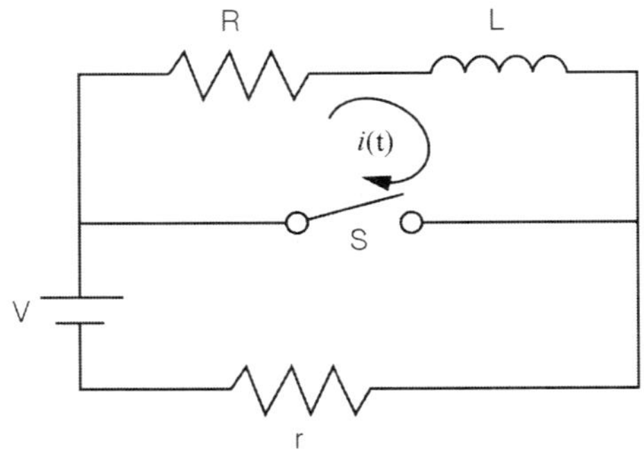

그림 11.20

8 그림 11.21의 회로는 스위치 S를 닫은 정상 상태이다. $t=0$에서 스위치를 연후 저항 R_2에 흐르는 과도 전류는?

(단, 초기조건 $i(0)=\dfrac{E}{R_1}$ 이다.)

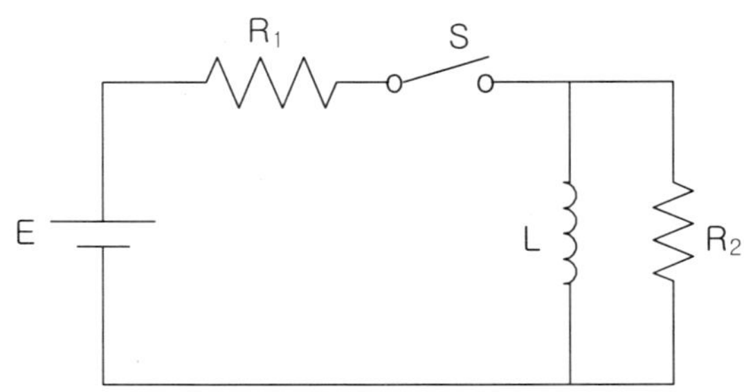

그림 11.21

9 그림 11.22와 같은 회로에서 스위치 S가 닫힌 상태에서 회로에 정상 전류가 흐르고 있다. 지금 $t=0$에서 열 때 회로의 전류는?

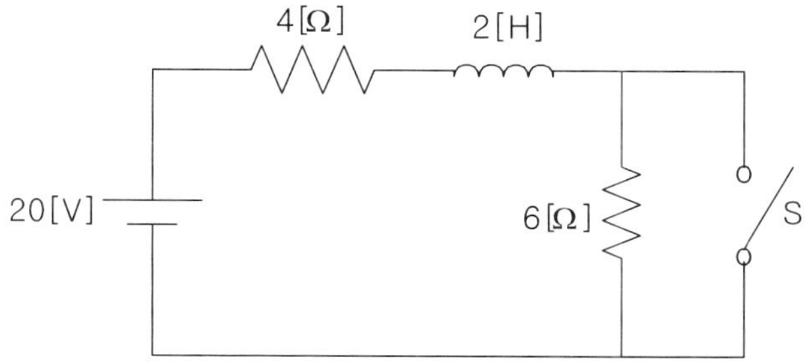

그림 11.22

10 그림 11.23과 같은 회로에 있어서 스위치 S를 닫을 때 1-1' 단자에 발생하는 전압은?

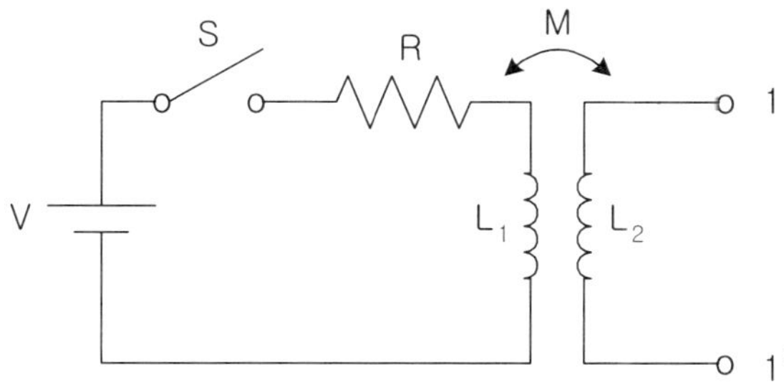

그림 11.23

11 그림 11.24 회로를 $t=0$에서 스위치 S를 닫았다. 초기값이 0일 때 $i(t)$는?

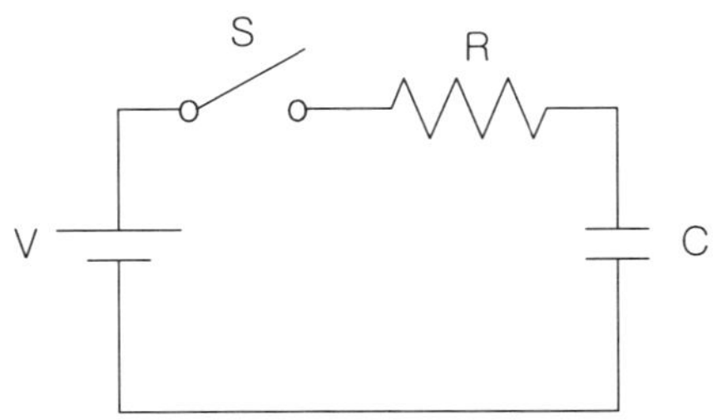

그림 11.24

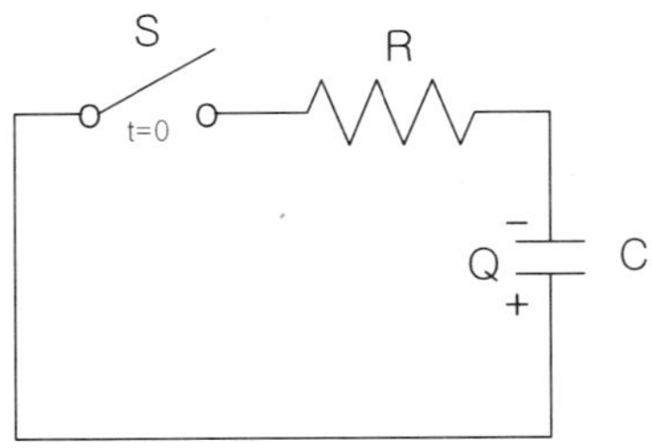

그림 11.25

12 그림 11.25와 같은 회로에서 스위치 S를 닫을 때 방전 전류 i(t)는?

13 그림 11.26의 회로에서 t=0에서 스위치 S를 닫았다. 이 회로의 완전 응답 $i(t)$는? 단, 커패시턴스 C는 그림의 극성으로 $\frac{V}{2}$의 초기전압을 갖고 있었다.

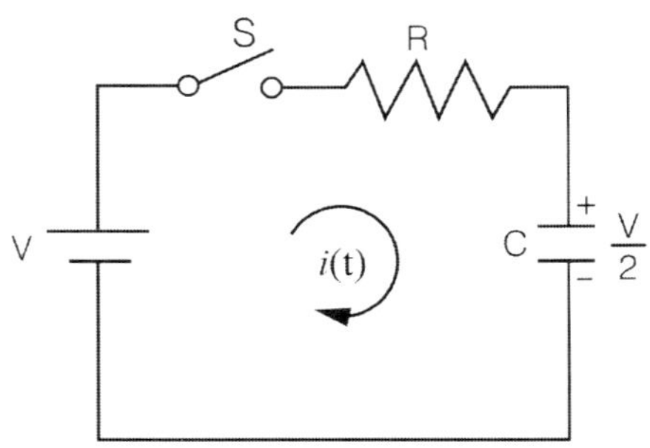

그림 11.26

14 R-L-C 직렬회로에서 임계제동이 되는 회로 저항값은?

제 12 장
라플라스 변환

제12장 라플라스 변환

라플라스 변환은 영국의 유명한 공학자 Oliver Heaviside (1850-1925)에 의해 고안된 헤비사이드(Heaviside) 연산자에 기초를 두고 있다.

라플라스 변환은 본래 선형미분 방정식을 풀기 위한 연산자법으로 개발된 것인데 현대의 자동제어 이념은 라플라스 변환을 도입함으로써 체계화가 가능하게된 것이므로 그 의미는 대단히 중요하다고 하겠다.

12-1 라플라스 변환의 정의

$f(t)$를 $0 < t < \infty$ 에서 정의된 주어진 함수라고 하면, 이 $f(t)$에 e^{-st}를 곱하고, t에 관하여 0에서 ∞까지 적분하여 그 적분이 존재한다면 이것은 s의 함수 $F(s)$ 즉,

$$F(s) = \int_{0}^{\infty} f(t)e^{-st}dt \tag{12.1}$$

가 된다. 이 함수 $F(s)$를 원래의 함수 $f(t)$의 라플라스 변환이라 한다. 여기서 s는 $s = \sigma + j\omega$로 나타내는 복소함수이며, σ와 ω는 실수변이다. 식 (12.1)을 라플라스 변환 기호로 표시하면 식 (12.2)와 같다.

$$\mathcal{L}[f(t)] = F(s) = \int_{0}^{\infty} f(t)e^{-st}dt \tag{12.2}$$

또, 식 (12.2)와 역의 관계에 있는 s 영역에서의 적분

$$f(t) = \frac{1}{2\pi j}\int_{r-j\infty}^{r+j\infty} F(s)e^{st}ds \tag{12.3}$$

을 역 라플라스 변환(inverse Laplace transform)이라 하고, 이것을 기호로 표

시하면

$$f(t) = \mathcal{L}^{-1}[F(s)] = \frac{1}{2\pi j}\int_{r-j\infty}^{r+j\infty} F(s)\, e^{st}\, ds \tag{12.4}$$

이다.

또 $f(t)$를 t함수라 하며 $F(s)$를 s함수라 하고 간단히 t함수를 s함수로 변환 시키는 과정을 라플라스 변환이라 하며, s함수를 t함수로 변환 시키는 과정을 역라플라스 변환이라 한다. 일반적으로 역라플라스 변환은 계산이 복잡하므로 라플라스 변환표 또는 부분분수 전개법, 유수 정리 등을 이용하여 구하는 경우가 많다.

12-2 주요 함수의 라플라스 변환

(1) 단위 임펄스 함수의 라플라스 변환

그림 12.1에서와 같이 폭 ϵ, 높이 $\dfrac{1}{\epsilon}$이고, 면적이 1인 파형에 대해서 $\epsilon \to 0$으로 한 극한 파형을 단위 임펄스 함수(unit impulse function)라 하고, 단위 계단 함수의 미분으로 얻어지며, $\delta(t)$로 표시한다. 수학적으로는

$$f(t) = \delta(t) = \begin{cases} 0 & t \neq 0 \\ \infty & t = 0 \end{cases}$$

이며, $\displaystyle\int_{-\infty}^{\infty} \delta(t)\, dt = 1$인 성질을 갖는 함수이다. $\delta(t)$는 그림 12.1의 정의에 따라 다음과 같이 나타낼 수 있다.

$$\delta(t) = \lim_{\epsilon \to 0} \frac{1}{\epsilon}\{u(t) - u(t-\epsilon)\}$$

이 단위임펄스 함수의 라플라스 변환식은 다음과 같다.

$$\begin{aligned}
\mathcal{L}[\delta(t)] &= \int_0^\infty \lim_{\epsilon \to 0} \frac{1}{\epsilon}\{u(t) - u(t-\epsilon)\}e^{-st}\,dt \\
&= \lim_{\epsilon \to 0} \frac{1}{\epsilon} \int_0^\infty \{u(t) - u(t-\epsilon)\}e^{-st}\,dt \\
&= \lim_{\epsilon \to 0} \frac{1}{\epsilon} \cdot \frac{1-e^{-\epsilon s}}{s} \\
&= \lim_{\epsilon \to 0} \frac{1}{\epsilon s}\left\{1 - (1 - \epsilon s + \frac{\epsilon^2 s^2}{2!} - \frac{\epsilon^3 s^3}{3!} + \ldots\ldots)\right\} \\
&= \lim_{\epsilon \to 0} (1 - \frac{\epsilon s}{2!} + \frac{\epsilon^2 s^2}{3!} - \ldots\ldots) = 1 \qquad (12.5)
\end{aligned}$$

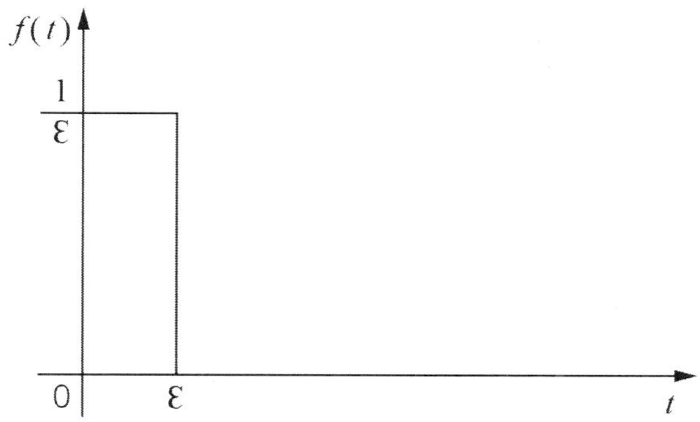

그림 12.1

(2) 단위계단함수의 라플라스 변환

단위 계단 함수는 불연속점을 가진 특이 함수로서 그 불연속점에서의 성질이 극히 중요한 역할을 한다.

그림 12.2

그림 12.2와 같이 $t<0$에서 0이고, $t=0$에서 1로 비약하며, 그 값이 시간 t에 관계없이 일정으로 유지하는 함수를 단위 계단 함수(unit step function)라 하며 기호 $u(t)$로서 표시한다.

$$f(t)=u(t)=\begin{cases}0 & t<0\\1 & t>0\end{cases}$$

이 단위 계단 함수의 정의는 헤비사이드(Heaviside)에 의하여 도입된 것이다.
이 단위 계단 함수의 라플라스 변환은

$$\mathcal{L}\left[f(t)\right]=\int_0^{\infty}1\cdot\epsilon^{-st}dt=\left[-\frac{1}{s}e^{-st}\right]_0^{\infty}=0-\frac{(-)1}{s}=\frac{1}{s}$$

이다. 따라서

$$\mathcal{L}\left[u(t)\right]=\frac{1}{s} \tag{12.6}$$

(3) 단위경사함수의 라플라스 변환

단위 경사 함수(단위 속도 함수)는 단위 계단 함수를 적분하여 얻을 수있고, 그림 12.3에서와 같이 기울기가 1인 직선이다.

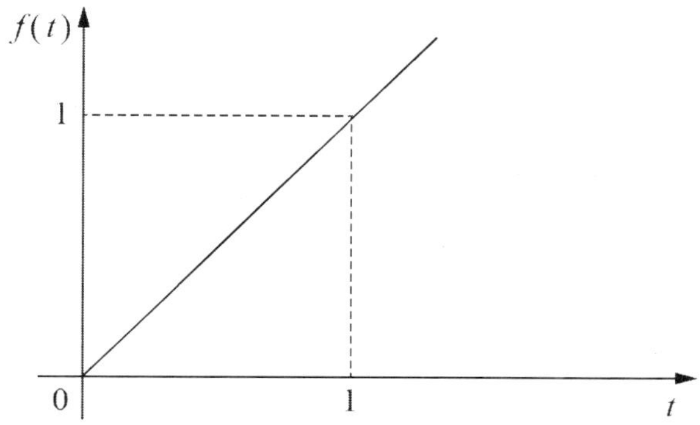

그림 12.3

$$f(t) = tu(t) = \begin{cases} 0 & t < 0 \\ t & t > 0 \end{cases}$$

에 대한 라플라스 변환은

$$\begin{aligned} \mathcal{L}\,[f(t)] &= \int_0^\infty t\, e^{-st}\, dt = \left[t\cdot(-)\frac{1}{s} e^{-st} \right]_0^\infty - \int_0^\infty 1\cdot(-)\frac{1}{s} e^{-st} dt \\ &= 0 - 0 + \frac{1}{s}\int_0^\infty e^{-st}\, dt = \frac{1}{s}\cdot\frac{1}{s} = \frac{1}{s^2} \end{aligned} \tag{12.7}$$

위의 적분을 풀기 위해서는 부분 적분 공식 $\int uv' = uv - \int u'v$를 사용한다.

일반적으로 $\mathcal{L}\,[At^n] = \frac{A\cdot n!}{s^{n+1}}$ 가 되며 시간 이동 함수는 $u(t)$함수의 정의와 같다.

(4) 지수감쇠함수의 라플라스 변환

$f(t) = e^{-at}$에 대한 라플라스 변환은

$$\mathcal{L}[f(t)] = \int_0^\infty e^{-at}e^{-st}dt = \int_0^\infty e^{-(s+a)t}dt$$

$$= \left[-\frac{1}{s+a}e^{-(s+a)t}\right]_0^\infty = \frac{1}{s+a} \tag{12.8}$$

(5) 삼각함수의 라플라스 변환

삼각함수는 주기함수이므로 지수함수로 고쳐 라플라스 변환한다. 즉

$$\sin\omega t = \frac{1}{j2}(e^{j\omega t} - e^{-j\omega t}) \qquad \cos\omega t = \frac{1}{2}(e^{j\omega t} + e^{-j\omega t})$$

이므로 $\sin\omega t$의 라플라스 변환은

$$\mathcal{L}[\sin\omega t] = \frac{1}{j2}\mathcal{L}[e^{-j\omega t} - e^{-j\omega t}]$$

$$= \frac{1}{j2}\left[\int_0^\infty e^{j\omega t} \cdot e^{-st}dt - \int_0^\infty e^{-j\omega t} \cdot e^{-st}dt\right]$$

$$= \frac{1}{j2}\left[\frac{1}{s-j\omega} - \frac{1}{s+j\omega}\right] \tag{12.9}$$

$$= \frac{1}{j2}\left(\frac{2j\omega}{(s^2+\omega^2)}\right) = \frac{\omega}{s^2+\omega^2}$$

또 $\cos\omega t$의 라플라스 변환은

$$\mathcal{L}[\cos\omega t] = \frac{1}{2}\left[\int_0^\infty e^{j\omega t} \cdot e^{-st}dt + \int_0^\infty e^{j\omega t} \cdot e^{-st}dt\right]$$

$$= \frac{1}{2}\left(\frac{1}{s-j\omega} + \frac{1}{s+j\omega}\right) \tag{12.10}$$

$$= \frac{2s}{2(s^2+\omega^2)} = \frac{s}{s^2+\omega^2}$$

별 해

$$\mathcal{L}\,[e^{j\omega t}] = \frac{1}{s-j\omega} = \frac{s+j\omega}{(s-j\omega)(s+j\omega)} = \frac{s}{s^2+\omega^2} + j\frac{\omega}{s^2+\omega^2} \quad (12.11)$$

$$e^{j\omega t} = \cos\omega t + j\sin\omega t \quad (12.12)$$

식 (12.11)와 식 (12.12)의 비교에 의해 다음을 얻을 수 있다.

$$\therefore\ \mathcal{L}\,[\cos\omega t] = \frac{s}{s^2+\omega^2}$$

$$\mathcal{L}\,[\sin\omega t] = \frac{\omega}{s^2+\omega^2}$$

(6) 쌍곡선 함수의 라플라스 변환

$\sinh\omega t = \frac{1}{2}(e^{\omega t} - e^{-\omega t})$이므로

$$\mathcal{L}\,[\sinh\omega t] = \frac{1}{2}\left[\int_0^\infty e^{\omega t}\cdot e^{-st}dt - \int_0^\infty e^{-\omega t}\cdot e^{-st}dt\right] = \frac{1}{2}\left(\frac{1}{s-\omega} - \frac{1}{s+\omega}\right) = \frac{1}{2}\left(\frac{2\omega}{s^2-\omega^2}\right) = \frac{\omega}{s^2-\omega^2} \quad (12.13)$$

또 $\cosh\omega t = \frac{1}{2}(e^{\omega t} + e^{-\omega t})$이므로

$$\mathcal{L}\,[\cosh\omega t] = \frac{1}{2}\left[\int_0^\infty e^{\omega t}\cdot e^{-st}dt + \int_0^\infty e^{-\omega t}\cdot e^{-st}dt\right] = \frac{1}{2}\left(\frac{1}{s-\omega} + \frac{1}{s+\omega}\right) = \frac{1}{2}\left(\frac{2s}{s^2-\omega^2}\right) = \frac{s}{s^2-\omega^2} \quad (12.14)$$

많이 사용되고 있는 중요한 함수의 라플라스 변환은 표 14.1과 같다.

12-3 라플라스 변환의 기본적인 정리

라플라스 변환은 여러 가지 일반적인 성질을 가지고 있어 주어진 함수의 변환식을 간단히 얻는 경우에 유리하다.

표 12.1 중요한 라플라스 변환

	$f(t)$	$F(s)$		$f(t)$	$F(s)$
1	$\delta(t)$	1	10	$\sinh at$	$\frac{a}{s^2-a^2}$
2	$u(t)$	$\frac{1}{s}$	11	$\cosh at$	$\frac{s}{s^2-a^2}$
3	t	$\frac{1}{s^2}$	12	$t \sin \omega t$	$\frac{2\omega s}{(s^2+\omega^2)^2}$
4	t^n	$\frac{n!}{s^{n+1}}$	13	$t \cos\omega t$	$\frac{s^2-\omega^2}{(s^2+\omega^2)^2}$
5	e^{-at}	$\frac{1}{s+a}$	14	$e^{-at}\sin \omega t$	$\frac{\omega}{(s+a)^2+\omega^2}$
6	te^{-at}	$\frac{1}{(s+a)^2}$	15	$e^{-at}\cos\omega t$	$\frac{s+a}{(s+a)^2+\omega^2}$
7	$t^n e^{-at}$	$\frac{n!}{(s+a)^{n+1}}$	16	$te^{-at}\sin \omega t$	$\frac{2\omega(s+a)}{\{(s+a)^2+\omega^2\}^2}$
8	$\sin\omega t$	$\frac{\omega}{s^2+\omega^2}$	17	$te^{-at}\cos \omega t$	$\frac{(s+a)^2-\omega^2}{\{(s+a)^2+\omega^2\}^2}$
9	$\cos\omega t$	$\frac{s}{s^2+\omega^2}$			

(1) 선형정리

$f_1(t)$와 $f_2(t)$가 다같이 시간함수로, a와 b가 정수이면

$$\mathcal{L}\left[af_1(t) \pm bf_2(t)\right] = aF_2(s) \pm bF_2(s) \tag{12.15}$$

가 된다.

증 명

$$\mathcal{L}\left[af_1(t) \pm bf_2(t)\right]$$
$$= \int_0^\infty [af_1(t) \pm bf_2(t)]e^{-st}dt$$
$$= a\int_0^\infty f_1(t)e^{-st}dt \pm b\int_0^\infty f_2(t)e^{-st}dt$$
$$= aF_1(s) \pm bF_2(s)$$

예제 12.3.1

$f(t) = 3 + e^{2t} + 2t$ 의 라플라스 변환을 구하여라.

풀 이

$$\mathcal{L}\left[f(t)\right] = \mathcal{L}\left[3 + e^{-2t} + 2t\right] = \frac{3}{s} + \frac{1}{s+2} + \frac{2}{s^2}$$

(2) 미분정리

$f(t)$의 라플라스 변환이 $F(s)$일 때 그 함수의 미분 $\dfrac{df(t)}{dt}$의 라플라스 변환은 다음과 같다.

$$\mathcal{L}\left[\frac{df(t)}{dt}\right] = sF(s) - f(0_+) \tag{12.16}$$

증 명

$$\mathcal{L}\left[\frac{d}{dt}f(t)\right] = \int_0^\infty \frac{d}{dt}f(t)e^{-st}dt$$

이 식은 부분적분 공식에 의해서 다음과 같은 치환할 수 있다.

$$\int_0^\infty u dv = [uv]_0^\infty - \int_0^\infty v\, du$$

$$u = e^{-st} \quad , \quad dv = df(t)$$

로 놓으면

$$u' = du = -se^{-st}dt \ , \ v = f(t)$$

이므로,

$$\mathcal{L}\left[\frac{d}{dt}f(t)\right] = \left[e^{-st}f(t)\right]_0^\infty + s\int_0^\infty f(t)e^{-st}dt$$

$$= sF(s) - f(0_+)$$

가 된다. 여기서 $f(0_+) = \lim_{t \to 0_+} f(t)$ 이다.

별 해

$f(t)$의 라플라스 변환함수 $F(s)$ 식으로 부터 구하면 더욱 쉽다.

$$F(s) = \int_0^\infty f(t)e^{-st}dt \tag{12.17}$$

$$= \left[f(t) \cdot \frac{(-)e^{-st}}{s}\right]_0^\infty + \frac{1}{s}\int_0^\infty \frac{d}{dt}f(t)\,e^{-st}dt$$

식 (12.17)의 뒷부분이 구하고자 하는 도함수의 라플라스 변환식이므로

$$F(s) = \frac{1}{s} \cdot f(0_+) + \frac{1}{s}\mathcal{L}\left[\frac{d}{dt}f(t)\right]$$

$$\therefore \ \mathcal{L}\left[\frac{d}{dt}f(t)\right] = sF(s) - f(0_+) \tag{12.18}$$

2차 도함수의 경우는 식 (12.18)을 한번 더 부분적분 공식에 의해 적분하면 간단히 구할 수 있다.

2차 도함수의 라플라스 변환은 식 (12.16)의 결과를 두번 사용하면 된다. 즉, $\frac{d^2}{dt^2}f(t)=\frac{d}{dt}\frac{d}{dt}f(t)$이므로

$$\mathcal{L}\left[\frac{d^2}{dt^2}f(t)\right]=s\,\mathcal{L}\left[\frac{d}{dt}f(t)\right]-\frac{d}{dt}f(0_+)$$

$$=s\,[sF(s)-f(0_+)]-\frac{d}{dt}f(0_+)$$

$$=s^2F(s)-sf(0_+)-\frac{d}{dt}f(0_+) \tag{12.19}$$

여기서, $\frac{d}{dt}f(0_+)$은 $t=(0_+)$ 즉, 스위치 동작 직후에서 구한 $f(t)$의 도함수이다. 같은 방법으로 n차 도함수의 라플라스 변환은 다음과 같다.

$$\mathcal{L}\left[\frac{d^n}{dt^n}f(t)\right]=s^nF(s)-s^{n-1}f(0_+)-s^{n-2}\frac{d}{dt}f(0_+)-\ \dots\ -\frac{d^{n-1}}{dt^{n-1}}f(0_+) \tag{12.20}$$

$$=s^nF(s)-s^{n-1}f(0_+)-s^{n-2}d'f(0_+)-\cdots-f^{(n-1)}(0_+)$$

예제 12.3.2

$\frac{dy(t)}{dt}+y(t)=3$ 의 라플라스 변환을 구하여라. (단, 초기값은 0이다.)

풀 이

식 (14.18)을 적용하면 $\mathcal{L}\left[\frac{dy}{dt}\right]=\mathcal{L}\left[sY(s)-y(0_+)\right]$이므로

$$sY(s)-y(0_+)+Y(s)=\frac{3}{s}$$

여기서, 초기값 $y(0_+) = 0$ 이므로

$$sY(s) + Y(s) = \frac{3}{s}$$

$$\therefore \quad Y(s) = \frac{3}{s(s+1)}$$

(3) 적분정리

$F(s) = \mathcal{L}[f(t)]$일 때 정적분 $\int_0^t f(t)dt$의 라플라스 변환은 다음과 같다.

$$\mathcal{L}\left[\int_0^t f(t)dt\right] = \frac{F(s)}{s} \tag{12.21}$$

증 명

$$\mathcal{L}\left[\int_0^t f(t)dt\right] = \int_0^\infty \left[\int_0^t f(t)dt\right] e^{-st}dt$$

이것에 부분적분 공식을 취하면

$$u = \int_0^t f(t)dt \ , \ du = f(t)dt$$

$$dv = e^{-st}dt \ , \ v = -\frac{1}{s}e^{-st}$$

이므로

$$\mathcal{L}\left[\int_0^t f(t)dt\right] = \left[-\frac{e^{-st}}{s}\int_0^t f(t)dt\right]_0^\infty + \frac{1}{s}\int_0^\infty f(t)e^{-st}dt$$

이 된다. 여기서, 제 1 항은 t가 ∞가 될 때 e^{-st} 는 0이 되며, 하한에서는

$$\left[\int_0^t f(t)dt\right]_{t=0} = 0$$

이므로, 제 1 항은 0이 된다. 그러므로 결과는

$$\mathcal{L}\left[\int_0^t f(t)dt\right] = \frac{F(s)}{s}$$

부정적분일 때에는

$$\mathcal{L}\left[\int f(t)dt\right] = \int_0^\infty \left[\int f(t)dt\right] e^{-st}dt$$

$$= \left[\left\{\int f(t)dt\right\}\left\{\frac{1}{-s}e^{-st}\right\}\right]_0^\infty - \int_0^\infty f(t)\left(-\frac{1}{s}e^{-st}\right)dt$$

$$= \frac{1}{s}F(s) + \frac{1}{s}f^{(-1)}(0_+) \qquad (12.22)$$

여기서, $f^{(-1)}(0_+)$는 t가 정(positive)의 영역으로부터 $t \to 0$으로 접근할 때 $f(t)$의 적분값으로 초기값(initial value)이 된다. 따라서,

$\int dt \to \frac{1}{s}$로 치환된다.

같은 방법으로 2차 적분의 라플라스 변환은 다음과 같이 구해진다.

$$\mathcal{L}\left[\int\int f(t)dt^2\right] = \frac{F(s)}{s^2} + \frac{f^{(-1)}(0_+)}{s^2} + \frac{f^{(-2)}(0_+)}{s} \qquad (12.23)$$

따라서, n계의 라플라스 변환은

$$\mathcal{L}\left[\int\int\int\cdots\int f(t)dt^n\right]$$

$$= \frac{1}{s^n}F(s) + \frac{1}{s^n}f^{(-1)}(0_+) + \cdots + \frac{1}{s^2}f^{(-n+1)}(0_+) + \frac{1}{s}f^{(-n)}(0_+)$$

여기서 모든 초기값을 0이라고 하면

$$\mathcal{L}\left[\int\int\int\cdots\int f(t)dt^n\right]=\frac{1}{s^n}F(s) \tag{12.24}$$

가 된다.

예제 12.3.3

$\int_0^t (t^2+e^{-2t})dt$ 를 라플라스 변환을 구하라.

풀이

$$\mathcal{L}\,[t^2+e^{-2t}]=\frac{2}{s^3}+\frac{1}{s+2}\text{이므로}$$

$$\mathcal{L}\,[\int_0^t (t^2+e^{-2t})dt]=\frac{1}{s}(\frac{2}{s^3}+\frac{1}{s+2})$$

$$=\frac{s^3+2s+4}{s^4(s+2)}$$

(4) 상사정리

$\mathcal{L}\,[f(t)]=F(s)$일 때 $f\left(\frac{t}{a}\right)$의 라플라스 변환은 다음과 같다.

$$\mathcal{L}\left[f\left(\frac{t}{a}\right)\right]=aF(as) \tag{12.25}$$

증 명

$$\mathcal{L}\left[f\left(\frac{t}{a}\right)\right]=\int_0^\infty f\left(\frac{t}{a}\right)e^{-st}dt$$

에서 $\frac{t}{a}=\tau$라 하면 $t=a\tau$, $dt=ad\tau$가 되므로, 원래의 식에 대입하면

$$\mathcal{L}\left[f\left(\frac{t}{a}\right)\right]=\int_0^\infty f(\tau)e^{-as\tau}ad\tau=aF(as)$$

이다. 그러므로,

$$\mathcal{L}\left[f\left(\frac{t}{a}\right)\right] = aF(as) \qquad (a > 0)$$

(5) 시간 이동 정리

$\mathcal{L}[f(t)] = F(s)$이며, $a > 0$이고 $t \leqq a$에서 $f(t-a) = 0$인 함수 $f(t-a)$의 라플라스 변환은 다음과 같다.

$$\mathcal{L}[f(t-a)] = e^{-as}F(s) \tag{12.26}$$

증 명

지금 $f(t)$의 파형이 $f(t-a)$의 파형으로 그림 12.6과 같이 이동하였다면

$$\mathcal{L}[f(t-a)] = \int_0^\infty f(t-a)e^{-st}dt$$

에서 $t-a=\tau$라 놓으면 $dt = d\tau$, $t = \tau + a$ 이므로

$$\mathcal{L}[f(t-a)] = \int_0^\infty f(\tau)e^{-s(\tau+a)}d\tau$$
$$= \int_0^\infty f(\tau)e^{-s\tau}e^{-as}d\tau = e^{-as}F(s)$$

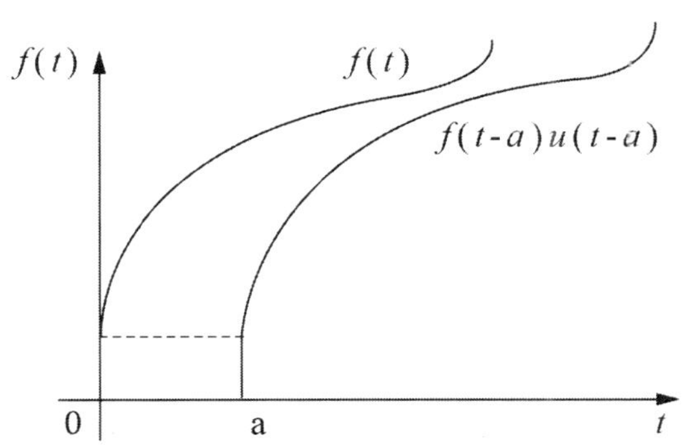

그림 12.4

가 된다. 그러므로,

$$\mathcal{L}[f(t-a)] = e^{-as}F(s)$$

예제 12.3.4

$f(t) = (t-2)$ 의 라플라스 변환식을 구하여라.

풀 이

$$\mathcal{L}[t \cdot u(t)] = \frac{1}{s^2} \text{ 이므로}$$

$$\mathcal{L}[t-2] = \frac{1}{s^2} \cdot e^{-2s} = \frac{e^{-2s}}{s^2}$$

단 $(t-2) = 0, \quad t < 2$

예제 12.3.5

그림 12.5의 함수 $f(t)$를 라플라스 변환하여라.

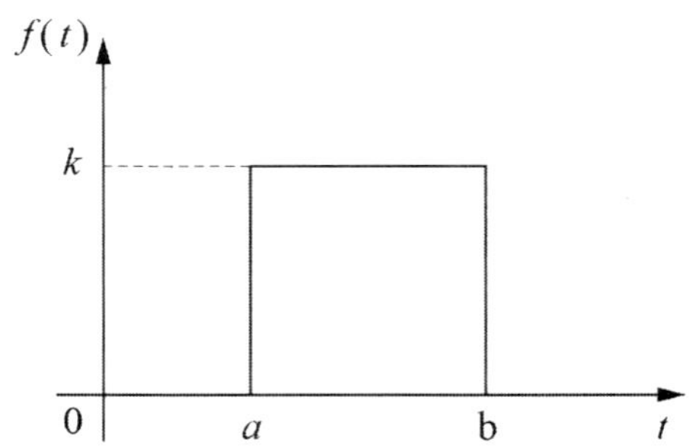

그림 12.5

풀 이

그림 12.5를 단위 계단 함수로 다음식과 같이 분해하면 되므로

$$f(t) = K[u(t-a) - u(t-b)]$$

이 식을 라플라스 변환하면

$$F(s) = K\left[\int_0^\infty u(t-a)e^{-st}dt - \int_0^\infty u(t-b)e^{-st}dt\right]$$

$$= K\left[\frac{1}{s}e^{-as} - \frac{1}{s}e^{-bs}\right] = \frac{K}{s}\left[e^{-as} - e^{-bs}\right]$$

(6) 복소 이동 정리

$\mathcal{L}[f(t)] = F(s)$일 때 $e^{\pm at}f(t)$의 라플라스 변환은 다음과 같다.

$$\mathcal{L}\left[e^{\pm at}f(t)\right] = F(s \mp a) \tag{12.27}$$

증 명

$$\mathcal{L}\left[e^{\pm at}f(t)\right] = \int_0^\infty f(t)e^{\pm at}e^{-st}dt$$

$$= \int_0^\infty f(t)e^{-(s \mp a)t}dt$$

$$= F(s \mp a)$$

가 되므로 변환식 $F(s)$에서 s 대신에 $(s \mp a)$를 대입한 것이다.

예제 12.3.6

$f(t) = e^{-t}\sin\omega t$ 의 라플라스 변환을 구하여라.

풀 이

$\mathcal{L}[\sin\omega t] = \dfrac{\omega}{s^2 + \omega^2}$이므로

$a = 1$ 이므로 식 (12.13)에서 s 대신에 (s+a)를 대입하면,

$$\mathcal{L}[e^{-t}\sin\omega t] = \frac{\omega}{(s+1)^2 + \omega^2}$$

(7) 복소 미분 정리

$\mathcal{L}[f(t)]=F(s)$일 때 $\mathcal{L}[t^n f(t)]$의 라플라스 변환은 다음과 같다.

$$\mathcal{L}[t^n f(t)]=(-1)^n \frac{d^n}{ds^n}F(s) \tag{12.28}$$

증 명

$$\frac{dF(s)}{ds}=\int_0^\infty \frac{d}{ds}f(t)e^{-st}dt$$

$$=\int_0^\infty f(t)(-te^{-st})dt=-\mathcal{L}[tf(t)]$$

$$\therefore \ \mathcal{L}[tf(t)]=-\frac{d}{ds}F(s)=(-1)\frac{d}{ds}F(s) \tag{12.29}$$

이다. 같은 방법으로 해서

$$\mathcal{L}[t^n f(t)]=\frac{d^n}{ds^n}\int_0^\infty f(t)e^{-st}dt=(-1)^n\frac{d^n}{ds^n}F(s)$$

(8) 복소 적분 정리

$\mathcal{L}[f(t)]=F(s)$일 때 $\mathcal{L}\left[\frac{f(t)}{t}\right]$의 라플라스 변환은 다음과 같다.

$$\mathcal{L}\left[\frac{f(t)}{t}\right]=\int_s^\infty F(s)ds \tag{12.30}$$

증 명

$F(s)=\int_0^\infty f(t)e^{-st}$를 s에서 ∞까지 s에 대해 적분하면

$$\int_s^\infty F(s) = \int_s^\infty \int_0^\infty f(t)e^{-st}dt\,ds = \int_0^\infty f(t)\int_s^\infty e^{-st}ds\,dt$$

여기서,

$$\int_s^\infty e^{-st}ds = \left[-\frac{1}{t}e^{-st}\right]_s^\infty = \frac{1}{t}e^{-st}$$

이므로 윗식에 대입하면

$$\int_s^\infty F(s)\,ds = \int_0^\infty f(t)\cdot\frac{1}{t}e^{-st}dt = \mathcal{L}\left[\frac{f(t)}{t}\right]$$

(9) 초기값 정리

$\mathcal{L}[f(t)] = F(s)$일 때 $f(t)$의 초기값 $f(0_+)$는 다음과 같다.

$$f(0_+) = \lim_{t\to 0} f(t) = \lim_{s\to\infty} s\cdot F(s) \qquad (t>0) \tag{12.31}$$

증 명

$\mathcal{L}\left[\frac{df(t)}{dt}\right] = sF(s) - f(0_+)$에 의해서

$$\lim_{s\to\infty}\left[\int_0^\infty \frac{df(t)}{dt}\cdot e^{-st}dt\right] = \lim_{s\to\infty}[sF(s) - f(0_+)]$$

가 되고, $\lim_{s\to\infty} e^{-st} = 0$이므로 윗식의 좌변은 0이 된다.

$$0 = \lim_{s\to\infty}[sF(s) - f(0_+)]$$

그러므로

$$f(0_+) = \lim_{t\to 0} f(t) = \lim_{s\to\infty} sF(s)$$

이 정리는 미분방정식의 해를 구할 때 초기값을 구할 때 매우 유용하게 쓰인다.

예제 12.3.7

$F(s)=\dfrac{s+3}{s(s+2)}$일 때 $f(t)$의 초기값을 구하여라.

풀이

식 (12.31)에 의하여

$$\lim_{t\to 0} f(x)=\lim_{s\to\infty} sF(s)=\mathrm{Lim}_{s\to\infty}\frac{s+3}{s+2}$$

$$=\lim_{s\to\infty}\frac{1+\dfrac{3}{s}}{1+\dfrac{2}{s}}=1$$

(10) 최종치 정리

$\mathcal{L}[f(t)]=F(s)$이고 $\lim_{t\to\infty} f(t)$가 존재하면 $\lim_{t\to\infty} f(t)$는 다음과 같이 된다.

$$f(\infty)=\lim_{t\to\infty} f(t)=\lim_{s\to 0} s\cdot F(s) \tag{12.32}$$

증 명

$\mathcal{L}\left[\dfrac{df(t)}{dt}\right]=sF(s)-f(0_+)$에 의하면

$$\lim_{s\to 0}\left[\int_0^\infty \frac{df(t)}{dt}\cdot e^{-st}dt\right]=\lim_{s\to 0}[sF(s)-f(0_+)]$$

가 되고, $\lim_{s\to 0} e^{-st}=1$이 되므로, 윗식의 좌변은

$$\lim_{s\to 0}\left[\int_0^\infty \frac{df(t)}{dt}e^{-st}dt\right]=\int_0^\infty \frac{df(t)}{dt}\ dt=\lim_{t\to\infty}\int_0^t 1df(t)$$

$$=\lim_{t\to\infty}[f(t)-f(0_+)]$$

가 되므로

$$\lim_{t\to\infty}[f(t)-f(0_+)]=\lim_{s\to 0}[sF(s)-f(0_+)]$$

즉,

$$\lim_{t\to\infty}f(t)=\lim_{s\to 0}sF(s)$$

예제 12.3.8

$F(s)=\dfrac{10s+2}{s^3+2s^2+3s}$ 일 때 $f(t)$의 최종값을 구하여라.

풀 이

식 (12.32)에 의하여

최종값 $f(\infty)=\lim_{s\to 0}sF(s)=\lim_{s\to 0}\dfrac{10s+2}{s^2+2s+3}=\dfrac{2}{3}$

(11) 주기함수의 라플라스 변환

주기가 T 인 주기함수의 라플라스 변환은 처음 한 주기의 라플라스 변환값에 $\dfrac{1}{1-e^{-TS}}$ 배 한 것과 같다.

즉 $F(s)=\mathcal{L}[f(t)]$에서

$$\mathcal{L}[f(t)] = \frac{1}{(1-e^{-TS})}$$

증 명

첫번째 주기 $f(t)$가 $0 < t < T$의 값이라고 하면

$$\mathcal{L}[f_1(t)] = F_1(s) = \int_0^T f_1(t)e^{-st}dt$$

$$\mathcal{L}[f_1(t-T)] = e^{-Ts}F_1(s)$$

$$\mathcal{L}[f_1(t-2T)] = e^{-2Ts}F_1(s)$$

....

$$\mathcal{L}[f_1(t-nT)] = e^{-nTs}F_1(s)$$

따라서

$$\begin{aligned}\mathcal{L}[f(t)] &= \sum^{n}\mathcal{L}[f_1(t-nT1)] \\ &= F_1(s)[1+e^{-Ts}+e^{-2Ts}+\cdots+e^{-nTs}] \\ &= F_1(s)\frac{1}{1-e^{-Ts}}\end{aligned} \tag{12.33}$$

주기함수를 x에 대한 멱급수로 전개한, 다음 공식을 기억할 필요가 있다.

$$\begin{aligned}\frac{1}{1+x} &= (1+x)^{-1} = 1 - x + x^2 - x^3 + x^4 \cdots\cdots \\ \frac{1}{1-x} &= (1-x)^{-1} = 1 + x + x^2 + x^3 + x^4 \cdots\cdots\end{aligned} \tag{12.34}$$

(12) 콘벌루션 적분(convolution integral)

콘벌루션 적분은 1833년에 Duhamel이 제안한 것으로, 2개의 함수 $f_1(t)$, $f_2(t)$

가 라플라스 변환이 가능하고 그 변환을 $F_1(s)$ 및 $F_2(s)$라

할 때, $f_1(t)$, $f_2(t)$의 콘벌루션은 다음과 같이 나타낼 수 있다.

$$
\begin{aligned}
f(t) &= f_1(t) * f_2(t) \\
&= \int_0^t f_1(\tau) f_2(t-\tau)\, d\tau = \int_0^t f_1(t-\tau) f_2(\tau)\, d\tau
\end{aligned}
\tag{12.35}
$$

여기에서 $F_1(s)$와 $F_2(s)$의 곱은 $f_1(t)$와 $f_2(t)$를 콘벌루션 적분한 결과식 $f(t)$의 Laplace 변환과 같다. 즉,

$$
\mathcal{L}[f_1(t) * f_2(t)] = F_1(s) \cdot F_2(s) \tag{12.36}
$$

증 명

$$
\begin{aligned}
F(s) &= \mathcal{L}[f_1(t) * f_2(t)] = \mathcal{L}\left[\int_0^t f_1(\tau) f_2(t-\tau)\, d\tau\right] \\
&= \int_0^\infty \int_0^t f_1(\tau) f_2(t-\tau)\, d\tau \cdot e^{-st}\, dt
\end{aligned}
$$

여기서 $p = t - \tau$라 놓으면 $t = \tau + p$, $dt = dp$이므로

$$
\begin{aligned}
F(s) &= \int_0^\infty \int_0^\infty f_1(\tau) f_2(p)\, d\tau\, e^{-s\tau} e^{-sp}\, dp \\
&= \int_0^\infty f_1(\tau) e^{-s\tau} d\tau \int_0^\infty f_2(p) e^{-sp}\, dp = F_1(s) \cdot F_2(s)
\end{aligned}
$$

12-4 부분분수에 의한 라플라스 역변환

12.3 절에서는 라플라스 변환에 의해 미분, 적분이 대수적으로 표시됨을 알았다. 따라서, 상계수 선형 상미분 방정식을 라플라스 변환하면 대수방정식으로 변환될 수 있다. 미분방정식의 일반형은 다음과 같다.

$$\left\{a_0\frac{d^n}{dt^n}+a_1\frac{d^{n-1}}{dt^{n-1}}+\ \cdots\ +a_{n-1}\frac{d}{dt}+a_n\right\}f(t)=v(t) \tag{12.37}$$

이 방정식을 라플라스 변환하면 s 의 다항식으로 된 대수식이 된다.

$$F(s)=\frac{\mathcal{L}\,[v(t)]+\ 초기치}{a_0 s^n+a_1 s^{n-1}+\cdots+{}_{n-1}s+a_n}=\frac{P(s)}{Q(s)} \tag{12.38}$$

의 대수방정식이 얻어지지만, 식 (12.37)의 차수가 많으면 상당히 어려운 것이 된다. 지금, 식 (14.38)에서 $P(s)$의 차수가 $Q(s)$ 보다 높으면 $P(s)$를 $Q(s)$ 로 나누어 분자의 차수를 $Q(s)$의 차수보다 작게 한 후 부분분수 전개하면 되고, $P(s)$가 $Q(s)$의 차수보다 처음부터 작은 경우에는 바로 부분분수 전개하면 된다. 즉, $Q(s)=0$으로 놓고 구한 방정식의 근을 $P_1,\ P_2,\ \cdots,\ P_n$이라 하면

$$Q(s)=a_0(s-P_1)(s-P_2)\cdots\cdots(s-P_n)=a_0\prod_{k=1}^{n}(s-P_k) \tag{12.39}$$

이 되고, $Q(s)=0$을 만족하는 근에는, ① 전부 단근으로 실수인 경우,② 전부 단근이지만 공액 복소수근을 포함하는 경우, ③ 다중근을 포함하는 경우 등이 있는데, 이들의 부분 분수화 방법이 다르다.

이들 방법에 대한 부분 분수화를 살펴보기로 한다.

(1) 실수 단근인 경우

$$F(s)\ =\ \frac{P(s)}{(s-P_1)(s-P_2)\cdots(s-P_n)} \tag{12.40}$$

$$=\frac{K_1}{(s-P_1)}+\frac{K_2}{(s-P_2)}+\cdots+\frac{K_j}{(s-P_j)}+\cdots\cdots+\frac{K_n}{(s-P_n)}$$

단, $P_1,\ P_2,\ \cdots,\ P_n$은 실수이고, $P(s)<n$이다.

식 (12.40)에서 K_1, K_2, $\cdots$, K_n 중 K_j 값은 다음과 같이 구해진다.

$$K_j = \lim_{s \to P_j}(s-P_j)F(s) \tag{12.41}$$

예제 12.4.1

$F(s) = \dfrac{s^2+2}{s(s+1)(s+2)}$ 의 라플라스 역변환을 구하여라.

풀이

윗 식을 부분분수로 전개하면

$$F(s) = \frac{K_1}{s} + \frac{K_2}{s+1} + \frac{K_3}{s+2}$$

$$K_1 = \lim_{s \to 0} s\frac{s^2+2}{s(s+1)(s+2)} = 1$$

$$K_2 = \lim_{s \to -1}(s+1)\frac{s^2+2}{s(s+1)(s+2)} = \frac{1+2}{-1-1+2} = -3$$

$$K_3 = \lim_{s \to -2}(s+2)\frac{s^2+2}{s(s+1)(s+2)} = \frac{4+2}{-2+1-2} = 3$$

이 되므로

$$F(s) = \frac{1}{s} + \frac{-3}{s+1} + \frac{3}{s+2}$$

이 된다. 따라서 구하고저 하는 $f(t)$는 다음과 같이 역라플라스 변환하면 된다.

$$f(t) = \mathcal{L}^{-1}[F(s)] = \mathcal{L}^{-1}\left[\frac{1}{s} + \frac{-3}{s+1} - \frac{3}{s+2}\right]$$

$$= \mathcal{L}^{-1}\left[\frac{1}{s}\right] - \mathcal{L}^{-1}\left[\frac{3}{s+1}\right] + \mathcal{L}^{-1}\left[\frac{3}{s+2}\right]$$

$$= 1 - 3e^{-t} + 3e^{-2t}$$

(2) 공액복소근을 포함하는 경우

$$F(s) = \frac{P(s)}{\{(s-\alpha)^2+\omega^2\}(s-P_3)(s-P_4)\cdots(s-P_n)}$$

$$= \frac{Cs+D}{(s-\alpha)^2+\omega^2} + \frac{K_3}{(s-P_3)} + \frac{K_4}{(s-P_4)} + \cdots\cdots + \frac{K_n}{(s-P_n)} \tag{12.42}$$

K_3, K_4, $\cdots$, K_n은 실수 단근인 경우와 같은 방법으로 구하고, C, D는 $\lim_{s=\alpha+j\omega}\{(s-\alpha)^2+\omega^2\}F(s) = \lim_{s=\alpha+j\omega}(Cs+D)$에서 계수비교에 의해 그 값을 구할 수 있다.

예제 12.4.2

$F(s) = \dfrac{s+1}{s(s^2+2s+2)}$ 의 라플라스 역변환을 구하여라.

풀이

윗 수식을 먼저 부분분수로 전개하면 다음과 같이 된다.

$$F(s) = \frac{K_1}{s} + \frac{Cs+D}{s^2+2s+2} = \frac{K_1}{s} + \frac{Cs+D}{(s+1)^2+1} \quad \cdots\cdots\cdots\cdots\cdots ①$$

먼저 K_1의 값을 구하면

$$K_1 = \frac{s+1}{s^2+2s+2}\bigg|_{s=0} = \frac{1}{2}$$

C와 D의 값은

$$\lim_{s=-1+j}\{(s^2+2s+2)F(s)\} = \lim_{s=-1+j}\frac{s+1}{s}$$

$$\lim_{s=-1+j}(Cs+D) = \frac{j}{-1+j}$$

$$\frac{j}{-1+j} = D - C + jC$$

$$j = (-1+j)(D-C+jC) = -D + j(D-2C)$$

계수비교에 의해 $D=0$, $C=-\frac{1}{2}$

따라서 K_1, C, D 의 값을 ① 식에 대입하면

$$F(s) = \frac{\frac{1}{2}}{s} + \frac{-\frac{1}{2}s}{s^2+2s+2} \qquad \cdots\cdots\cdots ②$$

$$= \frac{\frac{1}{2}}{s} - \frac{1}{2}\left[\frac{(s+1)}{(s+1)^2+1} - \frac{1}{(s+1)^2+1}\right]$$

② 식을 역라플라스 변환하면 구하고저 하는 $f(t)$의 값이 된다.

$$\therefore\ f(t) = \mathcal{L}^{-1}F(s) = \frac{1}{2} - \frac{1}{2}(e^{-t}\cos t - e^{-t}\sin t)$$

$$= \frac{1}{2}(1 - e^{-t}\cos t + e^{-t}\sin t)$$

(3) 중근인 경우

$$F(s) = \frac{P(s)}{(s-P_1)(s-P_2)\cdots(s-P_n)(s-P_i)^r}$$

$$= \frac{K_1}{s-P_1} + \frac{K_2}{s-P_2} + \cdots + \frac{K_n}{s-P_n} + \frac{A_1}{(s-P_i)} + \frac{A_2}{(s-P_i)^2}$$

$$+ \cdots \frac{+A_r}{(s-P_i)^r} \qquad (12.43)$$

여기서 K_1, K_2 $\cdots$, K_n등은 실수단 근이므로 식 (12.41)와 같이 구하고, A_1, A_2,$\cdots$ A_r은 중근이므로 다음과 같이 구한다.

$$A_r = \lim_{s \to P_i} [(s - P_i)^r F(s)]$$

$$A_1 = \lim_{s \to P_i} \frac{1}{(r-1)!} \frac{d^{r-1}}{ds^{r-1}} R(s) \qquad (12.44)$$

단, $R(s) = F(s)(s - P_i)^r$

예제 12.4.3

$F(s) = \dfrac{s-2}{s(s+1)^3}$ 를 라플라스 역변환하여라.

풀이

식 (12.43), (12.44)의 방법을 이용한다.

$$F(s) = \frac{K_1}{s} + \frac{A_1}{(s+1)} + \frac{A_2}{(s+1)^2} + \frac{A_3}{(s+1)^3}$$

$$K_1 = \lim_{s \to 0} s \frac{s-2}{s(s+1)^3} = -2$$

$$R(s) = F(s)(s - P_i)^3 = \frac{s-2}{s(s+1)^3}(s+1)^3 = \frac{s-2}{s}$$

$$A_3 = \lim_{s \to -1} \frac{1}{(3-3)!} \frac{d^{3-3}}{ds^{3-3}} \left(\frac{s-2}{s} \right) = \lim_{s \to -1} \frac{1}{0!} \left(\frac{s-2}{s} \right) = 3 \qquad (0! = 1)$$

$$A_2 = \lim_{s \to -1} \frac{1}{(3-2)!} \frac{d^{3-2}}{ds^{3-2}} \left(\frac{s-2}{s} \right) = \lim_{s \to -1} \frac{d}{ds} \left(\frac{s-2}{s} \right) = \lim_{s \to -1} \frac{2}{s^2} = 2$$

$$A_1 = \lim_{s \to -1} \frac{1}{(3-1)!} \frac{d^{3-1}}{ds^{3-1}} \left(\frac{s-2}{s} \right) = \lim_{s \to -1} \frac{1}{2!} \frac{d}{ds} \left(\frac{2}{s^2} \right) = \lim_{s \to -1} \left(-\frac{2}{s^3} \right) = 2$$

따라서, $F(s)$는 다음과 같이 된다.

$$F(s) = \frac{3}{(s+1)^3} + \frac{2}{(s+1)^2} + \frac{2}{(s+1)} - \frac{2}{s}$$

$$= \frac{3}{(s+1)^3} + 2\left(\frac{1}{(s+1)^2} + \frac{1}{(s+1)} - \frac{1}{s} \right)$$

이를 라플라스 역변환하면

$$\mathcal{L}^{-1}[F(s)] = f(t) = \frac{3}{2}t^2e^{-t} + 2(te^{-t} + e^{-t} - 1)$$

12-5 라플라스 변환에 의한 미분방정식의 해법

보통 선형미분방정식의 해는 일반해를 구해서 거기에 초기조건을 대입하여 구하나 차수가 높게 되면 일반해를 구하는 것이 상당히 곤란하게 되며. 특히 포함된 초기 조건이 많게 되므로 상당히 복잡한 계산을 하지 않으면 안된다. 그러나, 미분방정식을 라플라스 변환시키면 자동적으로 초기값이 들어가게 되어 해는 함수의 대수 연산에 의해서 쉽게 구해지고, 그 함수를 부분분수 전개법을 이용하여 역변환을 하면 완전해가 그대로 구해진다.

다음 간단한 예를 들어 실제의 해법을 설명하자.

예제 12.5.1

다음 미분 방정식을 풀어라.

$$\frac{d^2y}{dt^2} + 3\frac{dy}{dt} + 2y = 4u(t) \qquad \cdots\cdots \quad \cdots\cdots ①$$

$$y(0_+) = 1, \quad y'(0_+) = 0$$

풀 이

식 ①의 양변을 라플라스 변환하면

$$s^2Y(s) - sy(0_+) - y'(0_+) + 3sY(s) - 3y(0_+) + 2Y(s) = \frac{4}{s} \qquad \cdots\cdots ②$$

$$(s^2 + 3s + 2)Y(s) = \frac{4}{s} + sy(0_+) + y'(0_+) + 3y(0_+) \qquad \cdots\cdots\cdots\cdots ③$$

식 ③에 초기값을 대입하여 정리하면

$$\cdots\cdots\cdots\cdots\cdots\cdots ④$$

$$Y(s) = \frac{4}{s(s^2 + 3s + 2)} + \frac{s+3}{s^2 + 3s + 2}$$

여기서, 분모를 인수분해하여 다시 정리하면

$$Y(s) = \frac{4}{s(s+1)(s+2)} + \frac{s+3}{(s+1)(s+2)} \quad \cdots\cdots\cdots\cdots\cdots ⑤$$

부분분수전개법에 의하여 라플라스 역변환을 하면

$$\mathcal{L}^{-1}\left[\frac{4}{s(s+1)(s+2)}\right] = 2 - 4e^{-t} + 2e^{-2t} = y_1(t)$$

$$\mathcal{L}^{-1}\left[\frac{s+3}{(s+1)(s+2)}\right] = 2e^{-t} - e^{-2t} = y_2(t)$$

가 되므로

$$y(t) = y_1(t) + y_2(t) = 2 - 2e^{-t} + e^{-2t} \quad \cdots\cdots\cdots\cdots\cdots ⑥$$

예제 12.5.2

그림 12.7에 표시한 R-L 회로에 있어서 $t=0$일 때 스위치 S를 닫았을 때에 이 회로에 흐르는 전류를 구하여라. (단, 초기 조건은 0이다.)

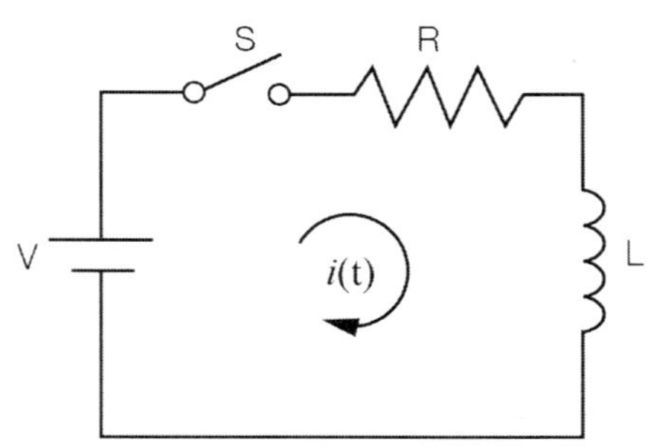

그림 12.6

풀이

회로의 전압 방정식을 세우면 다음과 같다.

$$Ri(t) + L\frac{d}{dt}i(t) = V \quad \cdots\cdots\cdots\cdots\cdots ①$$

식 ① 의 양변을 라플라스 변환하여 초기값을 대입하면

$$RI(s) + L\{sI(s) - i(0_+)\} = \frac{V}{s} \quad \cdots\cdots\cdots\cdots\cdots ②$$

$$I(s)(R+Ls)=\frac{V}{s} \qquad \cdots\cdots\cdots\cdots ③$$

$$I(s)=\frac{V}{s(R+Ls)}=\frac{\frac{V}{L}}{s\left(s+\frac{R}{L}\right)} \qquad \cdots\cdots\cdots\cdots ④$$

부분분수 전개를 하면

$$I(s)=\frac{K_1}{s}+\frac{K_2}{s+\frac{R}{L}}=\frac{\frac{V}{R}}{s}+\frac{-\frac{V}{R}}{s+\frac{R}{L}}=\frac{V}{R}\left(\frac{1}{s}-\frac{1}{s+\frac{R}{L}}\right) \qquad \cdots\cdots ⑤$$

그러므로 $i(t)$는 다음과 같이 된다.

$$i(t)=\mathcal{L}^{-1}[I(s)]=\frac{V}{R}\left(1-e^{-\frac{R}{L}t}\right)$$

연 습 문 제

1 다음 함수의 Laplace 변환을 구하여라.

① $\cos\omega t$ ② t^2 ③ $\sinh at$ ④ $e^{-at}\cdot\cos\omega t$

⑤ $t\sin\omega t$ ⑥ $(t+1)^2$ ⑦ $\cosh rt$ ⑧ $\frac{1}{\omega^2}(1-\cos\omega t)$

2 다음 함수의 역Laplace 변환을 구하여라.

① $\frac{s+1}{s^2+2s}$ ② $\frac{3s+7}{s^2+5s+6}$ ③ $\frac{6}{s^2+6s+10}$

3 $f(t)=t^2$을 $a\,(a>0)$ 만큼 오른쪽으로 이동했을 때의 Laplace 변환을 구하여라.

4 다음 함수를 부분 분수로 전개하여라.

① $\frac{2s}{s^2-1}$ ② $\frac{7s+2}{s^3+3s^2+2s}$ ③ $\frac{(s+1)(s+3)}{s(s+2)(s+4)}$ ④ $\frac{s^2+4s+1}{s(s+1)^2}$

5 다음 함수의 역 Laplace 변환을 구하여라.

① $\frac{3s}{(s^2+1)(s^2+4)}$ ② $\frac{s+1}{s^2+2s}$ ③ $\frac{1}{(s+1)(s+2)^2}$ ④ $\frac{s^2}{(s^2+1)^2}$

⑤ $\frac{1}{s^n}$ ⑥ $\frac{1}{(s+5)^2+1}$ ⑦ $\frac{s+2}{(s+2)^2+4}$ ⑧ $\frac{1}{s^2+2s+2}$

6 다음 함수의 Laplace 변환을 구하시오.

①1 ② t ③$Ae^{at}i\omega t$

④$t^2\sin\omega t$ ⑤$t^2\sin(\omega t+\theta)$ ⑥$it\cos t$

7 $\frac{dx}{dt}+x=1$ 의 해를 구하여라. (단, $x(0)=0$)

8 $Ri(t)+L\frac{d}{dt}i(t)=E$에서 모든 초기값을 0으로 하였을 때의 $i(t)$의 값은 어떻게 되는가?

9 $Ri(t)+\frac{1}{c}\int i(t)\,dt=E$에서 모든 초기값을 0으로 하였을 때의 $i(t)$의 값은 어떻게 되는가?

부 록

1 . 지수

$$a^m \times a^n = a^{(m+n)},\ (a^m)^n = a^{mn},\ a^{-n} = \frac{1}{a^n},\ a^0 = 1\,(a \neq 0)$$

2 . 대수

$$y = \log_a x\,(x = a^y),\quad \log_a a = 1,\quad \log_a 1 = 0\ \ (a > 0, a \neq 1)$$

$$\log_a (xy) \log_a x + \log_a y,\quad \log_a \left(\frac{x}{y}\right) = \log_a x - \log_a y$$

$$\log_a x^n = n \log_a x,\ \log_a x = \frac{1}{M} \log_{10} x,\ \frac{1}{M} = 2.3026$$

3. 자연대수

e(또는 ε) = 2.7182818285 를 밑수로 하는 대수

4. 상용대수

10을 밑수로 하는 대수

$\log_{10} 2 = 0.301$이라는 것을 안다면 $\log_{10} 20 = 1.301,\quad \log_{10} 200 = 2.301,$

$\log_{10} 0.2 = -1 + 0.301 = -0.699,\quad \log_{10} 0.02 = -2 + 0.301 = -1.699$

5. 2차방정식

$ax^2 + bx + c = 0$의 근 $\quad x = \dfrac{-b \pm \sqrt{b^2 - 4ac}}{2a}$

$ax^2 + 2bx + c = 0$의 근 $\quad x = \dfrac{-b \pm \sqrt{b^2 - ac}}{a}$

6. 삼각함수

$$\sin^2\alpha+\cos^2\alpha=1$$

$$\sin(\alpha\pm\beta)=\sin\alpha\sin\beta\pm\cos\alpha\sin\beta$$

$$\cos(\alpha\pm\beta)=\cos\alpha\cos\beta\mp\sin\alpha\sin\beta$$

$$\tan(\alpha\pm\beta)=\frac{\tan\alpha\pm\tan\beta}{1\mp\tan\alpha\tan\beta},\quad \cot(\alpha\pm\beta)=\frac{\cot\alpha\cot\beta\mp1}{\cot\beta\pm\cot\alpha}$$

$$\sin\alpha\pm\sin\beta=2\sin\beta\frac{\alpha\pm\beta}{2}\cos\frac{\alpha\mp\beta}{2}$$

$$\cos\alpha+\cos\beta=2\cos\frac{\alpha+\beta}{2}\cos\frac{\alpha-\beta}{2}$$

$$\cos\alpha-\cos\beta=-2\sin\frac{\alpha+\beta}{2}\sin\frac{\alpha-\beta}{2}$$

$$\sin 2\alpha=2\sin\alpha\cos\alpha,\quad \tan 2\alpha=\frac{2\tan\alpha}{1-\tan^2\alpha}$$

$$\cos 2\alpha=\cos^2\alpha-\sin^2\alpha=1-2\sin^2\alpha=2\cos^2\alpha-1$$

$$\sin\frac{\alpha}{2}=\pm\sqrt{\frac{1-\cos\alpha}{2}},\quad \cos\frac{\alpha}{2}=\pm\sqrt{\frac{1+\cos\alpha}{2}}$$

$$\sin\alpha\cos\beta=\frac{1}{2}\sin(\alpha+\beta)+\sin(\alpha-\beta)$$

$$\cos\alpha\cos\beta=\frac{1}{2}\sin(\alpha+\beta)-\sin(\alpha-\beta)$$

$$\sin\alpha\sin\beta=\frac{1}{2}\cos(\alpha-\beta)-\cos(\alpha+\beta)$$

$$\cos\alpha\cos\beta=\frac{1}{2}\cos(\alpha-\beta)+\cos(\alpha+\beta)$$

$$A\cos\alpha+B\sin\alpha=\sqrt{A^2+B^2}\sin(\alpha+\tan^{-1}\frac{A}{B})$$

7. 역삼각함수

$$\sin^{-1}x = n\pi + (-1)^n \sin^{-1}x,\ \cos^{-1}x = 2n\pi \pm \cos x$$

$$\tan^{-1}x = n\pi + \tan^{-1}x$$

단, $-\pi/2 \le \sin^{-1}x \le \pi/2, 0 \le \cos^{-1}x \le \pi, -\pi/2 \le \tan^{-1}x \le \pi/2$

8. 복소수

$$a + jb = \sqrt{a^2+b^2}\ \angle \tan^{-1}\frac{b}{a}(j = \sqrt{-1})$$

$$r\angle\alpha = r(\cos\ \alpha + j\, sin\ \alpha)$$

$e^{j\alpha} = \cos\ \alpha + j\ \sin\ \alpha$ ($Euler$의 정리)

$$\cos Z = \frac{1}{2}(\varepsilon^{jz} + \varepsilon^{-jz}),\ \sin Z = \frac{1}{2j}(\varepsilon^{jz} - \varepsilon^{-jz})$$

$$\alpha = \varepsilon^{j2x/3} = \cos\frac{2\pi}{3} + j\ \sin\frac{2\pi}{3} = -\frac{1}{2} + j\frac{\sqrt{3}}{2}$$

$$(\cos\ \alpha + j\ \sin\alpha)^n = \cos n\alpha + j\ \sin n\alpha$$

9. 미분

(1) 기본공식

$$\frac{d(u \pm v)}{dx} = \frac{du}{dx} \pm \frac{dv}{dx},\quad \frac{d(u\cdot v)}{dx} = \frac{du}{dx}v + \frac{dv}{dx}u$$

$$\frac{d(\frac{u}{v})}{dx} = \frac{\frac{du}{dx}v - \frac{dv}{dx}u}{v^2},\quad \frac{dy}{dx} = \frac{1}{\frac{dx}{dy}}$$

(2) 기초함수

$$\frac{d}{dx}x^n = nx^{n-1},\quad \frac{d}{dx}e^x = e^x$$

$$\frac{d}{dx}\left(\frac{1}{x}\right) = -\frac{1}{x^2}, \quad \frac{d}{dx}\log x = \frac{1}{x}$$

$$\frac{d}{dx}\sin x = \cos x, \quad \frac{d}{dx}\cos x = -\sin x$$

$$\frac{d}{dx}\tan x = \sec^2 x, \quad \frac{d}{dx}\cot x = -\operatorname{cosec}^2 x$$

$$\frac{d}{dx}\sin ax = a\cos ax, \quad \frac{d}{dx}\cos ax = -a\sin ax$$

$$\frac{d}{dx}sin^{-1}x = \pm\frac{1}{\sqrt{1-x^2}}\left(\frac{+\text{부호는 } 2n\pi - \frac{\pi}{2} < \sin^{-1}x < 2nx + \frac{\pi}{2}}{-\text{부호는 } 2n\pi + \frac{\pi}{2} < \sin^{-1}x < 2nx + \frac{3\pi}{2}}\right)$$

$$\frac{d}{dx}\cos^{-1}x = \mp\frac{1}{\sqrt{1-x^2}}\left(\frac{-\text{부호는 } 2n\pi < \cos^{-1}x < (2n+1)\pi}{+\text{부호는 } (2n+1)\pi < \cos^{-1}x < (2n+2)\pi}\right)$$

$$\frac{d}{dx}tan^{-1}x = \frac{1}{1+x^2}$$

$$\frac{d}{dx}sin\ hx = \cos hx \qquad \frac{d}{dx}cos\ hx = \sin hx$$

$$\frac{d}{dx}tan\ hx = \sec h^2x \qquad \frac{d}{dx}cos\ h^{-1}x = -\operatorname{cosec} h^{2x}$$

$$\frac{d}{dx}sin^{-1}x = \frac{1}{\sqrt{1+x^2}} \qquad \frac{d}{dx}cos\ h^{-1}x = \pm\frac{1}{\sqrt{x^2-1}} \quad (x^2 > 1)$$

$$\frac{d}{dx}tan^{-1}x = \frac{1}{1-x^2} \quad (1 > x^2) \qquad \frac{d}{dx}cot\ h^{-1}x = -\frac{1}{x^2-1} \quad (x^2 > 1)$$

10. 적분

(1) 기본공식

$\frac{dF(x)}{dx}=f(x)$라 하면 $\int f(x)dx = F(x)+C$(C는 적분정수)

$\int (u \pm v)dx = \int udx \ \pm \int vdx,\ \int af(x)dx = a\int f(x)dx$ (a는 정수)

$\int udv = uv \ - \int vdv$

(2) 기초함수

$\int x^n dx = \frac{x^{n+1}}{n+1}+C \qquad \int dx = x+C$

$\int \frac{dx}{x} = \log x + C \qquad \int e^x dx = e^x + C$

$\int e^{ax}dx = \frac{1}{a}e^{ax}+C \qquad \int e^{-x}dx = -e^{-x}+C$

$\int a^x dx = \frac{a^x}{\log a}+C \int \log x\ dx = x(\log x - 1)+C$

$\int \sin x\ dx = -\cos x = C \int \cos x\ dx = \sin x + C$

$\int \sin ax\ dx = -\frac{1}{a}\cos ax + C \qquad \int \cos ax\ dx = \frac{1}{a}sinax + C$

$\int \tan x\ dx = -\log\cos x + C \qquad \int \cos x\ dx = \log\sin x + C$

$\int \frac{dx}{\sin x} = \log\tan\frac{x}{2}+C \qquad \int \frac{dx}{\cos x} = \log\ \tan(\frac{\pi}{4}+\frac{x}{2})+C$

$\int \frac{dx}{1+x^2} = \tan^{-1}x + C \qquad \int \frac{dx}{\sqrt{1-x^2}} = \sin^{-1}x + C = -\cos^{-1}x + C$

$\int \sin^2 x\ dx = \frac{x}{2} - \frac{1}{2}\cos x\ \sin x + C$

$\int \cos^2 x dx = \frac{x}{2} + \frac{1}{2}sin\ x\ \cos x + C$

$$\int \sin^{-1}x\ dx = x\ \sin^{-1}x + \sqrt{1-x^2} + C$$

$$\int \cos^{-1}x\ dx = x\ \cos^{-1}x - \sqrt{1-x^2} + C$$

$$\int \sin hx\ dx = \cos\ hx + C \int \cos\ hx\ dx = \sin hx + C$$

$$\int \tan hx\ dx = \log \cos hx + C \qquad \int \cot hx\ dx = \log \sin hx + C$$

(3) 정적분

$$\int_a^b f(x)dx = F(b) - F(a), \quad \int_a^c f(x)dx = \int_a^b f(x)dx + \int_b^c f(x)\,dx$$

$$\int_0^x \sin^2 ax\ dx = \int_0^x \cos^2 ax\ \ dx = \frac{\pi}{2}$$

11. 그리스문자

그리스문자	호 칭	그리스문자	호 칭
A α	alpha 알파	N ν	nu 뉴
B β	beta 베타	Ξ ξ	xi 크사이
Γ γ	gamma 감마	O o	omicron 오미크론
Δ δ	delta 델타	Π π	pi 파이
E ϵ	epsilon 입실론	P ρ	rho 로우
Z ζ	zeta 제타	Σ σ	sigma 시그마
H η	eta 에타	T τ	tau 타우
Θ θ	theta 세타	Y υ	upsilcn 윱실론
I ι	iota 이오타	Φ ϕ	phi 파이
K κ	kappa 카파	X χ	chi 카이
Λ λ	lambda 람다	Ψ ψ	psi 프사이
M μ	mu 뮤	Ω ω	omega 오메가

12. 수치단위의 표준 접두기호

p	피 코	(pico)	10^{-12}	= 0. 000 000 000 001
n	나 노	(nano)	10^{-9}	= 0. 000 000 001
μ	마이크로	(micro)	10^{-6}	= 0. 000 001
m	밀 리	(mili)	10^{-3}	= 0. 001
c	센 티	(centi)	10^{-2}	= 0. 01
d	데 시	(deci)	10^{-1}	= 0. 1
k	킬 로	(kilo)	10^{3}	= 1, 000
M	메 가	(mega)	10^{6}	= 1, 000, 000
G	기 가	(giga)	10^{9}	= 1, 000, 000, 000
T	테 라	(tera)	10^{12}	= 1, 000, 000, 000, 000

참고문헌

1. 백승철, “회로이론의 이해“, 상학당
2. 정우영 외, “기초회로이론“, 오성미디어
3. 변오규 외, “회로(망)이론“, 진영사
4. 서영수 외, “교류회로이론“, 학현사
5. 박송배, “교류회로이론“, 문운당
6. 이수일 외, “회로이론“, 상학당
7. 차균현 외, “회로이론“, 청문각
8. 양홍석 외, “회로이론“, 동일출판사
9. 안두수 외, “회로이론“, 문운당
10. 문상일 외, “전기회로이론“, 연학사
11. 정타관 외, “교류회로이론“, 형설출판사
12. 박건작, “쉽게 배우는 회로이론“, (주)북스힐
13. 전기전자교재편찬위원회, “쉽게 배우는 전기전자공학“, (주)북스힐

회 로 이 론

2020년 2월 20일 인쇄
2020년 2월 25일 발행
저 자 이 동 록・허 동 렬 공저
펴낸이 오 성 걸
펴낸곳 **오성미디어**
주 소 132-916 서울시 도봉구 창 3동 491-1
전 화 02)997-0136
FAX 02)997-0137
등 록 2000. 5. 12 제 7-212 호

ISBN 978-89-6628-577-8 값 24,000 원